高等职业教育“十三五”规划教材

可编程控制器原理及应用技术

（西门子S7-200）

吕丽荣　主　编

王亚军　李志强　副主编

王文琪　主　审

化学工业出版社

·北　京·

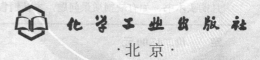

《可编程控制器原理及应用技术（西门子 S7-200）》围绕西门子 S7-200 系列 PLC 进行讲解。全书共 10 个部分，主要包括 PLC 概述、PLC 的技术性能指标及编程软器件、STEP7-Micro/WIN4.0 编程软件、PLC 的基本指令及应用、顺控指令及应用、PLC 功能指令及应用、PLC 外围接口电路、S7-200 PLC 以太网通信技术及应用、基于 PLC 的电气控制系统设计实例、PLC 工程项目应用。本书内容由浅入深，较为详尽地介绍了 S7-200 PLC 的基础知识及实际应用，旨在让读者通过本书的学习，尽快掌握 S7-200 PLC 的基本知识及编程应用技能。

本书可作为高等职业院校电气自动化、机电一体化、楼宇智能化等相关专业教材，也可作为工程技术人员自学或参考用书。

图书在版编目（CIP）数据

可编程控制器原理及应用技术：西门子 S7-200 / 吕丽荣主编. —北京：化学工业出版社，2018.9（2022.11 重印）
高等职业教育“十三五”规划教材
ISBN 978-7-122-32624-9

Ⅰ. ①可… Ⅱ. ①吕… Ⅲ. ①可编程序控制器-高等职业教育-教材 Ⅳ. ①TM571.61

中国版本图书馆 CIP 数据核字（2018）第 155667 号

责任编辑：马 波 闫 敏　　文字编辑：吴开亮
责任校对：王素芹　　装帧设计：张 辉

出版发行：化学工业出版社（北京市东城区青年湖南街 13 号　邮政编码 100011）
印　　装：北京七彩京通数码快印有限公司
787mm×1092mm　1/16　印张 14　字数 382 千字　　2022 年 11 月北京第 1 版第 3 次印刷

购书咨询：010-64518888　　售后服务：010-64518899
网　　址：http://www.cip.com.cn
凡购买本书，如有缺损质量问题，本社销售中心负责调换。

定　价：45.00 元

前言

FOREWORD

可编程控制器（PLC）是自动化控制技术领域发展极为迅速的一种新型工业控制装置，现代PLC技术综合了计算机技术、自动控制技术和网络通信技术，其应用越来越广泛和深入，已进入到系统过程控制、运动控制、通信网络、人机交互等各个领域，掌握PLC的组成原理及编程方法，熟悉PLC的应用技巧，是每一位专业人员必须具备的基本能力之一。技术市场对PLC应用人员的需求越来越大，培养社会急需的PLC技术人才成为高等院校的重要任务。目前各高校的“电气自动化技术”“机电一体化技术”“楼宇智能化技术”等专业大多开设PLC课程，把PLC技术教育与培训工作纳入标准化、模块化、职业化和制度化的培养体系。本书正是在“职业化、项目化、应用化”的高等职业教育教材理念的指导下，为满足高等职业教育 PLC 教学和工程技术人员自学而编写出版的。

本书以培养 PLC 应用能力为目标，根据 PLC 技术发展和高职教育工学结合、项目引导、教学做一体化的原则要求，选择应用普遍的西门子 S7-200 PLC为主要机型，遵循职业教育的教学规律，将知识和能力培养由易到难、由浅入深地进行，突出PLC技术学习的实用性、工程性、实践性，符合高等职业院校学生的学习特点和认知规律。

本书知识结构清晰，内容从基础功能到综合应用分层次推进，各部分相对独立，举例充分，并配有实训项目训练内容，在理论与实践的结合上进行了有效探索，以拓展项目来提高PLC学习能力和实践创新能力，将知识掌握和技能训练有效地结合在一起，通俗易懂，便于学生课后复习和自学。

本书由内蒙古建筑职业技术学院吕丽荣担任主编，内蒙古化工职业学院王亚军、黑龙江农业职业技术学院李志强担任副主编，其中吕丽荣编写1、2、3、4部分及附录，王亚军编写5、6部分，内蒙古建筑职业技术学院李姝宁编写7、8部分，李志强编写9、10部分，内蒙古化工职业学院王涌泉、黑龙江农业职业技术学院张敬和贾凤霞参加了部分插图的绘制和文稿的校对工作。全书由吕丽荣统稿。

本书由内蒙古建筑职业技术学院王文琪主审。

由于我们水平有限，书中难免有疏漏之处，恳请读者批评指正。

编　者

目录

CONTENTS

8 S7-200 PLC 以太网通信技术及应用 / 150

9 基于 PLC 的电气控制系统设计实例 / 162

10 PLC 工程项目应用 / 176

附录 / 210

参考文献 / 217

1 PLC概述

学习目标

1. 了解可编程控制器的由来、定义、分类及特点。
2. 熟悉 PLC 的硬件组成。
3. 掌握 PLC 的工作过程与工作原理。

1.1 PLC 的发展简史及定义

1.1.1 PLC 的发展

20 世纪 60 年代，计算机技术已经开始应用于工业控制，但由于计算机技术较复杂、编程难度高、难以适应恶劣的工业环境，因此未能在工业控制中广泛应用。在可编程控制器（Programmable Logical Controller，PLC）问世之前，继电器-接触器控制在工业控制领域中占有主导地位。

继电器-接触器控制系统是采用固定接线的硬件实现逻辑控制的，这种控制系统的体积大、耗电多、可靠性差、寿命短、运行速度不高等缺点明显，尤其是对生产工艺多变的系统适应性更差，如果生产任务或工艺发生变换，就必须重新设计，改变硬件结构，这样会造成时间和资金的浪费。为了解决上述问题，早在 1968 年，美国最大的汽车制造商通用汽车公司（GM），为适应汽车型号不断翻新，以求在激烈竞争的汽车工业中占有优势，试图寻找一种新型的工业控制器，以尽可能减少重新设计和更换继电器控制系统的硬件及接线，减少时间，降低成本。因而设想把计算机的完备功能以及灵活性好、通用性好等优点和继电器-接触器控制系统的简单易懂、操作方便、价格便宜等优点融入于新的控制系统中，并且要求新的控制装置编程简单，使得不熟悉计算机的人员也能很快地掌握它的使用技术。针对上述设想，通用公司特拟定了以下 10 项技术要求并公开招标。即：

① 编程简单，可在现场修改程序；
② 硬件维护方便，采用插件式结构；
③ 可靠性高于继电器控制装置；
④ 体积小于继电器控制装置；
⑤ 可将数据直接送入计算机；
⑥ 用户程序存储器容量至少可以扩展到 4KB；
⑦ 输入可以是交流 115V（市电）；
⑧ 输出为交流 115V，能直接驱动电磁阀、交流接触器等；
⑨ 通用性强，扩展方便；
⑩ 成本上可与继电器-接触器控制系统竞争。

1969 年，美国数字设备公司（DEC 公司）根据 GM 公司招标的技术要求研制出了世界上第一台可编程控制器，并在 GM 公司汽车自动装配线上试用，获得成功。这项新技术的成功使用，在工业界产生了巨大的影响，其后，日本、德国等国相继引进了这项新技术，1971 年，日本研制出了第一台 PLC，我国从 1974 年开始研制，1977 年，研制成功了以微处理器 MC14500 为核心的 PLC，并开始在工业上应用。

1.1.2 PLC 的定义

由于 PLC 在不断发展，因此对其进行确切定义是比较困难的，在 PLC 发展的最初阶段，虽然融入了计算机的优点，但实际上只能完成顺序控制，仅有逻辑运算、定时、计数等控制功能。当时人们称其为可编程序逻辑控制器，简称 PLC。

随着微处理器技术的发展，可编程控制器得到了迅速发展，其功能越来越强大，各厂商对 PLC 有各自的定义，为了规范国际市场，国际电工委员会（IEC）于 1985 年 1 月制定了 PLC 的标准，并对其作了如下定义。

“可编程控制器是一种数字运算操作的电子系统，专为在工业环境下应用而设计，它采用可编程序的存储器，用来在其内部存储执行逻辑运算、顺序控制、定时、计数和算术运算等操作命令，并通过数字式、模拟式的输入和输出，控制各种类型的机械或生产过程。可编程控制器及其有关的外部设备，都应按易于工业控制系统连成一个整体，易于扩充其功能的原则而设计”。实际上，PLC 是一台工业控制的计算机。

1.2 PLC 的特点、分类及应用

1.2.1 PLC 的特点

PLC 是综合了计算机的优点以及继电器、接触器控制的简单、易懂等特点设计而制造的，能更好地适应工业环境并且较好地解决了工业控制领域中普遍关心的可靠、安全、灵活、方便、经济等问题。其主要特点如下。

（1）可靠性高、抗干扰能力强

由于 PLC 是专门为工业环境下应用而设计的，因此，在设计时从硬件和软件上都采取了抗干扰的措施，提高了其可靠性。在硬件上，主要采用了屏蔽、滤波、隔离等措施提高其可靠性，在软件方面，采用了故障检测、信息保护和恢复等措施，使得 PLC 有很强的抗干扰能力，其平均无故障时间达到数万小时以上。

（2）编程简单、易学、便于掌握

PLC 是由继电器、接触器控制系统发展而来的一种新型的工业自动化装置，它的设计就是面向工业企业中一般电气工程技术人员的，采用易于理解和掌握的梯形图语言，以及面向工业控制的简单指令。这种梯形图语言继承了传统继电器控制电路的表达形式（如线圈、触点、动合、动断），非常直观、形象，不需要专门的计算机知识就可轻松地掌握。

（3）硬件配套齐全，用户使用方便，适应性强

PLC 产品已经标准化、系列化、模块化，各种硬件装置品种齐全，用户可方便地进行配置，组成不同功能、不同规模的系统。PLC 的安装接线也很方便，一般用接线端子连接外部接线，其有较强的带负载能力，可以直接驱动一般的电磁阀和交流接触器。对于一个控制系统，当控制要求改变时，只需修改程序，就能变更控制功能，能快速地适应工艺条件的变化。

（4）系统设计、安装、调试周期短

PLC 的梯形图程序一般采用顺序控制设计法，这种编程方法简单、便于掌握，同样的控制系统，梯形图的设计时间比继电器控制系统电路图的设计时间要少得多。

PLC 用软件功能取代了继电器控制系统中大量的中间继电器、时间继电器，计数器等器件，使控制柜的安装、接线工作量大大减少。

PLC 的用户程序可以在实验室模拟调试，模拟调试好后再将 PLC 控制系统在生产现场进

行联机调试，使得调试方便、快速、安全，大大缩短了调试周期。

（5）维护工作量小、维护方便

可编程控制器的故障率很低，而且有完善的自诊断和显示功能，一旦发生故障，可以根据报警信息，迅速查明原因。如果是 PLC 本身，则可用更换模块的方法排除故障，这样提高了维护的工作效率，可以保证生产的正常运行。

（6）体积小、重量轻、能耗低

可编程控制器是将微电子技术应用于工业设备的产品，其结构紧凑、体积小、重量轻、功耗低，目前超小型的 PLC 外形尺寸仅为 100mm×100mm，质量为 150g，PLC 体积小很容易装入机械内部，是实现机电一体化的理想控制设备。

1.2.2 PLC 的分类

目前，PLC 的种类很多，其实现的功能、内存容量、控制规模，外形等方面存在着较大的差异，因此，PLC 的分类没有严格的统一标准，可按如下几种方式分类：

（1）按结构形式分类

① 整体式 PLC　整体式 PLC 的 CPU、存储器、I/O 安装在同一机体内，这种结构的 PLC 的特点是结构简单、体积小、价格低。从外观上看是一个长方形箱体，又称箱式 PLC。微型和小型 PLC 一般为整体式结构，如西门子 S7-200 系列，如图 1-1 所示。

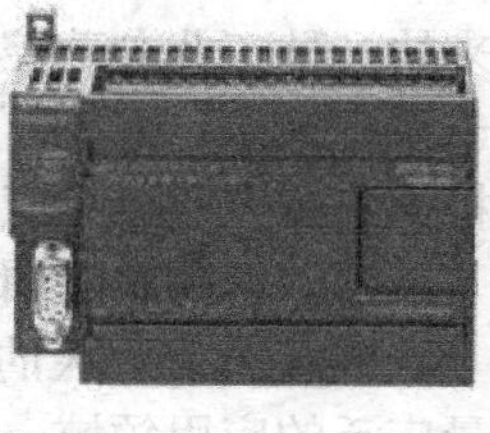

图 1-1　S7-200 系列 PLC

② 组合式 PLC　组合式 PLC 为总线结构，其总线做成总线板，上面有若干个总线槽，每个总线槽上可安装一个 PLC 模块，不同的模块有不同的功能。这种形式的 PLC 系统构成灵活性较高，可构成具有不同控制规模和功能的 PLC，价格相对较高，如西门子 S7-300、S7-400 系列，如图 1-2、图 1-3 所示。

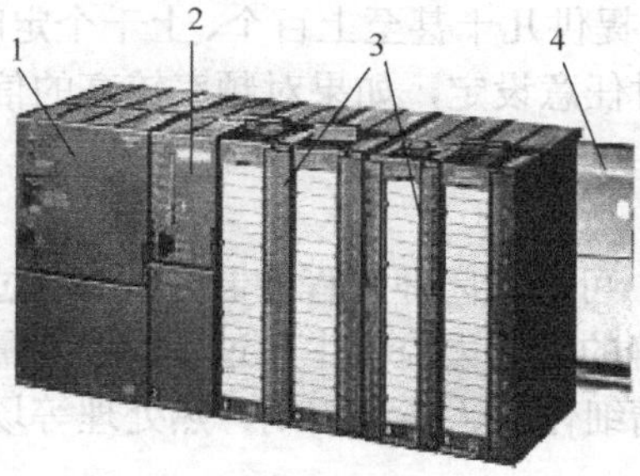

图 1-2　S7-300 系列 PLC

1—电源；2—CPU；3—信息模块；4—机架

图 1-3　S7-400 系列 PLC

1—电源；2—CPU；3—信息模块；4—机架

（2）按控制规模分类

为了适应不同工业生产过程的应用要求，可编程控制器能够处理的输入、输出信号数是不一样的，一般将一路信号叫做一个点，输入、输出点数（I/O 点数）是衡量 PLC 控制规模的重要参数。按 I/O 点数的多少将 PLC 分为小型、中型、大型三种类型。

① 小型 PLC　I/O 总点数一般在 256 点以下，用户程序存储器容量为 4KB 以下。一般以开关量控制为主，高性能的小型 PLC 具有通信能力和模拟量处理能力。这类 PLC 价格低廉、体积较小，适用于单台设备和开发机电一体化产品。如西门子 S7-200 系列，如图 1-1 所示。

② 中型 PLC　I/O 总点数在 256～2048 点之间，用户程序存储器容量为 4～16KB。中型 PLC 不仅有开关量和模拟量的控制功能，还具有更强的数字计算能力，通信功能和模拟量处理能力较强大。中型机适用于复杂的逻辑控制系统以及连续生产线的过程控制场合。如西门子

S7-300 系列，如图 1-2 所示：

③ 大型 PLC　I/O 总点数在 2048 点以上，内存容量在 16KB 以上。大型 PLC 具有计算、控制和调节的功能，还具有强大的网络结构和通信联网功能，大型机适用于设备自动化控制、过程自动化控制和过程监控系统。如西门子 S7-400 系列，如图 1-3 所示。

（3）按实现的功能分类

① 低档 PLC　具有逻辑运算、定时、计数、顺序控制、通信等功能。

② 中档 PLC　除了具有低档 PLC 的功能外，还具有算术运算、数据处理、子程序、中断处理等功能。

③ 高档 PLC　除了具有中档 PLC 的功能外，还具有带符号的算术运算、矩阵运算、函数、表格、显示、打印等功能。

1.2.3 PLC 的应用

可编程控制器是以微处理器为核心，综合了计算机技术、自动控制技术和通信技术发展起来的一种工业自动控制装置。它具有可靠性高、体积小、功能强、程序设计简单、维护方便等一系列优点，因此，PLC 在冶金、化工、机械、印刷、电力、电子、交通等领域中广泛应用，根据其特点，可将应用形式归纳为以下几种类型：

（1）开关量逻辑控制

PLC 具有强大的逻辑运算能力，可以实现各种简单和复杂的逻辑控制，这是 PLC 最基本、最广泛的应用领域。

（2）模拟量控制

在工业生产过程中，需要对许多连续变化的物理量，如温度、压力、流量、液位等进行模拟量控制，PLC 中配置有 A/D 和 D/A 转换器，在控制过程中，需要进行模拟量与数字量的转换，从而控制被控对象。

（3）定时和计数控制

PLC 具有很强的定时和计数功能，可为用户提供几十甚至上百个、上千个定时器和计数器。对于其计时的时间和计数值可由用户编制程序时任意设定，如果对频率较高的信号进行计数，则可以选择高速计数器。

（4）过程控制

目前，大部分 PLC 都配备了 PID 控制模块，可进行闭环过程控制，当控制过程中某一个变量出现偏差时，PLC 能按照 PID 算法计算出正确的输出去控制生产过程，把变量计算保持在一定的数值上。过程控制广泛应用于钢铁冶金、精细化工、锅炉控制、热处理等场合。

（5）数据处理

大部分 PLC 都具有数据处理的能力，可实现算术运算、数据比较、数据传送、数据移位，数据转换、数据显示打印等功能，一些新型的 PLC 还可以进行浮点运算和函数运算等操作。

（6）通信和联网

PLC 采用通信技术，可以实现多台 PLC 之间的同位连接、PLC 与计算机之间的通信，采用 PLC 和计算机之间的通信连接，可用计算机作为上位机，PLC 为下位机进行通信，来完成数据的处理和信息的交换，实现对整个生产过程的信息控制和管理。

1.3 PLC 的基本组成及工作原理

1.3.1 PLC 的基本组成

可编程控制器的结构多种多样，但其组成的一般工作原理基本相同，都是以微处理器为核心的结构，其功能的实现不仅基于硬件的作用，更要基于软件的支持，实质上是一个新型的工业控制计算机。

可编程控制器主要由中央处理器（CPU）、存储器（RAM、ROM）、输入/输出单元（I/O）、电源、编程器等组成，其结构如图 1-4 所示。

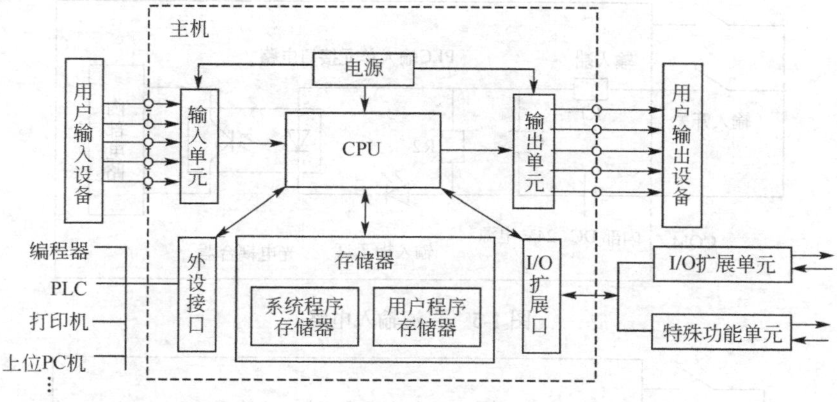

图 1-4 PLC 基本构成图

（1）中央处理器

中央处理器（CPU）是 PLC 的控制中枢，相当于其心脏，是 PLC 的核心部分，包括微处理器和控制接口电路，微处理器是 PLC 的运算控制中心，由它实现逻辑运算，协调控制系统内部各部分工作。CPU 的作用如下：

① 接收、存储用户程序。

② 按扫描方式接收来自输入单元的数据和各信息状态，并存入相应的数据存储区。

③ 执行监控程序和用户程序，完成数据和信息的逻辑处理，产生相应的内部信号，完成用户指令规定的各种操作。

④ 响应外部设备的请求。

（2）存储器

存储器是 PLC 存放系统程序、用户程序和运行数据的单元，可分为系统程序存储器和用户程序存储器。系统程序存储器存放系统管理程序，一般采用 ROM（只读存储器）或 EPROM（可擦除的只读存储器），PLC 出厂时，系统程序已经固化在存储器中，用户不能修改；用户程序存储器用于存放用户的应用程序，一般采用 EPROM、EEPROM 或 RAM（随机存储器），用户根据实际控制需要，用 PLC 的编程语言编写应用程序，通过编程器输入到 PLC 的用户程序存储器。

（3）输入/输出接口

实际生产过程中的信号电平是多种多样的，被控对象所需的电平也是千差万别，而 PLC 所处理的信号只能是标准电平，正是通过 PLC 的输入/输出（I/O）接口电路实现了这些信号电平的转换。I/O 单元实际上是 PLC 与被控对象之间传递输入/输出信号的接口部件，具有良好的光电隔离和滤波作用。接到 PLC 输入接口的输入器件是各种开关（光电开关、压力开关、行程开关等）、按钮、传感器等；PLC 的输出接口往往是与被控对象相连接，这些被控对象有电磁阀、接触器、指示灯、小型电动机等。

① 输入接口电路　各种 PLC 的输入电路大都相同，通常有三种输入类型：直流（12～24V）输入，交流（100～120V、200～240V）输入，交直流输入。外部输入器件通过 PLC 输入接口与 PLC 相连。

PLC 的输入电路中有光电隔离、RC 滤波器，用以消除输入信号的抖动和外部噪声干扰。当输入器件被激励时，一次电路中流过电流，输入指示灯亮，光耦合器接通，晶体管从截止状态变为饱和导通状态，这是一个数据输入过程。如图 1-5～图 1-7 给出了直流输入端的三种内部接线示意图。

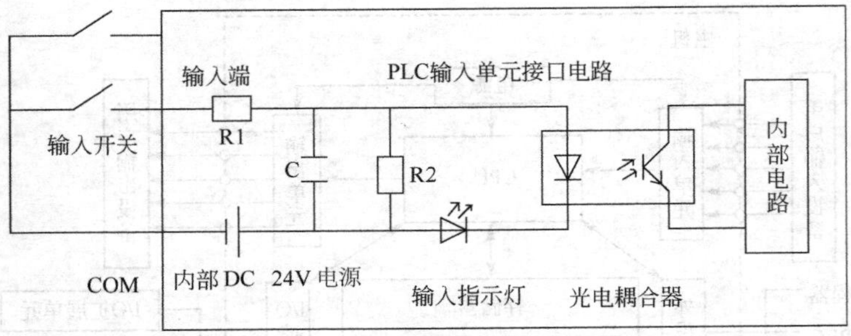

图 1-5 直流输入电路

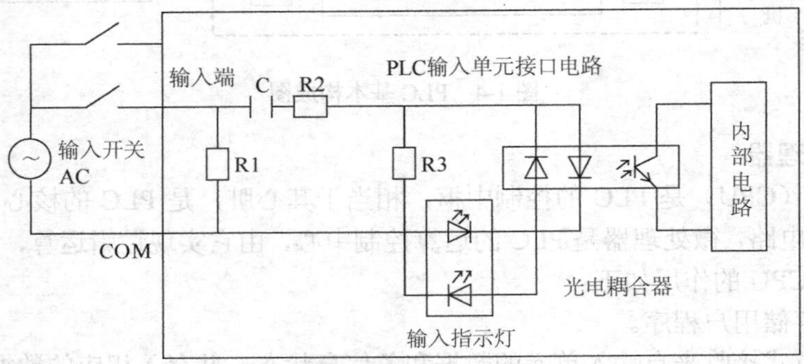

图 1-6 交流输入电路

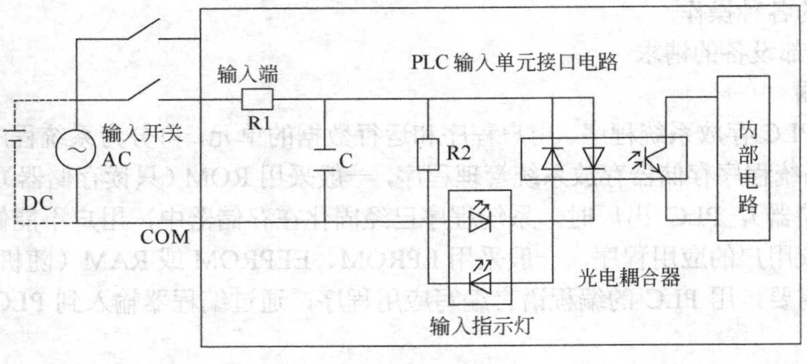

图 1-7 交/直流输入电路

② 输出接口电路 PLC 的输出有三种形式：继电器输出、晶体管输出、晶闸管输出。下面给出了 PLC 的三种输出形式电路图，如图 1-8～图 1-10 所示。

继电器输出型为 PLC 最为常用电路，当 PLC 内部 CPU 有输出时，接通或断开输出电路中继电器的线圈，继电器的触点闭合或断开，通过该触点控制外部负载电路的通断，他既可以带直流负载也可以带交流负载。很显然，继电器输出是利用了继电器的触点将 PLC 的内部电路与外部负载电路进行了电气隔离。

晶体管输出型电路是通过光电耦合使晶体管截止或饱和以控制外部负载电路的通和断，并同时对 PLC 内部电路和输出晶体管电路进行了电气隔离，它只能接直流负载。

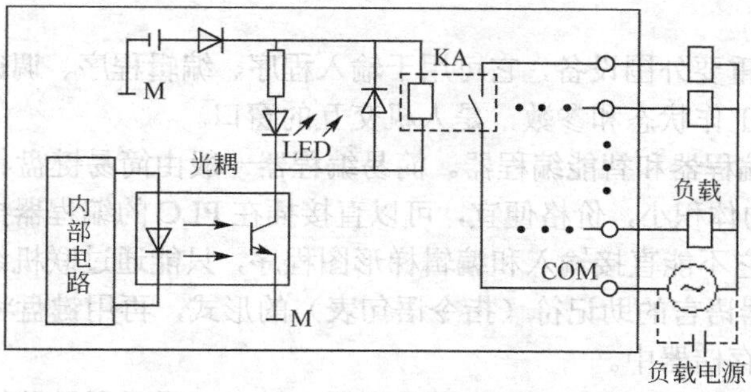

图 1-8　继电器型输出电路

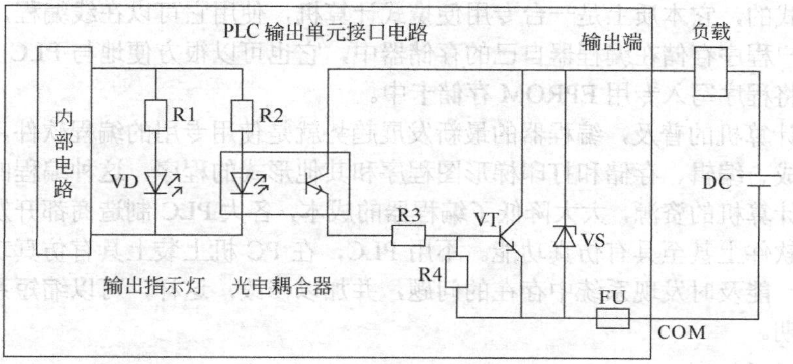

图 1-9　晶体管型输出电路

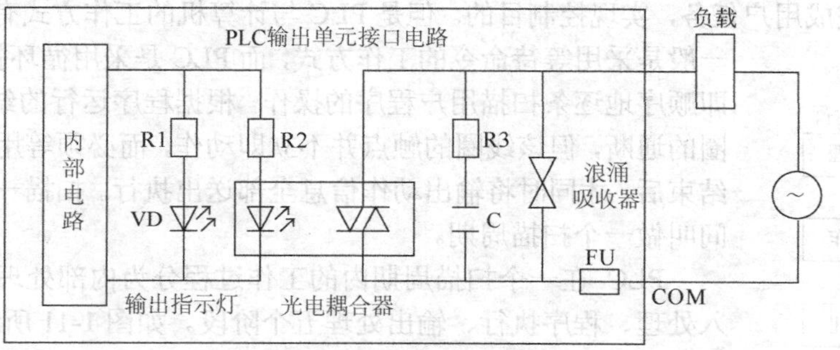

图 1-10　晶闸管型输出电路

双向晶闸管输出型电路是采用了光触发型双向晶闸管，使 PLC 内部电路和外部电路进行了电气隔离，这种晶闸管电路只能接交流负载。

输出电路的负载电源由外部提供，每一点的负载电流因输出形式的不同而不同，负载电流一般不超过 2A，个别型号的 PLC 每点负载电流可高达 8～10A。

（4）电源

PLC 的电源在整个系统中起着十分重要的作用，模块化的 PLC 是独立的电源模块，整体式 PLC 的电源集成在箱体内。它的作用是把外部供应的电源变换成系统内部各单元所需电源。有的电源单元还向外提供直流电源，给与开关量输入单元连接的现场电源开关使用。电源单元还包括掉电保护电路和后备电池电源，以保证 RAM 在外部电源断电后存储的内容不会丢失。PLC 电源一般为高精度的开关电源，其特点是输入电压范围宽、体积小、重量轻、效率高、抗干扰性能好。

（5）编程器

编程器是PLC的重要外围设备，它可用于输入程序、编辑程序、调试程序、监控程序，还可以在线测试PLC的工作状态和参数，是人机交互的窗口。

编程器分为简易编程器和智能编程器。简易编程器一般由简易键盘、发光二极管阵列或液晶显示器等组成，它的体积小，价格便宜，可以直接插在PLC的编程器插座上，也可以用专用的电缆与PLC相连。它不能直接输入和编辑梯形图程序，只能通过联机编辑的方式，将用户的梯形图语言转化成机器语言的助记符（指令语句表）的形式，再用键盘将指令语句表程序一条一条地写入到PLC的存储器中。

智能编程器又称图形编程器，一般由微处理器、键盘、显示器及总线接口组成，它可以直接生成和编辑梯形图程序，使用起来直观、方便，但价格偏高，操作也比较复杂，智能编程器大多数是便携式的，它本质上是一台专用便携式计算机，使用它可以在线编程，也可以离线编程，可以将用户程序存储在编程器自己的存储器中，它也可以很方便地与PLC的CPU模块互传程序，并可将程序写入专用EPROM存储卡中。

随着个人计算机的普及，编程器的最新发展趋势就是使用专用的编程软件，在个人计算机上允许用户生成、编辑、存储和打印梯形图程序和其他形式的程序，这种编程的一个最大特点就是充分利用计算机的资源，大大降低了编程器的成本，各大PLC制造商都开发了功能完善的编程软件，在软件上甚至具有仿真功能。不用PLC，在PC机上装上具有仿真功能的编程软件就能调试程序，能及时发现系统中存在的问题，并加以修改，这样，可以缩短系统设计、安装和调试的总工期。

1.3.2 PLC的工作原理

PLC是一台工业控制计算机，它的工作原理与计算机的工作原理是基本一致的，它通过执行用户程序来完成用户任务，实现控制目的。但是PLC与计算机的工作方式有所不同，计算机一般是采用等待命令的工作方式，而PLC是采用循环扫描的工作方式，即顺序地逐条扫描用户程序的操作，根据程序运行的结果，输出逻辑线圈的通断，但该线圈的触点并不立即动作，而必须等用户程序全部扫描结束后，才同时将输出动作信息全部送出执行。扫描一遍用户程序的时间叫做一个扫描周期。

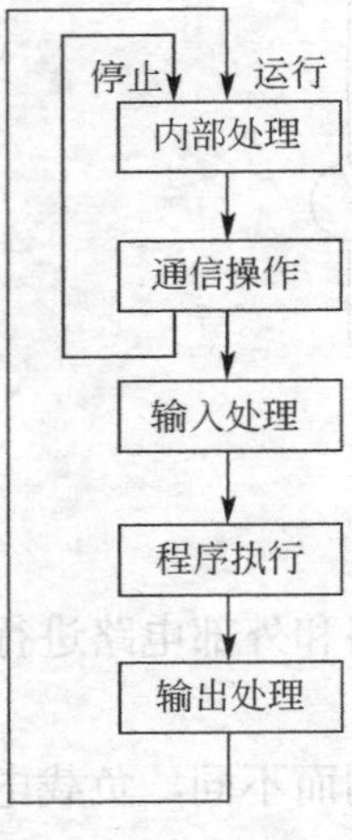

图1-11 PLC工作流程图

PLC在一个扫描周期内的工作过程分为内部处理、通信操作、输入处理、程序执行、输出处理五个阶段。如图1-11所示。

当PLC处于停止（STOP）状态时，只进行内部处理和通信操作等服务内容，在PLC处于运行（RUN）状态时，从内部处理、通信操作、程序输入、程序执行、程序输出，一直进行循环扫描。在内部处理阶段，PLC检查CPU模块的硬件是否正常，复位监视定时器等。在通信操作阶段，PLC与一些智能模块通信、响应编程器键入的命令，更新编程器的显示内容。当PLC运行时，对用户程序对用户程序进行循环扫描，如图1-12所示的三个阶段：输入采样阶段、程序执行阶段、输出刷新阶段。

（1）输入采样阶段

输入采样也叫输入处理，PLC的CPU不能直接与外部接线端子联系，送到PLC输入端子上的输入信号经电平转换、光电隔离、滤波处理等一系列电路进入缓冲器等待采样，没有CPU采样的“允许”，外部信号不能进入输入映像寄存器。在此阶段，PLC以扫描方式，按顺序读入所有输入端子的通断状态，并将读入的信息存入内存中所对应的输入映像寄存器，在此输入映像寄存器被刷新，接着进入程序执行阶段。在程序执行阶段，输入映像寄存器与外界隔离，即使输入信号发生变化，其映像寄存器的内容也不会发生变化，只有在下一个扫描周期的输入采样阶段才能读入信息。可见，PLC 在执行程序和处理数据时，不直接使用现场当时的输入信号，而使用本次采样时输入映像寄存器中的数据。

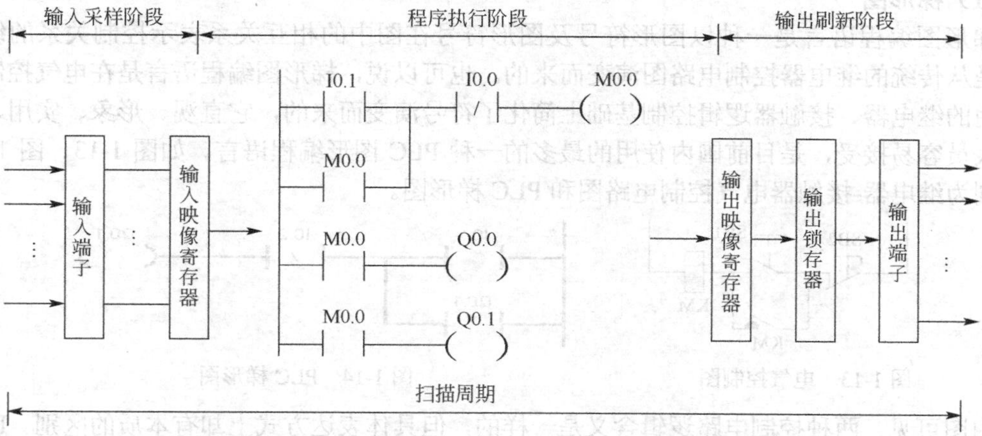

图 1-12 PLC 扫描工作过程

（2）程序执行阶段

PLC 在用户程序执行阶段，CPU 按由上而下的顺序依次扫描用户的梯形图程序。扫描每一条梯形图支路时，又是由左到右先上后下的顺序对由触点构成的控制线路进行逻辑运算，并根据逻辑运算的结果，刷新该逻辑线圈在系统 RAM 存储区中对应的状态，或者刷新该输出线圈在 I/O 映像区中对应位的状态；或者确定是否要执行该梯形图所规定的特殊功能指令。

（3）输出刷新阶段

CPU 扫描用户程序结束后，就进入输出刷新阶段，在此期间，CPU 将输出映像寄存器中的内容集中转存到输出锁存器，然后输出到各相应的输出端子，再经输出电路驱动相应的被控负载，这才是 PLC 的实际输出，输出设备的状态要保持一个扫描周期。

扫描周期是 PLC 的一个很重要的指标，小型 PLC 的扫描周期一般为十几毫秒到几十毫秒，PLC 的扫描时间取决于扫描速度和用户程序的长短。毫秒级的扫描时间对于一般工业设备通常是可以接受的，PLC 的响应滞后是允许的。但是对于某些 I/O 快速响应的设备，则应采取相应的处理措施。如选用高速 CPU，提高扫描速度，采用快速响应模块、高速计数器模块以及不同的中断处理等措施减少滞后时间。影响 I/O 滞后的主要原因有：输入滤波器的惯性；输出继电器触点的惯性；程序执行的时间；程序设计不当的附加影响等。对用户来说，选择了一个 PLC，合理地编制程序是缩短响应时间的关键。

1.3.3 PLC 的编程语言

PLC 是一种工业控制计算机，不光有硬件，软件也必不可少。PLC 的软件分为系统软件和用户软件。

系统软件包括系统的管理程序、用户指令的解释程序、供系统调用的专用标准程序块等。系统管理程序用以完成机内运行相关时间分配、存储空间分配管理及系统自诊断等工作。用户指令的解释程序用于把用户指令变换为机器码的工作系统软件，在 PLC 出厂时就装入机内，永久保存，用户不需要修改。

用户软件是用户为达到某种控制目的，采用 PLC 厂商提供的编程语言自主编制的应用程序。至今为止还没有一种能适应各种 PLC 的通用的编程语言，不同厂家，甚至不同型号的 PLC

的编程语言也只能适应自己的产品。目前 PLC 常用的编程语言有梯形图（Ladder Diagram，LAD）编程语言、指令语句表（Statement List，STL）编程语言、顺序功能图（Sequential Function Chart，SFC）编程语言、功能块图（Function Block Diagram，FBD）编程语言和高级（High Level Language，HLL)编程语言。

（1）梯形图

梯形图编程语言是一种以图形符号及图形符号在图中的相互关系表示控制关系的编程语言，是从传统的继电器控制电路图演变而来的。也可以说，梯形图编程语言是在电气控制系统中常用的继电器、接触器逻辑控制基础上简化了符号演变而来的，它直观、形象、实用、电气技术人员容易接受，是目前国内使用的最多的一种 PLC 图形编程语言。如图 1-13、图 1-14 所示分别为继电器-接触器电气控制电路图和 PLC 梯形图。

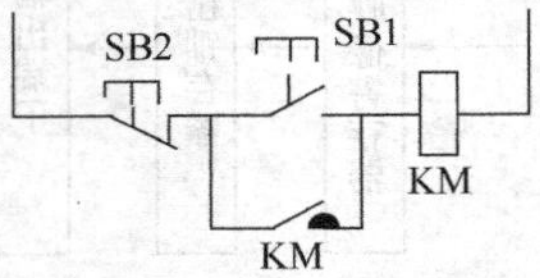

图 1-13　电气控制图

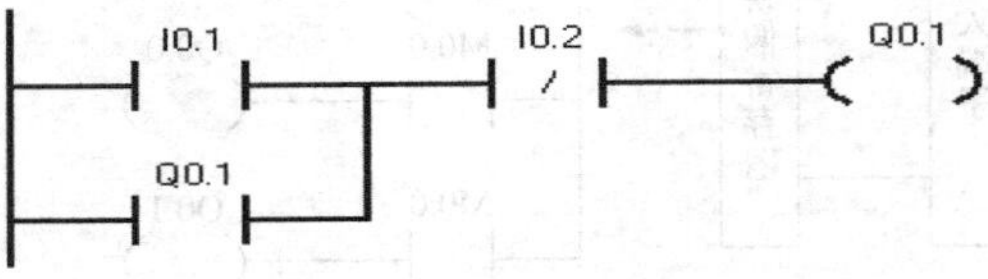

图 1-14　PLC 梯形图

由图可见，两种控制电路逻辑含义是一样的，但具体表达方式上却有本质的区别。PLC 梯形图中的继电器、定时器、计数器不是物理器件，都是用软件实现的软器件，这些器件实际上是存储器中的存储位。相应位为“1”状态，表示继电器线圈通电或常开触点闭合或常闭触点断开，相应位为“0”状态，表示继电器线圈断电或常开触点断开或常闭触点闭合。表示这种程序使用方便，修改灵活，是继电器、接触器电气控制线路硬接线无法比拟的。在 PLC 控制系统中，由按钮、开关等输入元件提供的输入信号，以及由 PLC 提供的电磁阀，指示灯等负载的输出信号都只有两种完全相反的工作状态，通与断，他们分别和逻辑代数中的“1”和“0”相对应。

用梯形图语言编制的 PLC 程序叫梯形图，梯形图网络由多个梯级组成，每个输出软器件可构成一个梯级，每个梯级可由多个支路构成，但右边的元件必须是输出元件，一般每个支路可容纳的编程软器件个数和每个网络最多允许的分支路数都有一定的限制。梯形图中竖线类似继电器控制线路的电源线，习惯上称为母线，左边的叫左母线，右边的叫右母线，母线是不接任何电源的。梯形图中没有真实的物理电流，而仅仅是概念电流（虚电流）或称为假想电流。假想电流只能从左到右流动，层次改变只能先上后下。在编制梯形图时，只有一个梯级编制完整后才能继续后面的程序编制。

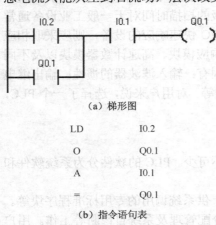

（2）指令语句表

指令语句表是一种与计算机汇编语言相类似的助记符编程方式，用一系列操作指令组成的语句表将控制程序描述出来，并通过编程器送到 PLC 中去，指令表语言和梯形图有严格的对应关系，对指令表编程不熟悉的人可先画出梯形图，再转换成语句表，另一方面，程序编制完毕后装入机器内运行时，简易编程器都不具有直接读取梯形图的功能，梯形图程序只能改写成指令表才能送入 PLC 内运行。不同厂家的 PLC 指令语句表使用的助记符不相同，因此，一个相同功能的梯形图，书写的语句表并不相同。语句程序表举例如图 1-15 所示。

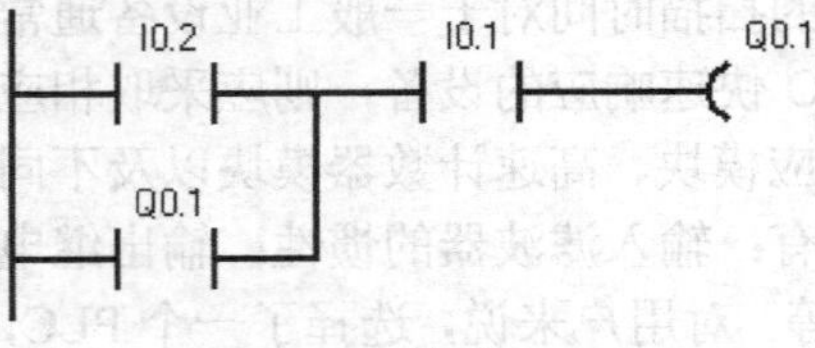

（a）梯形图

```
LD      I0.2
O       Q0.1
A       I0.1
=       Q0.1
```

（b）指令语句表

图 1-15　梯形图和其对应的指令语句表

语句表是由若干条语句组成的程序，语句是程序的最小独立单元。每个控制功能由一条或几条语句组成的用户程序来完成，语句是规定 CPU 如何动作的指令，它的作用和微机的指令一样。PLC 的一条指令语句有两部分组成，即操作码和操作数。操作码用助记符表示（如LD，表示逻辑运算开始；O表示或等），用来说明要执行的功能，告诉CPU该进行什么操作；例如逻辑运算的与、或、非；算术运算的加、减、乘、除；时间或条件控制中的计时、计数、移位等功能。操作数一般由标识符和参数组成。标识符表示操作数的类别，例如表明是输入继电器、输出继电器、定时器、计数器、数据寄存器等，参数表明操作数的地址或一个预先设定值。要说明的是，有的语句只有操作码，而没有操作数，称为无操作数指令。

（3）顺序功能图

顺序功能图也称为流程图或状态转移图，是一种图形化的功能性说明语言，专用于描述工业顺序控制程序，使用它可以对具有并行、选择等复杂结构的系统进行编程。用梯形图或指令语句表方式编程固然为广大电气技术人员接受但对于一个复杂的控制系统，尤其是顺序控制程序，由于内部的联锁、互动关系极其复杂，其梯形图往往长达数百行，通常要由熟练的电气工程师才能编制出这样的程序。另外，如果在梯形图上不加上注释，则这种梯形图的可读性会大大降低。而顺序功能图的编程方法可将一个复杂的控制过程分解为一些小的工作状态，对这些小状态的功能分别处理后，再把这些小状态依一定的顺序控制要求连接组合成整体的控制程序。如图1-16所示。

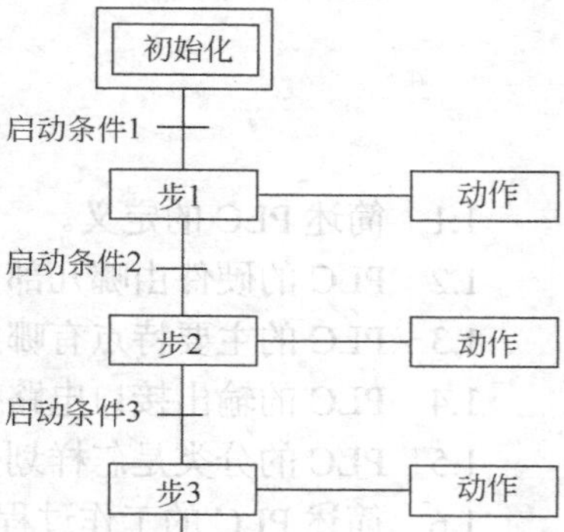

图1-16 顺序功能图

（4）功能块图

功能块图采用类似于数学逻辑门电路的图形符号，逻辑直观，使用方便，它有与梯形图中的触点和线圈等价的指令，可以解决范围广泛的逻辑问题。该编程语言中的方框左侧为逻辑运算的输入变量，右侧为输出变量，输入、输出端的小圆圈表示“非”运算，方框被“导线”连接在一起，信号从左向右流动，用图形化的方法描述功能，直观性大大方便了设计人员的编程和组态，有较好的易操作性，对控制规模较大、控制关系较复杂的系统，由于功能块图可以较清楚地表达控制功能的关系，因此编程和组态时间可以缩短。如图1-17所示。

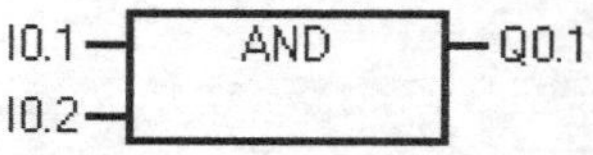

图1-17 功能块图

（5）高级语言

在一些大型的PLC中，为了完成一些较为复杂的控制，采用功能很强的微处理器和大容量存储器，使用高级语言进行编程，将逻辑控制、模拟控制、数值计算和通信功能结合在一起。有的PLC采用BASIC语言，有的采用类似于PASCAL语言的专用语言。采用高级语言编程后，用户可以像使用PC机一样操作PLC，在功能上除了可以完成逻辑运算功能外，还可以进行PID调节、数据采集和处理、上位机通信等。

目前各种类型的PLC一般都能同时使用两种或两种以上的语言，而且大多数PLC都能同时使用梯形图和指令表。不同厂家和不同类型的PLC的梯形图、指令语句都有些差异，使用符号也不尽相同，各个厂家不同系列、不同型号的PLC是互不兼容的，但其编程的基本原理和方法是相同或相似的。

能力训练

实训项目1：认识PLC

（实训室）认识PLC模块，能准确区别PLC的输入、输出端子；熟悉实训室实训器材。

实训项目 2：掌握 PLC 的类型

根据 PLC 的输入/输出点数，能区别哪一类型的 PLC，有什么功能。

实训项目 3：列举用 PLC 控制的例子

通过实训器材的认识学习，能较深入地掌握 PLC 组成及结构。举出日常生活中或工业领域中用 PLC 控制的例子。

习题与思考题

1.1 简述 PLC 的定义。

1.2 PLC 的硬件由哪几部分组成？各部分的作用及功能是什么？

1.3 PLC 的主要特点有哪些？

1.4 PLC 的输出接口电路有几种输出方式？各有什么特点？

1.5 PLC 的分类是怎样划分的？

1.6 简述 PLC 的工作过程，何谓扫描周期？它主要受什么影响？

1.7 PLC 有几种编程语言？

2 PLC 的技术性能指标及编程软器件

学习目标

1. 了解 S7 系列 PLC。
2. 了解可编程控制器的主要性能指标。
3. 掌握其编程软器件，并能熟练运用。

2.1 S7-200 系列小型 PLC 概述

2.1.1 S7 系列 PLC 家族概况

S7 系列可编程控制器是由德国西门子电气公司研制开发的可编程控制器。在我国的应用相当广泛，在冶金、化工、印刷等领域都有应用。西门子公司的产品包括 LOGO、S7-200、S7-300、S7-400 等产品。S7 系列 PLC 体积小、速度快、标准化、具有网络通信能力，功能强，可靠性高。产品可分为微型 PLC（S7-200），小规模性能要求的 PLC（S7-300）和高性能要求的 PLC（S7-400）等。其 I/O 点数、运算速度、存储容量及功能的发展趋势如图 2-1 所示。

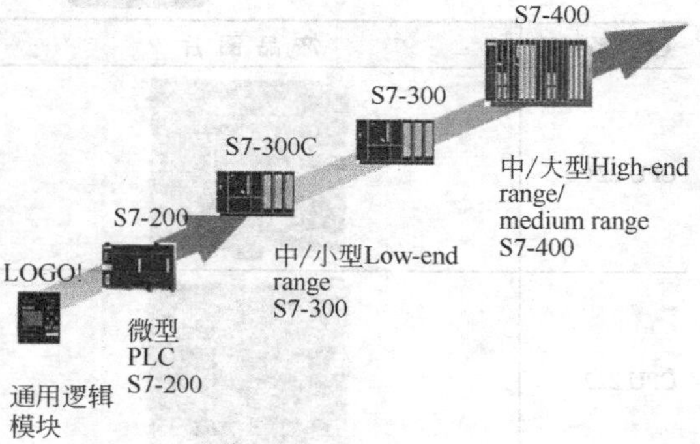

图 2-1 S7 家族 PLC

2.1.2 S7-200 PLC 介绍

S7-200 系列 PLC 适用于各行各业，各种场合中的检测、监测及控制的自动化。S7-200 系列的强大功能使其无论在独立运行中，或相连成网络皆能实现复杂控制功能。因此 S7-200 系列具有极高的性价比。

S7-200 系列出色表现在以下几个方面：

① 极高的可靠性；
② 极丰富的指令集；
③ 易于掌握；
④ 便捷的操作；
⑤ 丰富的内置集成功能；
⑥ 实时特性；
⑦ 强劲的通信能力；
⑧ 丰富的扩展模块。

S7-200 系列在集散自动化系统中充分发挥其强大功能。使用范围可覆盖从替代继电器的简单控制到更复杂的自动化控制。应用领域极为广泛，覆盖所有与自动检测、自动化控制有关的工业及民用领域，包括各种机床、机械、电力设施、民用设施、环境保护设备等，如冲压机床、磨床、印刷机械、橡胶化工机械、中央空调、电梯控制、运动系统。其 CPU 外形如图 2-2 所示。

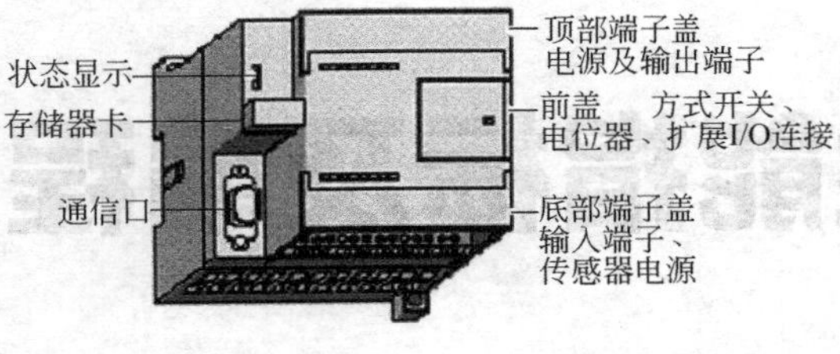

图 2-2 S7-200 系列 PLC 的 CPU 外形图

S7-200 PLC 外部结构的各部分功能如下。

① 状态显示 LED 用于显示 CPU 所处的工作状态,共有 SF(系统错误)/DIAG(诊断)、RUN(运行)和 STOP(停止)3 个指示灯。

② 存储器卡（可选卡插槽）可以插入存储卡、时钟卡和电池卡。

③ 通信口 可以连接 RS-485 总线的通信电缆。

④ 顶部端子盖 下面为输出端子和 PLC 供电电源端子。输出端子的运行状态可以由顶部端子盖下方的一排 LED 指示灯显示，ON 状态对应指示灯亮。

⑤ 底部端子盖 下面为输入端子和传感器电源端子。输入端子的运行状态可以由底部端子盖上方的一排 LED 指示灯显示，ON 状态对应指示灯亮。

⑥ 前盖 下面有模式选择开关、模拟电位计和扩展端口。将开关拨向停止“STOP”位置时，PLC 处于停止状态，此时可以对其编写程序；将开关拨向运行“RUN”位置时，PLC 处于运行状态，此时不能对其编写程序；将开关拨向运行状态，在运行程序的同时还可以监视程序运行的状态。扩展端口用于连接扩展模块，实现 I/O 扩展。

S7-200 系列 PLC 提供的 CPU 有 CPU 221、CPU 222、CPU 224、CPU 224 XP、CPU 226、CPU 226 XM。其规格及特点如表 2-1 所示。

表 2-1 S7-200 系列 CPU 类型表

CPU 系列号	产品图片	描述	选型型号
CPU 221		DC/DC/DC；6 点输入/4 点输出	6ES7 211-0AA23-0XB0
		AC/DC/继电器；6 点输入/4 点输出	6ES7 211-0BA23-0XB0
CPU 222		DC/DC/DC；8 点输入/6 点输出	6ES7 212-1AB23-0XB0
		AC/DC/继电器；8 点输入/6 点输出	6ES7 212-1BB23-0XB0
CPU 224		DC/DC/DC；14 点输入/10 点输出	6ES7 214-1AD23-0XB0
		AC/DC/继电器；14 点输入/10 点输出	6ES7 214-1BD23-0XB0
CPU 224 XP		DC/DC/DC；14 点输入/10 点输出；2 输入/1 输出共 3 个模拟量 I/O 点	6ES7 214-2AD23-0XB0
		AC/DC/继电器；14 点输入/10 点输出；2 输入/1 输出共 3 个模拟量 I/O 点	6ES7 214-2BD23-0XB0
CPU 226		DC/DC/DC；24 点输入/16 点晶体管输出	6ES7 216-2AD23-0XB0
		AC/DC/继电器；24 点输入/16 点输出	6ES7 216-2BD23-0XB0

续表

CPU 系列号	产品图片	描述	选型型号
CPU 226 XM		DC/DC/DC；24 点输入/16 点晶体管 输出	6ES7 216-2AF22-0XB0
		AC/DC/继电器；24 点输入/16 点输出	6ES7 216-2BF22-0XB0

注：1．DC/DC/DC——24V DC 电源/24V DC 输入/24V DC 输出；

2．AC/DC/继电器——100～230V AC 电源/24V DC 输入/继电器输出。

2.2 PLC 的主要技术性能指标

PLC 的主要性能指标是衡量和选用 PLC 的重要依据，它由两大部分组成，即硬件指标和软件指标。

（1）硬件指标

硬件指标包括一般指标、输入特性和输出特性。为了适应工业现场的恶劣条件，可编程控制器对环境的要求很低，一般的工业现场都能满足这些要求。

（2）软件指标

软件指标包括运行方式、速度、程序容量、元件种类和数量、指令类型。

不同机型的 PLC 其软件指标也不尽相同，软件指标的高低反映 PLC 的运算规模。软件指标的另一部分就是指令的类型，PLC 的各种运算功能都是由这些指令的种类和功能决定的。S7-200 CPU 的技术性能指标如表 2-2 所示。

表 2-2 S7-200 CPU 技术性能指标

特 性	CPU 221	CPU 222	CPU 224	CPU 224XP	CPU 226
本机 I/O 数字量 模拟量	 6 入/4 出 —	 8 入/6 出 —	 14 入/10 出 —	 14 入/10 出 2 入/1 出	 24 入/16 出 —
最大扩展模块数量	0 个模块	2 个模块	7 个模块	7 个模块	7 个模块
数据存储区	2048 字节	2048 字节	8192 字节	10240 字节	10240 字节
掉电保持时间	50h	50h	100h	100h	100h
程序存储器： 可在运行模式下编辑 不可在运行模式下编辑	 4096 字节 4096 字节	 4096 字节 4096 字节	 8192 字节 12288 字节	 12288 字节 16384 字节	 16384 字节 24576 字节
高速计数器 单相 双相	 4 路 30kHz 2 路 20kHz	 4 路 30kHz 2 路 20kHz	 6 路 30kHz 4 路 20kHz	 4 路 30kHz 2 路 200kHz 3 路 20kHz 1 路 100kHz	 6 路 30kHz 4 路 20kHz
脉冲输出（DC）	2 路 20kHz	2 路 20kHz	2 路 20kHz	2 路 100 kHz	2 路 20kHz
模拟电位器	1	1	2	2	2
实时时钟	配时钟卡	配时钟卡	内置	内置	内置
通信口	1×RS-485	1×RS-485	1×RS-485	2×RS-485	2×RS-485
浮点数运算	有	有	有	有	有
I/O 映像区	256 128 入/128 出	256 128 入/128 出	256 128 入/128 出	256 128 入/128 出	256 128 入/128 出
布尔指令执行速度	0.22μs/指令	0.22μs/指令	0.22μs/指令	0.22μs/指令	0.22μs/指令
外形尺寸/mm	90×80×62	90×80×62	120.5×80×62	140×80×62	190×80×62

2.3 PLC 的编程软器件

2.3.1 S7-200 系列 PLC 编程软器件

PLC 在软件设计中需要各种各样的逻辑器件和运算器件，称之为编程器件，以完成 PLC 程序所赋予的逻辑运算、算术运算、定时、计数等功能。这些器件与 PLC 的监控程序、用户的应用程序合作，会产生或模拟出不同的类似于硬件继电器的功能，为了区别，通常称为 PLC 的编程软器件。它不是物理意义上的实物继电器，而是一定的存储单元与程序相结合的产物。每一个器件赋予一个名称，例如输入继电器、输出继电器、定时器、计数器等，同类器件又有多个，给每个器件一个编号，以便区分。下面以 S7-200 PLC 为例，介绍 PLC 常用编程软器件的名称、用途、数量、编号和使用方法。其详细信息见表 2-3。

表 2-3 S7-200 CPU 存储器范围及特性

描 述	范 围				
	CPU 221	CPU 222	CPU 224	CPU 226	CPU 226 XM
用户程序区	2K 字	2K 字	4K 字	4K 字	4K 字
用户数据区	1K 字	1K 字	2.5K 字	2.5K 字	5K 字
输入映像寄存器(I)	I0.0～I15.7	I0.0～I15.7	I0.0～I15.7	I0.0～I15.7	I0.0～I15.7
输出映像寄存器(Q)	Q0.0～015.7	Q0.0～Q15.7	Q0.0～Q15.7	Q0.0～Q15.7	Q0.0～Q15.7
位存储器（M）	M0.0～M31.7	M0.0～M31.7	M0.0～M31.7	M0.0～M31.7	M0.0～M31.7
特殊存储器（SM） 只读	SM0.0～SM179.7 SM0.0～SM29.7	SM0.0～SM299.7 SM0.0～SM29.7	SM0.0～SM549.7 SM0.0～SM29.7	SM0.0～SM549.7 SM0.0～SM29.7	SM0.0～SM549.7 SM0.0～SM29.7
顺控继电器（S）	S0.0～S31.7	S0.0～S31.7	S0.0～S31.7	S0.0～S31.7	S0.0～S31.7
定时器(T)	（T0～T255）	（T0～T255）	（T0～T255）	（T0～T255）	（T0～T255）
保持接通延时 1ms	T0，T64	T0，T64	T0，T64	T0，T64	T0，T64
保持接通延时 10ms	T1～T4 T65～T68	T1～T4 T65～T68	T1～T4 T65～T68	T1～T4 T65～T68	T1～T4 T65～T68
保持接通延时 100ms	T5～T31 T69～T95	T5～T31 T69～T95	T5～T31 T69～T95	T5～T31 T69～T95	T5～T31 T69～T95
接通/断开延时 1ms	T32，T96	T32，T96	T32，T96	T32，T96	T32，T96
接通/断开延时 10ms	T33～T36 T97～T100	T33～T36 T97～T100	T33～T36 T97～T100	T33～T36 T97～T100	T33～T36 T97～T100
接通/断开延时 100ms	T37～T63 T101～T255	T37～T63 T101～T255	T37～T63 T101～T255	T37～T63 T101～T255	T37～T63 T101～T255
计数器（C）	C0～C255	C0～C255	C0～C255	C0～C255	C0～C255
高速计数器（HC）	HC0，HC3 HC4，HC5	HC0，HC3 HC4，HC5	HC0～HC5	HC0～HC5	HC0～HC5
累加器（AC）	AC0～AC3	AC0～AC3	AC0～AC3	AC0～AC3	AC0～AC3
变量存储器（V）	VB0～VB2047	VB0～VB2047	VB0～VB5119	VB0～VB5119	VB0～VB10239
局部存储器（L）	LB0～LB63	LB0～LB63	LB0～LB63	LB0～LB63	LB0～LB63
模拟输入（只读）	—	AIW0～AIW30	AIW0～AIW62	AIW0～AIW62	AIW0～AIW62
模拟输出（只写）	—	AQW0～AQW30	AQW0～AQW62	AQW0～AQW62	AQW0～AQW62

（1）输入继电器 I

输入继电器与 PLC 的输入端相连，专门用于接收或存储外部开关量信号。输入继电器是光电隔离的电子开关，其线圈、动合触点、动断触点与传统的硬继电器表示方法一样，它能提供无数对常开、常闭触点用于内部编程，输入继电器的状态只能由外部信号驱动改变，而无法用程序驱动。所以在梯形图中只见其触点而不会出现输入继电器线圈符号。另外，输入继电器触点只能用于内部编程，无法驱动外部负载。

（2）输出继电器 Q

输出继电器的输出端是 PLC 向外部传送信号的接口。它也可以提供无数对常开、常闭触点用于内部编程，输出继电器的线圈状态由程序驱动，每一个输出继电器的外部常开触点与 PLC 的一个输出点相连，直接驱动外部负载。如图 2-3 所示是输入、输出继电器的梯形图和等效电路示意图。

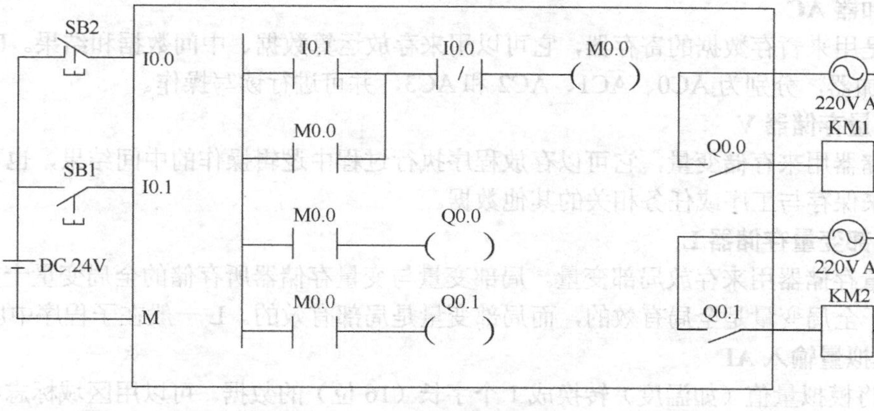

图 2-3 输入、输出继电器的梯形图和等效电路图

（3）通用型辅助继电器 M

PLC 内部有很多辅助继电器，其作用相当于继电器控制系统中的中间继电器，用于状态暂存、辅助移位运算及特殊功能。辅助继电器线圈也是由程序驱动，也能提供无数对常开、常闭触点用于内部编程。这些触点不能直接驱动外部负载。

（4）特殊辅助继电器 SM

有些辅助继电器具有特殊功能或用来存储系统的状态变量、控制参数和信息，把它称之为特殊辅助继电器。如 SM0.0 为 PLC 运行恒为 ON 的特殊继电器；SM0.1 为 PLC 为运行时的初始化脉冲，当 PLC 开始运行时只接通一个扫描周期的时间。

（5）状态器 S

状态继电器是 PLC 在步进顺控系统实现控制的重要内部元件，状态继电器与辅助继电器一样，有无数的常开和常闭触点，在顺控程序中任意使用。图 2-4 为由状态继电器组成的顺序功能图（状态转移图）。其原理如下：当 PLC 上电后，初始状态继电器 S0.0 则为 ON，若不启动 I0.0，即 I0.0 为 OFF 时，S0.1、S0.2、S0.3 均为 OFF，外部负载无响应。当 I0.0=ON 时，则 S0.1=ON，Q0.0=ON，同时 S0.0=OFF，系统开始向下运动。当条件 I0.1=ON 时，S0.2=ON，Q0.1=ON，S0.1=OFF，当条件 I0.2=ON 时，S0.3=ON，Q0.3=ON，S0.2=OFF。从上述中可以看出，系统在运行过程中，其实就是状态继电器依转移条件不断向下转移的过程。

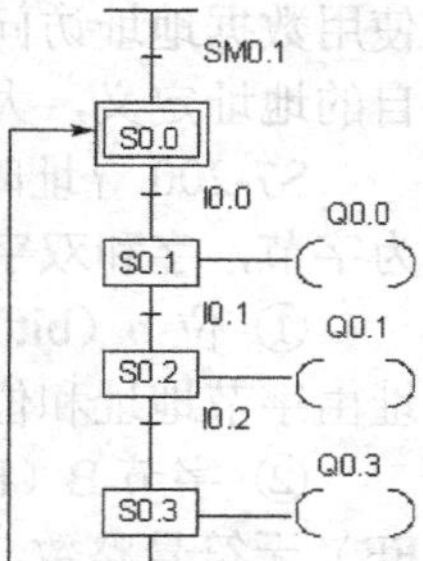

图 2-4 顺序功能图

（6）定时器 T

定时器在可编程控制器中的作用相当于一个时间继电器，是重要的编程软器件，其工作过程与继电器-接触器控制系统中的时间继电器的原理基本相同，在使用时要先输入时间设定值，当定时器的输入条件满足时开始计时，当前值从 0 开始按一定的时间单位增加，当定时器的当前值达到设定值时，定时器的触点动作。S7-200 PLC 有 3 种定时器，它们的时间基准增量分别为 1ms、10ms 和 100ms。

（7）计数器 C

计数器用来累计输入脉冲的个数，在实际应用中，经常对产品进行计数，使用时要先输入它的设定值。如输入计数器，当输入条件满足时，计数器开始对输入脉冲的上升沿计数，当计数达到设定值时，其常开触点闭合，常闭触点断开。

（8）高速计数器 HC

一般计数器的计数频率受扫描周期的影响，不能太高，而高速计数器可累计比 CPU 的扫描速度更快的计数。高速计数器的当前值是一个双字节（32 位）的整数，且为只读值。

（9）累加器 AC

累加器是用来暂存数据的寄存器，它可以用来存放运算数据、中间数据和结果。PLC 提供 4 个 32 位累加器，分别为 AC0、AC1、AC2 和 AC3，并可进行读写操作。

（10）变量存储器 V

变量存储器用来存储变量，它可以存放程序执行过程中逻辑操作的中间结果，也可以使用变量存储器来保存与工序或任务相关的其他数据。

（11）局部变量存储器 L

局部变量存储器用来存放局部变量。局部变量与变量存储器所存储的全局变量十分相似，主要区别在于全局变量是全局有效的，而局部变量是局部有效的。L 一般在子程序中应用。

（12）模拟量输入 AI

S7-200 将模拟量值（如温度）转换成 1 个字长（16 位）的数据。可以用区域标志符（AI）、数据长度（W）及字节的起始地址来存取这些值。因为模拟值输入为 1 个字长，且从偶数位字节（如 0、2、4）开始。所以必须用偶数字节地址（如 AIW0、AIW2、AIW4）来存取这些值。模拟量输入值为只读数据，模拟量转换的实际精度是 12 位。

（13）模拟量输出 AQ

S7-200 把 1 个字长（16 位）数字值按比例转换为电压或电流，可以用区域标志（AQ）、数据长度（W）及字节的起始地址来改变这些值。因为模拟量为 1 个字长，且从偶数字节（0、2、4）开始，所以必须用偶数字节地址（如 AQW0、AQW2、AQW4）来存取这些值。

2.3.2 寻址方式

S7-200 CPU 将信息存储在不同的存储单元，每个单元都有一个唯一的地址。S7-200 CPU 使用数据地址访问所有的数据，称为寻址。输入/输出点、中间运算数据等各种数据类型具有各自的地址定义，大部分指令都需要指定数据地址。

S7-200 寻址时，可以使用不同的数据长度，在表示数据长度时，分别用 B、W、D 字母作为字节，字和双字的标识符。

① 位 b（bit） 位是数字系统中的最小单位，取值只有 0 和 1 两种形式。位存储单元的地址由字节地址和位地址组成。

② 字节 B（Byte） 8 位二进制数组成 1 个字节，即 1B=8b。它的取值范围为 0～255（0～FF）无符号整数，或-128～+127（80～7F）有符号整数。

③ 字 W（Word） 相邻的两个字节组成一个字，即 1W=2B=16b。它的取值范围为 0～65535（0～FFFF）无符号整数，或-32768～+32767（8000～7FFF）有符号整数。

④ 双字 D（Double Word） 两个字组成一个双字，即 1D=2W=32b。它的取值范围为 0～4294967295（0～FFFFFFFF）无符号整数，或-2147483648～+2147483647（8000 0000～7FFF FFFF）有符号整数。

在 S7-200 PLC 系列中，可以按位、字节、字和双字对存储单元进行寻址。寻址时，数据地址以代表存储区类型的字母开始，随后是表示数据长度的标记，然后是存储单元编号，对于按位寻址，还需要在分隔符后面指定位编号。

（1）直接寻址

直接寻址是直接指出元件名称的寻址方式。直接寻址时，操作数的地址应按规定的格式表示，指令中，数据类型应与指令符相匹配。

在 S7-200 中，可以存放操作数的存储区有输入映像寄存器（I） 存储区、输出映像寄存器（Q）存储区、变量（V）存储区、位存储器（M）存储区、顺序控制器（S）存储区、特殊存储器（SM）存储区、局部存储器（L）存储区、定时器（T）存储区、计数器（C）存储区、累加器（AC）存储区、高速计数器（HC）存储区、模拟量输入（AI）和模拟量输出（AQ）存储区。S7-200 将编程元件统一归为存储器单元，存储单元按字节进行编址，无论所寻址的是何种数据类型，通常应指出它在所在存储区域和在区域内的字节地址。每个单元都有唯一的地址，地址用名称和编号两部分组成，元件名称（区域地址符号）如表 2-4 所示。

表 2-4 元件名称及区域地址

元件符号（名称）	所在数据区域	位寻址格式	其他寻址格式
I（输入继电器）	数字量输入映像位区	Ax.y	ATx
Q（输出继电器）	数字量输入映像位区	Ax.y	ATx
M（通用辅助继电器）	内部存储器标志位区	Ax.y	ATx
SM（特殊标志继电器）	特殊存储器标志位区	Ax.y	ATx
S（顺序控制继电器）	顺序控制继电器存储器区	Ax.y	ATx
V（变量存储器）	变量存储器区	Ax.y	ATx
L（局部变量存储器）	局部存储器区	Ax.y	ATx
T（定时器）	定时器存储器区	Ay	无
C（计数器）	计数器存储器区	Ay	无
AI（模拟量输入映像寄存器）	模拟量输入存储器区	无	ATx
AQ（模拟量输出映像寄存器）	模拟量输出存储器区	无	ATx
AC（累加器）	累加器区	Ay	无
HC（高速计数器）	高速计数器区	Ay	无

在 S7-200 系统中，可以按位、字节、字和双字对存储单元寻址，各操作数范围见表 2-5。

表 2-5 S7-200 CPU 操作数范围

存取方式		CPU 221	CPU 222	CPU 224、CPU 226	CPU 226 XM
位存取（字节，位）	I	0.0～15.7	0.0～15.7	0.0～15.7	0.0～15.7
	Q	0.0～15.7	0.0～15.7	0.0～15.7	0.0～15.7
	M	0.0～31.7	0.0～31.7	0.0～31.7	0.0～31.7
	SM	0.0～179.7	0.0～299.7	0.0～549.7	0.0～549.7
	S	0.0～31.7	0.0～31.7	0.0～31.7	0.0～31.7
	T	0.0～255	0.0～255	0.0～255	0.0～255
	C	0.0～255	0.0～255	0.0～255	0.0～255
	V	0.0～2047.7	0.0～2047.7	0.0～5119.7	0.0～10239.7
	L	0.0～59.7	0.0～59.7	0.0～59.7	0.0～59.7
字节存取	IB	0～15	0～15	0～15	0～15
	QB	0～15	0～15	0～15	0～15
	MB	0～31	0～31	0～31	0～31
	SMB	0～179	0～299	0～549	0～549
	SB	0～31	0～31	0～31	0～31
	AC	0～3	0～3	0～3	0～255
	VB	0～2047	0～2047	0～5119	0～10239
	LB	0～63	0～63	0～63	0～255
	常数				
字存取	IW	0～14	0～14	0～14	0～14
	QW	0～14	0～14	0～14	0～14
	MW	0～30	0～30	0～30	0～30
	SMW	0～178	0～298	0～548	0～548
	SW	0～30	0～30	0～30	0～30
	T	0～255	0～255	0～255	0～255

续表

存取方式		CPU 221	CPU 222	CPU 224、CPU 226	CPU 226 XM
字存取	C	0~255	0~255	0~255	0~255
	AC	0~3	0~3	0~3	0~3
	VW	0~2046	0~2046	0~5118	0~10238
	LW	0~58	0~58	0~58	0~58
	AIW	无	0~30	0~62	0~62
	AQW	无	0~30	0~62	0~62
	常数				
双字存取	ID	0~12	0~12	0~12	0~12
	QD	0~12	0~12	0~12	0~12
	MD	0~28	0~28	0~28	0~28
	SMD	0~176	0~176	0~546	0~546
	SD	0~28	0~28	0~28	0~28
	AC	0~3	0~3	0~3	0~3
	VD	0~2044	0~2044	0~5116	0~10236
	LD	0~56	0~56	0~56	0~56
	HC	0，3，4，5	0，3，4，5	0~5	0~5
	常数				

位寻址举例如图 2-5 所示。

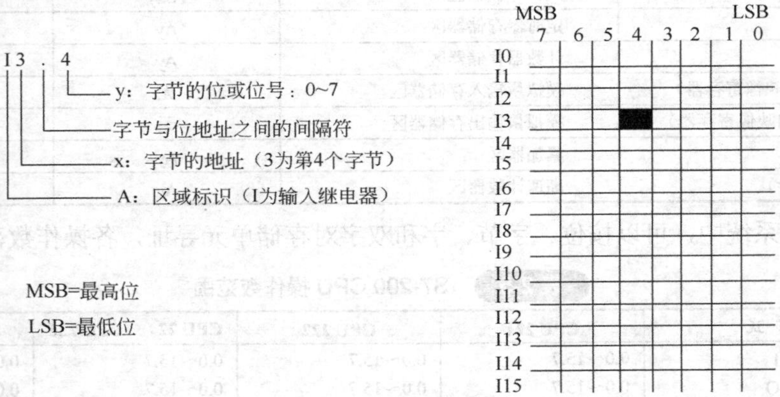

图 2-5　位寻址举例

字节寻址举例如图 2-6 所示。

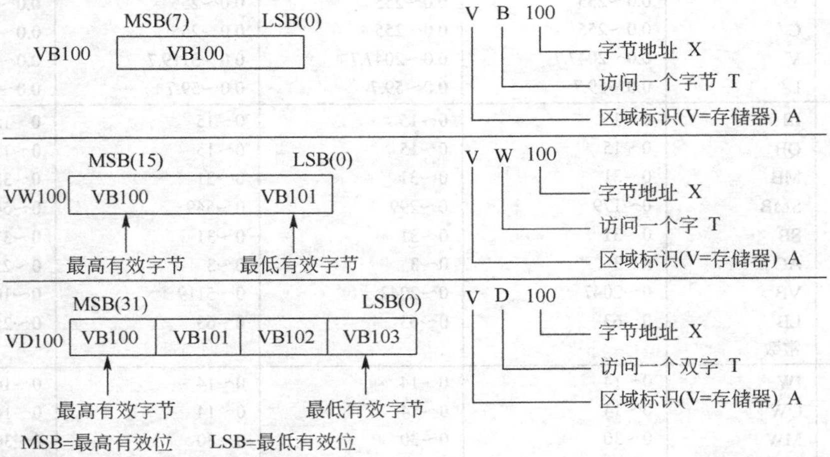

注：B—Byte；W—Word；D—Double Word

图 2-6　字节寻址举例

（2）间接寻址

在一条指令中，如果操作码后面的操作数是以一个数据所在地址的地址形式出现的，这种指令的寻址方式就叫做间接寻址。间接寻址在处理内存连续地址中的数据时非常方便，而且可以缩短程序所生成的代码的长度，使程序更加灵活。

用间接寻址方式存取数据的工作方式有建立指针、间接存取和修改指针三种。

① 建立指针　间接寻址前，应先建立指针，必须用双字节传送指令（MOVD），指针中存放存储器的某个地址。以指针中的内容值为地址就可以进行间接寻址，其格式如下：

```
MOVD    &VB200，VD302
MOVD    &MB10，AC2
MOVD    &C2，LD14
```

其中，“&”为地址符号，它与单元编号结合使用表示所对应单元的32位物理地址；VB200只是一个直接地址的编号，并非其物理地址。指令中的第二个地址数据长度必须是双字节，如VD、LD、AC 。

建立指针时，只能使用变量存储器（V）、局部存储器（L）或累加器（AC1、AC2、AC3）作为指针，AC0不能用作间接寻址的指针。

② 间接存取　指令中在操作数的前面加“*”表示该操作数为一个指针。指针指出的是操作数所在的地址，而不是数值。

下面两条指令是建立指针和间接存取的应用方法：

```
MOVD    &VB200，AC0
MOVW    *AC0，AC1
```

③ 修改指针　修改指针的用法如下：

```
MOVD    &VB200，AC0   建立指针
INCD    AC0           修改指针，加1
INCD    AC0           修改指针，再加1
MOVW    *AC0，AC1     读指针
```

如图2-7所示：创建了一个指向VB200的指针，存取了数值，并增加了指针。

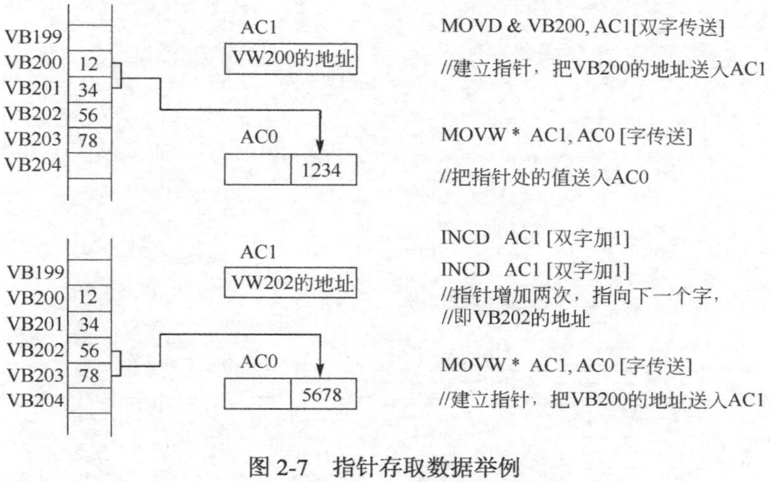

图2-7　指针存取数据举例

能 力 训 练

实训项目 1：合理选择 PLC 主机与扩展模块

一个控制系统需要 12 点数字量输入、30 点数字量输出、7 点模拟量输入和 2 点模拟量输出。试问：

① 可以选用哪种主机型号？

② 如何选择扩展模块？

③ 各模块按什么顺序连接到主机？请画出连接图。

实训项目 2：通过给定模块选择电源模块和机架

一个 S7-300 PLC 系统由下面的模块组成：

1 块中央处理单元 CPU 314；

1 块数字量输入模块 SM321、16×24V；

1 块继电器输出模块 SM322、8×230V AC；

1 块模拟量输入模块 SM331、8×12 位；

2 块模拟量输出模块 SM332、4×12 位；

1 块模拟量 I/O 模块 SM344。

请问：如何选择电源模块和机架？

实训项目 3：通过实训熟练掌握 PLC 编程软器件

列出 S7-200 的编程软器件及每个软器件的作用。

习题与思考题

2.1 S7-200 系列 PLC 主机中有哪些主要编程元件？

2.2 S7-200 系列 PLC 有哪些型号的 CPU?

2.3 PLC 中软继电器的主要特点是什么？

2.4 为什么 PLC 的触点可以使用无数次？

2.5 S7-200 有哪几种寻址方式？试说明。

3 STEP7-Micro/WIN4.0 编程软件

学习目标

1. 学会 STEP7-Micro/WIN4.0 软件的安装及与通信设置。
2. 掌握 STEP7-Micro/WIN4.0 功能，能够编写、编译、下载程序。
3. 掌握程序调试的方法。

STEP7-Micro/ WIN 编程软件是由西门子公司专门为 S7-200 系列可编程控制器设计开发的，是基于 Windows 的 S7-200 专用编程软件，它的基本功能是协助用户完成 PLC 应用程序的开发，同时具有设置参数、加密和运行监视等功能。本章主要介绍 STEP7-Micro/WIN4.0 软件的安装、基本功能，以及如何用编程软件进行编程、调试和运行监控等内容。

3.1 硬件连接及软件的安装

3.1.1 硬件连接

PLC 可以与个人计算机之间进行通信，采用 PC/PPI 电缆连接，不需要其他硬件，如调制解调器和编程设备。

典型的单主机连接及 CPU 组态如图 3-1 所示。把 PC/PPI 电缆的 PC 端连接到计算机的 RS-232 通信口（一般是 COM1），把 PC/PPI 电缆的 PPI 端连接到 PLC 的 RS-485 通信口即可。

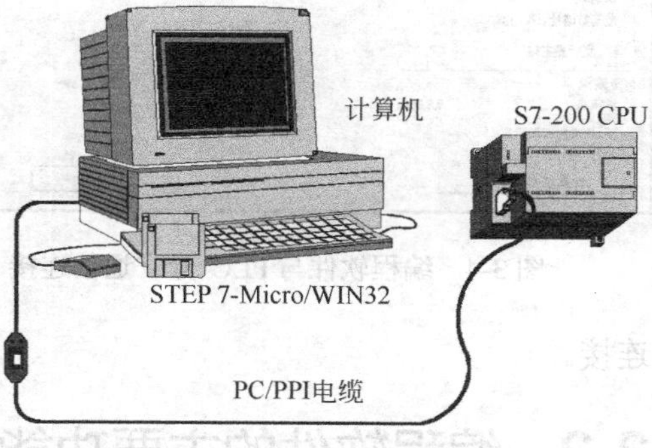

图 3-1 PLC 与计算机的连接

3.1.2 软件安装

双击安装文件夹中的“STEP 7-Micro/WIN4.0 exe”开始安装编程软件，使用默认安装语言（英语），在安装过程中按照提示完成安装。

安装完成后，双击 STEP7-Micro/WIN 图标即可打开该软件，窗口组件的文本显示为英语，用户需要中文设定和编程模式时，打开软件界面，下拉工具菜单“Tools”点击选项“Options”，在弹出的窗口左侧方框中选择常规项“General”，再在右侧“Language”框内选择“Chinese”项，然后单击“OK”软件界面就会转变成中文界面。

3.1.3 参数设置

安装完软件并且设置连接好硬件之后，可以按下面的步骤检查核实设置参数。

① 打开编程软件，如图 3-2 所示，点击“通信”下的“设置 PG/PC 接口”。

② 在“站参数”区域的 PPI 标记上，选择“地址”方框中的一个数字。该数字表示

STEP7-Micro/WIN 放置在可编程控制器网络中的位置。运行 STEP7-Micro/WIN 的个人计算机的默认站址是 0。网络上的第一台 PLC 的默认站址是 2。如图 3-3 所示。

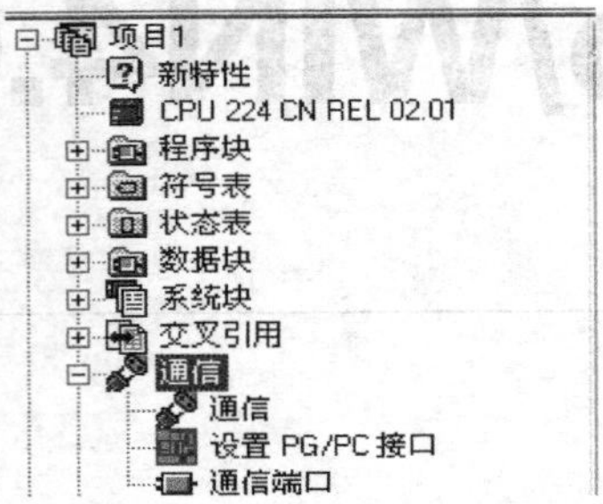

图 3-2　编程通信设置（1）

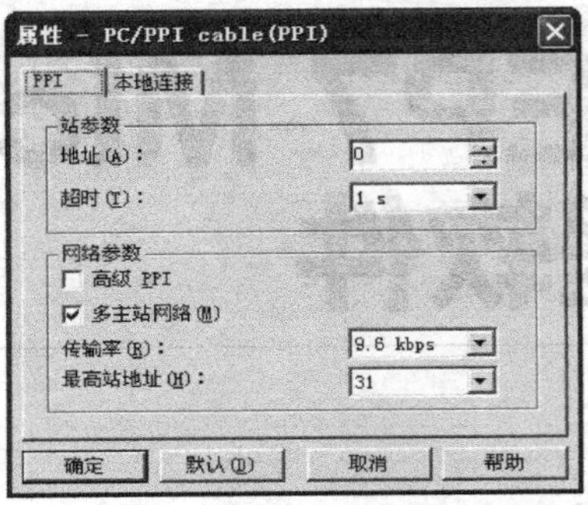

图 3-3　编程通信设置（2）

③ 在“超时”方框中选择一个数值。该数值代表通信驱动程序尝试建立连接花费的时间。默认值应当有足够的时间。

④ 确定您是否希望将 STEP7-Micro/WIN 用在配备多台主站的网络上。可以保留“多台主站网络”方框中的选中符号。

⑤ 设置 STEP 7-Micro/WIN 网络通信的速率，要和 PPI 电缆 DIP 开关设置保持一致。

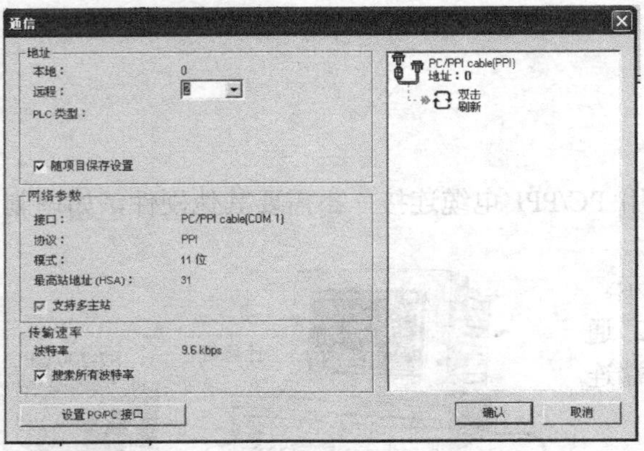

图 3-4　编程软件与 PLC 建立通信连接

⑥ 选择最高站址。此设置可以使 STEP7-Micro/WIN 停止查找网络上的其他主站的地址。

⑦ 在“本地连接”标签中，选择 PC/PPI 电缆与之连接的 COM 端口。如果使用的是调制解调器，选择调制解调器连接的 COM 端口，并选择“使用调制解调器”复选框。

⑧ 点击“确定”，退出“设置 PG/PC 接口”对话框。

点击图 3-2“通信”，出现如图 3-4 所示画面，双击“双击刷新”，编程软件将自动链接 CPU 224 CN PLC，如通信失败，则出现错误提示对话框，更改相应的设置，重新刷新建立连接。

3.2　编程软件的主要功能

3.2.1　基本功能

STEP7-Micro/WIN32 的基本功能是协助用户完成开发应用软件的任务，例如创建用户程序、修改和编辑原有的用户程序，编辑过程中编辑器具有简单语法检查功能，同时它还有一些工具性的功能，例如用户程序的文档管理和加密等。此外，还可以直接用软件设置 PLC 的工作方式、参数和运行监控等。

程序编辑过程中的语法检查功能可以提前避免一些语法和数据类型方面的错误，梯形图中错误处的下方自动加红色曲线，语句表中错误行前有红色叉，且错误处的下方加红色曲线。

软件功能的实现可以在联机工作方式（在线方式）下进行，部分功能的实现也可以在离线工作方式下进行。

① 联机方式：有编程软件的计算机与 PLC 连接，此时允许两者之间做直接通信。

② 离线方式：有编程软件的计算机与 PLC 断开连接，此时能完成大部分基本功能，如编程、编译和调试程序系统组态等。

两者的主要区别是：联机方式下可直接针对相连的 PLC 进行操作，如上传和下载用户程序及组态数据等；而离线方式下不直接与 PLC 联系，所以程序和参数都暂时存放在磁盘上，等联机后再下载到 PLC 中。

3.2.2 主界面及组件功能

STEP7-Micro/WIN4.0 的窗口组件包括菜单栏、工具栏、浏览栏、指令树窗口、程序编辑窗口、状态栏、输出窗口和用户窗口（可同时或分别打开图中的 5 个用户窗口），等部分，除菜单栏外，用户可根据需要决定其他窗口的取舍和样式的设置，下面介绍主要窗口组件的功能。其主要界面外观如图 3-5 所示。

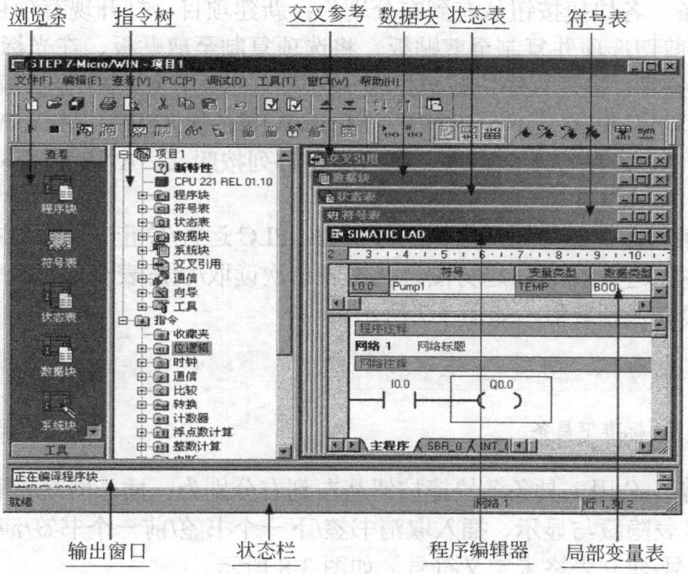

图 3-5 STEP7-Micro/WIN4.0 的操作界面

（1）菜单条

允许使用鼠标单击或对应热键的操作，这是必选区。主要菜单项功能如下：

① 文件（File）。文件操作如新建、打开、关闭、保存文件，上传和下载程序，还有文件的打印预览、设置和操作等。

② 编辑（Edit）。程序编辑的工具，如选择、复制、剪切、粘贴程序块或数据块，同时提供查找、替换、插入、删除和快速光标定位等功能。

③ 查看（View）。查看菜单用于选择各种编辑器，如程序编辑器、数据块编辑器、符号表编辑器、状态图编辑器、交叉引用查看以及系统块和通信参数设置等。

查看菜单还可以控制程序注解、网络注解以及浏览条、指令树和输出视窗的显示与隐藏，可以对程序块的属性进行设置。

④ 可编程控制器（PLC）。PLC 可建立与 PLC 联机时的相关操作，如改变 PLC 的工作方式、在线编译、查看 PLC 的信息、清除程序和数据、时钟、存储器卡操作、程序比较、PLC 类型选择及通信设置等。在此还提供离线编译的功能。

⑤ 调试（Debug）。调试菜单用于联机时的动态调试。调试时可以指定 PLC 对程序执行有限次数扫描（从 1 次扫描到 65535 次扫描）。通过选择 PLC 运行的扫描次数，可以在程序改变过程变量时对其进行监控。

⑥ 工具（Tools）。工其可以调用复杂指令向导（包括 PID 指令、NETR/ NETW 指令和 HSC 指令），使复杂指令编程时工作大大简化；安装文本显示器 TD-200 向导；用户化界面风格（设置按钮及按钮样式，在此可添加菜单项）；用选择的菜单也可以设置 3 种编辑器的风格，如字体、指令盒的大小等。

⑦ 窗口（Windows）。窗口可打开一个或多个，并可进行窗口之间的切换；可以设置窗口的排放形式，如层叠、水平和垂直等。

⑧ 帮助（Help）。它通过帮助菜单上的目录和索引检阅几乎所有相关的使用帮助信息，帮助菜单还提供网上查询功能。而且在软件操作过程中的任何步骤或任何位置，都可以按 F1 键来显示在线帮助，大大方便了用户的使用。

（2）工具条

① 标准工具条　各快捷按钮从左到右分别为：新建项目、打开现有项目、保存当前项目、打印、打印预览、剪切选项并复制至剪贴板、将选项复制至剪贴板、在光标位置粘贴剪贴板内容、撤销最后一个条目、编译程序块或数据块（任意一个现用窗口）、全部编译（程序块、数据块和系统块）、将项目从 PLC 上传至 STEP7- Micro/WIN、从 STEP7- Micro/WIN 下载至 PLC、符号表名称列按照 A—Z 从小至大排序、符号表名称列按照 Z—A 从大至小排序、选项（配置程序编辑器窗口），如图 3-6 所示。

② 调试工具条　各快捷按钮从左到右分别为：PLC 运行/停止、程序状态监控/暂停程序状态监控、状态表监控/趋势图/暂停趋势图、状态表单次读取/状态表全部写入、强制取消强制/全部取消强制/全部读取强制数值。如图 3-7 所示。

图 3-6　标准工具条

图 3-7　调试工具条

③ 公用工具条　公用工具条各快捷按钮从左到右分别为：插入网络/删除网络，程序注释/网络注释/网络符号表隐藏与显示、插入取消书签/下一个书签/前一个书签/清除全部书签、在项目中应用所有的符号/建立表格未定义符号。如图 3-8 所示。

④ LAD 指令工具条　各快提按钮从左到右分别为：插入向下直线，插入向上直线，插入左行，插入右行，插入接点，插入线圈，插入指令盒。如图 3-9 所示。

图 3-8　公用工具条

图 3-9　LAD 指令工具条

（3）浏览条

浏览条为编程提供按钮控制，可以实现窗口的快速切换，即对编程工具执行直接按钮存取，包括程序块、符号表、状态表、数据块、系统块、交叉引用和通信。单击上述任意按钮，则主窗口切换成此按钮对应的窗口。

（4）指令树

以树形结构提供编程时用到的所有快捷操作命令和 PLC 指令，可分为项目分支和指令分支。项目分支用于组织程序项目，指令分支用于输入程序。

（5）用户窗口

可同时或分别打开 6 个用户窗口，分别为：交叉引用、数据块、状态表、符号表、程序编辑器和局部变量表。

① 交叉引用 在程序编译成功后，可用下面的方法之一打开“交叉引用”窗口。

a．用菜单命令：“查看”→“组件”→“交叉引用”。

b．单击词览条中的“交叉引用”按钮。

“交叉引用”表列出在程序中使用的各操作数所在的程序单元（POU）、网络或行位置，以及每次使用各操作数的语句表指令。通过交叉引用表还可以查看哪些内存区域已经被使用，作为位还是作为字节使用。在运行方式下编辑程序时，可以查看程序当前正在使用的跳变信号的地址。交叉引用表不下载到可编程序控制器，在程序编译成功后，才能打开交叉引用表。在交叉引用表中双击某操作数，可以显示出包含该操作数的那一部分程序。

② 数据块 数据块可以设置和修改变量存储器的初始值和常数值，并加注必要的注释说明。

用下面的方法之一打开“数据块”窗口：

a．单击浏览条上的“数据块”按钮。

b．用菜单命令：“查看”→“组件”→“数据块”。

c．单击指令树中的“数据块”图标。

③ 状态表 将程序下载至 PLC 之后，可以建立一个或多个状态表，在联机调试时，进入状态表监控状态，可监视各变量的值和状态。状态表不下载到 PLC，它只是监视用户程序运行的一种工具。用下面的方法之一可打开状态表：

a．单击浏览条上的“状态表”按钮。

b．用菜单命令：“查看”→“组件”→“状态表”。

c．打开指令树中的“状态表”文件夹，然后双击“用户定义”图标。

若在项目中有一个以上状态表，使用位于“状态表”窗口底部的标签在状态表之间切换。

④ 符号表 符号表是程序员用符号编址的一种工具表。在编程时不采用元件的直接地址作为操作数，而用有实际含义的自定义符号名作为编程元件的操作数，这样可使程序更容易理解。符号表则建立了自定义符号名与直接地址编号之间的关系。程序被编译后下载到可程序控制器时，所有的符号地址被转换成绝对地址，符号表中的信息不下载到可编程序控制器。用下面的方法之一可打开符号表：

a．单击浏览条中的“符号表”按钮。

b．用菜单命令：“查看”→“组件”→“符号表”。

c．打开指令树中的符号表文件夹，然后双击“用户定义”图标。

⑤ 程序编辑器

a．“程序编辑器”窗口的打开。

• 单击览条中的“程序块”按钮，打开程序编辑器窗口，单击窗口下方的主程序、子程序、中断程序标签，可自由切换程序窗口。

• 指令树→程序块→双击主程序图标。子程序图标或中断程序图标。

b．程序编辑器的设置。

• 菜单命令“工具”→“选项”→“程序编辑器”标签，设置编辑器选项。

• 使用选项快捷按钮→设置“程序编辑器”选项。

c．指令语言的选择。

• 菜单命令“查看”→STL、梯形图、FBD，更改编辑器类型。

• 菜单命令“工具”→“选项”→“常规”标签，可更改编辑器（梯形图、FBD 或 STL）。

⑥ 局部变量表 程序中的每个程序块都有自己的局部变量表，局部变量存储器（L）有 64 个字节。局部变量表用来定义局部变量，局部变量只在建立该局部变量的程序块中才有效。在带参数的子程序调用中，参数的传递就是通过局部变量表传递的。

在用户窗口将水平分裂条下拉即可显示局部变量表，将水平分裂条拉至程序编辑器窗口的顶部，局部变量表不再显示，但仍旧存在。

（6）输出窗口

用来显示 STEP7-Micro/WIN 程序编译的结果，如编译结果有无错误、错误编码和位置等。通过菜单命令“查看”→“框架”→“输出窗口”，可打开或关闭输出窗口。

（7）状态条

提供有关在 STEP7-Micro/WIN 中操作的信息

3.3 编程软件的使用

3.3.1 新建项目

STEP7-Micro/WIN 的一个基本项目包括程序块、数据块、系统块、符号表、状态表和交叉引用表。程序块、数据块、系统块须下载到 PLC，而符号表、状态表、交叉引用表不下载到 PLC。

程序块由可执行代码和注释组成，可执行代码由一个主程序和可选子程序或中断程序组成，程序代码被编译并下载到 PLC，程序注释被忽略，在“指令树”中右击“程序块”图标可以插入子程序和中断程序。

数据块由数据（包括初始内存值和常数值）和注释两部分组成。数据被编译后，下载到 PLC，注释被忽略。

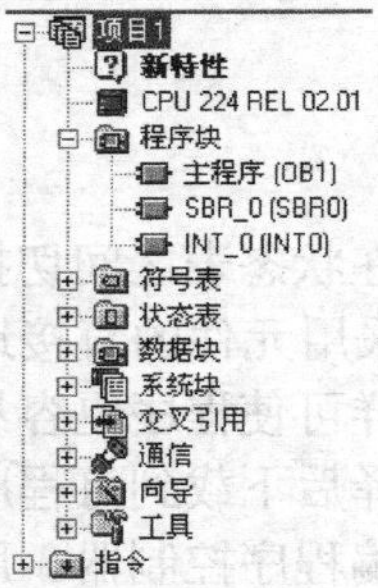

图 3-10 新建程序结构图

系统块用来设置系统的参数，包括通信口配置信息、保存范围、模拟和数字输入过滤器、背景时间、密码表、脉冲截取位和输出表等选项。单击“浏览栏”上的“系统块”按钮，或者单击“指令树”内的“系统块”图标。可查看并编辑系统块，系统块的信息须下载到 PLC，为 PLC 提供新的系统配置。

建立一个程序文件，可用“文件（File）”菜单中的“新建（New）”命令，在主窗口将显示新建的程序文件主程序区；也可以用工具条中的按钮来完成。如图 3-10 所示为一新建程序文件的指令树，系统默认初始设置如下。

新建的程序文件以“项目 1”命名，包括内容为系统默认 PLC 的型号。项目包含 7 个相关的块，其中程序块中有 1 个主程序、1 个子程序 SBR_O 和 1 个中断程序 INT_O。

用户可以依据实际编程需要做以下操作。

（1）确定主机型号

首先要根据实际应用情况选择 PLC 型号。右击“项目 1”图标，在弹出的按钮中单击“类型（Type）”，或用“PLC”菜单中的“类型（Type）”命令。然后在弹出的对话框中选择所有的 PLC 型号。

（2）程序更名

项目文件更名：如果新建了一个程序文件，可用“文件（File）”菜单中“另存为（Save as）”命令，然后在弹出的对话框中键入希望的名称。

子程序和中断程序更名：在指令树窗口中，右击要更名的子程序或中断程序名称，在弹出的选择按钮中单击“重命名（Rename）”，然后键入名称。

主程序的名称一般默认为 MAIN，任何项目文件的主程序只有一个。

（3）添加一个子程序或一个中断序

方法 1：在指令树窗口中，右击“程序块（Program Block）”图标，在弹出的选择按钮中单击“插入子程序（Insert Subroutine）”或“插入中断程序（Insert Interrupt）”项。

方法 2：用“编辑（Edit）”菜单中的“插入（Insert）”命令。

方法 3：在编辑窗口中单击编辑区，在弹出的菜单选项中选择“插入（Insert）”命令。新生成的子程序和中断程序根据已有子程序和中断程序的数目，默认名称为 SBR_*n* 和 INT_*n*，用户可以自行更名。

（4）编辑程序

编辑程序块中的任何一个程序，只要在指令树窗口中双击该程序的图标即可。

（5）打开已有文件

打开一个磁盘中已有的程序文件，可用“文件（File）”菜单中“打开（Open）”命令，在弹出的对话框中选择打开的程序文件，也可用工具条中的按钮来完成。

（6）上传文件

在已经与 PLC 建立通信的前提下，如果要上传 PLC 存储器中的程序文件，可用“文件（File）”菜单中的“上传（Upload）”命令，也可以用工具条中的按钮来完成。

3.3.2 程序的编辑

编辑和修改控制程序是程序员利用 STEP7-Micro/WIN 编程软件要做的最基本的工作，本软件有较强的编辑功能。本节仅以梯形图编辑器为例介绍一些基本编辑操作，其语句表和功能块图编辑器的操作可类似进行。

（1）输入 LAD 指令的方法

梯形图的编程元件（编程元素）主要有线圈、触点、指令盒、标号及连接线。输入方法有以下两种，

① 指令树中提供编程所需要的所有指令。单击指令树中“指令”选项前面的“+”符号，展开指令树选项，可显示该项下所有指令，双击所需要的指令或点击所需要使用的指令，拖放所选指令到程序编辑器区域，如图 3-11、图 3-12 所示。

② 用指令工具条上的一组编程按钮，单击触点、线圈和指令盒按钮，从弹出窗口的下拉菜单所列出的指令中选择要输入的指令单击即可。如图 3-13 所示。

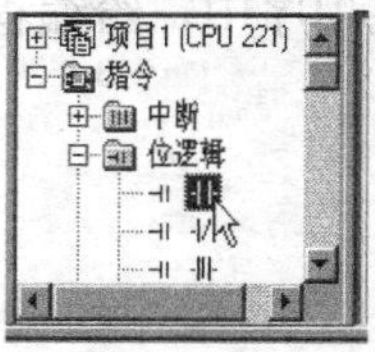

图 3-11 选择指令

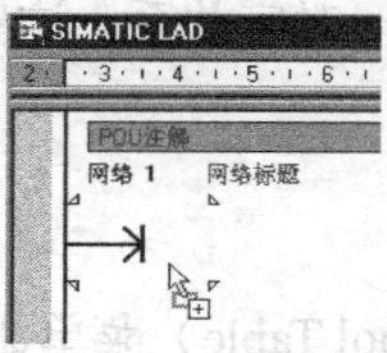

图 3-12 拖放放置指令

图 3-13 指令工具条

在指令工具条上，编程元件的输入有 7 个按钮：下行线、上行线、左行线和右行线按钮，用于输入连接线，由此可形成复杂梯形图结构。

（2）输入操作数

在程序的编辑区域，指令符号的相应位置出现“??.?”，表示此处必须有操作数，且未赋值，操作数为触点的名称。可单击“??.?”，然后键入操作数。如图 3-14、图 3-15 所示。

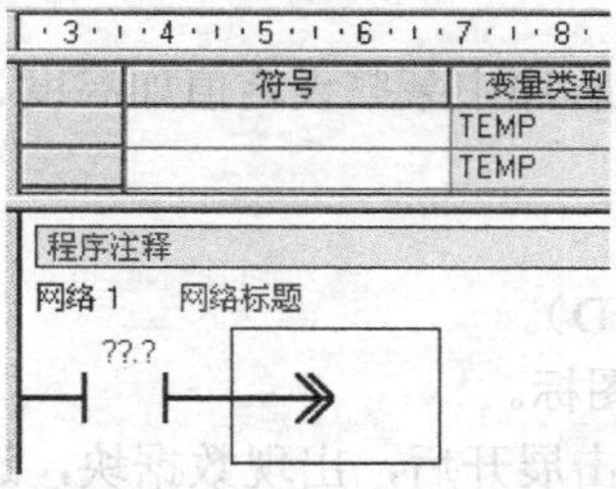

图 3-14 输入指令符号

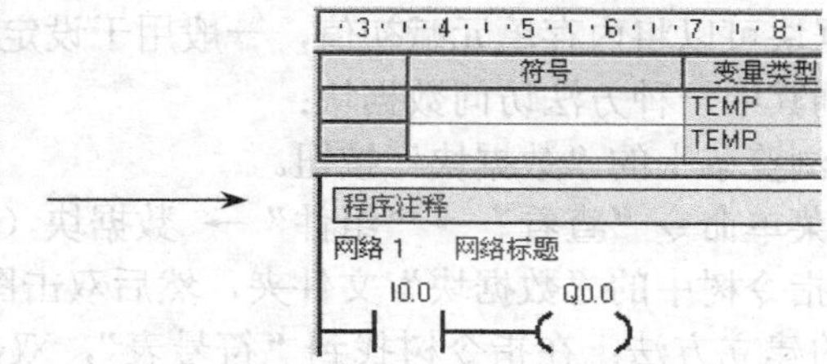

图 3-15 输入地址

（3）任意添加输入

如果想在任意位置添加一个编程元件，只需单击这一位置将光标移到此处，然后输入编程元件即可。

（4）插入和删除

编程中经常用到插入和删除一行、一列、一个网络、一个子程序或中断程序等。方法有两种：在编程区右击要进行操作的位置，弹出下拉菜单，选择“插入（Insert）”或“删除（Delete）”选项，再弹出子菜单，单击要插入或删除的项，然后进行编辑。也可用“编辑（Edit）”菜单中的命令进行上述相同的操作。

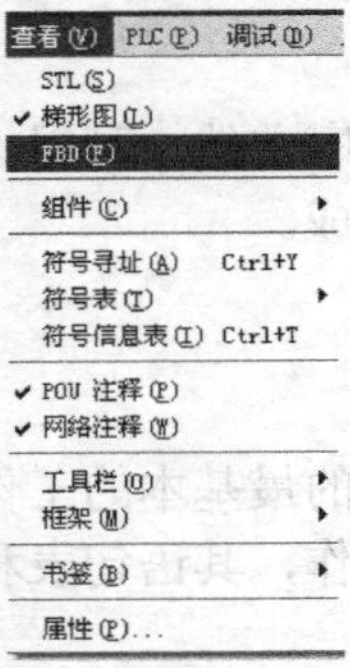

图 3-16 POU 注释、网络注释

对于元件剪切、复制或粘贴等操作方法也与上述类似。

（5）创建注释程序

为了使编写的程序便于阅读和程序维护，在程序段中插入程序注释。

可以分为：网络标题、网络注释，如图 3-16 所示。

① 项目组件注释 选择“查看”→“POU 注释”选项，在 POU 注释“√”（可视）或“（隐藏）”之间切换。每条 POU 注释所允许使用的最大字符数为 4098。POU 注释是供选用项目，可视时，始终位于 POU 顶端，并在第一个网络之前显示。

② 网络标题 将光标放在网络标题行的任何位置，输入一个识别该逻辑网络的标题。网络标题中允许使用的最大字符数为 127。

③ 网络注释 将光标放在网络标题行的任何位置下的方框内，可以编辑网络注释，网络注释中允许使用的最大字符数为 4096。

通过以上几个过程的操作可以在程序编辑区可以建立一个简单项目程序网络图。

（6）创建符号表

在程序开发中，为了编写程序方便，便于记忆，可以使用一些符号来代替某些存储器地址，这样定义使用的符号与内存之间建立了一一对应关系，这些符号显示在程序中，给编程和维护程序带来极大的方便。

① 建立符号表的方法有以下方法：

a．点击浏览条中的“符号表”按钮。

b．选择“查看”→“符号表”（Symbol Table）菜单命令。

在指令树中建立符号表：在项目管理栏找到“符号表”，双击展开后，出现符号表图标，点击图标，出现符号表编辑器。在“符号栏”输入符号如“Local_c”，表示本地控制；在“地址”栏输入相应的地址如“I0.0”；在“注释”输入该地址所完成的功能如“本地控制”，一旦符号在程序中被应用，符号表中该符号下面的绿色波浪线消失，建立符号表如图 3-17 所示。

② 符号表的使用：选择“查看”→“符号表”选项 →选择“将符号应用于项目（s）”在程序编辑器中就可以看到符号名称。符号被引用后的状态如图 3-18 所示。

（7）创建数据块

建立数据块可以将内存单元赋初值，一般用于设定程序中某些设定值如温度、压力数据。

使用下列其中一种方法访问数据块：

① 点击浏览条上的“数据块”按钮。

② 选择菜单命令“查看”→“组件”→ 数据块（D）。

③ 打开指令树中的“数据块”文件夹，然后双击图标。

数据块的建立方法：在指令树找到“符号表”，双击展开后，出现数据块，选择数据块下用户，点击用户出现数据块编辑器如图 3-19 所示，在编辑器可以编辑使用的内存单元和内存单元内存储数据。

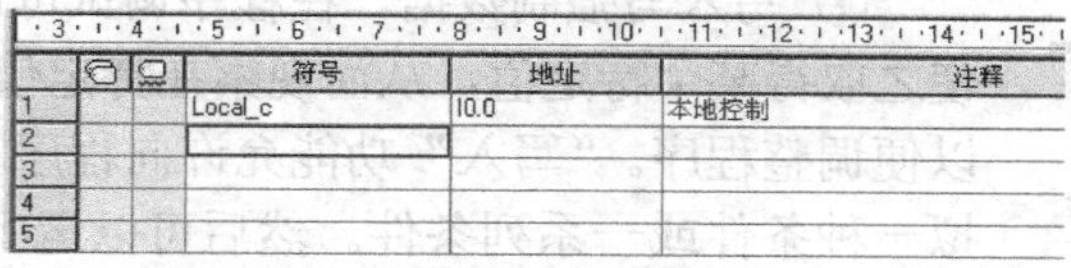

图 3-17 符号表的建立

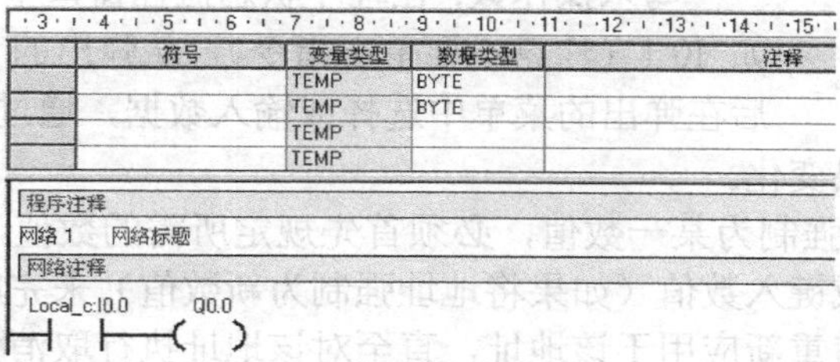

图 3-18 符号应用

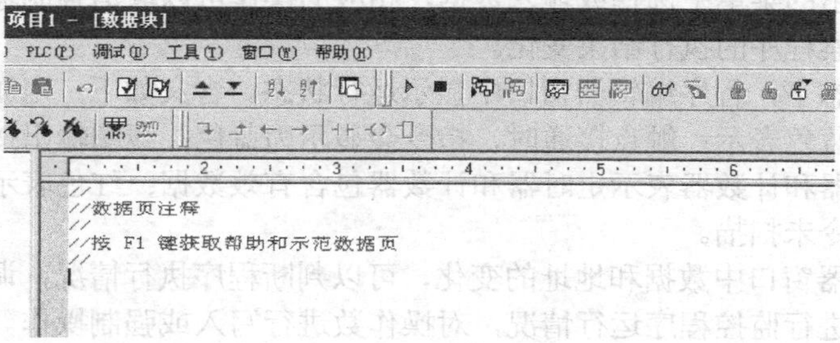

图 3-19 数据块的建立

3.3.3 编译程序

程序的编译操作用于检查程序块、数据块及系统块是否存在错误，程序经过编译后，方可下载到 PLC，梯形图编好后，单击“PLC”下拉菜单，选择“编译”或“全部编译”，也可单击工具栏上的（编译）按钮或（全部编译）按钮，在屏幕下方的输出窗口中出现编译信息；可以显示程序的预防错误的个数及错误原因和位置。用鼠标左键双击某条错误，将会在程序编辑器中标定错误所在的网络。

3.3.4 程序下载

程序下载至 PLC 之前，应核实 PLC 位于“停止”模式。检查 PLC 上的模式指示灯，如果 PLC 未设为“停止”模式，点击工具条中的“停止”按钮。

点击工具条中的“下载”按钮，或选择“文件”>“下载”。出现“下载”对话框，用来选择“程序代码块”“数据块”和“CPU 配置”（系统块）复选框被选择。如果不需要下载某一特定的块，清除该复选框。点击“确定”，开始下载程序，如果下载成功，一个确认框会显示以下信息：“下载成功”。

3.3.5 程序调试及运行监控

下载程序成功后，还要进一步对程序进行调试，观察程序是否按照项目设计的流程和逻辑执行，从而对程序进行调整和优化，因此就要通过程序运行观察 PLC 数据的当前值和能流状态的信息，使用状态表监控和程序状态监控窗口可以“读取”“写入”及“强制”PLC 数据值，观察程序和数据的变化。 程序下载至 PLC 后，可以用“程序状态监控”功能执行和测试程序网络。选择“调试”菜单“程序状态监控”按钮进入程序状态监控，也可以选择“开始状态表监控”监控程序的执行情况。如图 3-20 所示。

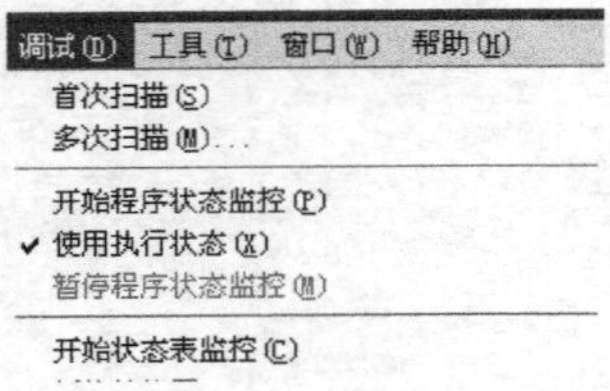

图 3-20 调试菜单

① 写入与强制数据。在程序调试可以写入和强制某个操作数使之取得某个特定值，从而观察在特定值输入下程序的运行结果，以便调整程序。“写入”功能允许向程序写入一个或多个数值，模拟一种条件或一系列条件。然后可以运行程序或使用状态表[以及程序状态（如果需要）]监控运行状况。

写入操作数：在程序状态监控窗口中，用鼠标右键单击操作数如 I0.1（注意不要单击指令），从弹出的 菜单中选择“写入”，然后在弹出的菜单中选择或输入数据，通过写入新的操作数的变化，可以观察程序的执行结果变化。

② 强制。要将地址强制为某一数值，必须首先规定所需的数值，可通过读取数值（如果希望强制为当前数值）或键入数值（如果将地址强制为新数值）来完成。一旦点击“强制”按钮，每次扫描都会将数值重新应用于该地址，直至对该地址执行取消强制。

强制操作数：用鼠标右键单击操作数如 Q0.1（注意不要单击指令），从弹出的菜单中选择“强制”，然后在弹出的菜单中选择或输入数据，相应的操作可以取消强制输入，通过强制操作数的变化，可以观察程序的执行结果变化。

在程序监控状态下，程序编辑器窗口中显示运行状态。含义如下：电源母线显示为蓝色；梯形图中的能流用蓝色表示；触点接通时，指令会显示为蓝色；线圈输出接通时，指令会显示为蓝色；绿色定时器和计数器表示定时器和计数器包含有效数据；红色表示指令执行有误；灰色表示无能流、指令未扫描。

根据程序编辑器窗口中数据和地址的变化，可以判断程序执行情况，调试程序也可以通过切换到监控表窗口进行监控程序运行情况，对操作数进行写入或强制操作。调试状态下的操作有些是在停止状态下可以执行，有些是在运行状态下可以执行，需要在使用软件过程中体会。

3.3.6 运行模式下的编辑

在运行模式下编辑，可以在对控制过程影响较小的情况下，对用户程序做少量的修改。修改后的程序下载时，将立即影响系统的控制运行，所以使用时应特别注意。可进行这种操作的 PLC 有 CPU 224、CPU 226 和 CPU 226 XM 等。

操作步骤：

① 选择“调试（Debug）”菜单中的“在运行状态编辑程序（Program Edit in RUN）”命令，因为 RUN 模式下只能编辑主机中的程序，如果主机中的程序与编辑软件窗口中的程序不同，系统会提示用户存盘。

② 屏幕弹出警告信息。单击“继续（Continue）”按钮，所连接主机中的程序将被上传到编程主窗口，便可以在运行模式下进行编辑。

③ 在运行模式下进行下载。在程序译成功后，可用“文件（File）”菜单中“下载（Download）”命令或单击工具条中的下载按钮，将程序块下载到 PLC 主机。

④ 退出运行模式编辑。使用“调式（Debug）”菜单中的“在运行状态编辑程序（Program Edit in RUN）”命令，然后根据需要选择“选项（Checkmark）”中的内容。

能 力 训 练

实训项目 1：创建工程项目

实训任务

① 打开编程软件，创建一个工程项目并命名为“电动机的连续运行控制”。

② 建立编程 PC 与 S7-200 CPU 224 通过编程电缆 PC/PPI Cable 之间的通信。

③ 编写如图 3-21 所示的电动机连续运行梯形图程序。

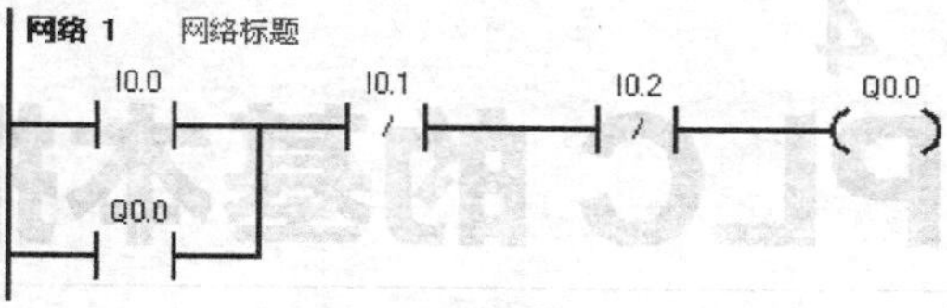

图 3-21 电动机连续运行梯形图

④ 编译程序，程序在下载之前，要编译泽才能转换为 PLC 在速反的能够执行的机器代码，单击工具栏中的“局部编译”图标按钮或“全部编译”图标按钮编译程序。

⑤ 程序下载，单击工具栏中的“下载图标按钮”或者在“命令”菜单中选择“PLC 下载”，可将程序下载至 PLC 中。

⑥ 运行程序，单击工具栏中的“运行”图标按钮或在“命令”菜单中选择“PLC/运行”，会弹出一个对话框，单击“确定”按钮，切换到运行模式。

⑦ 在线监控，单击工具栏中的“程序状态监控”图标按钮或者在“命令”菜单中选择“调试开始程序状态监控”来监控程序。

实训项目 2：软件的应用与程序调试

实训任务：编写图 3-22 中的指令语句表程序，并转换为梯形图，强制 I0.0 值为 ON，监视程序的运行。

		操作数 1	操作数 2	操作数 3	0123	中
LD	I0.0	OFF			0000	0
O	M1.0	OFF			0000	0
AN	T37	OFF			0000	1
A	I0.1	OFF			0000	0
=	M1.0	OFF			0000	0

网络 2

		操作数 1	操作数 2	操作数 3	0123	中
LD	M1.0	OFF			0000	0
TON	T37, +5	+0	+5		0000	0

网络 3

		操作数 1	操作数 2	操作数 3	0123	中
LD	T37	OFF			0000	0
O	M11.0	OFF			0000	0
=	M10.0	OFF			0000	0

图 3-22 指令语句表程序

习题与思考题

3.1 用编程电缆将计算机和 PLC 连接后，不能下载程序到 PLC，分析可能产生这种情况的原因，并检查波特率设置、站地址和检查 PC/PPI 电缆上的 DIP 开关。

3.2 利用软件创建一个项目，将图 3-23 的梯形图程序输入并下载到 PLC 中。

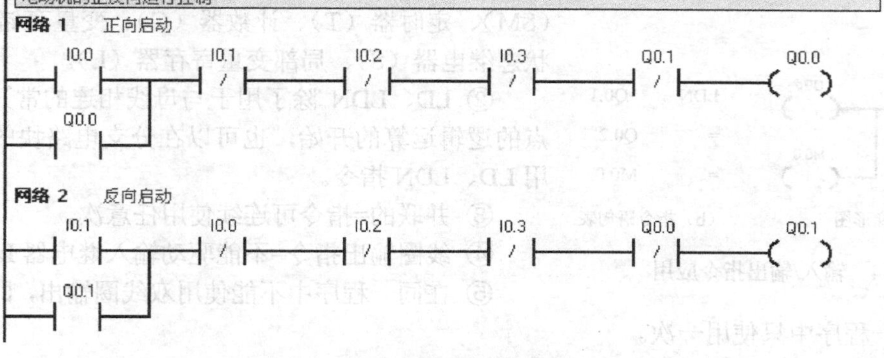

图 3-23 梯形图程序

4
PLC 的基本指令及应用

学习目标

1. 掌握可编程控制器的基本编程指令，并能熟练运用。
2. 理解梯形图程序的编制方法与编制规则。
3. 掌握简单控制程序的设计及编制。

4.1 PLC 基本指令

4.1.1 逻辑取及线圈输出指令 LD、LDN、=

① **LD**（Load）**取指令** 也称为初始装载指令，逻辑运算的开始，用于与母线连接的常开触点，在分支起点处也可使用。由常开触点和位地址组成。其 LAD（梯形图）和 STL（指令语句表）格式如图 4-1 所示。

② **LDN**（Load Not）**取反指令** 也称为初始装载非指令，用法与取指令相同，只是 LDN 对常闭触点。其 LAD 和 STL 格式如图 4-2 所示。

③ **= 输出指令** 也称为线圈驱动指令，由操作码“=”和线圈位地址构成，其 LAD 和 STL 格式如图 4-3 所示。

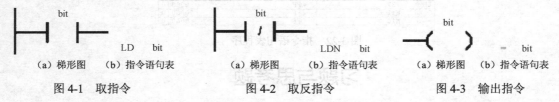

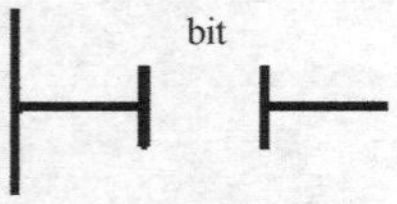

LD bit

（a）梯形图 （b）指令语句表

图 4-1 取指令

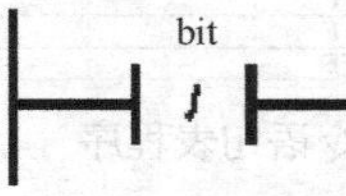

LDN bit

（a）梯形图 （b）指令语句表

图 4-2 取反指令

= bit

（a）梯形图 （b）指令语句表

图 4-3 输出指令

【例 4-1】 输入/输出指令应用举例。图 4-4 为对应的梯形图和指令语句表。

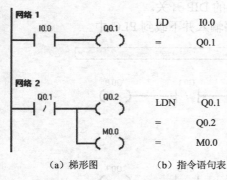

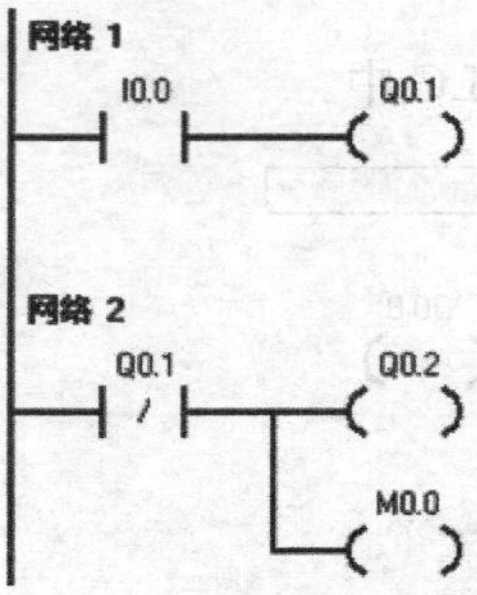


```
LD   I0.0
=    Q0.1

LDN  Q0.1
=    Q0.2
=    M0.0
```

（a）梯形图 （b）指令语句表

图 4-4 输入/输出指令应用

输入/输出指令的使用说明：

① LD、LDN 指令的操作数可以是输入继电器（I）、输出继电器（Q）、辅助继电器（M）、特殊辅助继电器（SM）、定时器（T）、计数器（C）、变量存储器（V）、状态继电器（S）、局部变量寄存器（L）。

② LD、LDN 除了用于与母线相连的常开或常闭触点的逻辑运算的开始，也可以在分支电路块的开始也要用 LD、LDN 指令。

③ 并联的=指令可连续使用任意次。

④ 线圈输出指令=不能驱动输入继电器 I。

⑤ 在同一程序中不能使用双线圈输出，即同一个元器件在同一程序中只使用一次。

4.1.2 触点串联指令 A、AN

① **A（And）指令** 又称为“与”指令，用于单个常开触点的串联连接，由操作码 A 和位地址构成。指令格式：A bit

其 LAD 和 STL 指令格式应用如图 4-5 所示。

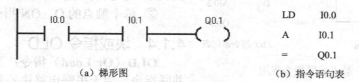

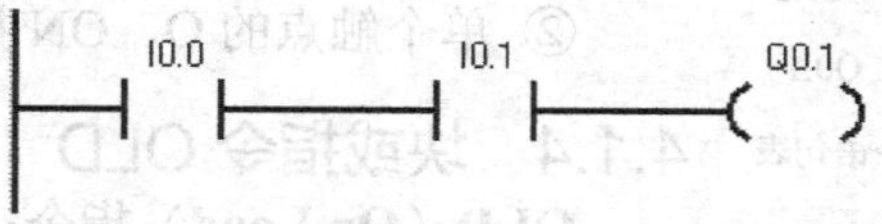

（a）梯形图

```
LD    I0.0
A     I0.1
=     Q0.1
```

（b）指令语句表

图 4-5 与指令

② **AN（And Not）指令** 又称为“与反”指令，用于单个常闭触点的串联连接，由操作码 AN 和位地址构成。指令格式：AN bit

其 LAD 和 STL 指令格式应用如图 4-6 所示。

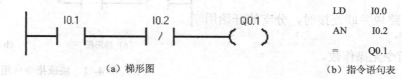

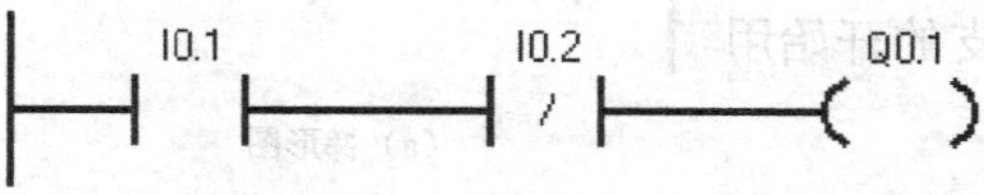

（a）梯形图

```
LD    I0.0
AN    I0.2
=     Q0.1
```

（b）指令语句表

图 4-6 与反指令

【例 4-2】 触点串联指令的应用举例。图 4-7 为对应的梯形图和指令语句表。

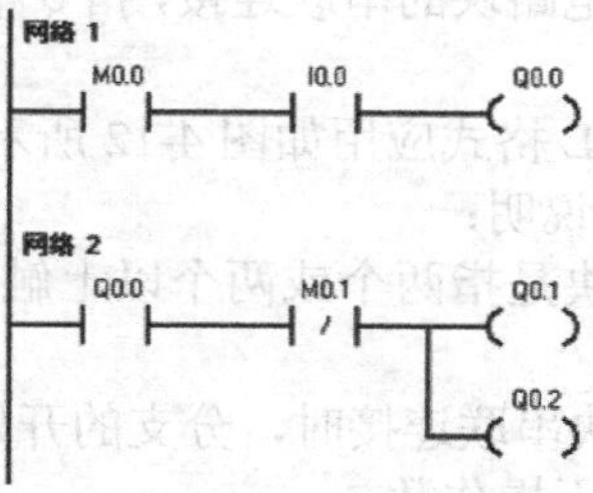

（a）梯形图

```
LD    M0.0
A     I0.0
=     Q0.0
LD    Q0.0
AN    M0.1
=     Q0.1
=     Q0.2
```

（b）指令语句表

图 4-7 触点串联指令应用

触点串联指令使用说明：

① 指令 A、AN 的操作数可为 I、Q、M、SM、T、C、V、S、L（位）。

② A、AN 是单个触点串联连接指令，可连续使用，但在用梯形图编程时会受到打印宽度和屏幕显示的限制，S7-200 PLC 编程软件中规定的串联触点使用上限为 11 个。

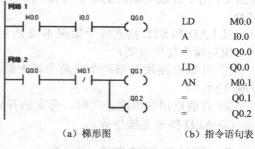

4.1.3 触点并联指令 O、ON

① **O（Or）指令** 又称为“或”指令，用于单个常开触点的并联连接，由操作码 O 和位地址构成。指令格式：O bit

其 LAD 和 STL 指令格式应用如图 4-8 所示。

② **ON（Or Not）指令** 又称为“或反”指令，用于单个常闭触点的并联连接，由操作码 AN 和位地址构成。指令格式：ON bit

其 LAD 和 STL 指令格式应用如图 4-9 所示。

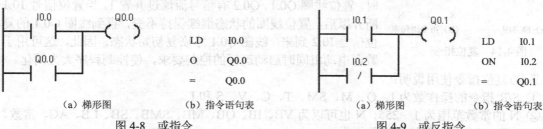

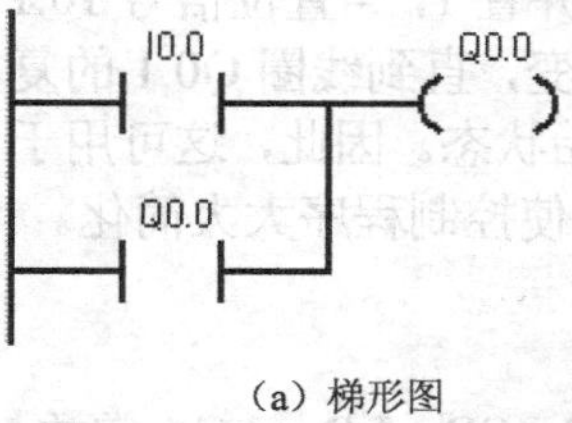

（a）梯形图

```
LD    I0.0
O     Q0.0
=     Q0.0
```

（b）指令语句表

图 4-8 或指令

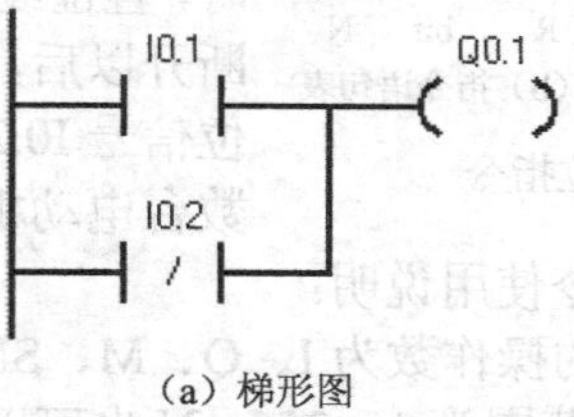

（a）梯形图

```
LD    I0.1
ON    I0.2
=     Q0.1
```

（b）指令语句表

图 4-9 或反指令

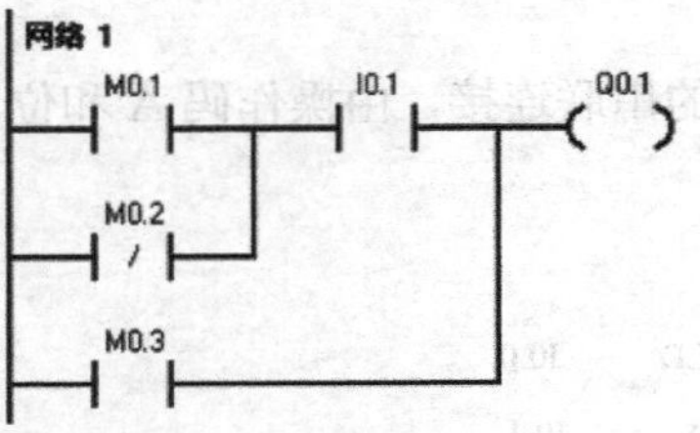

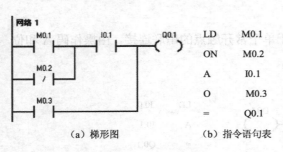

LD	M0.1
ON	M0.2
A	I0.1
O	M0.3
=	Q0.1

（a）梯形图　　（b）指令语句表

图 4-10　触点并联指令应用

【例 4-3】触点并联指令的应用举例。图 4-10 为对应的梯形图和指令语句表。

触点并联指令使用说明：

① O、ON 指令的操作数为 I、Q、M、SM、T、C、V、S、和 L。

② 单个触点的 O、ON 指令可连续使用。

4.1.4　块或指令 OLD

OLD（Or Load）指令：又称为串联电路块并联指令，用于串联电路块的并联连接。指令格式：OLD

其 LAD 和 STL 格式应用如图 4-11 所示。

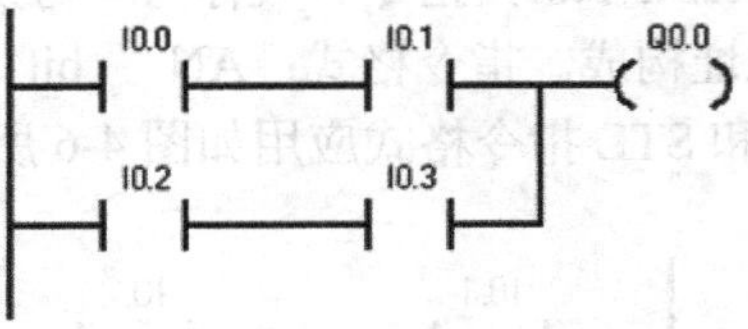

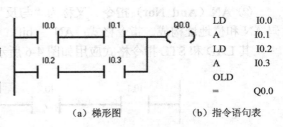

LD	I0.0
A	I0.1
LD	I0.2
A	I0.3
OLD	
=	Q0.0

（a）梯形图　　（b）指令语句表

图 4-11　块或指令应用

块或指令使用说明：

① 串联电路块是指两个或两个以上触点的串联连接。

② 串联电路块并联连接时，分支的开始用 LD 或 LDN 指令。

③ OLD 指令无操作数。

4.1.5　块与指令 ALD

ALD（And Load）指令又称为并联电路块串联指令，用于并联电路块的串联连接，指令格式：ALD

其 LAD 和 STL 格式应用如图 4-12 所示。

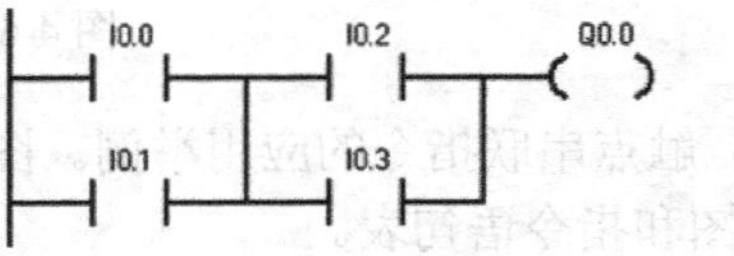

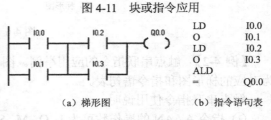

LD	I0.0
O	I0.1
LD	I0.2
O	I0.3
ALD	
=	Q0.0

（a）梯形图　　（b）指令语句表

图 4-12　块与指令应用

块与指令使用说明：

① 并联电路块是指两个或两个以上触点的并联连接。

② 并联电路块串联连接时，分支的开始用 LD 或 LDN 指令。

③ ALD 指令无操作数。

4.1.6　置位与复位指令 S、R

① **S（Set）置位指令**　由置位操作码、置位线圈的为地址（bit）和置位线圈数目（N）构成，从 bit 开始的 N 个元件置 1 并保持。

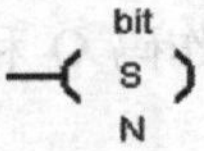

S　bit，N

（a）梯形图　　（b）指令语句表

图 4-13　置位指令

其 LAD 和 STL 格式如图 4-13 所示：

② **R（Reset）复位指令**　由复位操作码、复位线圈的为地址（bit）和复位线圈数目（N）构成，从 bit 开始的 N 个元件清零并保持。其 LAD 和 STL 指令格式如图 4-14 所示。

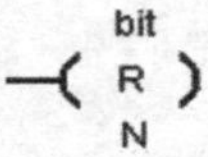

R　bit ，N

（a）梯形图　　（b）指令语句表

图 4-14　复位指令

【例 4-4】图 4-15 为 S/R 指令的应用，图中位地址为 Q0.1，N 为 2，则置位线图为 Q0.1、Q0.2，当图中置位信号 I0.1 接通时，置位线圈 Q0.1、Q0.2 有信号流流过并置 1，当置位信号 10.1 断开以后，置位线圈的状态继续保持不变，直到线圈 Q0.1 的复位信号 I0.2 到来，线图 Q0.1 才恢复初始状态。因此，这可用于数台电动机同时启动运行的控制要求，使控制程序大大简化。

置位/复位指令使用说明：

① S/R 指令的操作数为 I、Q、M、SM、T、C、V、S 和 L。

② N 的常数范围为 1～255，N 也可以为 VB、IB、QB、MB、SMB、SB、LB、AC、常数、*VD、*AC、*LD。一般情况下使用常数。

③ 位元件一旦被置位，就保持接通状态；一旦被复位，就保持断电状态。

④ 如果对计数器和定时器复位，则计数器和定时器的当前值被清零。

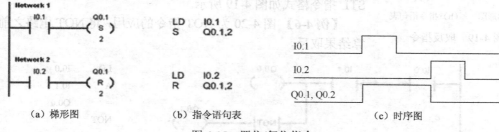

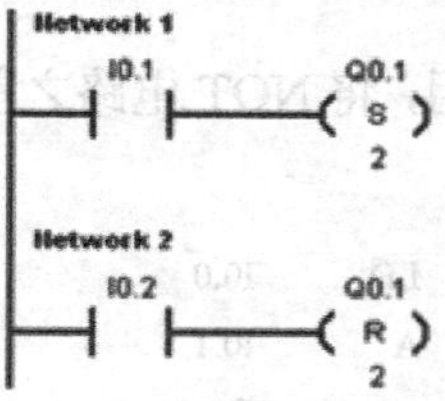

(a) 梯形图

```
LD    I0.1
S     Q0.1,2

LD    I0.2
R     Q0.1,2
```

(b) 指令语句表

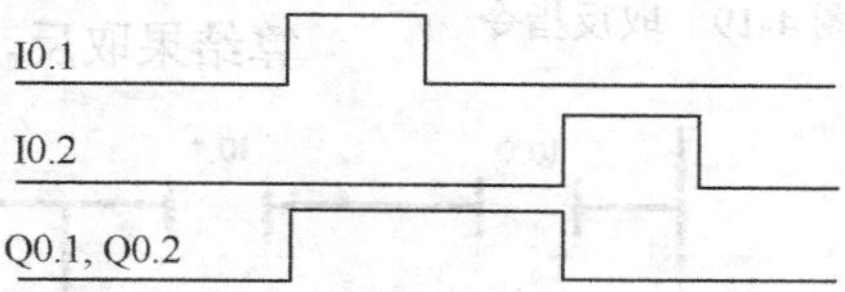

(c) 时序图

图 4-15　置位/复位指令

4.1.7　边沿脉冲指令 EU、ED

① **上升沿脉冲指令 EU（Edge Up）** 也称为正跳变指令，指某一操作数的状态由 0 变到 1（上升沿）的边沿过程，可产生一个扫描周期的脉冲。这个脉冲可以用来启动一个控制程序，也可以启动一个运算过程或结束一个控制。其 LAD 和 STL 指令格式如图 4-16 所示。

EU

(a) 梯形图　(b) 指令语句表

图 4-16　上升沿指令

② **下降沿脉冲指令 ED（Edge Down）** 也称为负跳变指令，指某一位操作数的状态由 1 变为 0（下降沿）的边沿过程，可产生一个周期的脉冲。这个脉冲可以用来启动一个控制程序，也可以启动一个运算过程或结束一个控制。其 LAD 和 STL 指令格式如图 4-17 所示。

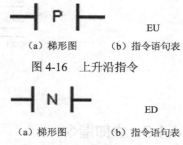

ED

(a) 梯形图　(b) 指令语句表

图 4-17　下降沿指令

边沿脉冲指令使用说明：

① EU、ED 指令后无操作数。

② 上升沿和下降沿检测指令不能直接与左母线相连，必须接在常开或常闭触点之后。

③ 当条件满足时，上升沿和下降沿检测指令的常开触点只接通一个扫描周期，接受控制的元件应接在这一触点之后。

【例 4-5】 图 4-18 为边沿脉冲指令的应用，即在 I0.0 的状态由断开变为接通（出现上升沿的过程）的一瞬间，上升沿指令对应的常开触点 M0.0 接通一个扫描周期，在 I.1 由接通变为断开（出现下降沿的过程）的一瞬间，下降沿指令对应的 M0.1 接通一个扫描周期。

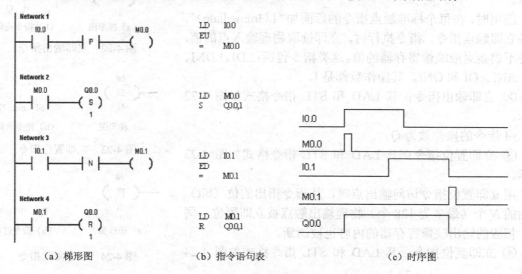

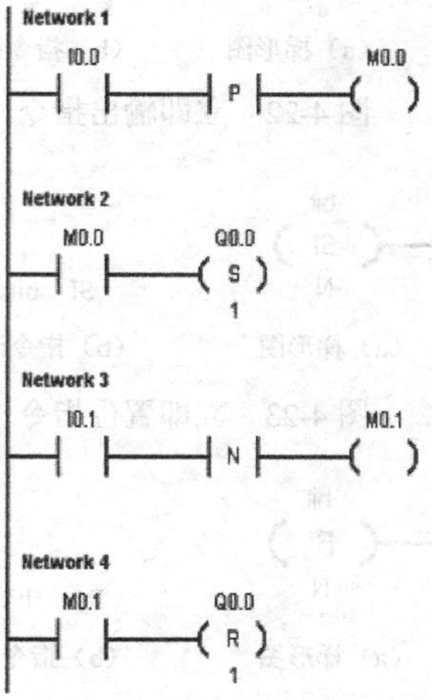

(a) 梯形图

```
LD    I0.0
EU
=     M0.0

LD    M0.0
S     Q0.0,1

LD    I0.1
ED
=     M0.1

LD    M0.1
R     Q0.0,1
```

(b) 指令语句表

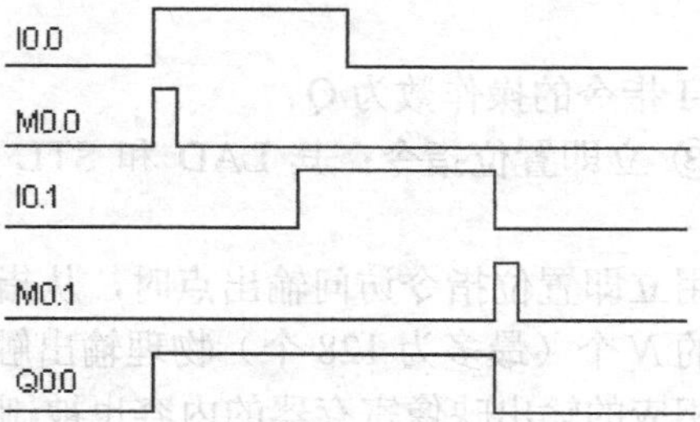

(c) 时序图

图 4-18　边沿脉冲指令应用

4.1.8 取反指令 NOT

取反指令用于对某一位的逻辑值取反，无操作数。其 LAD 和 STL 指令格式如图 4-19 所示。

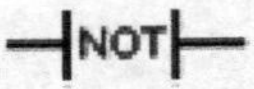

NOT

（a）梯形图　（b）指令语句表

图 4-19　取反指令

【例 4-6】 图 4-20 为 NOT 指令的应用，将 NOT 电路之前的运算结果取反。

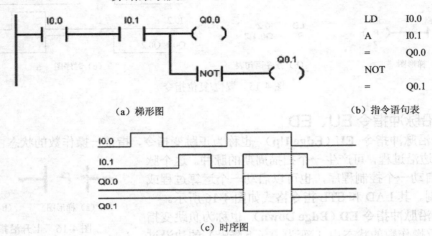

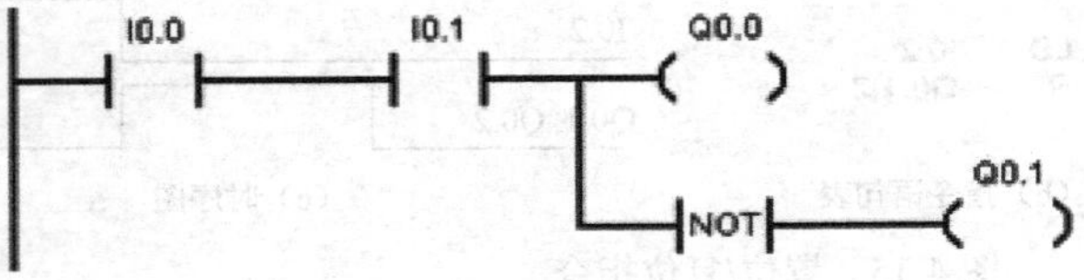

（a）梯形图

```
LD    I0.0
A     I0.1
=     Q0.0
NOT
=     Q0.1
```

（b）指令语句表

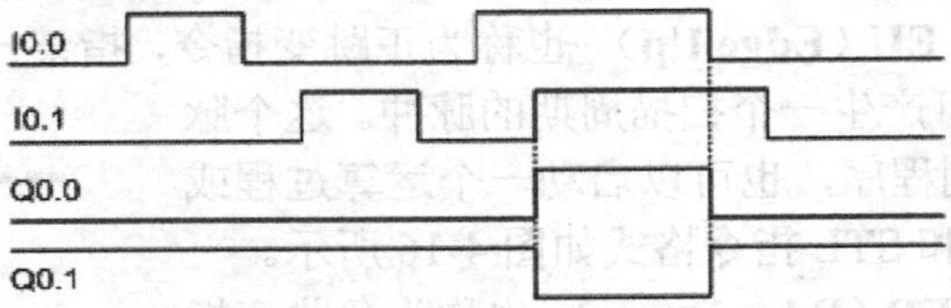

（c）时序图

图 4-20　取反指令应用

4.1.9 立即指令

立即指令是为了提高 PLC 对输入/输出的响应速度而设置的，它不受 PLC 循环扫描工作方式的影响，允许对输入输出点进行快速直接存取，即不等程序执行完毕，在执行的过程中即可刷新输出。例如：用立即指令访问输出 Q 时，立即将新值写入实际输出点和对应的输出映像寄存器。立即指令有以下四种类型：

① **立即输入指令**：其 LAD 和 STL 指令格式如图 4-21 所示。

LDI　I　　LDNI　I

（a）立即取指令　（b）立即取反指令

图 4-21　立即输入指令

应用时，在每个标准触点指令的后面加“I（Immediate）”，就是立即触点指令。指令执行时，立即读取物理输入点的值，但是不刷新对应映像寄存器的值。这类指令包括：LDI、LDNI、AI、ANI、OI 和 ONI。其操作数都是 I。

② **立即输出指令**：其 LAD 和 STL 指令格式如图 4-22 所示。

=I　Q

（a）梯形图　（b）指令语句表

图 4-22　立即输出指令

=I 指令的操作数为 Q。

③ **立即置位指令**：其 LAD 和 STL 指令格式如图 4-23 所示。

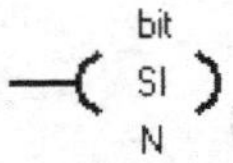

SI　bit，N

（a）梯形图　（b）指令语句表

图 4-23　立即置位指令

用立即置位指令访问输出点时，从指令指出的位（bit）开始的 N 个（最多为 128 个）物理输出触点被立即置位，同时，相应的输出映像寄存器的内容也被刷新。

④ **立即复位指令**：其 LAD 和 STL 指令格式如图 4-24 所示。

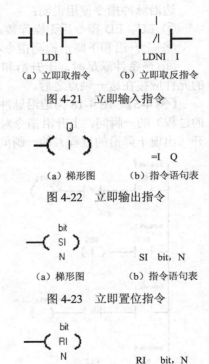

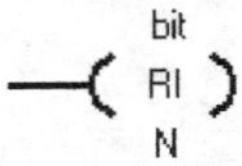

RI　bit，N

（a）梯形图　（b）指令语句表

图 4-24　立即复位指令

用立即置位指令访问输出点时，从指令指出的位（bit）开始的 N 个（最多为 128 个）物理输出触点被立即复位，同时，相应的输出映像寄存器的内容也被刷新。

【例 4-7】 图 4-25 为立即指令的应用举例。

图 4-25 中，t 为执行到输出点处程序所用的时间，Q0.0、Q0.1、Q0.2 的输入逻辑是 I0.0 的普通常开触点。Q0.0 为普通输出，在程序执行到它时，它的映像寄存器的状态会随着本扫描周期采集到 I0.0 状态的改变而改变，而它的物理触点要等到本扫描周期的输出刷新阶段才改变；Q0.1、Q0.2 为立即输出，在程序执行到它们时，它们的物理触点和输出映像寄存器同时改变；而对 Q0.3 来说，它的输入逻辑是 I0.0 的立即触点，所以在程序执行到它时，Q0.3 的映像寄存器的状态会随着 I0.0 即时状态的改变而立即改变，而它的物理触点要等到本扫描周期的输出刷新阶段才改变。

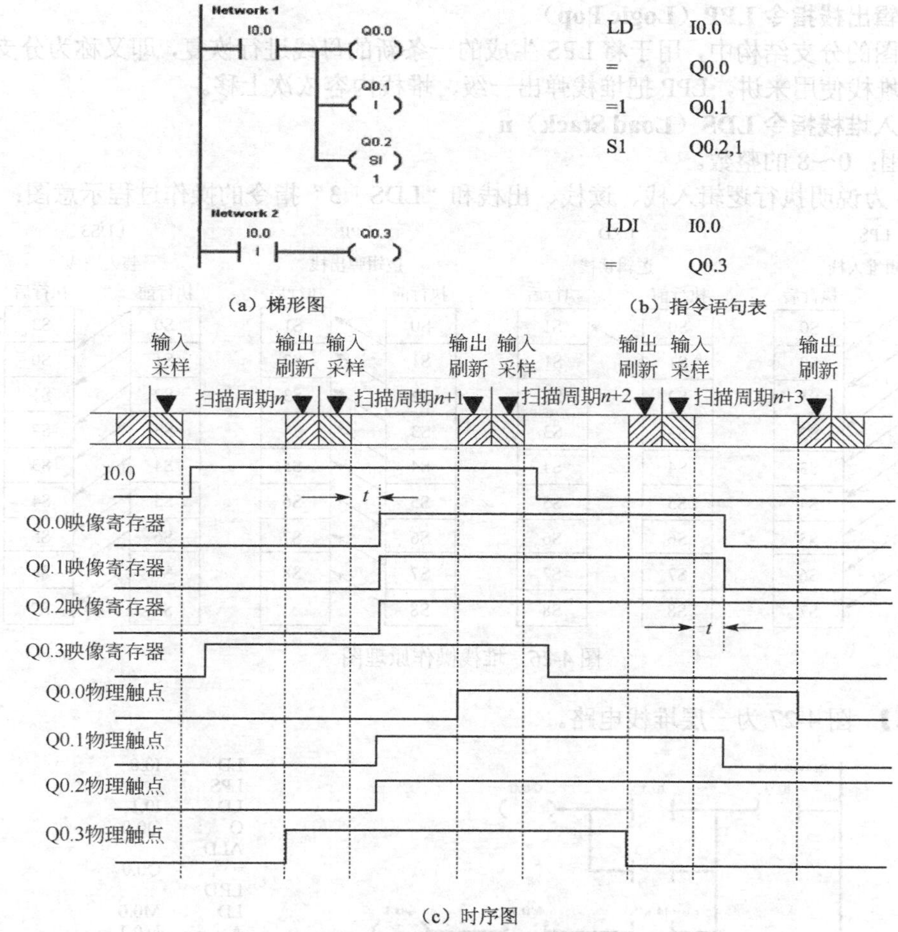

图 4-25 立即指令应用举例

在理解本例的过程中，一定要注意哪些地方使用了立即指令，哪些地方没有使用立即指令。要理解输出物理点和相应的输出映像寄存器是不一样的概念，并且要结合 PLC 工作方式的原理来看时序图。需要注意的是，立即 I/O 指令是直接访问物理输入/输出点的，比一般指令访问输入/输出映像寄存器占用 CPU 的时间要长，因而不能盲目地使用立即指令，否则，会加长扫描周期的时间，反而对系统造成不利的影响。

4.1.10 逻辑堆栈操作指令（LPS、LRD、LPP）、装入堆栈指令（LDS）

堆栈是一组能够存储和取出数据的暂存单元，其特点是“先进后出，后进先出”每一次进行入栈操作，新值放入栈顶，栈底值丢失；每一次进行出栈操作，栈顶值弹出，栈底值补进随机数。S7-200 PLC 使用了一个 9 层堆栈来处理所有逻辑操作，逻辑堆栈指令主要用来完成对触点进行的复杂连接，将连接点的结果存储起来，以方便连接点后面电路的编程。

（1）逻辑入栈指令 LPS（Logic Push）

在梯形图的分支结构中，用于生成一条新的母线，其左侧为原来的主逻辑块，右侧为新的逻辑块，完整的从逻辑块由此开始。使用 LPS 指令时，本指令为分支的开始，以后必须有分支结束指令，即 LPS 与 LPP 必须成对出现。从堆栈使用上来讲，LPS 指令的作用是把栈顶值复制后压入堆栈，栈底值丢失。

（2）逻辑读栈指令 LRD（Logic Read）

在梯形图的分支结构中，当左侧为主逻辑块时，开始第二个后边有更多的从逻辑块的编程。从堆栈使用来讲，LRD 读取最近的 LPS 压入堆栈的内容，而堆栈本身不进行压入和弹出操作。

（3）逻辑出栈指令 LPP（Logic Pop）

在梯形图的分支结构中，用于将 LPS 生成的一条新的母线进行恢复，即又称为分支电路结束指令。从堆栈使用来讲，LPP 把堆栈弹出一级，堆栈内容依次上移。

（4）装入堆栈指令 LDS（Load Stack）n

n 的范围：0～8 的整数。

图 4-26 为说明执行逻辑入栈、读栈、出栈和“LDS　3”指令的操作过程示意图：

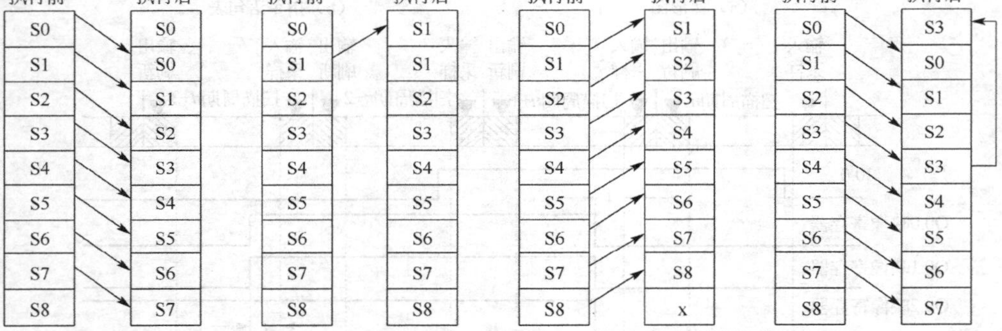

图 4-26　堆栈操作原理图

【例 4-8】 图 4-27 为一层堆栈电路。

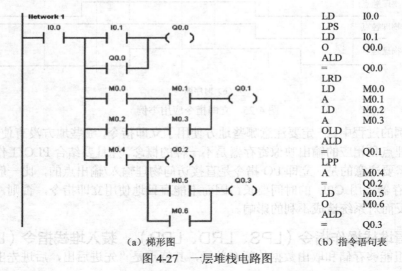

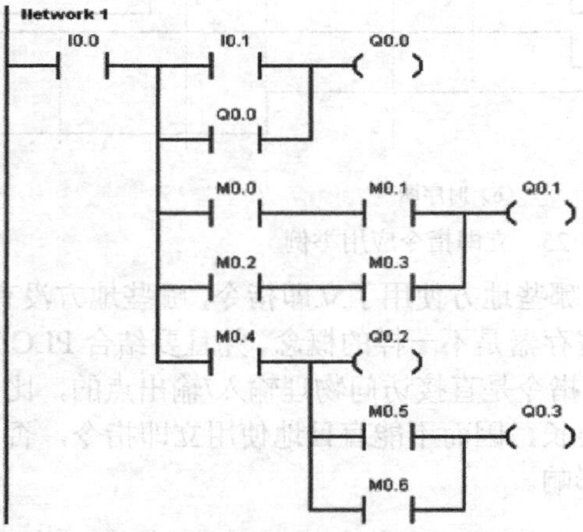

（a）梯形图

```
LD    I0.0
LPS
LD    I0.1
O     Q0.0
ALD
=     Q0.0
LRD
LD    M0.0
A     M0.1
LD    M0.2
A     M0.3
OLD
ALD
=     Q0.1
LPP
A     M0.4
=     Q0.2
LD    M0.5
O     M0.6
ALD
=     Q0.3
```

（b）指令语句表

图 4-27　一层堆栈电路图

【例 4-9】 图 4-28 为二层堆栈电路。

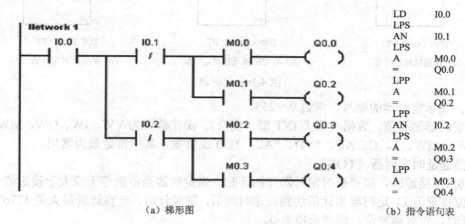

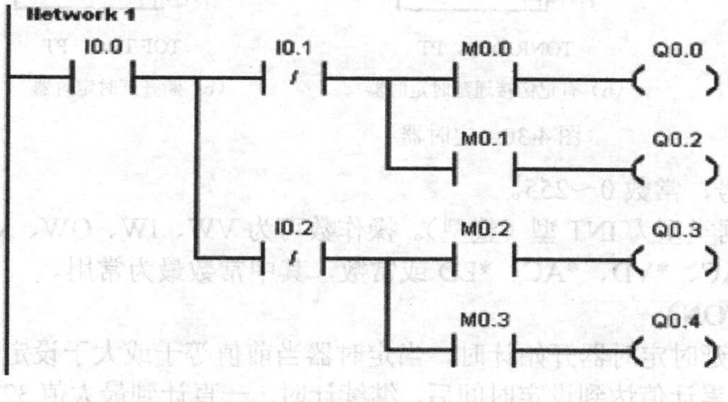

（a）梯形图

```
LD     I0.0
LPS
AN     I0.1
LPS
A      M0.0
=      Q0.0
LPP
A      M0.1
=      Q0.2
LPP
AN     I0.2
LPS
A      M0.2
=      Q0.3
LPP
A      M0.3
=      Q0.4
```

（b）指令语句表

图 4-28 二层堆栈电路图

【例 4-10】 图 4-29 为四层堆栈电路。

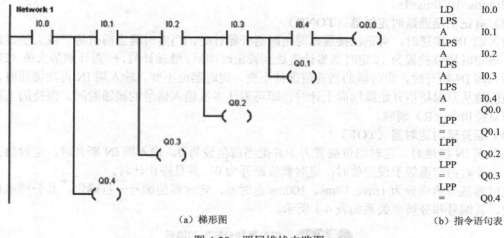

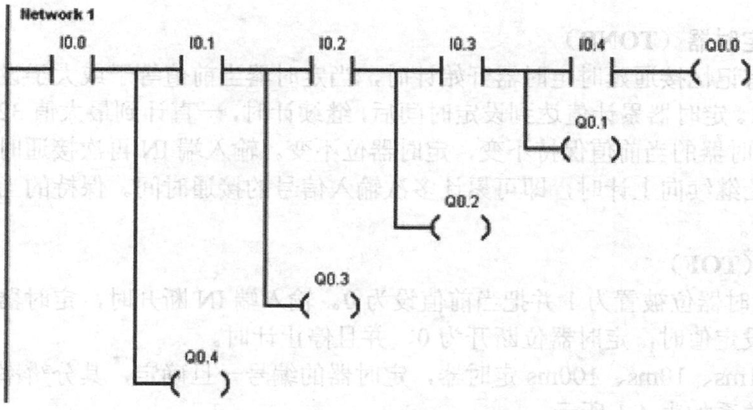

（a）梯形图

```
LD     I0.0
LPS
A      I0.1
LPS
A      I0.2
LPS
A      I0.3
LPS
A      I0.4
=      Q0.0
LPP
=      Q0.1
LPP
=      Q0.2
LPP
=      Q0.3
LPP
=      Q0.4
```

（b）指令语句表

图 4-29 四层堆栈电路图

堆栈指令使用说明：

① LPS 和 LPP 指令必须成对使用。

② 堆栈层数应少于 9 层，也就是说 LPS、LPP 指令连续使用时应少于 9 次。

③ LPS、LRD、LPP 指令无操作数。

4.1.11 定时器

定时器是 PLC 中很重要的编程元件之一，在可编程控制器中的作用相当于一个时间继电器，它有一个设定值、一个当前值以及无数个触点（位）。触点可以无数次使用，定时器的工作是将 PLC 内的 1ms、10ms、100ms 等的时钟脉冲相加，当它的当前值等于设定值时，定时器的输出触点动作。

S7-200 系列 PLC 有 256 个定时器，其地址编号最大为 255，这 256 个定时器按工作方式的不同分为三种类型：接通延时定时器（TON）、有记忆接通延时定时器（TONR）、断开延时定时器（TOF）。

其 LAD 和 STL 格式分别如图 4-30 所示。

IN：表示输入的是一个位置逻辑信号，起到使能输入端的作用。

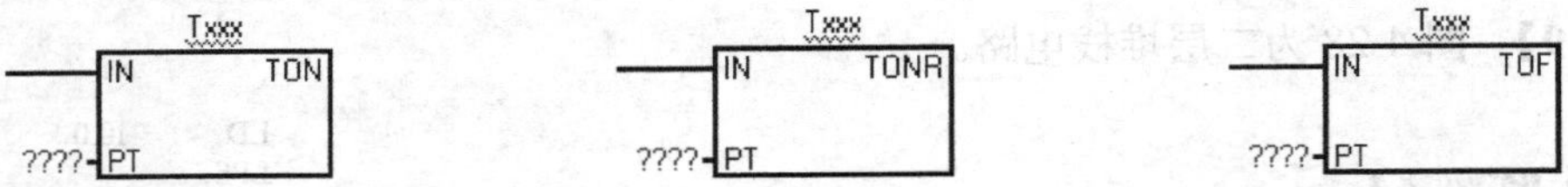

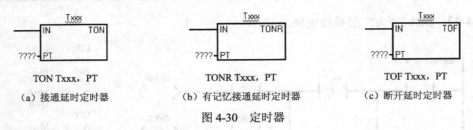

TON Txxx，PT　　TONR Txxx，PT　　TOF Txxx，PT

（a）接通延时定时器　（b）有记忆接通延时定时器　（c）断开延时定时器

图 4-30　定时器

Txxx：表示定时器的编号，常数 0～255。

PT：定时器的初值，数据类型为 INT 型（整型）。操作数可为 VW、IW、QW、MW、SW、SMW、LW、AIW、T、C、AC、*VD、*AC、*LD 或常数，其中常数最为常用。

（1）接通延时定时器（TON）

输入端 IN 接通时，接通延时定时器开始计时，当定时器当前值等于或大于设定值 PT 时，该定时器位被置为 1。定时器累计值达到设定时间后，继续计时，一直计到最大值 32767。输入端 IN 断开时，定时器复位，即当前值为 0。

定时器的实际设定时间 *T*=设定值（PT）×分辨率。

例如：TON 指令使用 T38（100ms 分辨率的定时器），设定值为 10，则所设定时间 *T*=10×100ms=1000ms=1s。

（2）有记忆接通延时定时器（TONR）

输入端 IN 接通时，有记忆接通延时定时器开始计时，当定时器当前值等于或大于设定值 PT 时，该定时器位被置为 1。定时器累计值达到设定时间后，继续计时，一直计到最大值 32767。

输入端 IN 断开时，定时器的当前值保持不变，定时器位不变。输入端 IN 再次接通时，定时器当前值从原保持值开始继续向上计时，即可累计多次输入信号的接通时间。保持的当前值可利用复位指令（R）清除。

（3）断开延时定时器（TOF）

输入端 IN 接通时，定时器位被置为 1 并把当前值设为 0。输入端 IN 断开时，定时器开始计时，当计时当前值等于设定值时，定时器位断开为 0，并且停止计时。

定时器按分辨率分为 1ms、10ms、100ms 定时器，定时器的编号一旦确定，其分辨率也随之确定，其编号和分辨率关系如表 4-1 所示。

表 4-1　定时器的分辨率和编号

定时器类型	分辨率/ms	计 时 范 围/s	定 时 器 号
TONR	1	32.767	T0、T64
	10	327.67	T1～T4、T65～T68
	100	3276.7	T5～T31、T69～T95
TON、TOF	1	32.767	T32、T96
	10	327.67	T33～T36、T97～T100
	100	3276.7	T37～T63、T101～T255

（1）1ms 定时器

每隔 1ms 刷新一次，刷新定时器位和当前值，在一个扫描周期中要刷新多次，而不和扫描周期同步。

（2）10ms 定时器

10ms 分辨率定时器启动后，定时器对 10ms 脉冲进行个数累计，程序执行时，在每次扫描周期的开始对 10ms 定时器刷新，在一个扫描周期内定时器位和定时器当前值保持不变。

（3）100ms 定时器

100ms 定时器启动后，定时器对 100ms 脉冲进行个数累计，只有在定时器指令被执行时，

100ms 定时器的当前值才被刷新。

在子程序和中断程序中不宜用 100ms 的定时器，子程序和中断程序不是每个扫描周期都执行的，所以在子程序和中断程序中 100ms 定时器的当前值就不能及时刷新，造成时基脉冲丢失，导致计时失准。

定时器的应用举例如下：

【例 4-11】 接通延时定时器 TON 应用举例，如图 4-31 所示。

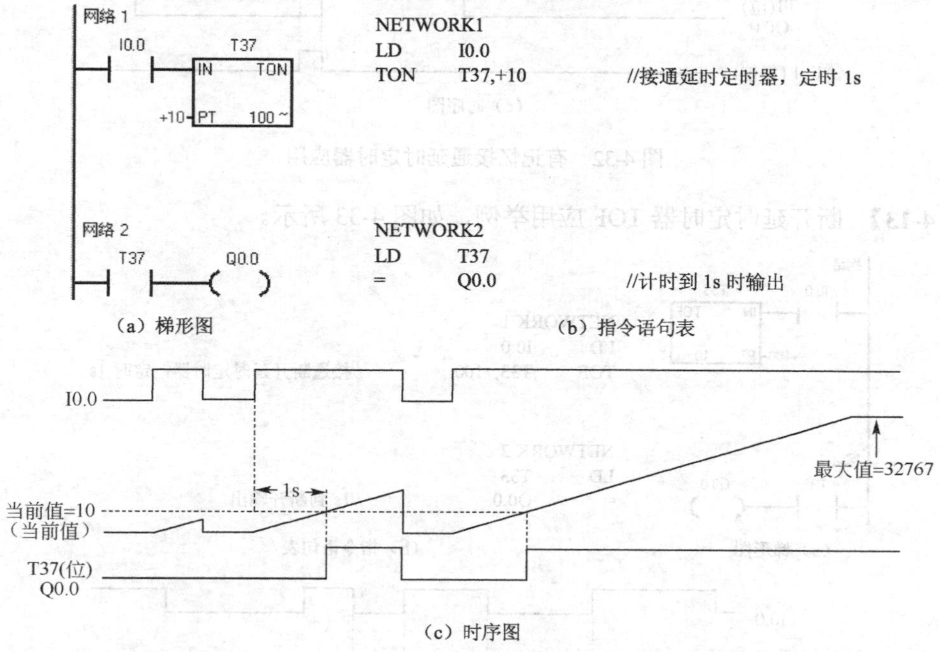

图 4-31 接通延时定时器应用

其初值设为 10，T37 为 100ms 定时器，当 I0.0 有效时，定时器开始计时，计到 10×100ms=1s 时，状态被置 1，即常开触点接通，Q0.0 有输出，其后当前值继续增加，但不影响输出的状态位，当 I0.0 断开时，T37 复位，当前值清 0，状态位也清 0。

【例 4-12】 有记忆接通延时定时器 TONR 应用举例，如图 4-32 所示。

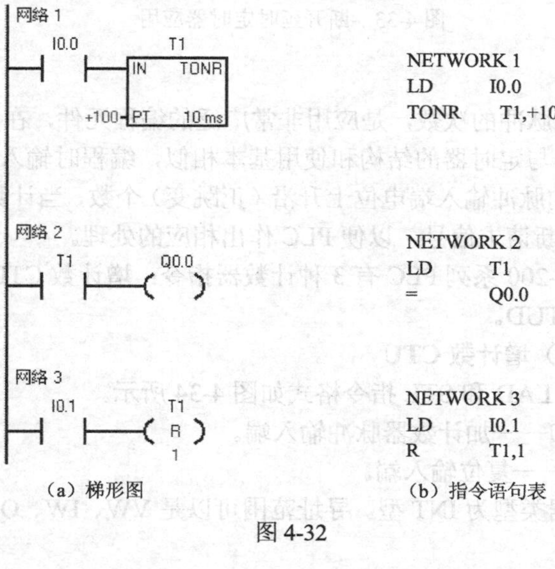

图 4-32

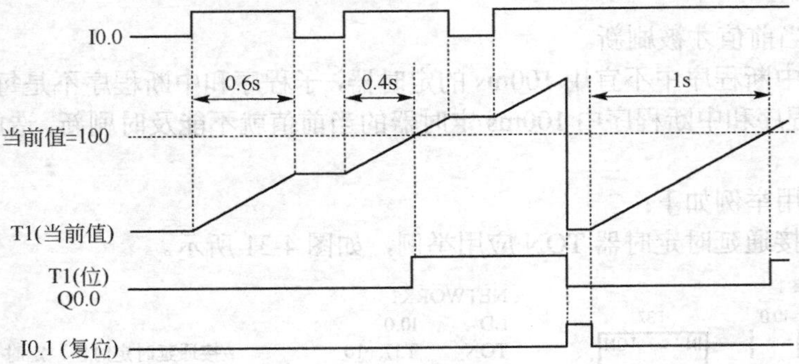

（c）时序图

图 4-32　有记忆接通延时定时器应用

【例 4-13】　断开延时定时器 TOF 应用举例，如图 4-33 所示。

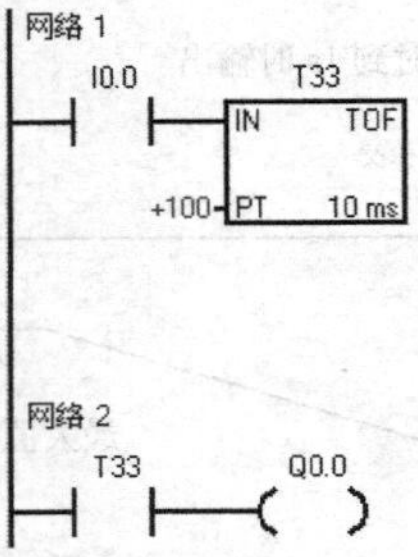

（a）梯形图

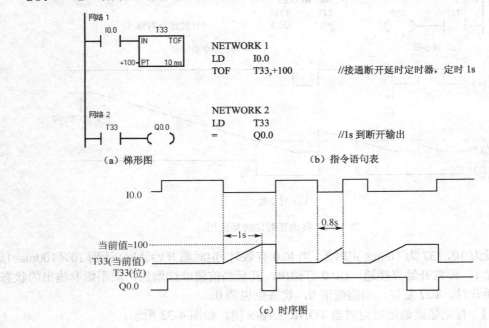

NETWORK 1
LD　　I0.0
TOF　　T33,+100　　//接通断开延时定时器，定时 1s

NETWORK 2
LD　　T33
=　　Q0.0　　//1s 到断开输出

（b）指令语句表

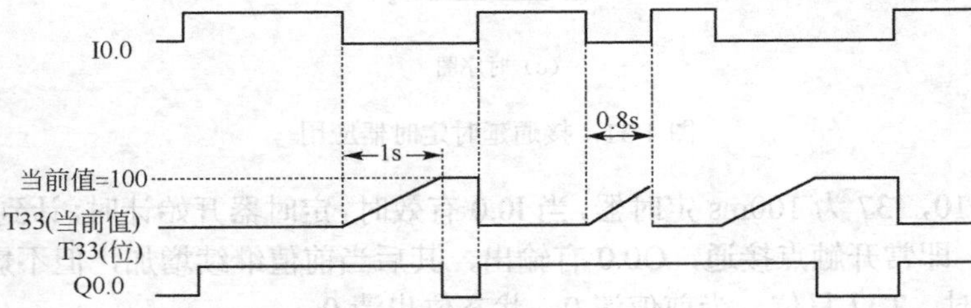

（c）时序图

图 4-33　断开延时定时器应用

4.1.12　计数器

计数器用来累计输入脉冲的次数，是应用非常广泛的编程元件，在实际应用中，经常用来对产品进行计数。计数器与定时器的结构和使用基本相似，编程时输入它的预设值 PV（计数的次数），计数器累计它的脉冲输入端电位上升沿（正跳变）个数，当计数器达到预设值 PV 时，发出中断请求信号，以便 PLC 作出相应的处理。

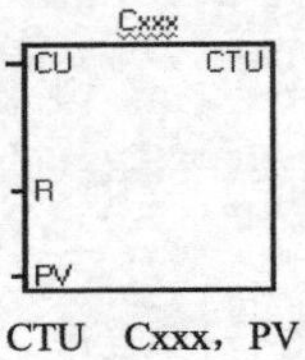

CTU　Cxxx，PV

图 4-34　增计数器

S7-200 系列 PLC 有 3 种计数器指令：增计数 CTU、减计数 CTD 和增减计数 CTUD。

（1）增计数 CTU

其 LAD 和 STL 指令格式如图 4-34 所示。

CU——加计数器脉冲输入端。

R——复位输入端。

PV——设定值，数据类型为 INT 型。寻址范围可以是 VW、IW、QW、MW、SW、SMW、

LW、AIW、T、C、AC、*VD、*AC、*LD 和常数。

增计数器工作时，在输入脉冲的每个上升沿，计数器值加 1，当前值达到设定值时，计数器被置位 ON，当前值继续计数到 32767 停止。当复位输入（R）有效时，计数器自动复位，当前值变为 0。

【例 4-14】 图 4-35 为增计数器程序举例。

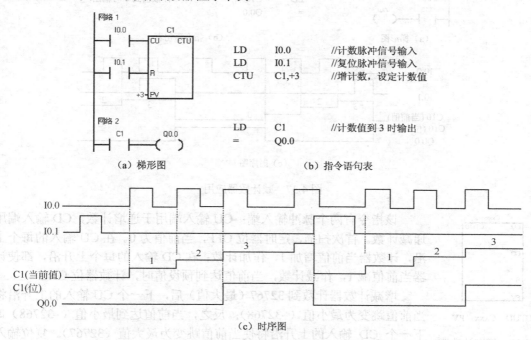

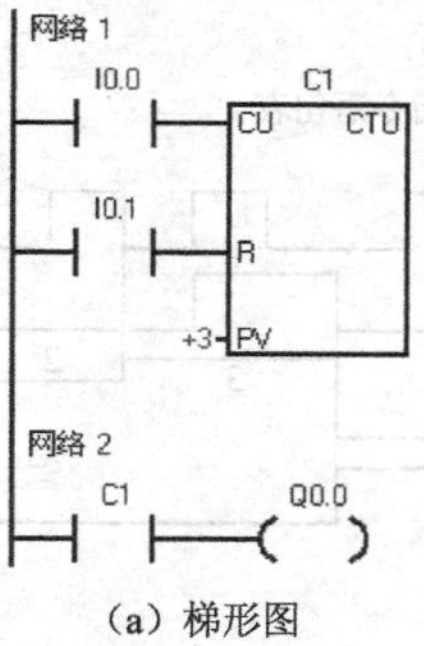

（a）梯形图

```
LD      I0.0        //计数脉冲信号输入
LD      I0.1        //复位脉冲信号输入
CTU     C1,+3       //增计数，设定计数值

LD      C1          //计数值到 3 时输出
=       Q0.0
```

（b）指令语句表

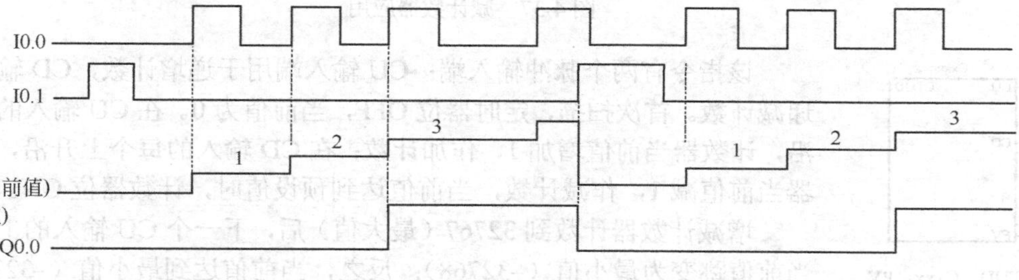

（c）时序图

图 4-35 增计数器应用

（2）减计数 CTD

其 LAD 和 STL 指令格式如图 4-36 所示。

CD——减计数器脉冲输入端。

LD——装载复位输入端，只用于减计数器。

PV——设定值，数据类型为 INT 型。寻址范围可以是 VW、IW、QW、MW、SW、SMW、LW、AIW、T、C、AC、*VD、*AC、*LD 和常数。

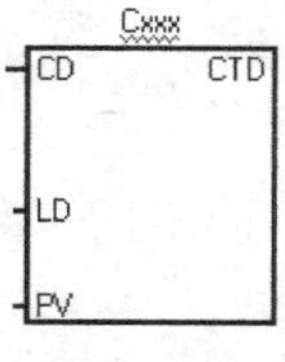

CTD Cxxx ，PV

图 4-36 减计数器

当装载输入端（LD）有效时，计数器复位并把设定值（PV）装入当前值寄存器（CV）中，当计数输入端（CD）有一个上升沿信号时，计数器从设定值开始作递减计数，直至计数器当前值等于 0 时，停止计数，同时计数器位被置位。减计数器指令无复位端，它是在装载输入端（LD）接通时，使计数器复位并把设定值装入当前值寄存器中。

【例 4-15】 图 4-37 为减计数器程序举例。

（3）增减计数 CTUD

其 LAD 和 STL 指令格式如图 4-38 所示。

CU——加计数器脉冲输入端。

CD——减计数器脉冲输入端。

R——复位输入端。

PV——设定值，数据类型为 INT 型。寻址范围可以是 VW、IW、QW、MW、SW、SMW、LW、AIW、T、C、AC、*VD、*AC、*LD 和常数。

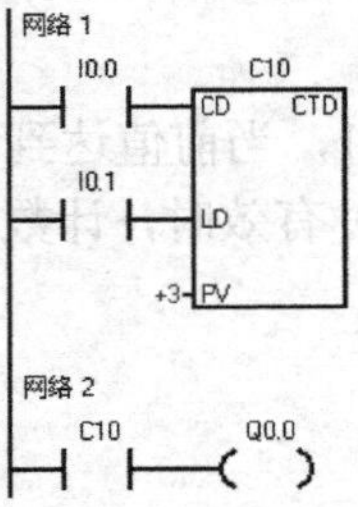

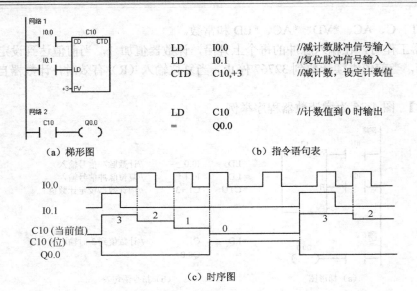

```
LD      I0.0        //减计数脉冲信号输入
LD      I0.1        //复位脉冲信号输入
CTD     C10,+3      //减计数，设定计数值

LD      C10         //计数值到 0 时输出
=       Q0.0
```

（a）梯形图　　（b）指令语句表

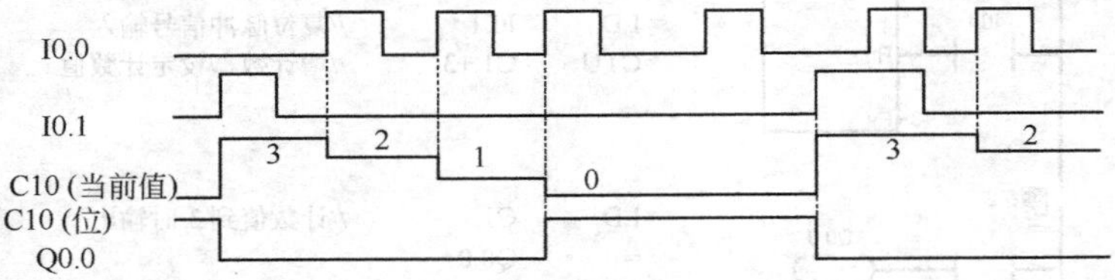

（c）时序图

图 4-37　减计数器应用

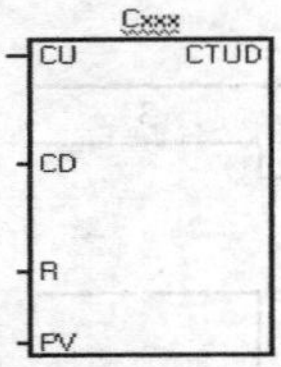

CTUD　Cxxx，PV

图 4-38　增减计数器

该指令有两个脉冲输入端：CU 输入端用于递增计数，CD 输入端用于递减计数。首次扫描，定时器位 OFF，当前值为 0。在 CU 输入的每个上升沿，计数器当前值增加 1，作加计数；在 CD 输入的每个上升沿，都使计数器当前值减 1，作减计数，当前值达到预设值时，计数器位 ON。

增减计数器计数到 32767（最大值）后，下一个 CU 输入的上升沿将使当前值跳变为最小值（–32768）；反之，当前值达到最小值（–32768）时，下一个 CD 输入的上升沿将使当前值跳变为最大值（32767）。复位输入有效或执行复位指令时，计数器自动复位，即计数器位 OFF，当前值为 0。

【例 4-16】 图 4-39 为增计数器程序举例。

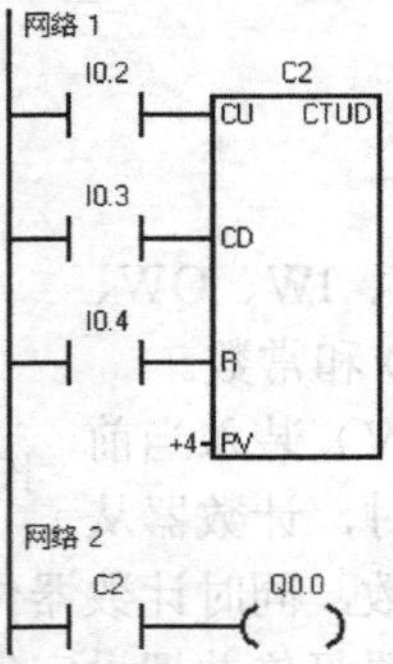

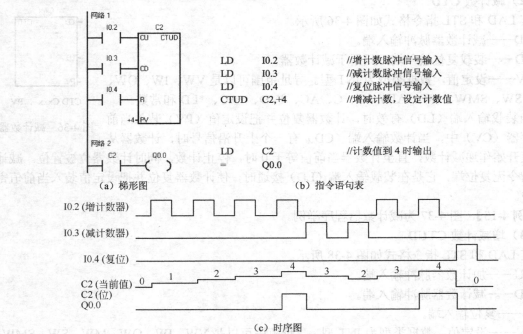


```
LD      I0.2        //增计数脉冲信号输入
LD      I0.3        //减计数脉冲信号输入
LD      I0.4        //复位脉冲信号输入
CTUD    C2,+4       //增减计数，设定计数值

LD      C2          //计数值到 4 时输出
=       Q0.0
```

（a）梯形图　　（b）指令语句表

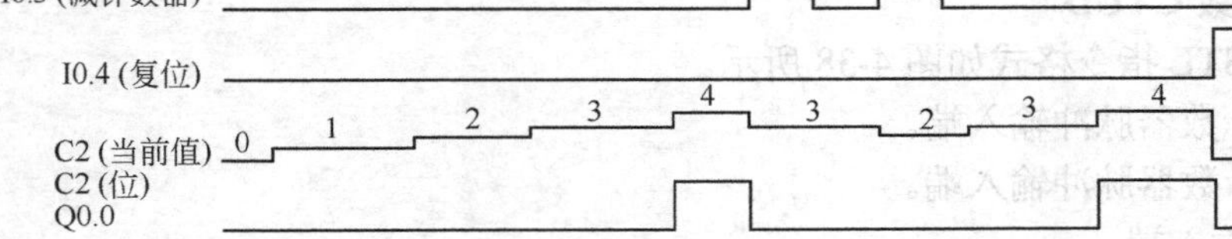

（c）时序图

图 4-39　增减计数器应用

4.2 PLC 指令的编程与应用

4.2.1 梯形图的编程规则

① 编制梯形图时，按自上而下、从左到右的方式编制，尽量减少程序步数。

② 梯形图的每一行都是从左母线开始，然后是各种触点的逻辑连接，最后以线圈结束，触点不能放到线圈的右边。如图 4-40 所示。

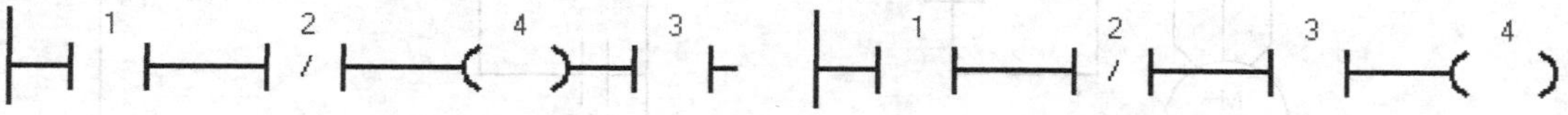

(a) 错误　　(b) 正确

图 4-40　梯形图画法 1

③ 在同一程序中，避免双线圈输出，双线圈输出非常容易引起误动作。

④ 多上左串，应把串联多的电路块尽量放在最上边，把并联多的电路块尽量放在最左边。如图 4-41 所示。

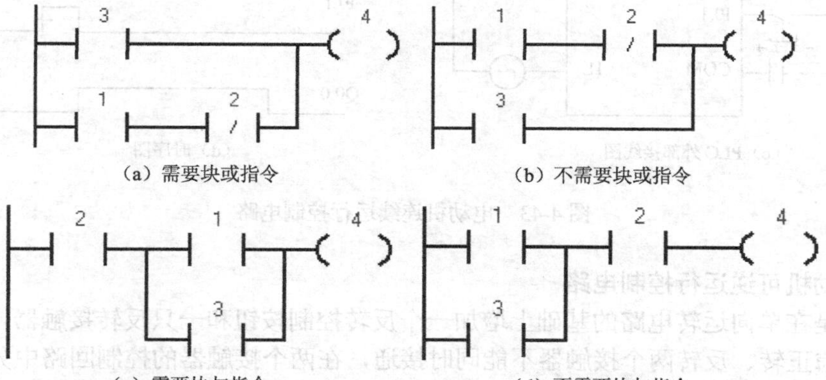

(a) 需要块或指令　　(b) 不需要块或指令

(c) 需要块与指令　　(d) 不需要块与指令

图 4-41　梯形图画法 2

⑤ 应尽量节省指令，如图 4-42 所示。

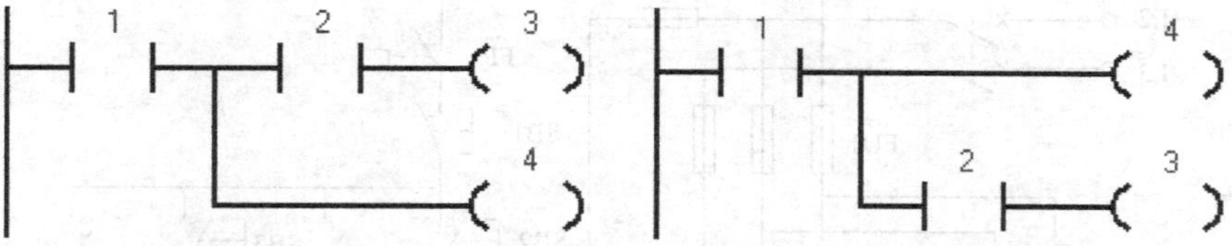

(a) 需要多重输出指令　　(b) 不需要多重输出指令

图 4-42　梯形图画法 3

4.2.2 基本指令应用

(1) 电动机连续运行控制电路

启动时，先闭合 QS，再按下启动按钮 SB1，交流接触器 KM 线圈得电，其主触点闭合，电动机接入三相电源而启动，同时与 SB1 并联的接触器常开辅助触点闭合形成自锁而通电，这样即使松开按钮 SB1，接触器 KM 的线圈任可通过自身的辅助触点继续通电保持运行，当按下停止按钮 SB2，KM 线圈失电，其主触点和常开触点复位断开，电动机因无电源而停止转动。其继电器控制电路图、梯形图、实验接线图和时序图如图 4-43 所示：

从图 4-43 的分析过程可知，当启动按钮 SB1 被按下时 I0.0 接通，Q0.0 置 1，这时电动机连续运行，需要停车时，按下停车按钮 SB2，串联在 Q0.0 线圈回路中的 I0.1 常闭触点断开，

Q0.0 置 0，电动机失电停车，所以，上述电路也叫自锁控制电路。

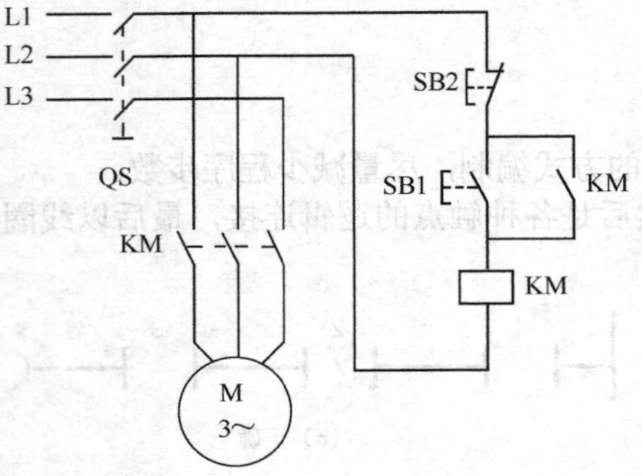

（a）电气控制电路图

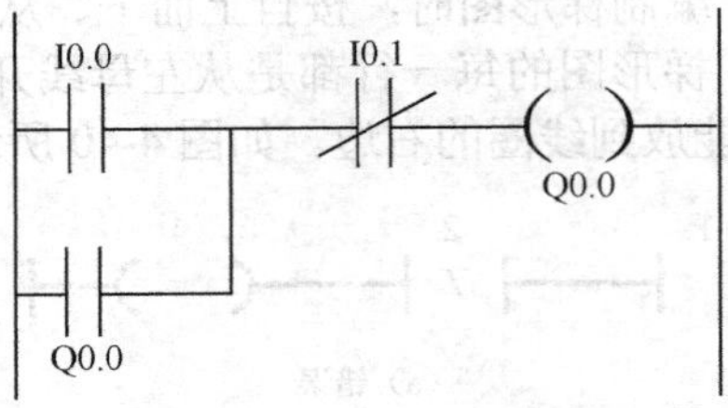

（b）梯形图

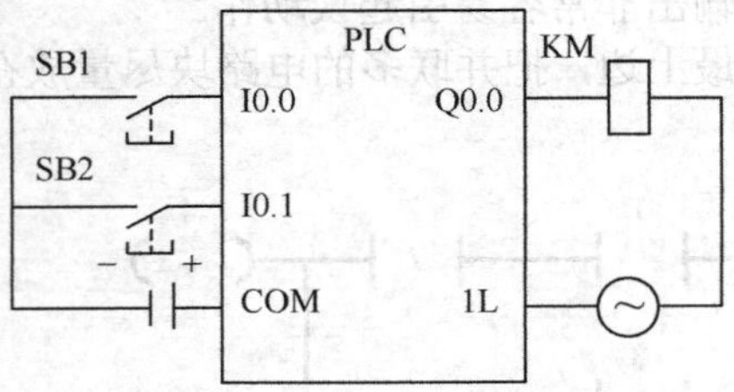

（c）PLC 外部接线图

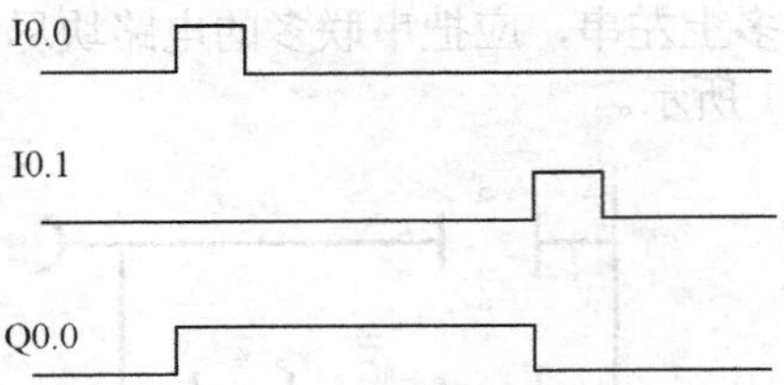

（d）时序图

图 4-43　电动机连续运行控制电路

（2）电动机可逆运行控制电路

该电路是在单向运转电路的基础上增加一个反转控制按钮和一只反转接触器，在实际运行过程中，考虑正转、反转两个接触器不能同时接通，在两个接触器的控制回路中分别串入另一个接触器的常闭触点，即形成互锁电路。对应的电气控制电路和梯形图控制程序如图 4-44 所示。

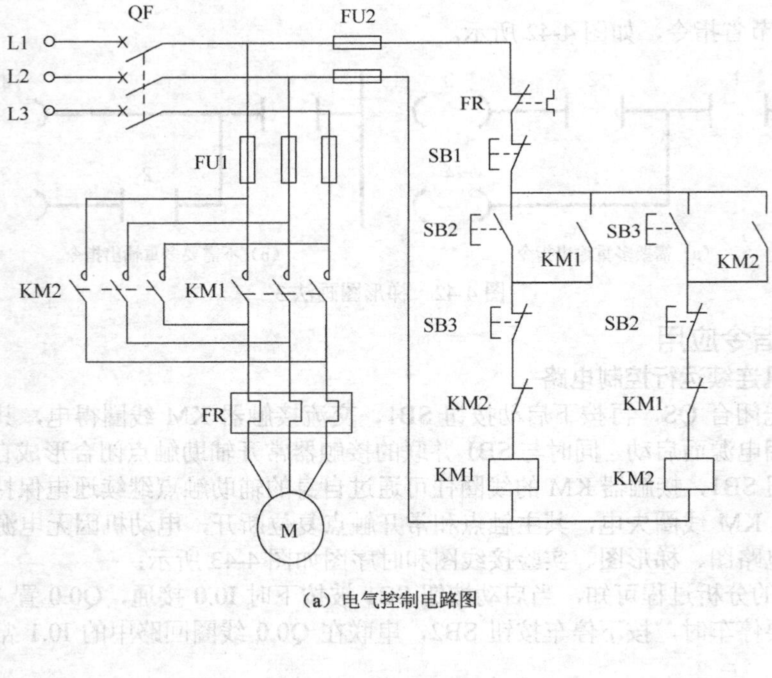

（a）电气控制电路图

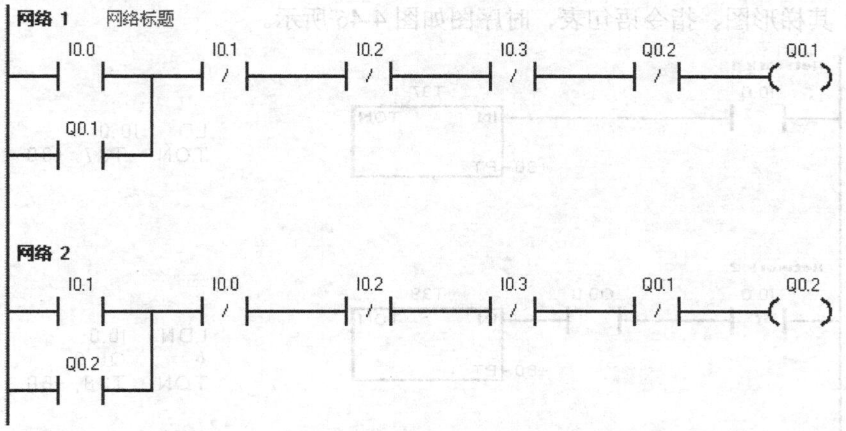

（b）梯形图

图 4-44 电动机可逆运行控制

（3）瞬时接通/延时断开电路

瞬时接通/延时断开电路要求在输入信号有效时，马上有输出，输入信号无效后，输出信号延时一段时间停止。其梯形图、指令语句表、时序图如图 4-45 所示：

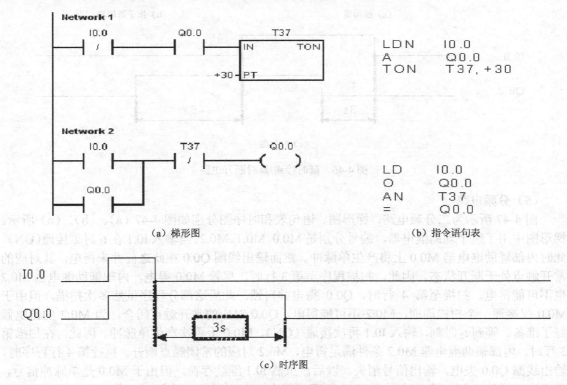

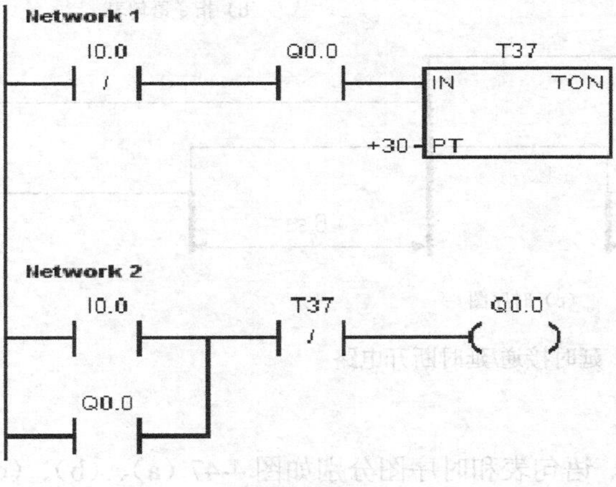

（a）梯形图

```
LDN    I0.0
A      Q0.0
TON    T37, +30

LD     I0.0
O      Q0.0
AN     T37
=      Q0.0
```

（b）指令语句表

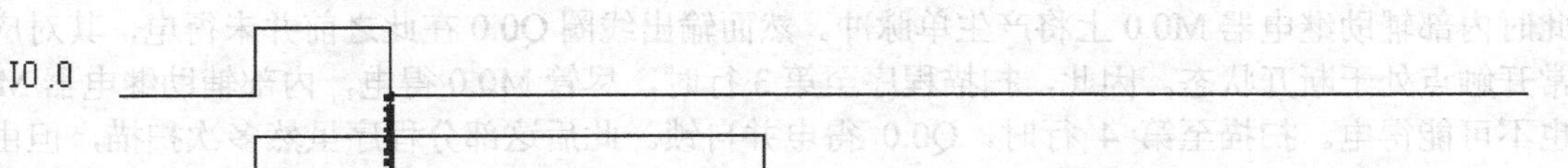

（c）时序图

图 4-45 瞬时接通/延时断开电路

在梯形图程序中用到一个编号为 T37 的定时器，在 I0.0 有输入的瞬间，Q0.0 有输出并保持，当 I0.0 变为 OFF 时，T37 开始计时，3s 后定时器触点闭合，使输出 Q0.0 断开。即 I0.0 断开后，Q0.0 延时 3s 断开。

（4）延时接通/延时断开电路

延时接通/延时断开电路要求在输入信号有效时，延时一段时间输出信号才接通；输入信号断开后，输出信号延时一段时间才断开。与瞬时接通/延时断开电路相比，在该电路中多加了一个输入延时。其梯形图、指令语句表、时序图如图 4-46 所示。

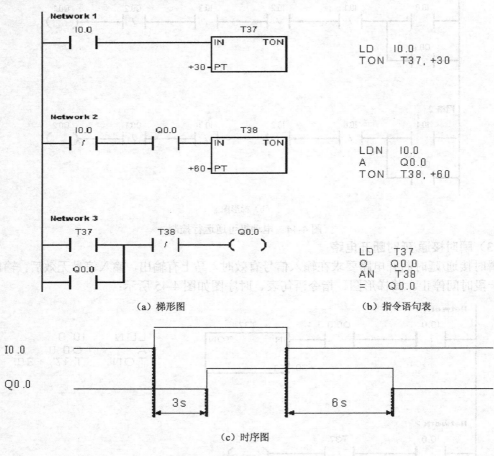

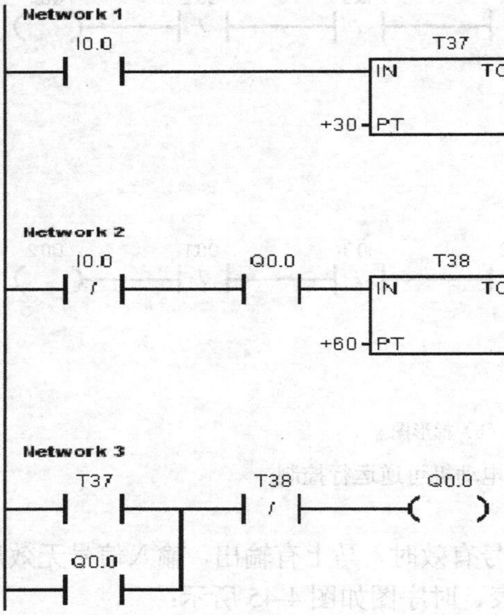

(a) 梯形图

```
LD    I0.0
TON   T37, +30

LDN   I0.0
A     Q0.0
TON   T38, +60

LD    T37
O     Q0.0
AN    T38
=     Q0.0
```

(b) 指令语句表

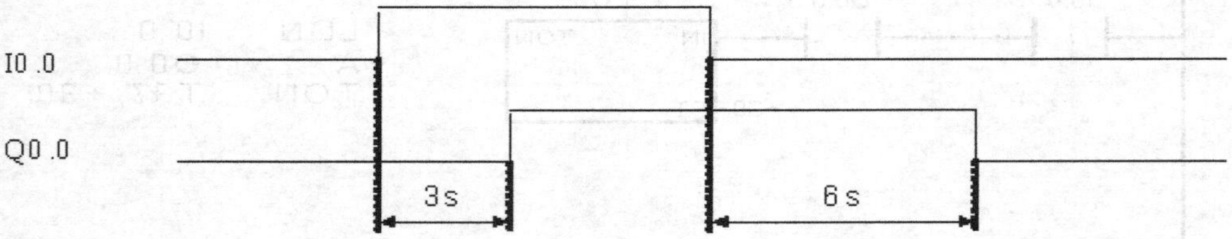

(c) 时序图

图 4-46 延时接通/延时断开电路

（5）分频电路

图 4-47 所示为二分频电路，梯形图、语句表和时序图分别如图 4-47（a）、(b)、(c）所示。梯形图中用了三个辅助继电器，编号分别是 M0.0、M0.1、M0.2。当输入 I0.1 在 t_1 时刻接通（ON），此时内部辅助继电器 M0.0 上将产生单脉冲。然而输出线圈 Q0.0 在此之前并未得电，其对应的常开触点处于断开状态。因此，扫描程序至第 3 行时，尽管 M0.0 得电，内部辅助继电器 M0.2 也不可能得电。扫描至第 4 行时，Q0.0 得电并自锁。此后这部分程序虽然多次扫描，但由于 M0.0 仅接通一个扫描周期，M0.2 不可能得电。Q0.0 对应的常开触点闭合，为 M0.2 的得电做好了准备。等到 t_2 时刻，输入 I0.1 再次接通（ON），M0.0 上再次产生单脉冲。因此，在扫描第 3 行时，内部辅助继电器 M0.2 条件满足得电，M0.2 对应的常闭触点断开。执行第 4 行程序时，输出线圈 Q0.0 失电，输出信号消失。以后，虽然 I0.1 继续存在，但由于 M0.0 是单脉冲信号，虽多次扫描第 4 行，输出线圈 Q0.0 也不可能得电。在 t_3 时刻，输入 I0.0 第三次出现（ON），M0.0 上又产生单脉冲，输出 Q0.0 再次接通。t_4 时刻，输出 Q0.0 再次失电……得到输出正好是输入信号的二分频。这种逻辑每当有控制信号时，就将状态翻转，因此也可以用作触发器。

（6）振荡电路

图 4-48 为用定时器控制的一振荡电路的梯形图和指令语句表，当输入 I0.0 接通时，输出闪烁，接通和断开交替进行，接通时间为 1s，由定时器 T38 设定；断开时间为 2s，由定时器 T37 设定。

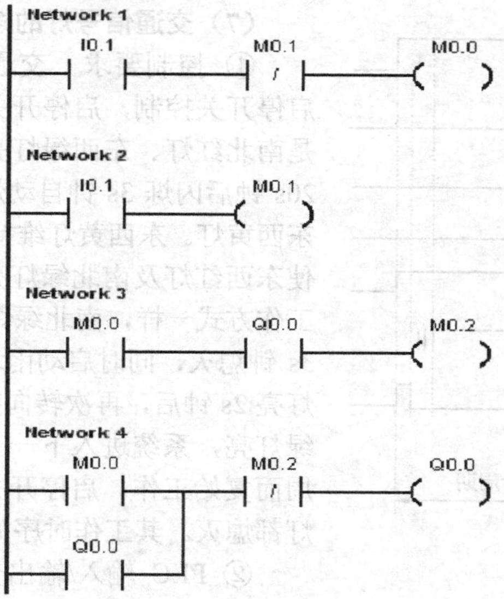

（a）梯形图

```
LD    I0.1
AN    M0.1
=     M0.0

LD    I0.1
=     M0.1

LD    M0.0
A     Q0.0
=     M0.2

LD    M0.0
O     Q0.0
AN    M0.2
=     Q0.0
```

（b）指令语句表

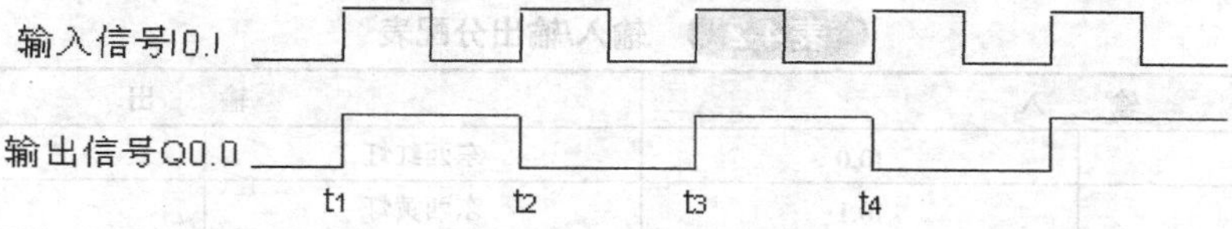

（c）时序图

图 4-47 二分频电路

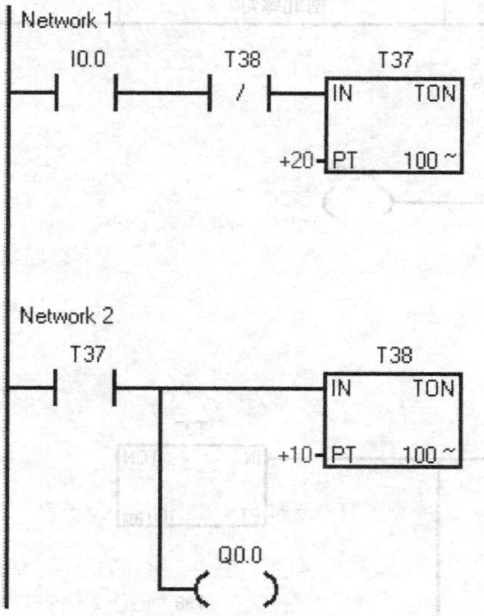

（a）梯形图

```
LD    I0.0
AN    T38
TON   T37, +20

LD    T37
TON   T38, +10
=     Q0.0
```

（b）指令语句表

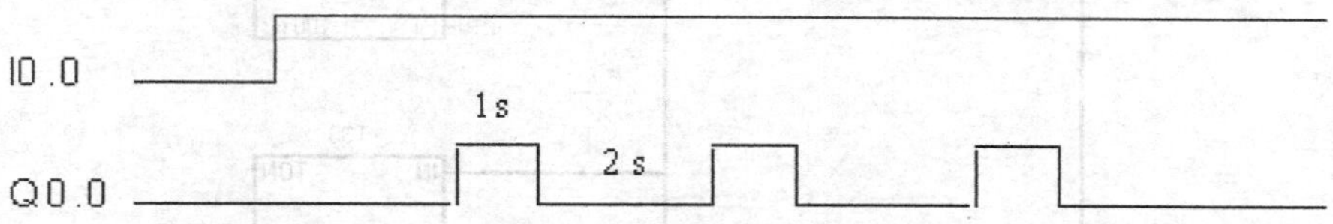

（c）时序图

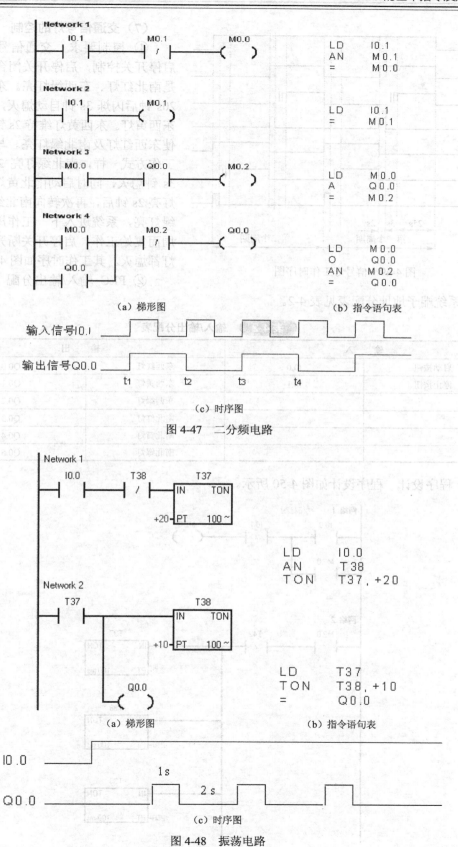

图 4-48 振荡电路

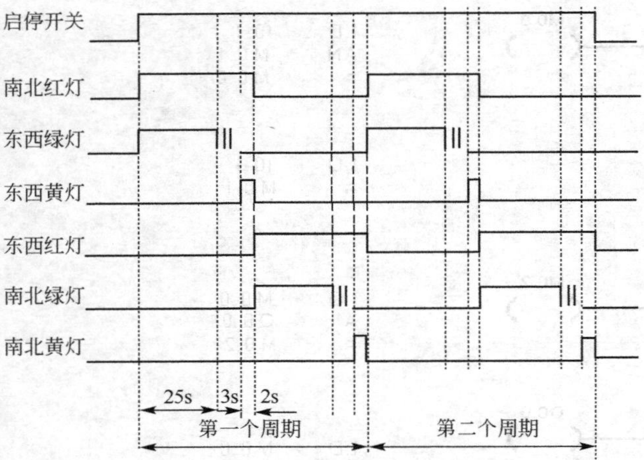

图 4-49 信号灯工作时序图

（7）交通信号灯的控制

① 控制要求　交通信号灯由系统启停开关控制，启停开关闭合时，首先是南北红灯、东西绿灯亮。东西绿灯亮20s钟后闪烁3s钟自动熄灭，同时启动东西黄灯。东西黄灯维持2s钟熄灭，并使东西红灯及南北绿灯亮。与东西绿灯工作方式一样，南北绿灯亮20s钟闪烁3s钟熄灭，同时启动南北黄灯，南北黄灯亮2s钟后，再次转向南北红灯、东西绿灯亮，系统进入下一工作周期，不断周而复始工作。启停开关断开时，所有灯都熄灭。其工作时序如图4-49所示。

② PLC 输入/输出分配　交通信号灯控制系统端子地址分配表见表4-2。

表 4-2　输入/输出分配表

输入		输出	
启动按钮	I0.0	东西红灯	Q0.0
停止按钮	I0.1	东西黄灯	Q0.1
		东西绿灯	Q0.2
		南北红灯	Q0.3
		南北黄灯	Q0.4
		南北绿灯	Q0.5

③ 程序设计　程序设计如图4-50所示。

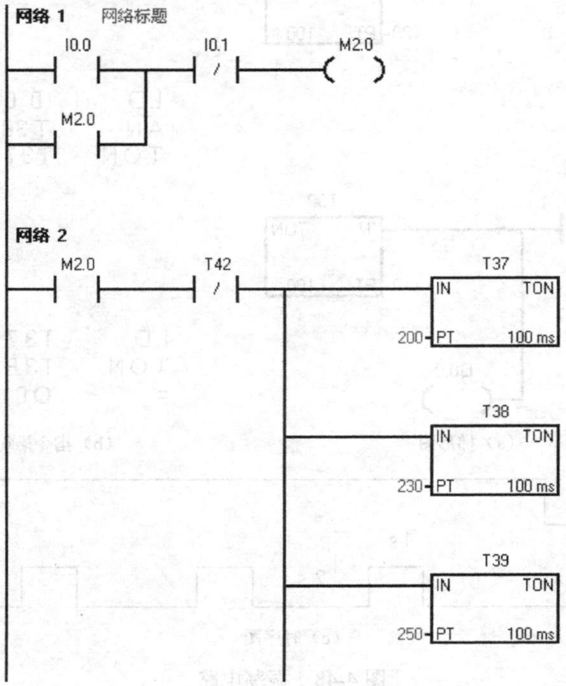

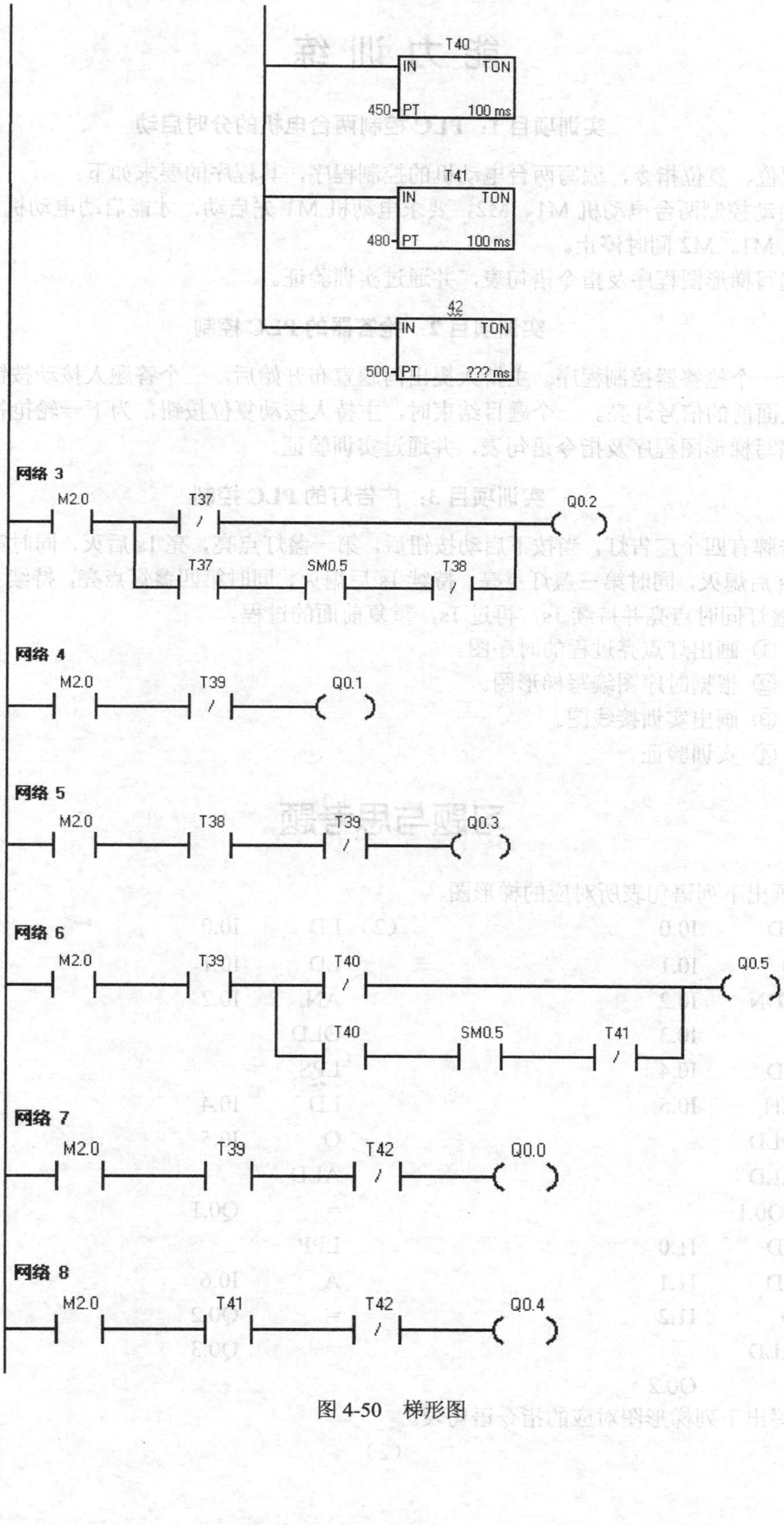
T40
IN
TON
450-PT
100 ms
T41
IN
TON
480-PT
100 ms
42
IN
TON
500-PT
??? ms
网络 3
M2.0
T37
Q0.2
T37
SM0.5
T38
网络 4
M2.0
T39
Q0.1
网络 5
M2.0
T38
T39
Q0.3
网络 6
M2.0
T39
T40
Q0.5
T40
SM0.5
T41
网络 7
M2.0
T39
T42
Q0.0
网络 8
M2.0
T41
T42
Q0.4

图 4-50 梯形图

能 力 训 练

实训项目 1：PLC 控制两台电机的分时启动

使用置位、复位指令，编写两台电动机的控制程序，其程序的要求如下：

PLC 自动控制两台电动机 M1、M2，要求电动机 M1 先启动，才能启动电动机 M2，停止时，电动机 M1、M2 同时停止。

要求编写梯形图程序及指令语句表，并通过实训验证。

实训项目 2：抢答器的 PLC 控制

试设计一个抢答器控制程序。主持人提出问题宣布开始后，三个答题人按动按钮，仅仅是最早按的人面前的信号灯亮。一个题目结束时，主持人按动复位按钮，为下一轮抢答作出准备

要求编写梯形图程序及指令语句表，并通过实训验证。

实训项目 3：广告灯的 PLC 控制

某广告牌有四个广告灯，当按下启动按钮后，第一盏灯点亮，亮 1s 后灭，同时第二盏灯点亮，持续 1s 后熄灭，同时第三盏灯点亮，持续 1s 后熄灭，同时第四盏灯点亮，持续 1s 后熄灭，过 1s 后四盏灯同时点亮并持续 1s，再过 1s，重复前面的过程。

要求：① 画出灯点亮过程的时序图。

② 根据时序图编写梯形图。

③ 画出实训接线图。

④ 实训验证。

习题与思考题

4.1 画出下列语句表所对应的梯形图。

（1）
```
LD    I0.0
O     I0.1
LDN   I0.2
A     I0.3
LD    I0.4
AN    I0.5
OLD
ALD
=Q0.1
LD    I1.0
LD    I1.1
O     I1.2
ALD
=     Q0.2
```

（2）
```
LD    I0.0
LD    I0.1
AN    I0.2
OLD
LPS
LD    I0.4
O     I0.5
ALD
=     Q0.1
LPP
A     I0.6
=     Q0.2
=     Q0.3
```

4.2 写出下列梯形图对应的指令语句表。

（1）

（2）

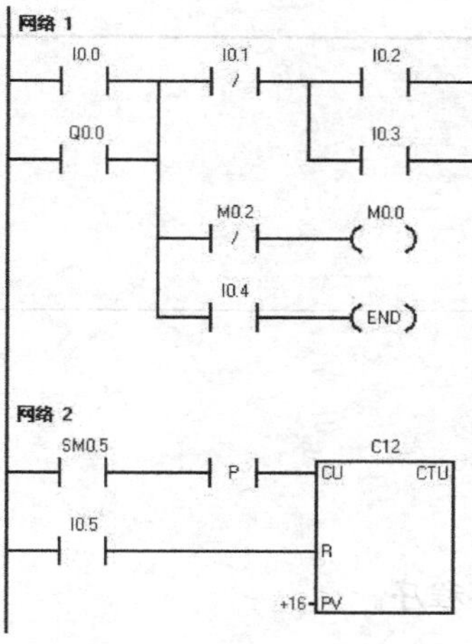

（3）

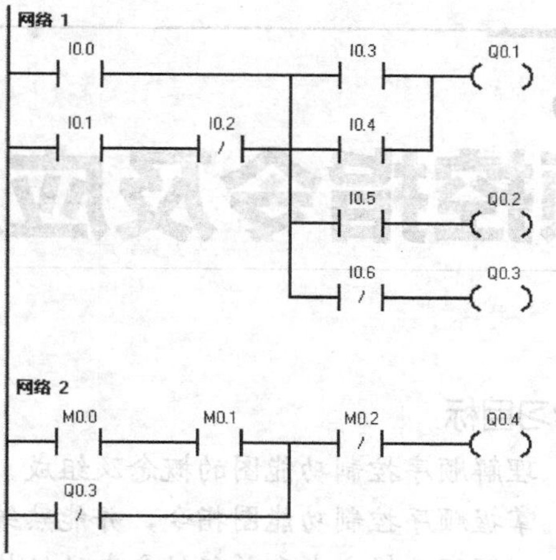

（4）

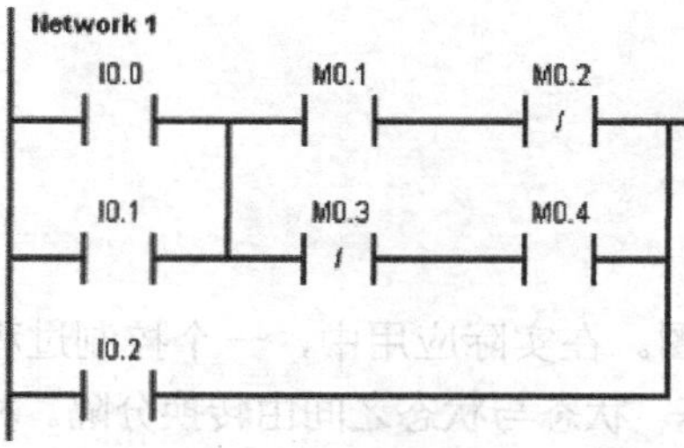

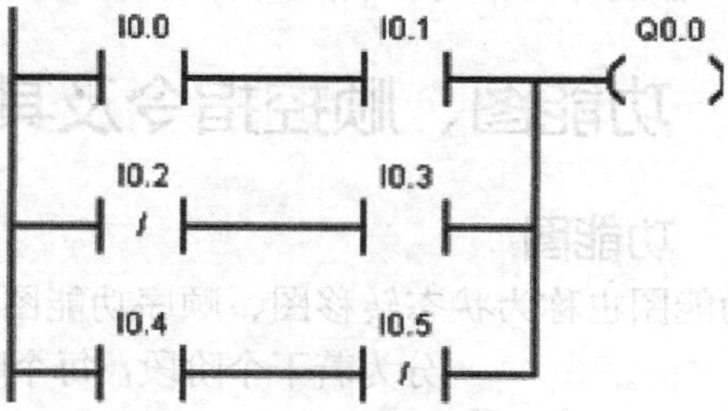

4.3 画出下面梯形图中 Q0.1 的波形图。

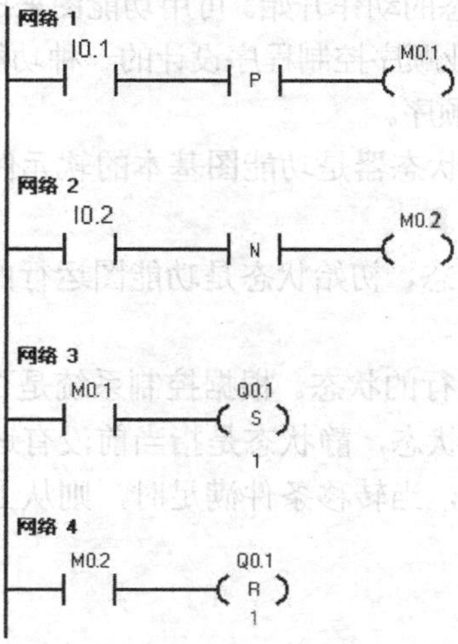

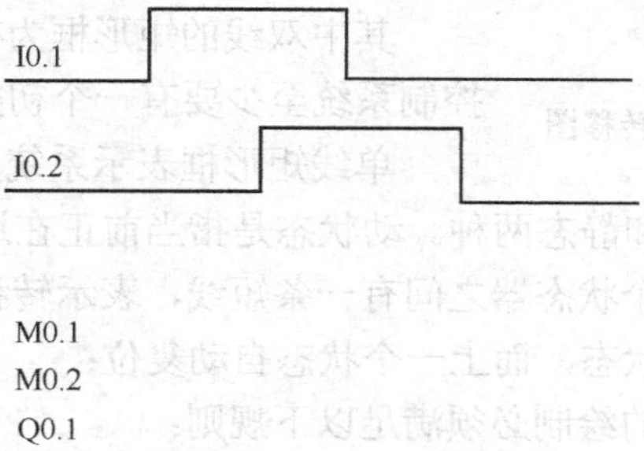

4.4 设计 PLC 控制的两台电动机，要求按下启动按钮后第一台电动机启动运行，10s 后第二台自动启动并运行，20s 后两台同时停止。根据题目要求编写梯形图程序及画出实验接线图。

4.5 有 3 台电动机，要求启动时每隔 10s 依次启动一台，每台电动机运转 30min 后自动停止，运行中可用停止按钮将 3 台电动机同时停止。根据题目要求编写梯形图程序及画出实验接线图。

4.6 喷泉的 PLC 控制电路设计：设有 A、B、C 三组喷头，要求按下启动按钮后，A 组先喷 5s，A 停止的同时 B、C 同时喷，5s 后 B 停止，再过 5s，C 停止，而 A、B 同时喷，再过 2s，C 也喷，A、B、C 同时喷 5s 后全部停止，再过 3s 重复前面的过程，当按下“停止”按钮时，马上停止。根据题目要求编写梯形图程序及画出实验接线图。

5 顺控指令及应用

学习目标

1. 理解顺序控制功能图的概念及组成。
2. 掌握顺序控制功能图指令，并能熟练运用，编制简单程序。
3. 理解可选择分支和并行性分支的结构。
4. 会设计简单的控制应用功能图。

5.1 功能图、顺控指令及其应用

5.1.1 功能图

功能图也称为状态转移图、顺序功能图或功能流程图。在实际应用中，一个控制过程可以分为若干个阶段，每个阶段称为状态。状态与状态之间由转换分隔。相邻的状态具有不同的动作。当相邻状态之间的转换条件得到满足时，就实现转换。即上面状态的动作结束而下一状态的动作开始。可用功能图来描述控制系统的控制过程，功能图是专用于工业顺序控制程序设计的一种功能性语言，能较直观地显示工业控制中的基本顺序。

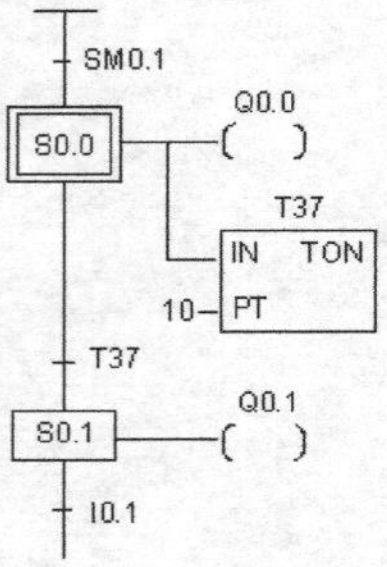

图 5-1 状态转移图

状态转移图如图 5-1 所示，状态器是功能图基本的软元件，矩形框中可写上该状态的状态器元件编号。

其中双线的矩形框为初始状态，初始状态是功能图运行的起点，一个控制系统至少要有一个初始状态。

单线矩形框表示系统正常运行的状态。根据控制系统是否运行，状态可以为动态和静态两种。动状态是指当前正在运行的状态，静状态是指当前没有运行的状态。

相邻两个状态器之间有一条短线，表示转移条件，当转移条件满足时，则从上一个状态转移到下一个状态，而上一个状态自动复位；

功能图的绘制必须满足以下规则：

（1）状态与状态不能直接相连，必须用转移分开。

（2）转移与转移不能相连，必须用状态分开。

（3）状态与转移、转移与状态之间的连接采用有向线段，从上向下画时，可以省略箭头；当有向线段从下向上画时，必须画上箭头，以表示方向。

（4）一个功能图至少要有一个初始状态。

5.1.2 顺控指令及其应用

顺序控制指令（即顺控指令）是 PLC 生产厂家为用户提供的可使功能图编程简单化和规范化的指令。S7-200 PLC 提供了三条顺序控制指令，其指令说明如表 5-1 所示。

表 5-1 顺控指令功能表

指令格式	功能说明	梯形图	指令语句表举例
LSCR S_bit	S_bit 段控制程序开始	n SCR	LSCR S0.1
SCRT S_bit	S_bit 段控制程序转移	n —(SCRT)	SCRT S0.2
SCRE	顺序控制程序结束	—(SCRE)	SCRE

从表 5-1 可以看出，顺序控制指令的操作元件为状态器 S，每一个 S 位都表示功能图中的一种状态。S 的范围为 S0.0～S1.7。

从 LSCR 指令开始到 SCRE 指令结束的所有指令组成一个顺序控制器（SCR）段。LSCR 指令标记一个 SCR 段的开始，当该段的状态器置位时，允许该 SCR 段工作。SCR 段必须用 SCRE 指令结束。当 SCRT 指令的输入端有效时，一方面置位下一个 SCR 段的状态器，以便使下一个 SCR 段开始工作；另一方面又同时使该段的状态器复位，使该段停止工作。由此可以总结出每一个 SCR 程序段一般有以下三种功能：

① 驱动处理。即在该段状态有效时，要做什么工作，有时也可能不做任何工作。

② 指定转移条件和目标。即满足什么条件后状态转移到何处。

③ 转移源自动复位功能。状态发生转移后，置位下一个状态的同时，自动复位原状态。

顺序控制指令使用举例如图 5-2 所示，图 5-2（a）为梯形图，图 5-2（b）为状态转移图，图 5-2（c）为指令语句表。从图中可以看出，顺序控制程序由多个 SCR 程序段组成，每个 SCR 程序段以 LSCR 指令开始、以 SCRE 指令结束，程序段之间的转移使用 SCRT 指令。当执行 SCRT 指令时，会将指定程序段的状态器激活，使之成为活动步程序，该程序段被执行，同时自动将前程序段的状态器和元件复位。

顺序控制指令使用说明：

① 顺控指令仅对元件 S 有效，顺控继电器 S 也具有一般继电器的功能，所以对它们能够使用其他指令。

② SCR 段程序能否执行取决于状态器（S）是否被置位，SCRE 与下一个 LSCR 之间的指令逻辑不影响下一个 SCR 段程序的执行。

③ 不能把同一个 S 位用于不同程序中，如在主程序中用了 S0.1，则在子程序中就不能再使用它。

④ 在 SCR 段中不能使用 JMP 和 LBL 指令，就是说不允许跳入、跳出或在内部跳转，但可以在 SCR 段附近使用跳转和标号指令。

⑤ 在 SCR 段中不能使用 FOR、NEXT 和 END 指令。

⑥ 在状态发生转移后，所有的 SCR 段的元器件一般也要复位，如果希望继续输出，可使用置位/复位指令。

⑦ 在使用功能图时，状态的编号可以不按顺序编排。

⑧ S7-200 PLC 的顺序控制程序段中，不支持多线圈输出，如程序中出现多个 Q0.0 的线圈，则以后面线圈的状态优先输出。

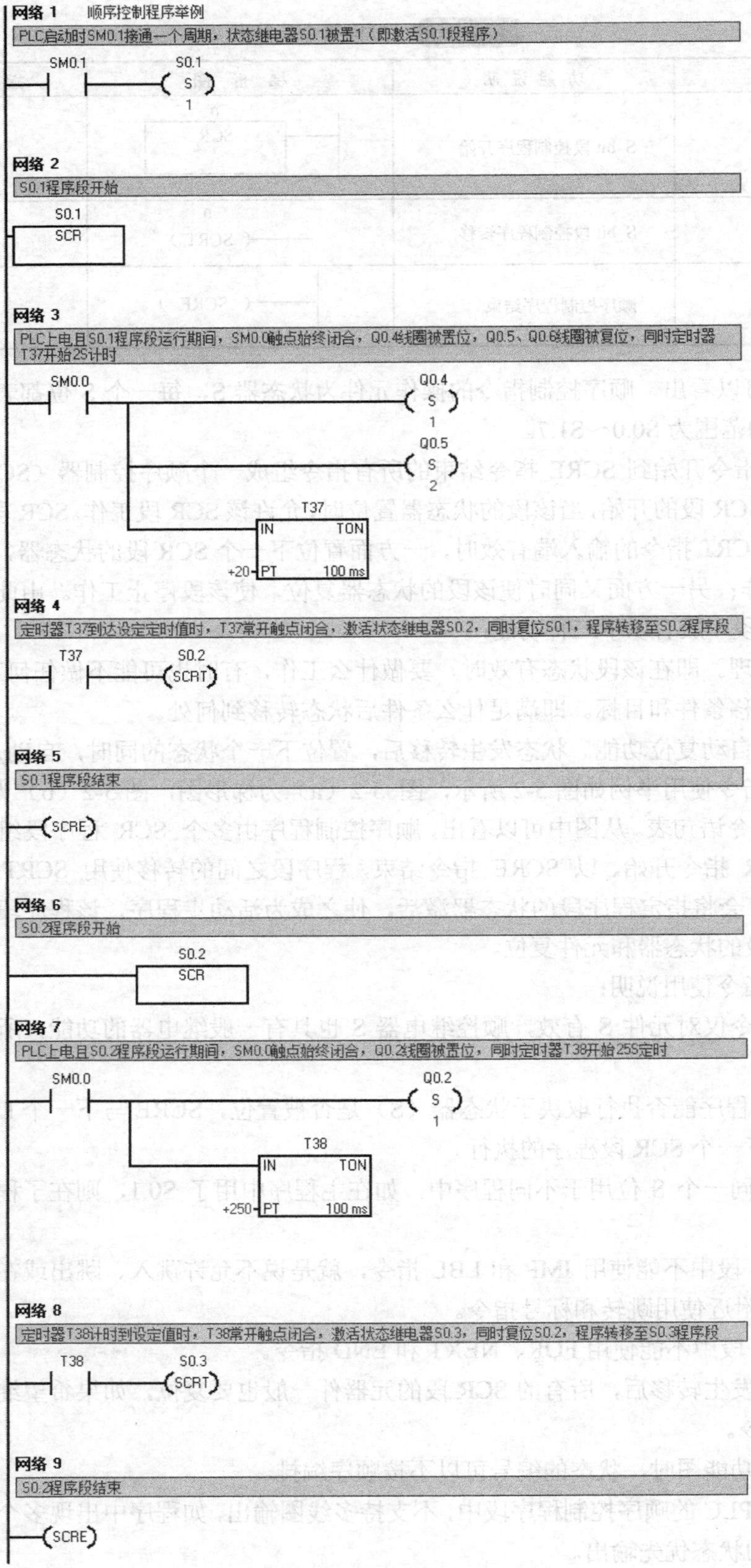
网络 1 顺序控制程序举例
PLC启动时SM0.1接通一个周期，状态继电器S0.1被置1（即激活S0.1段程序）
SM0.1
S0.1
S
1
网络 2
S0.1程序段开始
S0.1
SCR
网络 3
PLC上电且S0.1程序段运行期间，SM0.0触点始终闭合，Q0.4线圈被置位，Q0.5、Q0.6线圈被复位，同时定时器T37开始2S计时
SM0.0
Q0.4
S
1
Q0.5
S
2
T37
IN
TON
+20
PT
100 ms
网络 4
定时器T37到达设定定时值时，T37常开触点闭合，激活状态继电器S0.2，同时复位S0.1，程序转移至S0.2程序段
T37
S0.2
SCRT
网络 5
S0.1程序段结束
SCRE
网络 6
S0.2程序段开始
S0.2
SCR
网络 7
PLC上电且S0.2程序段运行期间，SM0.0触点始终闭合，Q0.2线圈被置位，同时定时器T38开始25S定时
SM0.0
Q0.2
S
1
T38
IN
TON
+250
PT
100 ms
网络 8
定时器T38计时到设定值时，T38常开触点闭合，激活状态继电器S0.3，同时复位S0.2，程序转移至S0.3程序段
T38
S0.3
SCRT
网络 9
S0.2程序段结束
SCRE

（a）梯形图

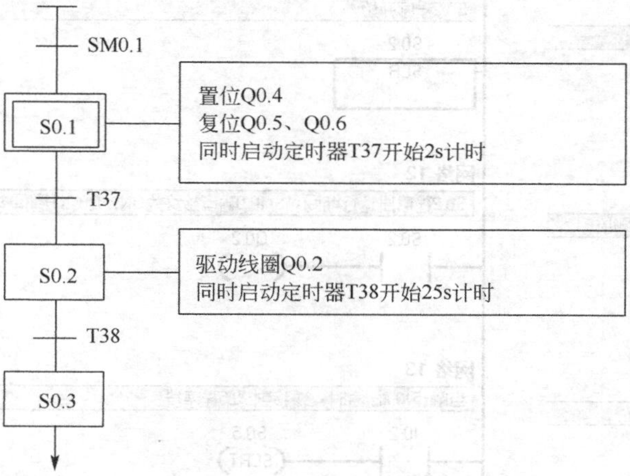

（b）状态转移图

```
Network 1 // 顺序控制程序举例
LD      SM0.1
S       S0.1, 1
Network 2
LSCR    S0.1
Network 3
LD      SM0.0
S       Q0.4, 1
S       Q0.5, 2
TON     T37, +20
Network 4
LD      T37
SCRT    S0.2
Network 5
SCRE
Network 6
LSCR    S0.2
Network 7
LD      SM0.0
S       Q0.2, 1
TON     T38, +250
Network 8
LD      T38
SCRT    S0.3
Network 9
SCRE
```

（c）指令语句表

图 5-2 顺控指令使用举例

5.2 多分支功能图

顺序控制主要方式有：单分支方式、选择性分支方式和并行分支方式。图 5-2（b）中所示的状态转换图为单分支方式，程序由前后依次执行，中间没有分支，简单的顺序控制常采用这种方式。比较复杂的顺序控制可采用选择性分支方式或并行分支方式。

5.2.1 可选择的分支与汇合

在生产实际中，对具有多流程的工作要进行流程选择或者分支选择。即一个控制流可能转入多个可能的控制流中的某一个，但不允许多路分支同时执行。到底进入哪一个分支取决于控制流前面的转移条件哪一个为真。选择性分支与汇合的功能图和梯形图如图 5-3 所示，在状态继电器 S0.0 后面两个可选择分支，当 I0.0 闭合时执行 S0.1 分支，当 I0.3 闭合时执行 S0.3 分支，如果 I0.0 较 I0.3 先闭合，则执行 I0.0 所在的分支，I0.3 所在的分支不执行，即两条分支不能同时进行。依据图 5-3 中状态转换图画出的梯形图如图 5-4 所示，梯形图工作原理见标注说明。

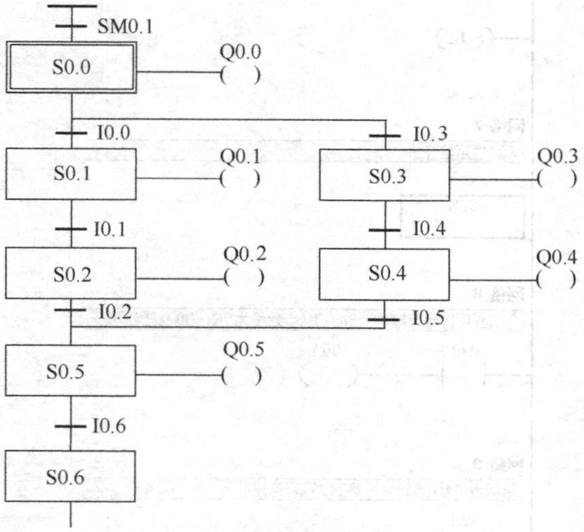

图 5-3 状态转换图

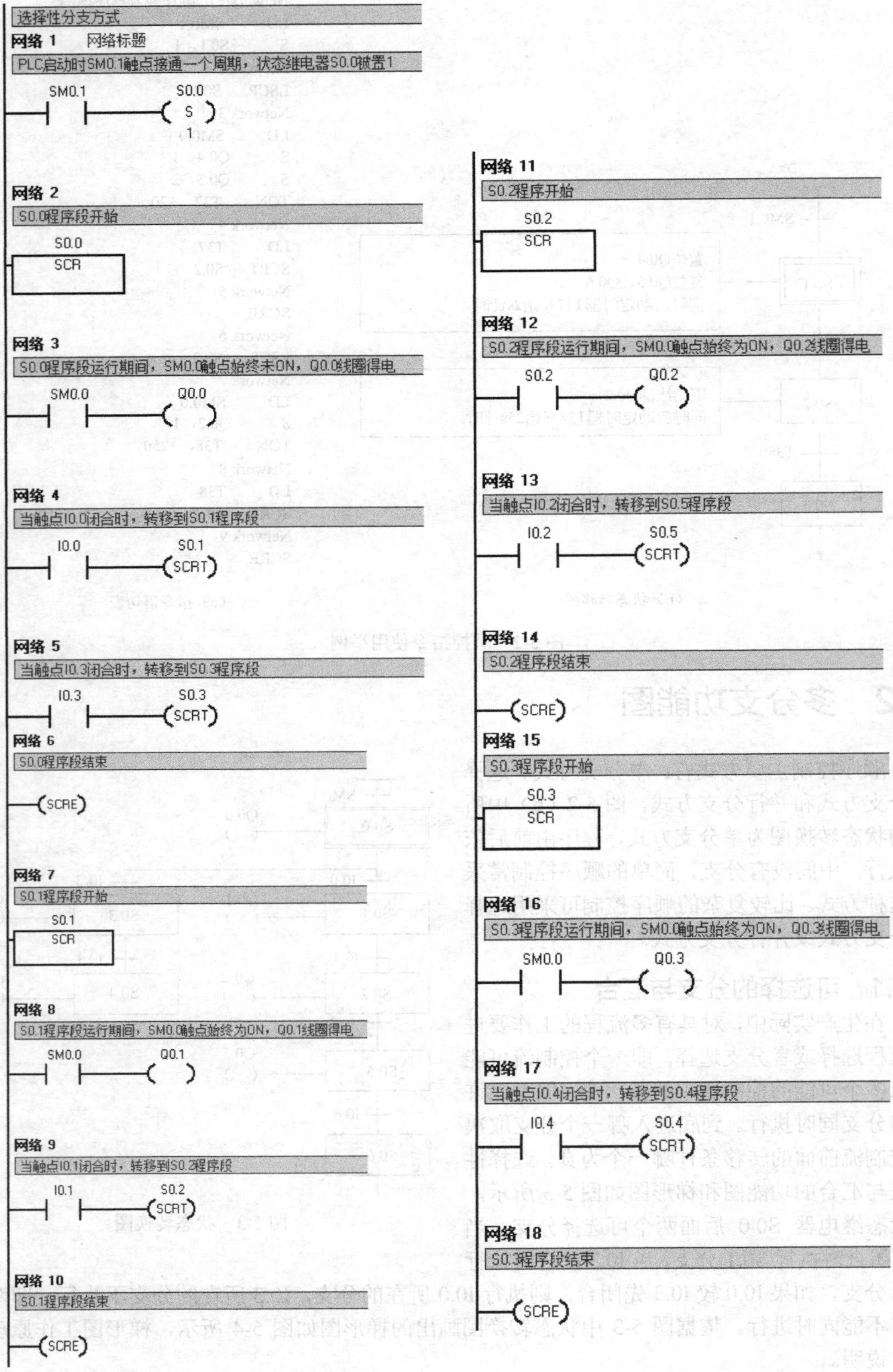

选择性分支方式
网络 1 网络标题
PLC启动时SM0.1触点接通一个周期，状态继电器S0.0被置1
SM0.1
S0.0
S
1
网络 2
S0.0程序段开始
S0.0
SCR
网络 3
S0.0程序段运行期间，SM0.0触点始终未ON，Q0.0线圈得电
SM0.0
Q0.0
网络 4
当触点I0.0闭合时，转移到S0.1程序段
I0.0
S0.1
SCRT
网络 5
当触点I0.3闭合时，转移到S0.3程序段
I0.3
S0.3
SCRT
网络 6
S0.0程序段结束
SCRE
网络 7
S0.1程序段开始
S0.1
SCR
网络 8
S0.1程序段运行期间，SM0.0触点始终为ON，Q0.1线圈得电
SM0.0
Q0.1
网络 9
当触点I0.1闭合时，转移到S0.2程序段
I0.1
S0.2
SCRT
网络 10
S0.1程序段结束
SCRE
网络 11
S0.2程序开始
S0.2
SCR
网络 12
S0.2程序段运行期间，SM0.0触点始终为ON，Q0.2线圈得电
S0.2
Q0.2
网络 13
当触点I0.2闭合时，转移到S0.5程序段
I0.2
S0.5
SCRT
网络 14
S0.2程序段结束
SCRE
网络 15
S0.3程序段开始
S0.3
SCR
网络 16
S0.3程序段运行期间，SM0.0触点始终为ON，Q0.3线圈得电
SM0.0
Q0.3
网络 17
当触点I0.4闭合时，转移到S0.4程序段
I0.4
S0.4
SCRT
网络 18
S0.3程序段结束
SCRE

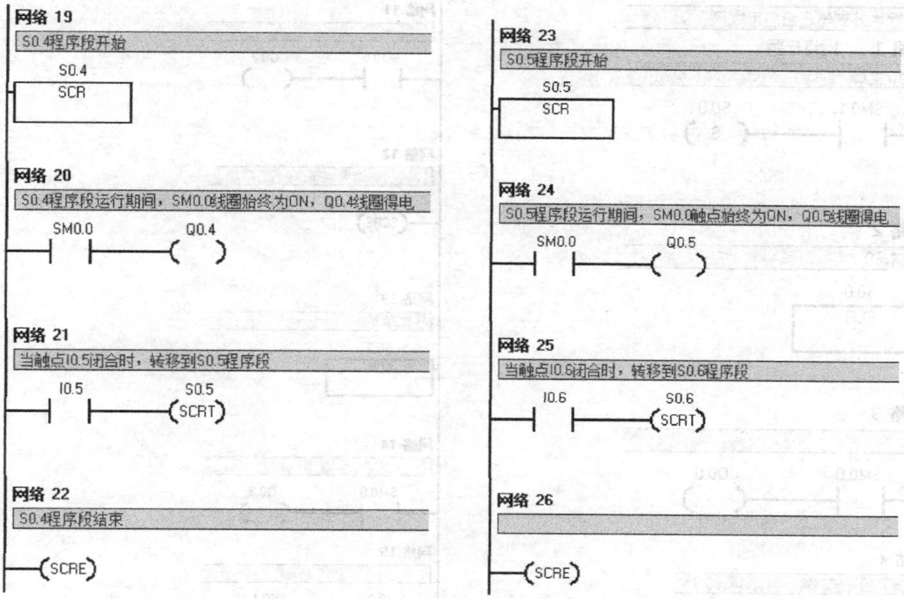

图 5-4 选择性分支方式梯形图

5.2.2 并行性分支与汇合

一个顺序控制状态必须分成两个或多个不同分支控制状态流，这就是并行性分支。当一个控制状态流分成多个分支时，所有的分支控制状态流必须同时激活。当多个控制流产生的结果相同时，可以把这些控制流合并成一个控制流，即并行性分支的汇合。并行顺序一般用双水平线表示，同时结束若干个顺序也用双水平线表示。

如图 5-5 所示为并行分支与汇合的功能图和梯形图。当并行分支连接时，要同时使所有分支状态转移到新的状态，完成新状态的启动。另外在状态 S0.2 和 S0.4 的 SCR 中，由于没有使用 SCRT 指令，故 S0.2 和 S0.4 的复位不能自动进行，最后要用复位指令对其进行复位。这种处理方法在并行分支的连接合并时经常用到，而且在并行分支连接合并前的最后一个状态往往是“等待”过渡状态，它们要等待所有并行分支都为活动状态后一起转移到新的状态。这些“等待”状态不能自动复位，它们的复位就要使用复位指令来完成。

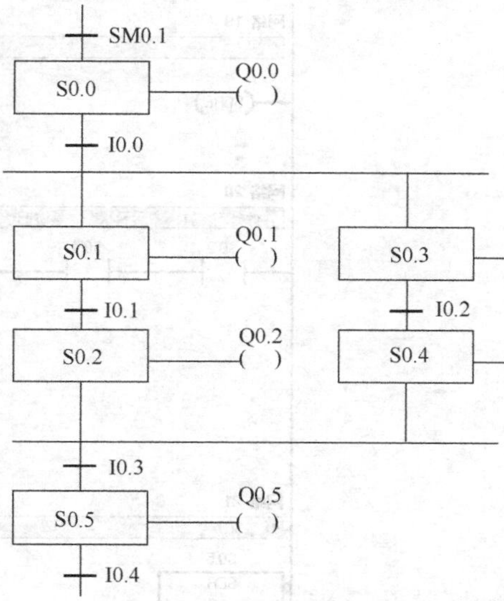

（a）功能图

图 5-5

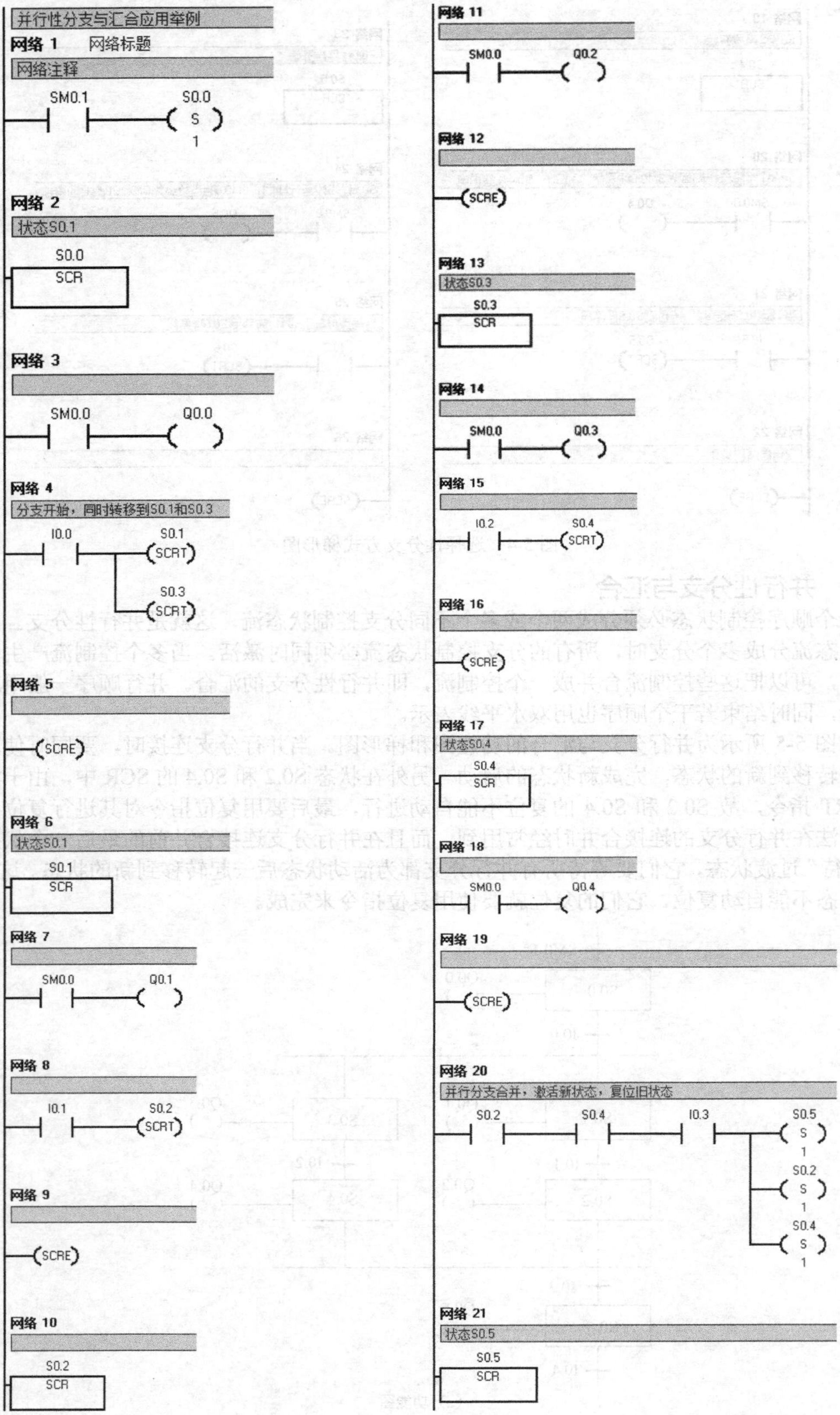
并行性分支与汇合应用举例
网络 1 网络标题
网络注释
SM0.1
S0.0
S
1
网络 2
状态S0.1
S0.0
SCR
网络 3
SM0.0
Q0.0
网络 4
分支开始，同时转移到S0.1和S0.3
I0.0
S0.1
SCRT
S0.3
SCRT
网络 5
SCRE
网络 6
状态S0.1
S0.1
SCR
网络 7
SM0.0
Q0.1
网络 8
I0.1
S0.2
SCRT
网络 9
SCRE
网络 10
S0.2
SCR
网络 11
SM0.0
Q0.2
网络 12
SCRE
网络 13
状态S0.3
S0.3
SCR
网络 14
SM0.0
Q0.3
网络 15
I0.2
S0.4
SCRT
网络 16
SCRE
网络 17
状态S0.4
S0.4
SCR
网络 18
SM0.0
Q0.4
网络 19
SCRE
网络 20
并行分支合并，激活新状态，复位旧状态
S0.2
S0.4
I0.3
S0.5
S
1
S0.2
S
1
S0.4
S
1
网络 21
状态S0.5
S0.5
SCR

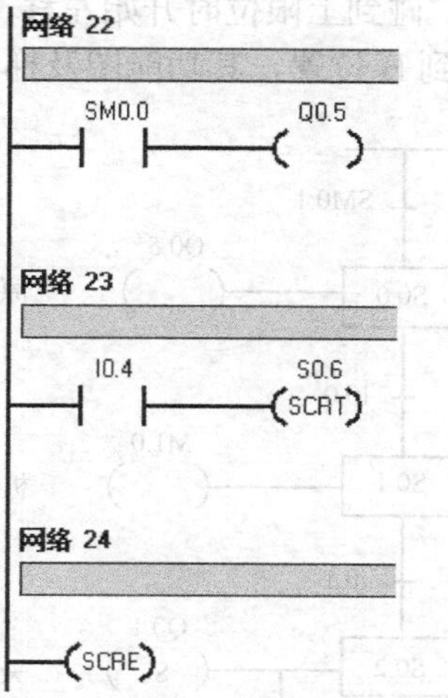

（b）梯形图

图 5-5 并行性分支与汇合应用举例

5.3 功能图及顺序控制指令的应用举例

5.3.1 简单机械手的 PLC 自动控制

机械手工作示意图如图 5-6 所示，机械手将工件从 A 位置向 B 位置移送。机械手上升、下降与左移、右移都是由双线圈两位电磁阀驱动气缸来实现的。抓手对物件的松开、夹紧是由一个单线圈两位电磁阀驱动气缸完成，只有在电磁阀通电时抓手才能夹紧。该机械手工作原点在左上方，按下降、夹紧、上升、右移、下降、松开、上升、左移的顺序依次运行。

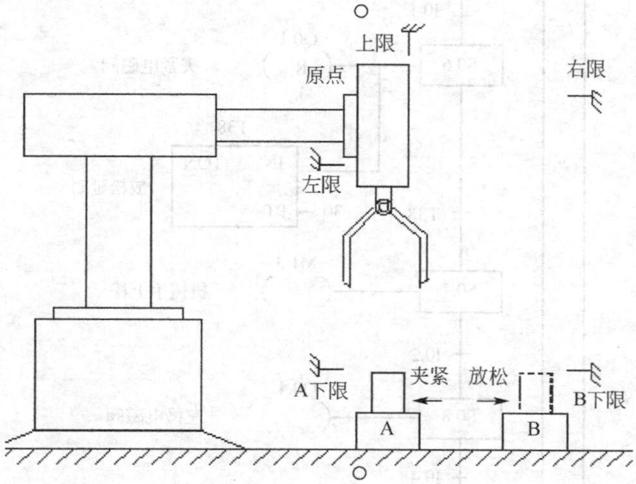

图 5-6 机械手工作示意图

机械手开始处于原点位置，此时必须是压住左限位和上限位，而且抓手是松开的，当接收到开始信号时，机械手下降，碰到下限位时，机械手抓工件，设置一定的时间，机械手开始上升，碰到上限位时，开始右移，碰到右限位时，机械手开始下降，碰到下限位机械手松开释放工件，延时一段时间后接着上升，碰到上限位时开始左移，再碰到左限位完成一个周期。如此循环进行，就把工件从 A 位置搬到 B 位置，其功能图及梯形图如图 5-7 和图 5-8 所示。

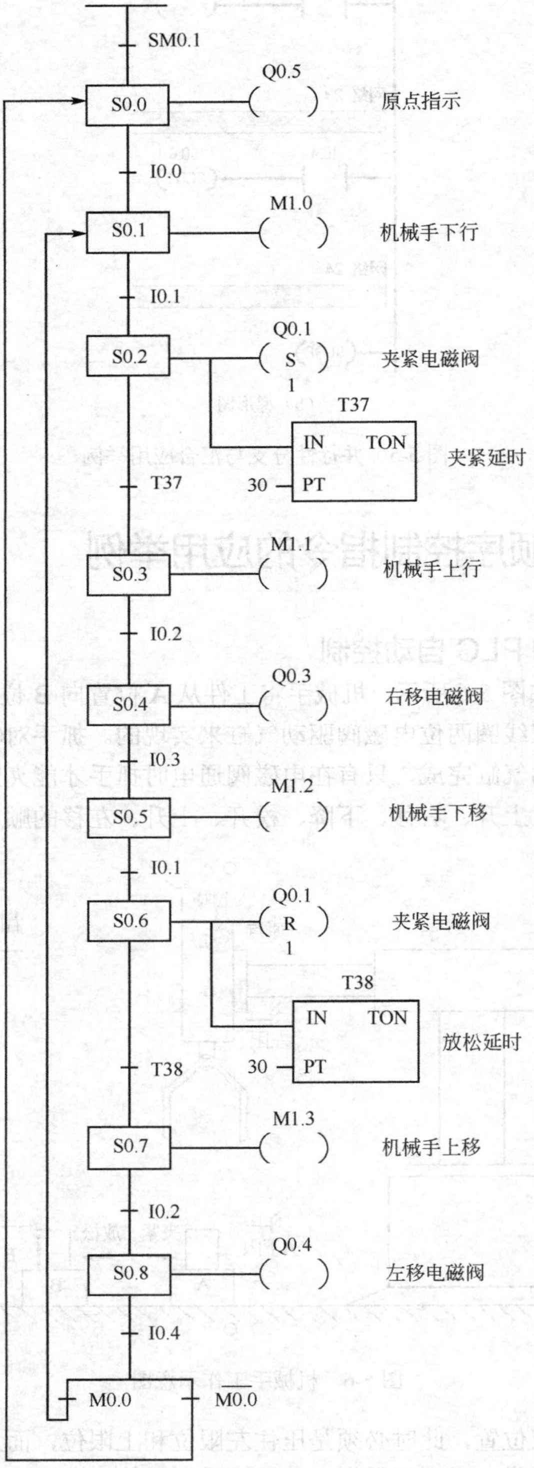

图 5-7 机械手工作功能图

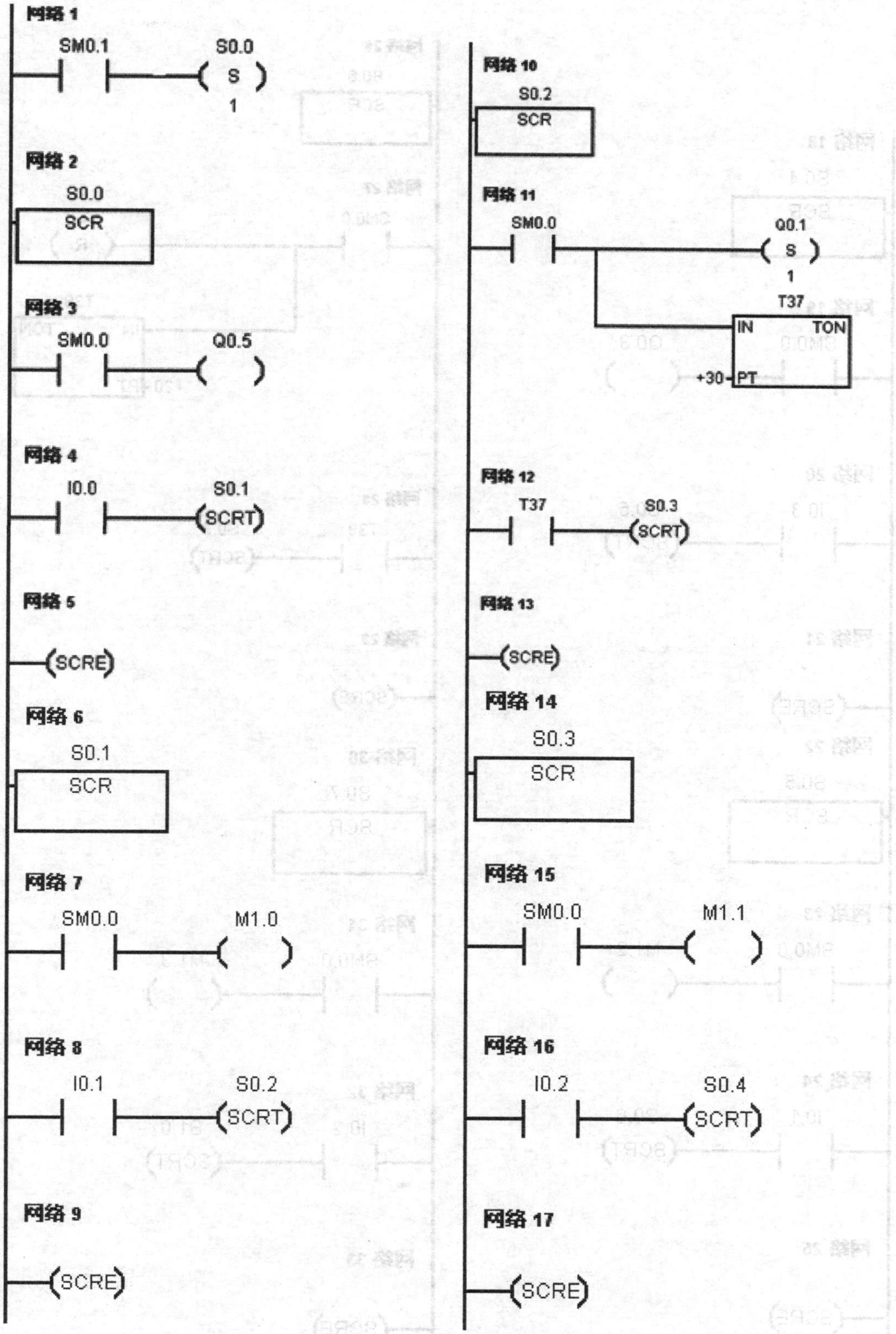
网络 1
SM0.1
S0.0
S
1
网络 2
S0.0
SCR
网络 3
SM0.0
Q0.5
网络 4
I0.0
S0.1
SCRT
网络 5
SCRE
网络 6
S0.1
SCR
网络 7
SM0.0
M1.0
网络 8
I0.1
S0.2
SCRT
网络 9
SCRE
网络 10
S0.2
SCR
网络 11
SM0.0
Q0.1
S
1
T37
IN
TON
+30
PT
网络 12
T37
S0.3
SCRT
网络 13
SCRE
网络 14
S0.3
SCR
网络 15
SM0.0
M1.1
网络 16
I0.2
S0.4
SCRT
网络 17
SCRE

图 5-8

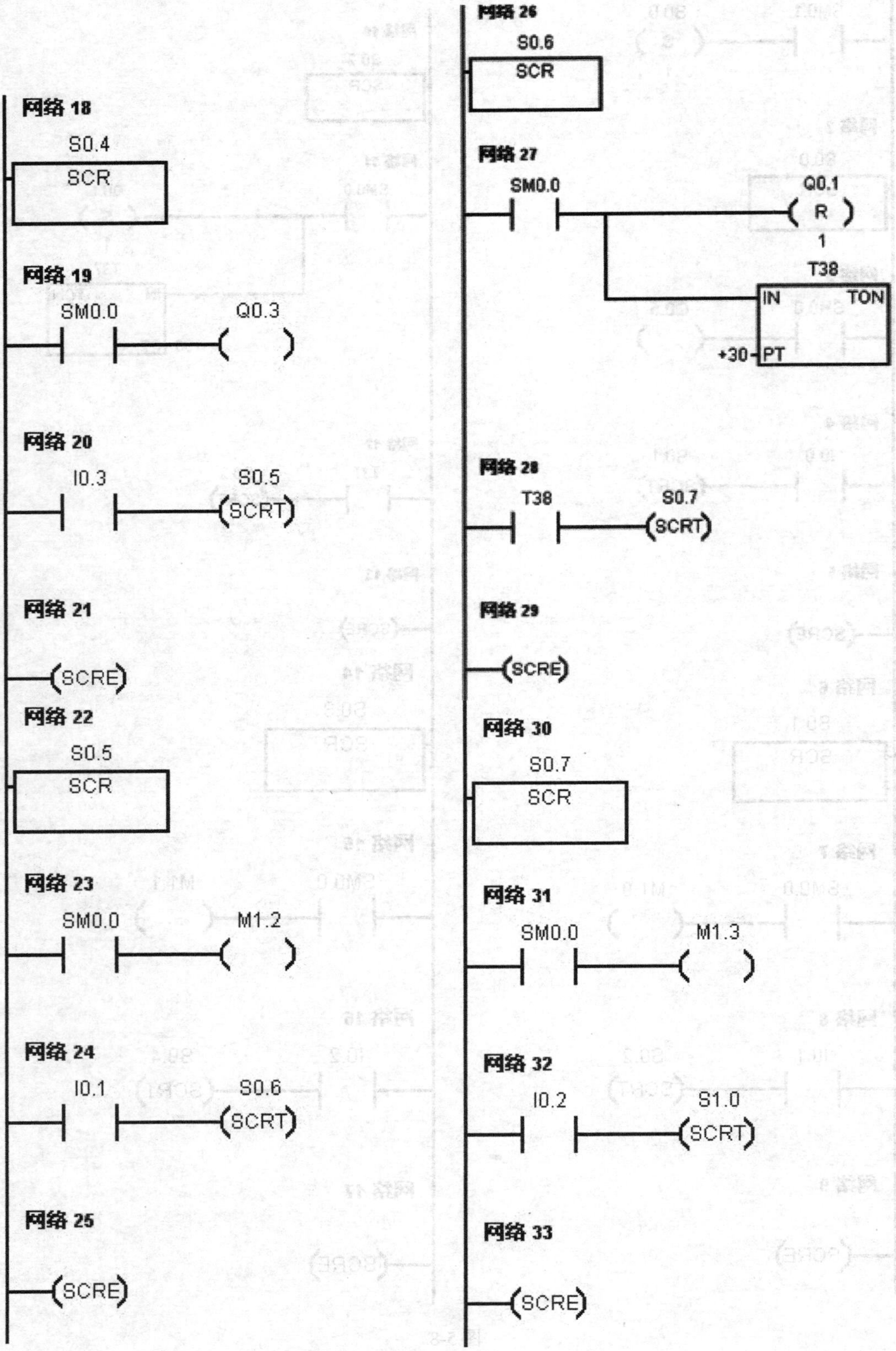

网络 18
S0.4
SCR
网络 19
SM0.0
Q0.3
网络 20
I0.3
S0.5
SCRT
网络 21
SCRE
网络 22
S0.5
SCR
网络 23
SM0.0
M1.2
网络 24
I0.1
S0.6
SCRT
网络 25
SCRE
网络 26
S0.6
SCR
网络 27
SM0.0
Q0.1
R
1
T38
IN
TON
+30
PT
网络 28
T38
S0.7
SCRT
网络 29
SCRE
网络 30
S0.7
SCR
网络 31
SM0.0
M1.3
网络 32
I0.2
S1.0
SCRT
网络 33
SCRE

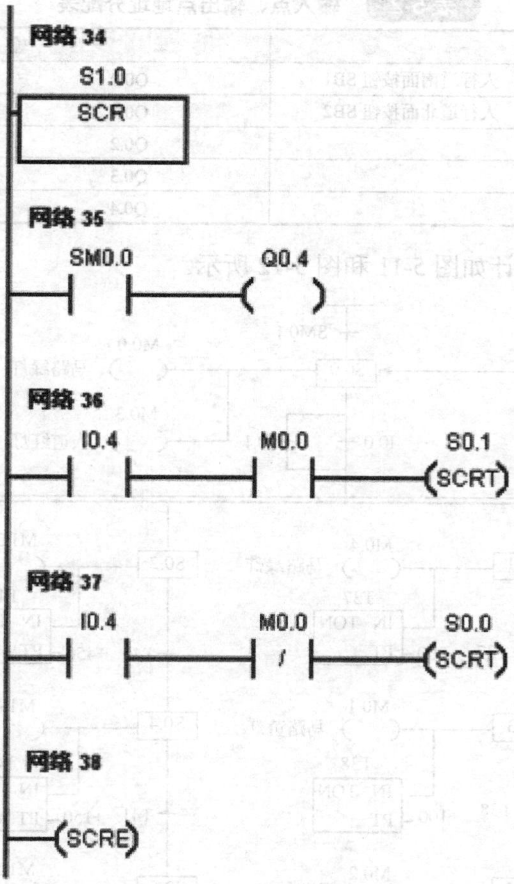

图 5-8　机械手工作梯形图

5.3.2　十字路口交通信号灯的 PLC 控制

① 控制要求：图 5-9 为人行道和马路的信号灯系统。当行人过马路时，可按下分别安装在马路两侧的按钮 I0.0 或 I0.1，则交通灯（红灯、黄灯、绿灯 3 种类型）系统按图 5-10 所示流程工作。在工作期间按钮按下都不起作用。

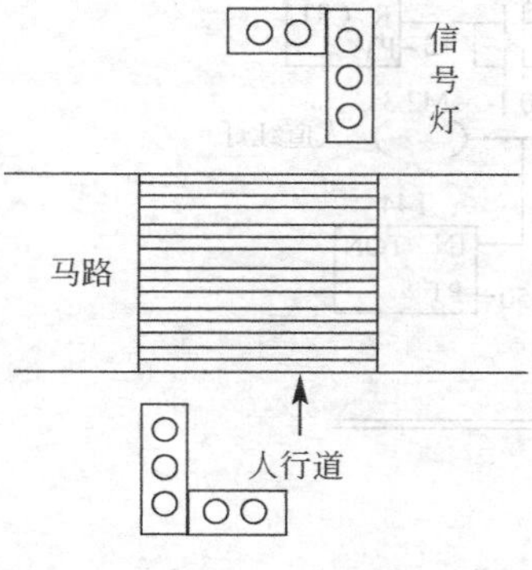

图 5-9　十字路口人行道和马路信号灯示意图

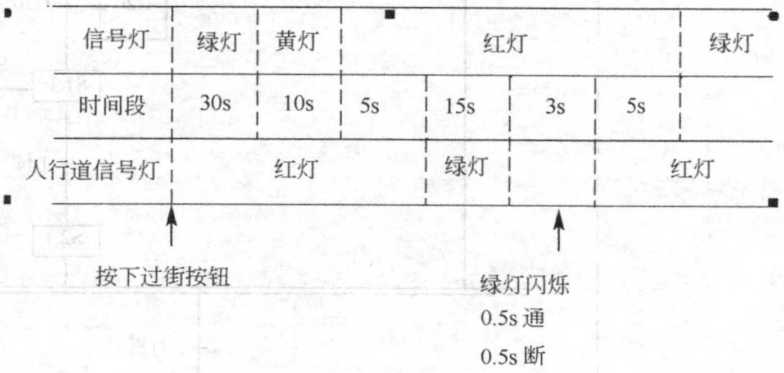

图 5-10　信号灯工作过程

② 根据控制要求对系统进行输入点、输出点地址分配，如表 5-2 所示。

表 5-2 输入点、输出点地址分配表

输入		输出	
I0.0	人行道南面按钮 SB1	Q0.0	绿灯
I0.1	人行道北面按钮 SB2	Q0.1	黄灯
		Q0.2	红灯
		Q0.3	红灯
		Q0.4	绿灯

③ 功能图及梯形图设计如图 5-11 和图 5-12 所示。

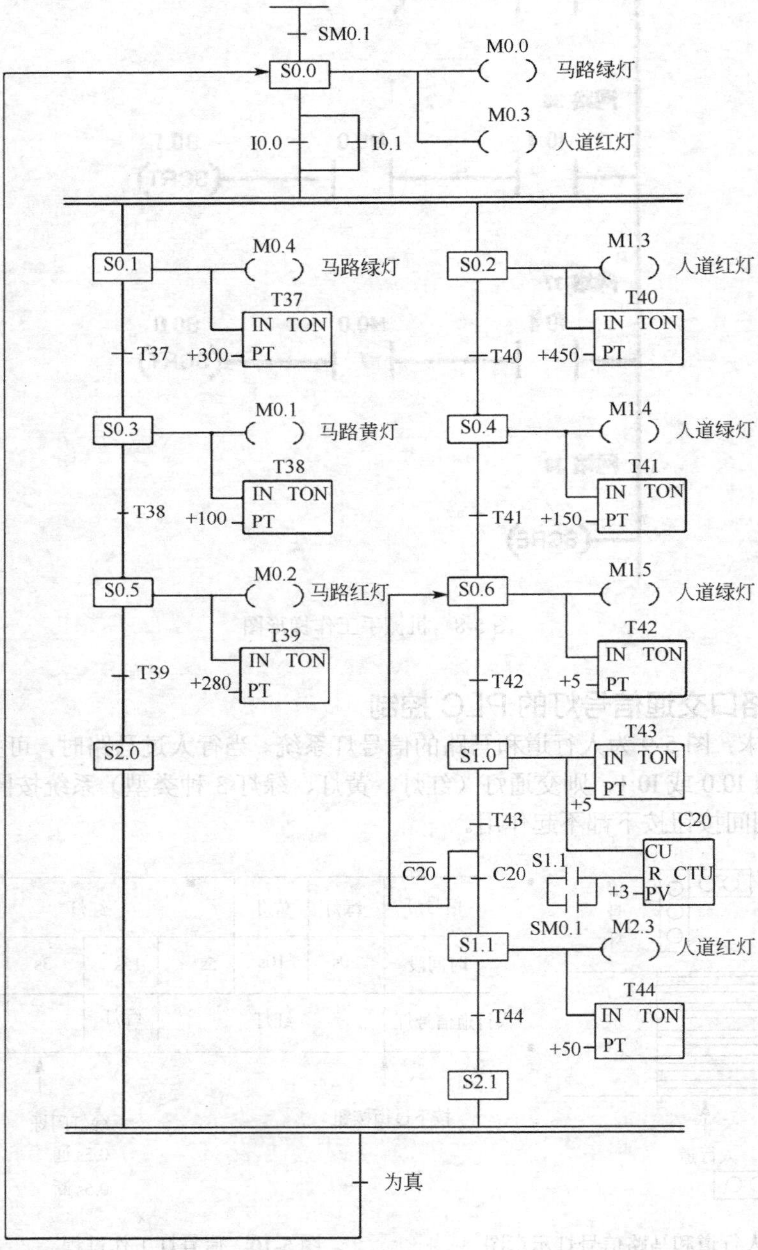

图 5-11 交通信号灯功能图

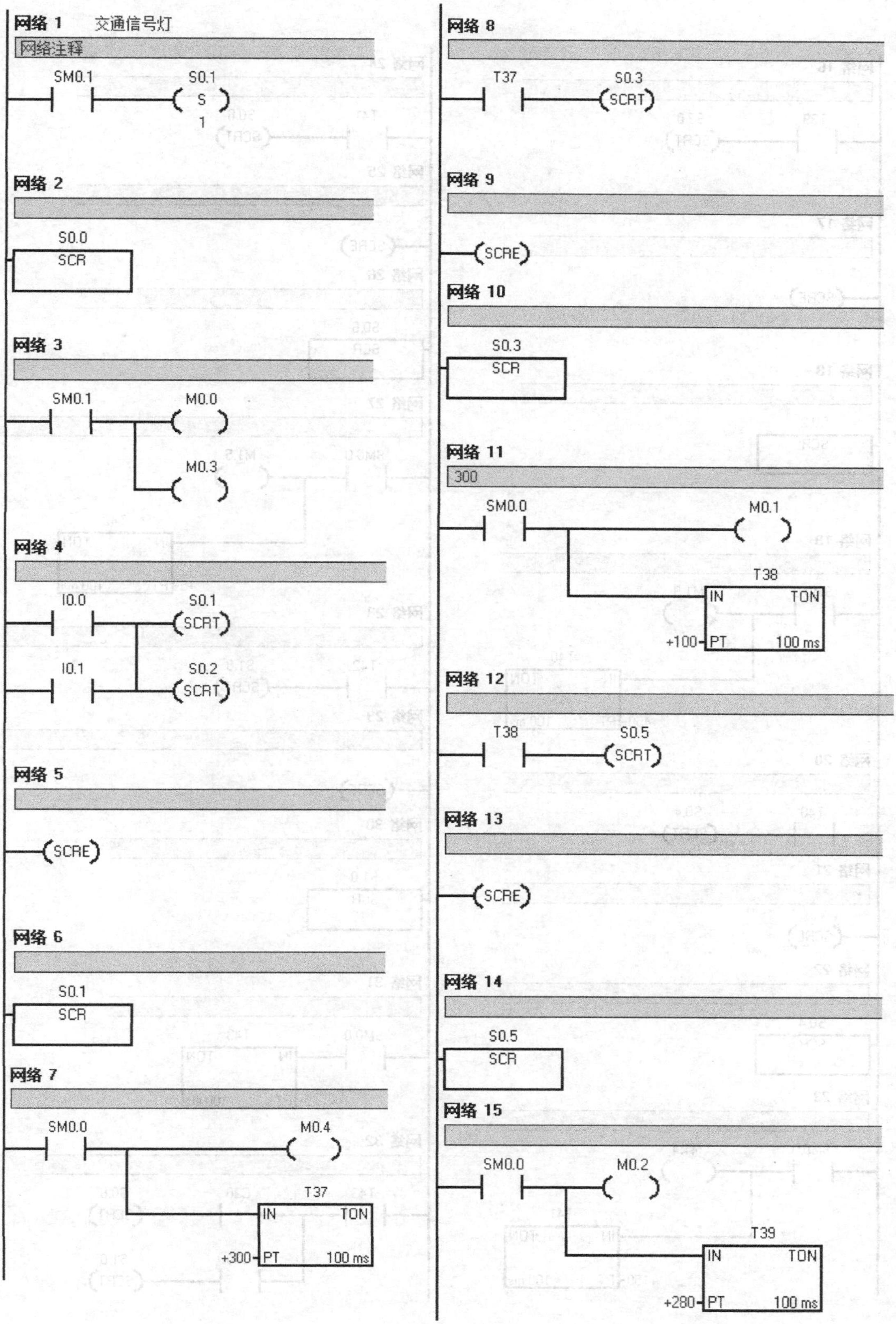

网络 1 交通信号灯
网络注释
SM0.1
S0.1
S
1
网络 2
S0.0
SCR
网络 3
SM0.1
M0.0
M0.3
网络 4
I0.0
S0.1
SCRT
I0.1
S0.2
SCRT
网络 5
SCRE
网络 6
S0.1
SCR
网络 7
SM0.0
M0.4
T37
IN TON
+300 PT 100 ms
网络 8
T37
S0.3
SCRT
网络 9
SCRE
网络 10
S0.3
SCR
网络 11
300
SM0.0
M0.1
T38
IN TON
+100 PT 100 ms
网络 12
T38
S0.5
SCRT
网络 13
SCRE
网络 14
S0.5
SCR
网络 15
SM0.0
M0.2
T39
IN TON
+280 PT 100 ms

图 5-12

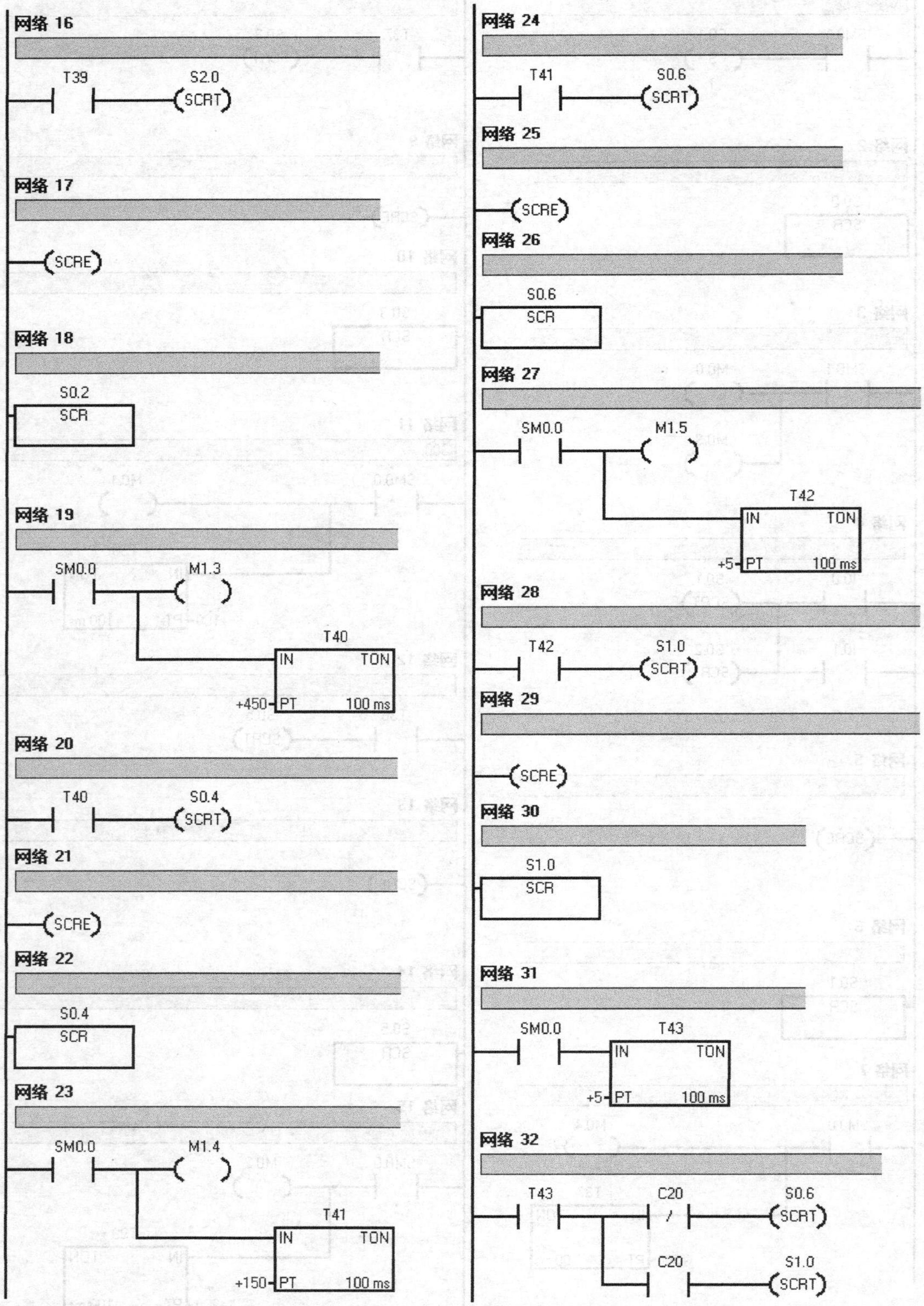
网络 16
T39
S2.0
SCRT
网络 17
SCRE
网络 18
S0.2
SCR
网络 19
SM0.0
M1.3
T40
IN
TON
+450
PT
100 ms
网络 20
T40
S0.4
SCRT
网络 21
SCRE
网络 22
S0.4
SCR
网络 23
SM0.0
M1.4
T41
IN
TON
+150
PT
100 ms
网络 24
T41
S0.6
SCRT
网络 25
SCRE
网络 26
S0.6
SCR
网络 27
SM0.0
M1.5
T42
IN
TON
+5
PT
100 ms
网络 28
T42
S1.0
SCRT
网络 29
SCRE
网络 30
S1.0
SCR
网络 31
SM0.0
T43
IN
TON
+5
PT
100 ms
网络 32
T43
C20
S0.6
SCRT
C20
S1.0
SCRT

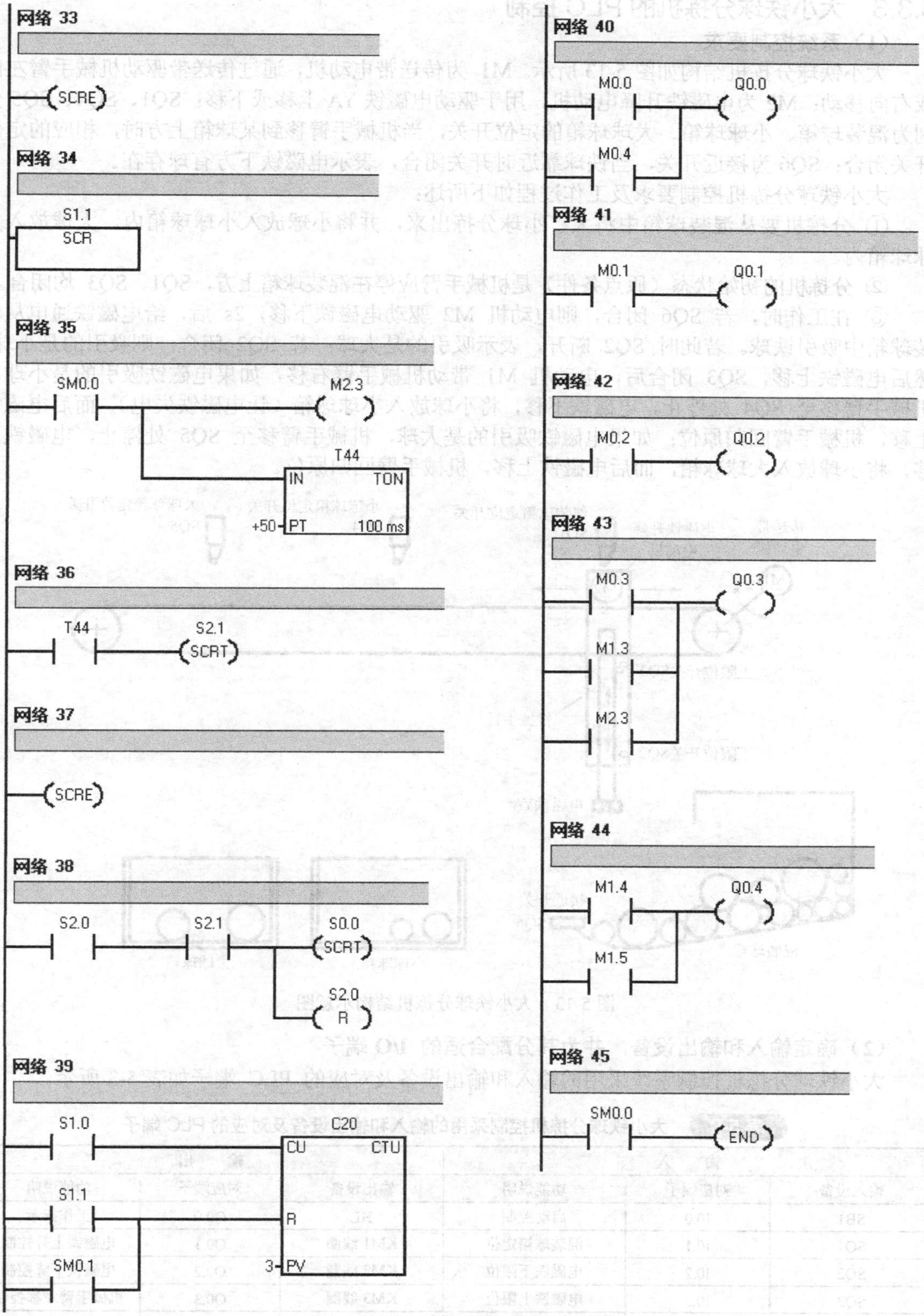

图 5-12 交通信号灯梯形图

5.3.3 大小铁球分拣机的 PLC 控制

（1）系统控制要求

大小铁球分拣机结构如图 5-13 所示。M1 为传送带电动机，通过传送带驱动机械手臂左向或右向移动；M2 为电磁铁升降电动机，用于驱动电磁铁 YA 上移或下移；SQ1、SQ4、SQ5 分别为混装球箱、小球球箱、大球球箱的定位开关，当机械手臂移到某球箱上方时，相应的定位开关闭合；SQ6 为接近开关，当铁球靠近时开关闭合，表示电磁铁下方有球存在。

大小铁球分拣机控制要求及工作过程如下所述：

① 分拣机要从混装球箱中将大、小球分拣出来，并将小球放入小球球箱内，大球放入大球球箱内。

② 分拣机的初始状态（原点条件）是机械手臂应停在混装球箱上方，SQ1、SQ3 均闭合。

③ 在工作时，若 SQ6 闭合，则电动机 M2 驱动电磁铁下移，2s 后，给电磁铁通电从混装球箱中吸引铁球。若此时 SQ2 断开，表示吸引的是大球；若 SQ2 闭合，则吸引的是小球。然后电磁铁上移，SQ3 闭合后，电动机 M1 带动机械手臂右移，如果电磁铁吸引的是小球，机械手臂移至 SQ4 处停止，电磁铁下移，将小球放入小球球箱（让电磁铁失电），而后电磁铁上移，机械手臂回归原位；如果电磁铁吸引的是大球，机械手臂移至 SQ5 处停止，电磁铁下移，将小球放入大球球箱，而后电磁铁上移，机械手臂回归原位。

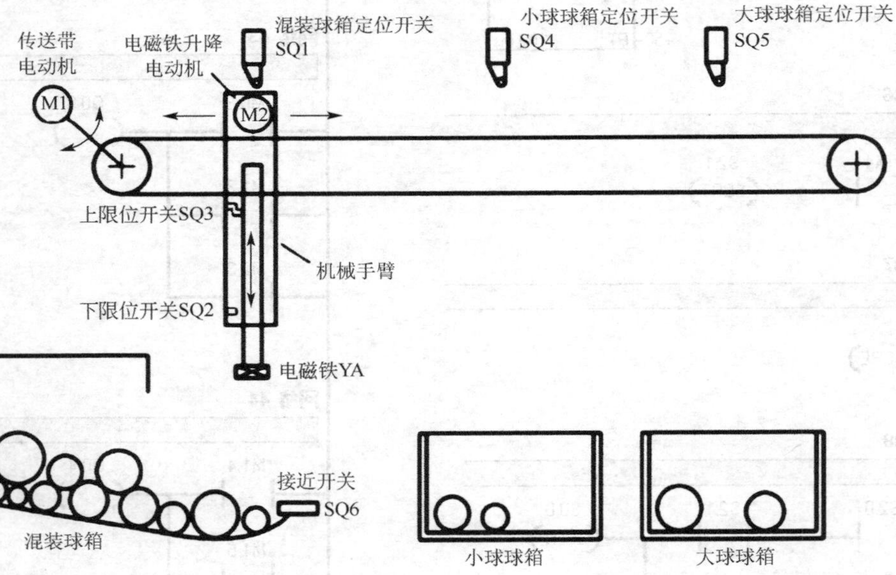

图 5-13 大小铁球分拣机结构示意图

（2）确定输入和输出设备，并为其分配合适的 I/O 端子

大小铁球分拣机控制系统采用的输入和输出设备及对应的 PLC 端子如表 5-3 所示。

表 5-3 大小铁球分拣机控制采用的输入和输出设备及对应的 PLC 端子

输入			输出		
输入设备	对应端子	功能说明	输出设备	对应端子	功能说明
SB1	I0.0	启动控制	HL	Q0.0	工作指示
SQ1	I0.1	混装球箱定位	KM1 线圈	Q0.1	电磁铁上升控制
SQ2	I0.2	电磁铁下限位	KM2 线圈	Q0.2	电磁铁下降控制
SQ3	I0.3	电磁铁上限位	KM3 线圈	Q0.3	机械手臂左移控制
SQ4	I0.4	小球球箱定位	KM4 线圈	Q0.4	机械手臂右移控制
SQ5	I0.5	大球球箱定位	KM5 线圈	Q0.5	电磁铁吸合控制
SQ6	I0.6	铁球检测			

（3）绘制控制电路图

如图 5-14 所示为大小铁球分拣机的 PLC 控制电路图。

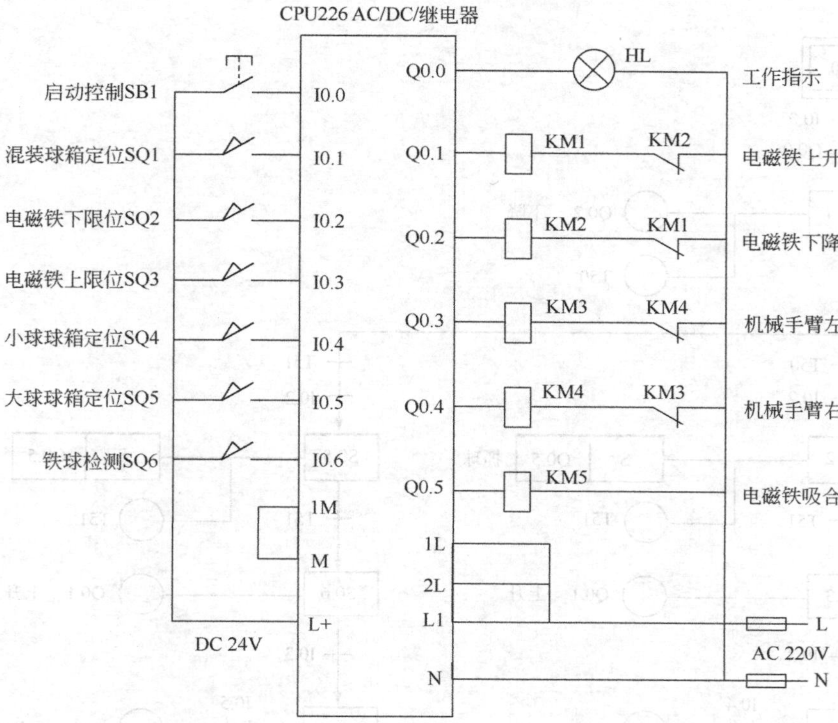

图 5-14 大小铁球分拣机的 PLC 控制电路图

（4）编写 PLC 控制程序

1）绘制状态转移图 分拣机拣球时抓的可能是大球，也可能是小球，若抓的是大球时则执行抓取大球控制，若抓的是小球则执行抓取小球控制，这是一种选择性控制，编程时应采用选择性分支方式。如图 5-15 所示为大小铁球分拣机控制的状态转移图。

2）绘制梯形图 启动 STEP7-Micro/WIN 编程软件，根据图 5-15 所示的状态转移图编写梯形图。编写完成的梯形图如图 5-16 所示。

3）工作原理 下面对照图 5-13 所示分拣机结构图、图 5-14 所示控制电路图和图 5-16 所示梯形图来说明分拣机的工作原理。

① 检测原点条件。图 5-16 所示梯形图中的[1]程序用来检测分拣机是否满足原点条件。

分拣机的原点条件有以下几点：

a. 机械手臂停止在混装球箱上方（会使定位开关 SQ1 闭合，[1]I0.1 常开触点闭合）。

b. 电磁铁处于上限位位置（会使上限位开关 SQ3 闭合，[1]I0.3 常开触点闭合）。

c. 电磁铁未通电（Q0.5 线圈失电，电磁铁也无供电，[1]Q0.5 常闭触点闭合）。

d. 有铁球处于电磁铁正下方（会使铁球检测开关 SQ6 闭合，[1]I0.6 常开触点闭合）。

这四点都满足后，[1]Q0.0 线圈得电，[4]Q0.0 常开触点闭合，同时 Q0.0 端子的内硬触点接通，指示灯 HL 亮。若 HL 不亮，说明原点条件不满足。

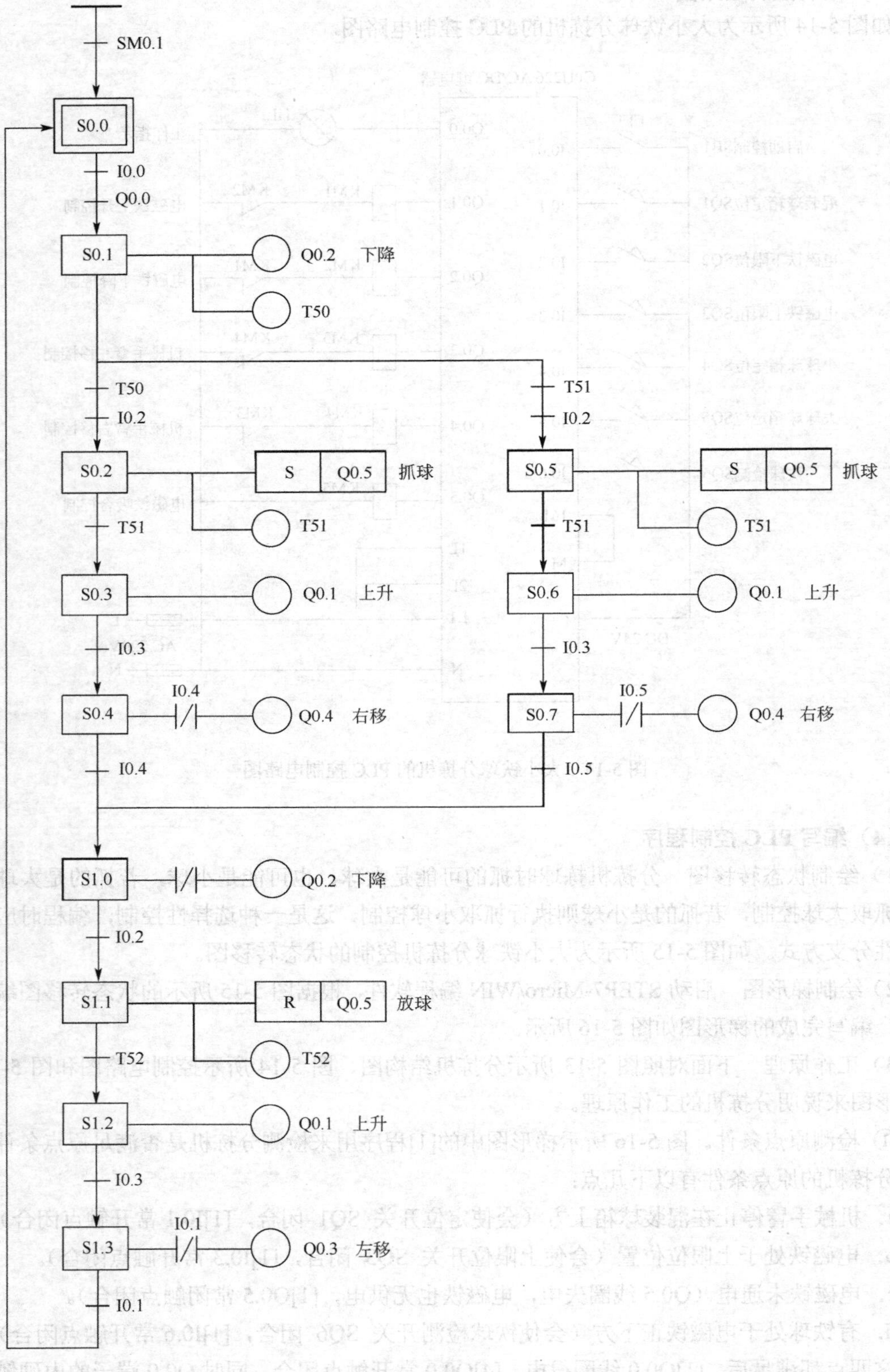

图 5-15 大小铁球分拣机控制状态转换图

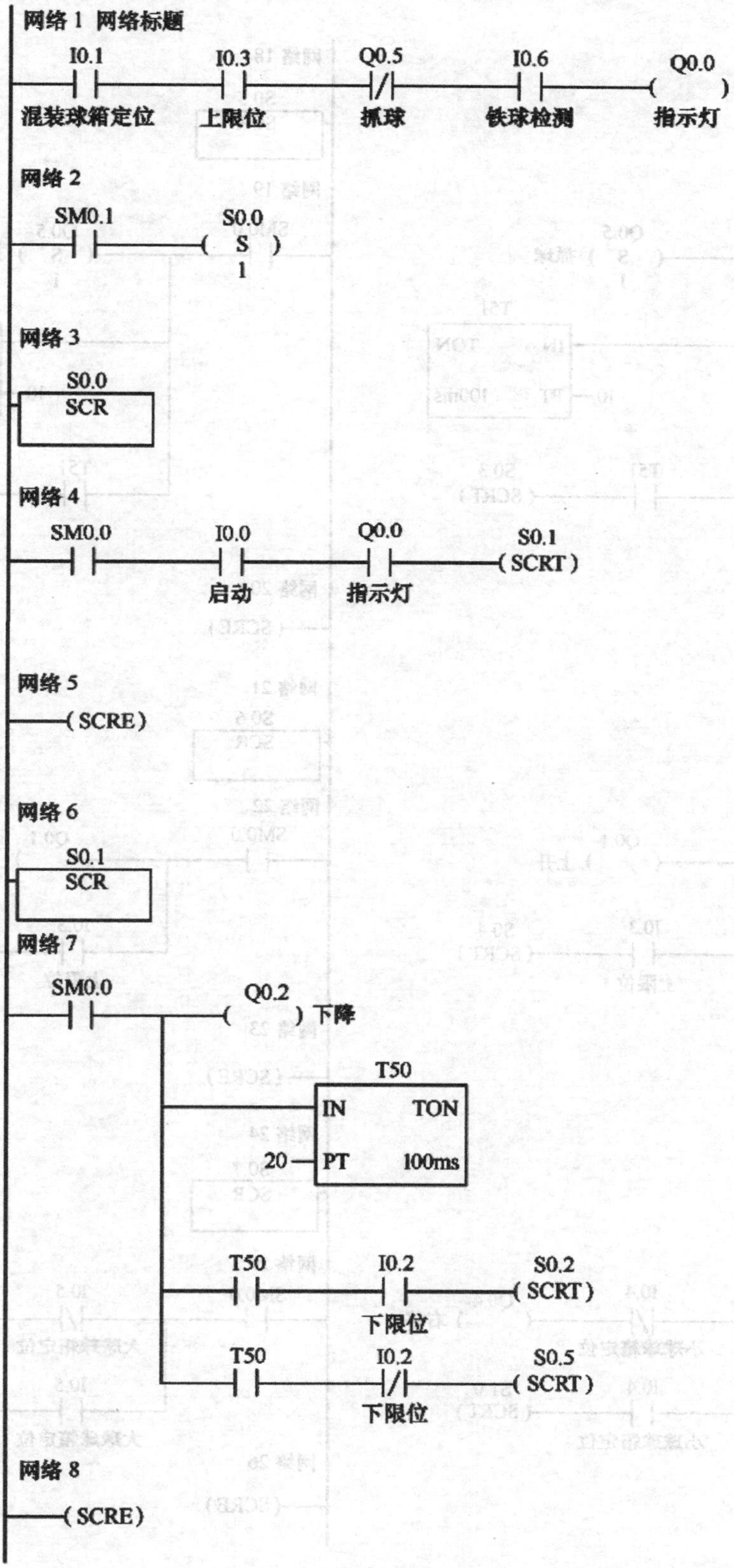

网络1 网络标题
I0.1
混装球箱定位
I0.3
上限位
Q0.5
抓球
I0.6
铁球检测
Q0.0
指示灯
网络2
SM0.1
S0.0
S
1
网络3
S0.0
SCR
网络4
SM0.0
I0.0
启动
Q0.0
指示灯
S0.1
SCRT
网络5
SCRE
网络6
S0.1
SCR
网络7
SM0.0
Q0.2
下降
T50
IN
TON
20
PT
100ms
T50
I0.2
下限位
S0.2
SCRT
T50
I0.2
下限位
S0.5
SCRT
网络8
SCRE

图 5-16

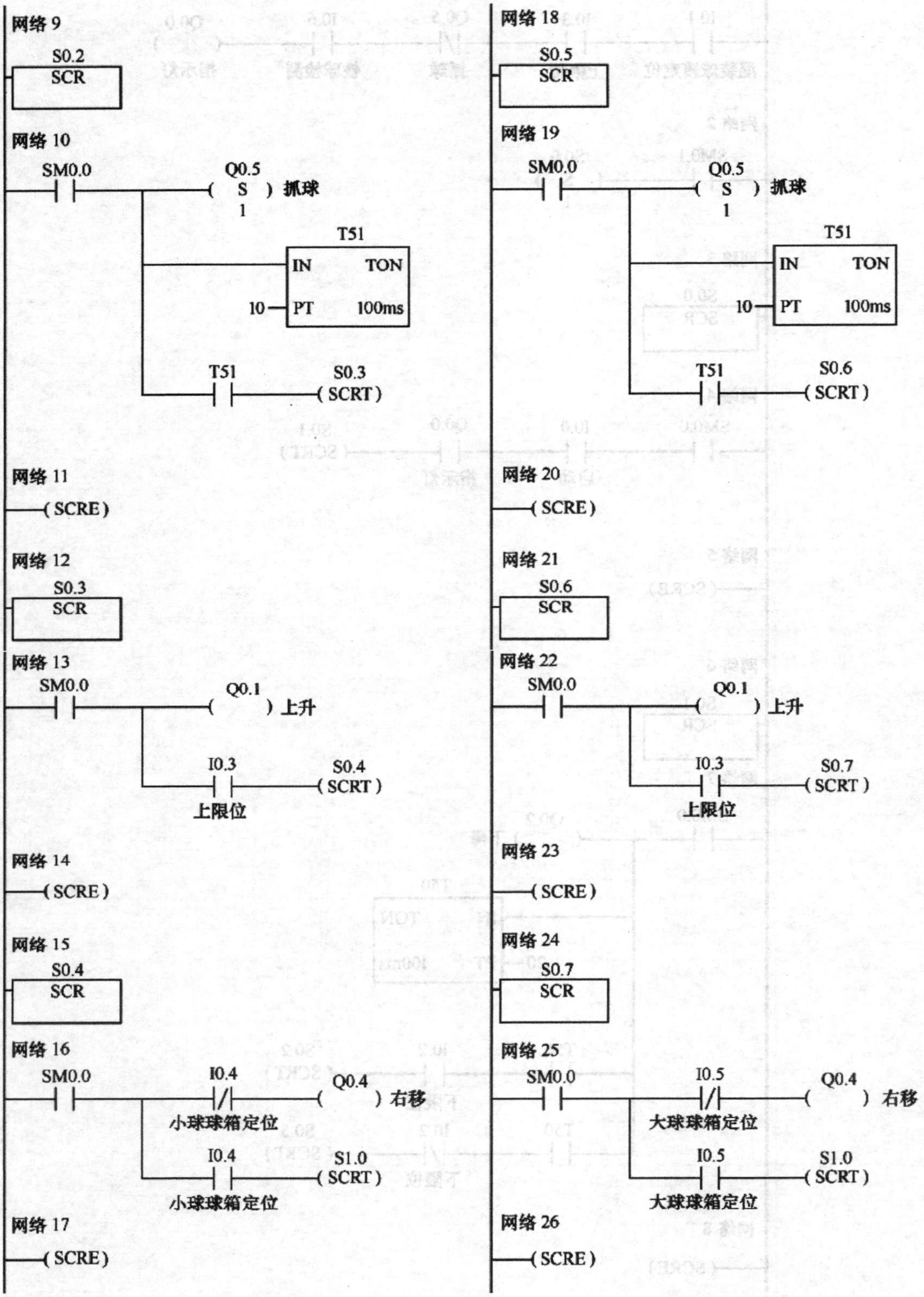
网络 9
S0.2
SCR
网络 10
SM0.0
Q0.5
S
1
抓球
T51
IN
TON
10
PT
100ms
T51
S0.3
SCRT
网络 11
SCRE
网络 12
S0.3
SCR
网络 13
SM0.0
Q0.1
上升
I0.3
上限位
S0.4
SCRT
网络 14
SCRE
网络 15
S0.4
SCR
网络 16
SM0.0
I0.4
小球球箱定位
Q0.4
右移
I0.4
小球球箱定位
S1.0
SCRT
网络 17
SCRE
网络 18
S0.5
SCR
网络 19
SM0.0
Q0.5
S
1
抓球
T51
IN
TON
10
PT
100ms
T51
S0.6
SCRT
网络 20
SCRE
网络 21
S0.6
SCR
网络 22
SM0.0
Q0.1
上升
I0.3
上限位
S0.7
SCRT
网络 23
SCRE
网络 24
S0.7
SCR
网络 25
SM0.0
I0.5
大球球箱定位
Q0.4
右移
I0.5
大球球箱定位
S1.0
SCRT
网络 26
SCRE

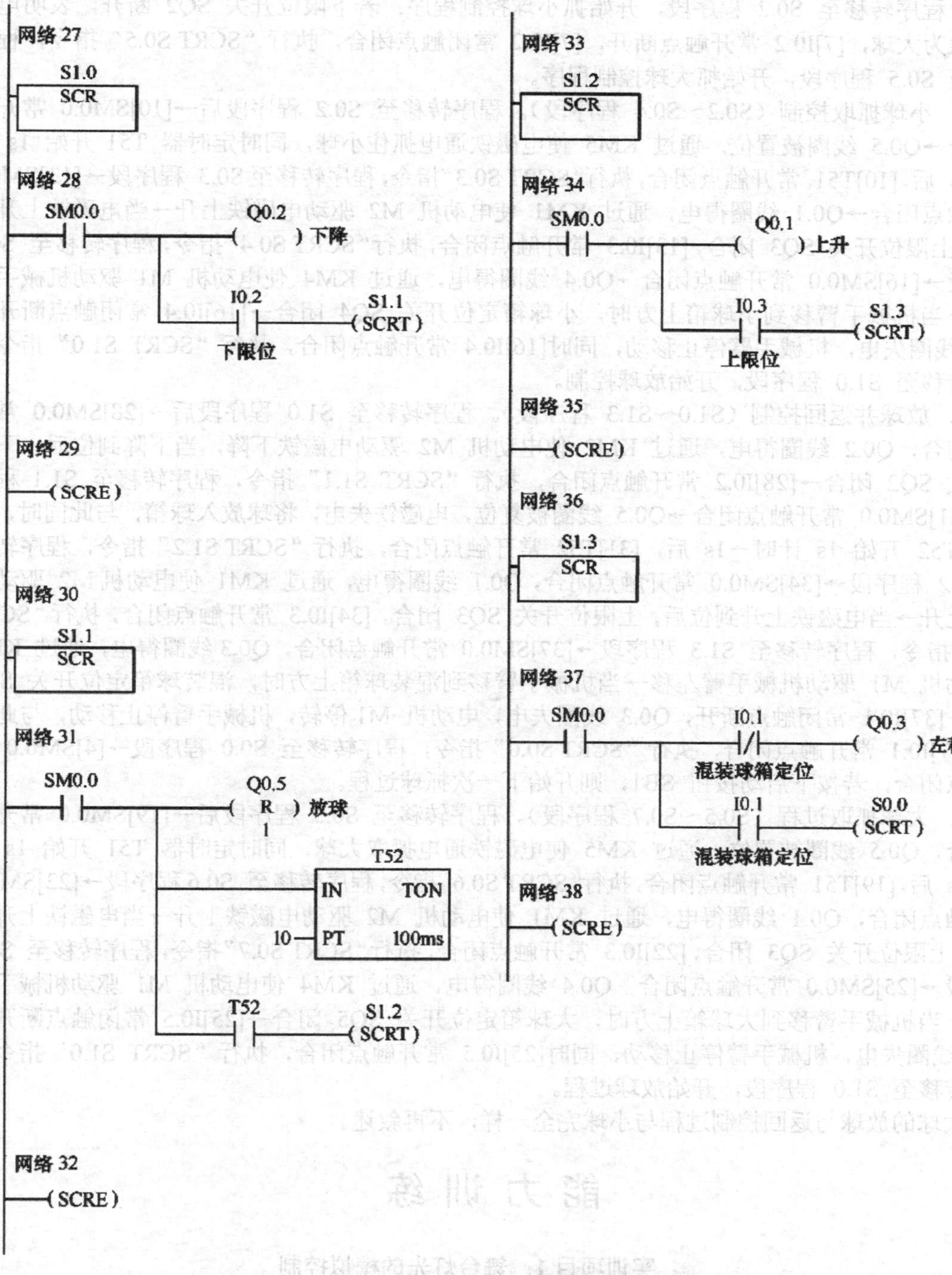

图 5-16 大小球分拣机控制梯形图

② 工作过程。当 PLC 上电启动时，SM0.1 会接通一个扫描周期，将状态继电器 S0.0 置位，S0.0 程序段被激活，成为活动步程序。按下启动按钮 SB1→[4]I0.0 常开触点闭合→由于 SM0.0 和 Q0.0 触点均闭合，故执行“SCRT S0.1”指令，程序转移至 S0.1 程序段→[7]SM0.0 常开触点闭合→[7]Q0.2 线圈得电，通过接触器 KM2 使电动机 M2 驱动电磁铁下移，与此同时，定时器 T50 开始 2s 计时→2s 后，[7]两个 T50 常开触点均闭合，若下限位开关 SQ2 闭合，表明电磁铁接触为小球，[7]I0.2 常开触点闭合，[7]I0.2 常闭触点断开，执行“SCRT S0.2”

指令，程序转移至 S0.2 程序段，开始抓小球控制程序；若下限位开关 SQ2 断开，表明电磁铁接触为大球，[7]I0.2 常开触点断开，[7]I0.2 常闭触点闭合，执行“SCRT S0.5”指令，程序转移至 S0.5 程序段，开始抓大球控制程序。

a．小球抓取控制（S0.2～S0.4 程序段）。程序转移至 S0.2 程序段后→[10]SM0.0 常开触点闭合→Q0.5 线圈被置位，通过 KM5 使电磁铁通电抓住小球，同时定时器 T51 开始 1s 计时→1s 后，[10]T51 常开触点闭合，执行“SCRT S0.3”指令，程序转移至 S0.3 程序段→[13]SM0.0 常开触点闭合→Q0.1 线圈得电，通过 KM1 使电动机 M2 驱动电磁铁上升→当电磁铁上升到位后，上限位开关 SQ3 闭合，[13]I0.3 常开触点闭合，执行“SCRT S0.4”指令，程序转移至 S0.4 程序段→[16]SM0.0 常开触点闭合→Q0.4 线圈得电，通过 KM4 使电动机 M1 驱动机械手臂右移→当机械手臂移到小球箱上方时，小球箱定位开关 SQ4 闭合→[16]I0.4 常闭触点断开，Q0.4 线圈失电，机械手臂停止移动，同时[16]I0.4 常开触点闭合，执行“SCRT S1.0”指令，程序转移至 S1.0 程序段，开始放球控制。

b．放球并返回控制（S1.0～S1.3 程序段）。程序转移至 S1.0 程序段后→[28]SM0.0 常开触点闭合，Q0.2 线圈得电，通过 KM2 使电动机 M2 驱动电磁铁下降，当下降到位后，下限位开关 SQ2 闭合→[28]I0.2 常开触点闭合，执行“SCRT S1.1”指令，程序转移至 S1.1 程序段→[31]SM0.0 常开触点闭合→Q0.5 线圈被复位，电磁铁失电，将球放入球箱，与此同时，定时器 T52 开始 1s 计时→1s 后，[31]T52 常开触点闭合，执行“SCRT S1.2”指令，程序转移至 S1.2 程序段→[34]SM0.0 常开触点闭合，Q0.1 线圈得电，通过 KM1 使电动机 M2 驱动电磁铁上升→当电磁铁上升到位后，上限位开关 SQ3 闭合，[34]I0.3 常开触点闭合，执行“SCRT S1.3”指令，程序转移至 S1.3 程序段→[37]SM0.0 常开触点闭合，Q0.3 线圈得电，通过 KM3 使电动机 M1 驱动机械手臂左移→当机械手臂移到混装球箱上方时，混装球箱定位开关 SQ1 闭合→[37]I0.1 常闭触点断开，Q0.3 线圈失电，电动机 M1 停转，机械手臂停止移动，与此同时，[37]I0.1 常开触点闭合，执行“SCRT S0.0”指令，程序转移至 S0.0 程序段→[4]SM0.0 常开触点闭合，若按下启动按钮 SB1，则开始下一次抓球过程。

c．大球抓取过程（S0.5～S0.7 程序段）。程序转移至 S0.5 程序段后→[19]SM0.0 常开触点闭合，Q0.5 线圈被置位，通过 KM5 使电磁铁通电抓取大球，同时定时器 T51 开始 1s 计时→1s 后，[19]T51 常开触点闭合，执行“SCRT S0.6”指令，程序转移至 S0.6 程序段→[22]SM0.0 常开触点闭合，Q0.1 线圈得电，通过 KM1 使电动机 M2 驱动电磁铁上升→当电磁铁上升到位后，上限位开关 SQ3 闭合，[22]I0.3 常开触点闭合，执行“SCRT S0.7”指令，程序转移至 S0.7 程序段→[25]SM0.0 常开触点闭合，Q0.4 线圈得电，通过 KM4 使电动机 M1 驱动机械手臂右移→当机械手臂移到大球箱上方时，大球箱定位开关 SQ5 闭合→[25]I0.5 常闭触点断开，Q0.4 线圈失电，机械手臂停止移动，同时[25]I0.5 常开触点闭合，执行“SCRT S1.0”指令，程序转移至 S1.0 程序段，开始放球过程。

大球的放球与返回控制过程与小球完全一样，不再叙述。

能 力 训 练

实训项目 1：舞台灯光的模拟控制

（1）实验目的

用 PLC 构成舞台灯光控制系统。

（2）实验内容

① 控制要求。

L1、L2、L9→L1、L5、L8→L1、L4、L7→L1、L3、L6→L1→L2、L3、L4、L5→L6、L7、L8、L9→L1、L2、L6→L1、L3、L7→L1、L4、L8→L1、L5、L9→L1→L2、L3、L4、L5→L6、

L7、L8、L9→L1、L2、L9→L1、L5、L8……循环下去

② I/O 分配。

输入	输出	
启动按钮：I0.0	L1：Q0.0	L6：Q0.5
停止按钮：I0.1	L2：Q0.1	L7：Q0.6
	L3：Q0.2	L8：Q0.7
	L4：Q0.3	L9：Q1.0
	L5：Q0.4	

③ 按图 5-17 所示的设计梯形图程序。

④ 调试并运行程序。

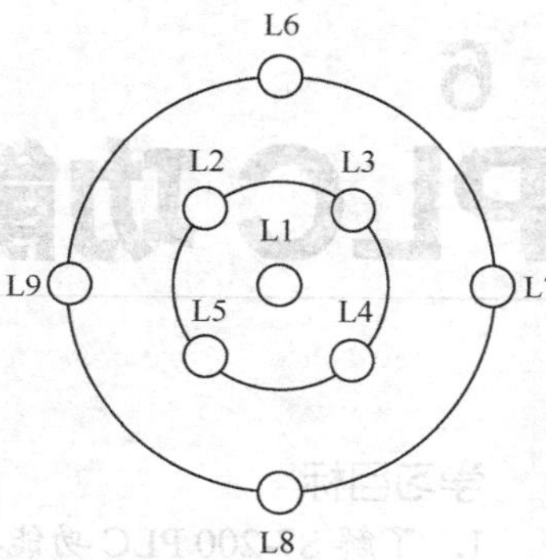

图 5-17 舞台灯光控制示意图

实训项目 2：液体混合的模拟控制

（1）实验目的

用 PLC 构成液体混合控制系统。

（2）实验内容

① 控制要求。

按下启动按钮，电磁阀 Y1 闭合，开始注入液体 A，按 L2 表示液体到了 L2 的高度，停止注入液体 A。同时电磁阀 Y2 闭合，注入液体 B，按 L1 表示液体到了 L1 的高度，停止注入液体 B，开启搅拌机 M，搅拌 4s，停止搅拌。同时 Y3 为 ON，开始放出液体至液体高度为 L3，再经 2s 停止放出液体。同时液体 A 注入。开始循环。按停止按钮，所有操作都停止，须重新启动。

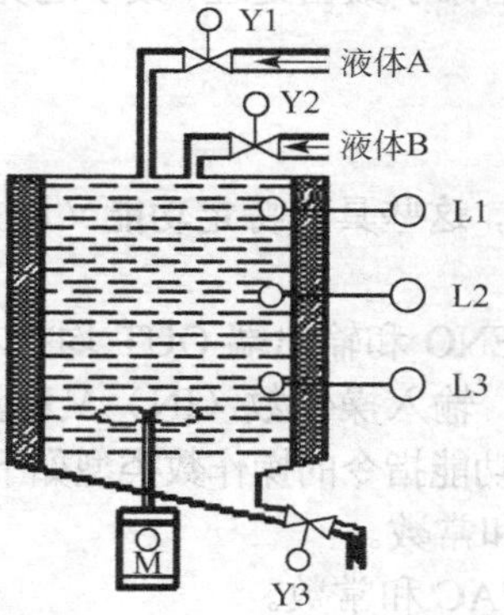

图 5-18 液体混合的模拟控制

② I/O 分配。

输入	输出
启动按钮：I0.0	Y1：Q0.1
停止按钮：I0.4	Y2：Q0.2
L1 按钮：I0.1	Y3：Q0.3
L2 按钮：I0.2	M：Q0.4
L3 按钮：I0.3	

③ 按图 5-18 所示设计梯形图。

④ 调试并运行程序。

习题与思考题

5.1 什么是功能图？功能图主要由哪些元素组成？

5.2 顺序控制指令有哪些功能？

5.3 功能图的主要类型有哪些？

5.4 有三台电机 M1、M2、M3，按下启动按钮后 M1 启动，1min 后 M2 启动，再过 1min 后 M3 启动。按下停止按钮后，逆序停止。即 M3 先停，30s 后 M2 停，再 30s 后 M1 停。试用功能图方法编程。

要求画出功能图、梯形图，并写出语句表。

5.5 设计一个居室通风系统控制程序，使 3 个居室的通风自动轮流地打开和关闭，轮换时间为 1h。

要求：编写控制系统的功能图及梯形图。

6 PLC 功能指令及应用

学习目标

1. 了解 S7-200 PLC 功能指令的表示形式及操作说明。
2. 掌握 S7-200 PLC 常用功能指令的格式及应用。
3. 理解程序控制类指令及中断指令的格式及应用。
4. 能够熟练应用 S7-200 功能指令进行编写简单应用程序。

6.1 功能指令概述

PLC 除了具有丰富的基本指令外，还具有丰富的功能指令，现在的 PLC 实际上就是一个计算机控制系统，为了满足工业控制的需要，PLC 的生产厂家为 PLC 增添了数据处理、数学运算、通信等具有特定功能的指令，这些指令被称为功能指令。

6.1.1 功能指令的表示形式及操作说明

在 PLC 的指令系统中，有些指令在梯形图中是用方框来表示的，这些具有特定功能又用方框来表示的指令被称作“指令盒”，又被称作“功能块”。

指令盒的使能输入端 EN 和输入端 IN 均在左边，使能输出端 ENO 和输出端 OUT 均在右边。指令盒的操作数分为输入操作数（IN）和输出操作数（OUT），输入操作数（IN）又称源操作数，输出操作数（OUT）又称目标操作数，S7-200 PLC 中大多数功能指令的操作数类型如下：

字节型操作数：VB,IB,QB,MB,SB,SMB,LB,AC,*VD,*LD,*AC 和常数。

字型操作数：VW,IW,QW,MW,SW,SMW,LW,AC,T,C, *VD,*LD,*AC 和常数。

双字型操作数：VD,ID,QD,MD,SD,SMD,LD,AC, *VD,*LD,*AC 和常数。

当使能端 EN 与左侧“母线”接通时，该指令便被执行，如果指令执行没有错误，使能输出端 ENO 就被置位，并将能流向下传递，因此指令盒指令可以串联应用，ENO 可以作为允许位表示指令成功被执行。

6.1.2 功能指令的学习方法

初学功能指令时，可以先按指令的分类浏览所有的指令，大致了解它们的功能。

除了指令的功能描述，功能指令的使用涉及很多细节问题，例如指令的每个操作数的意义，是输入参数还是输出参数，每个操作数的数据类型和可以选择的存储区域，受指令执行影响的特殊存储器（SM），使能方框指令的 ENO（使能输出）为零的非致命错误条件等。PLC 初学者没必要花费大量时间去熟悉功能指令的所有细节，更没有必要死记硬背，因为在需要的时候可以通过系统手册和在线帮助了解指令应用的详细信息。

学习功能指令时应重点了解指令功能的基本功能和相关的基本概念，不能像学外语那样只靠背单词，应主要通过阅读和会话来学习，要学好 PLC 功能指令，也离不开实践。一定要通过读程序、编程序和调试程序来学习功能指令，逐渐加深对功能指令的理解，在实践中提高读程序和编写程序的能力，仅仅阅读功能手册或教材是永远不能完全掌握 PLC 指令的使用方法的。

6.2 数据处理类指令

6.2.1 数据传送指令及应用

数据传送指令主要用于 PLC 内部编程元件之间的数据传送，主要包括单个数据传送指令、数据块传送指令和字节交换指令。

（1）单个数据传送指令

单个数据传送指令被执行时传送一个数据，传送数据的类型包括字节（B）传送、字（W）传送、双字（DW）传送和实数(R)传送，不同的数据类型应采用不同的传送指令。单个数据传送指令 LAD 格式如图 6-1 所示。

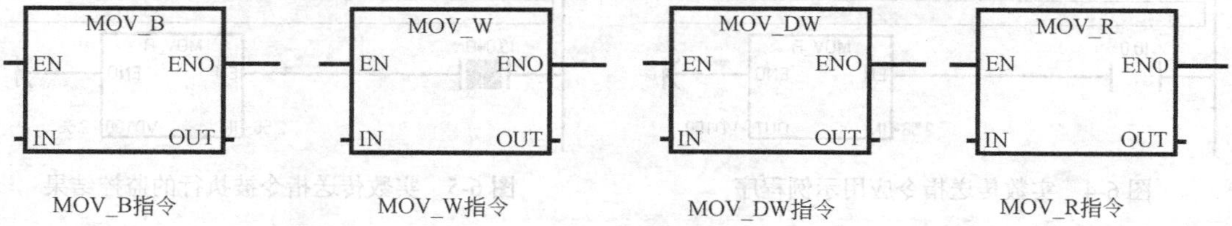

图 6-1　单个数据传送指令 LAD 格式

① MOVB：字节传送指令。将输入字节（IN）移至输出字节（OUT），不改变原来的数值。

② MOVW：字传送指令。将输入字（IN）移至输出字（OUT），不改变原来的数值。

③ MOVD：双字传送指令。将输入双字（IN）移至输出双字（OUT），不改变原来的数值。

④ MOVR：实数传送指令。将 32 位、实数输入双字（IN）移至输出双字（OUT），不改变原来的数值。

【例 6-1】 字节传送指令 MOV_B 的应用示例程序如图 6-2 所示。

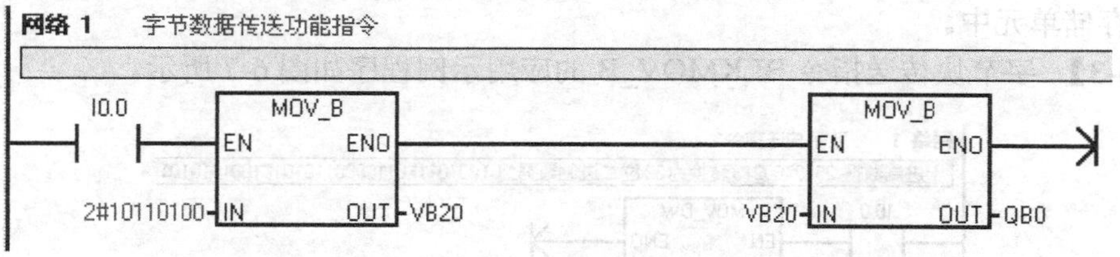

图 6-2　字节数据传送指令应用示例程序

图 6-2 中的字节数据传送指令盒，EN 为使能输入端，IN 为数据输入端，OUT 为数据输出端，ENO 为使能输出端，当 EN 与左侧“母线”接通时，该字节数据传送指令就被执行，输入端送入的二进制字节数据 10110100 就被传送到变量存储器 VB20 中。

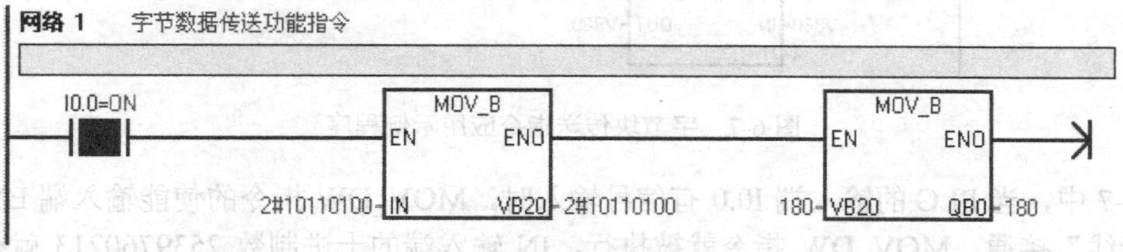

图 6-3　字节数据传送指令被执行的监控结果

在图 6-2 中，如果有两个字节数据传送指令盒串联，则必须是左边的字节数据传送指令盒的使能输出端 ENO 连接右边的字节数据传送指令盒的使能输入端 EN，当左边的指令被执行时，右边的功能指令也被执行，于是 VB20 中的数据又被传送到输出映像寄存器 QB0 中，指令被执行后的监控结果如图 6-3 所示。

二进制数据 10110100 转换为十进制数据就是 180。

【例 6-2】 实数传送指令 MOV_R 的应用示例程序如图 6-4 所示。

图 6-4 中，当 PLC 的输入端 I0.0 有信号输入时，MOV_R 指令的使能输入端 EN 就与左侧的“母线”接通，MOV_R 指令就被执行，IN 输入端的实数 2.56 就被传送到 VD100 存储单元中，指令执行后的程序状态监控结果如图 6-5 所示。其他单个数据传送指令的应用与此类似，请读者自己分析。

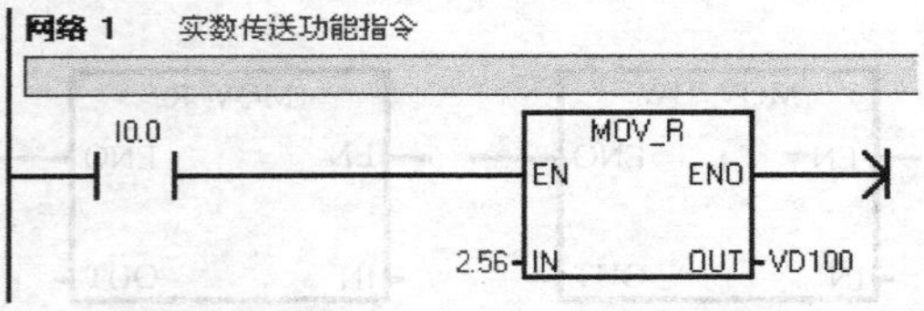

图 6-4 实数传送指令应用示例程序

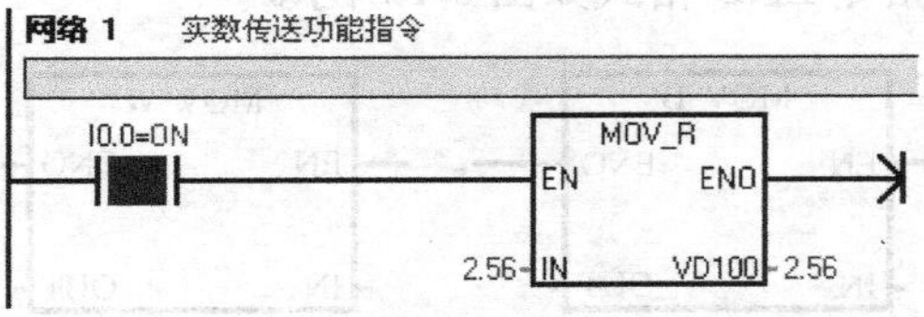

图 6-5 实数传送指令被执行的监控结果

（2）块传送指令

数据传送指令中的块传送指令可用来一次传送多个同一类型的数据，一次最多可将 255 个数据组成一个数据块来传送，数据块的数据类型可以是字节块、字块和双字块。

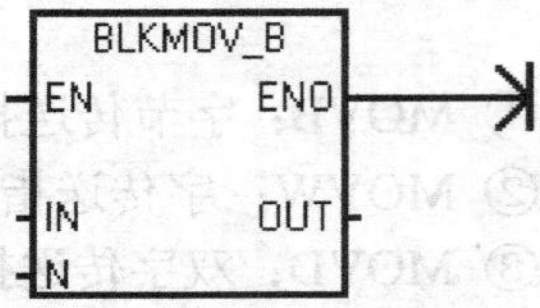

图 6-6 BLKMOV_B 指令 LAD 格式

字节块传送指令 BLKMOV_B 的 LAD 格式如图 6-6 所示，EN 为使能输入端，ENO 为使能输出端，IN 为数据输入端，N 为字节型数据，表示块的长度，OUT 为数据输出端。BLKMOV_B 指令的功能是当使能输入端 EN 有效时（即与左侧的“母线”接通），把以 IN 为字节起始地址的 N 个字节型数据传送到以 OUT 为起始地址的 *N* 个字节存储单元中。

【例 6-3】 字节块传送指令 BLKMOV_B 的应用示例程序如图 6-7 所示。

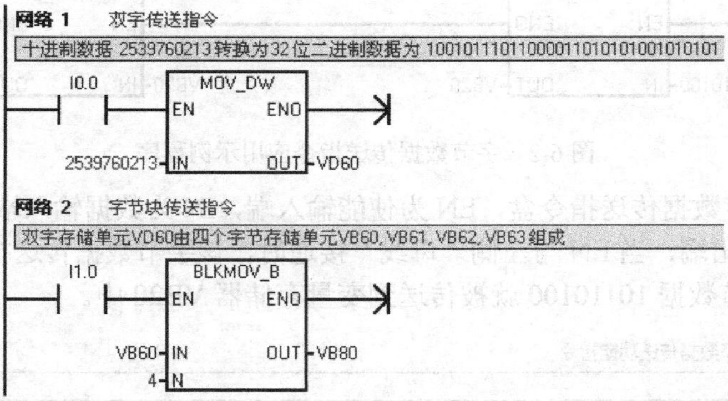

图 6-7 字节块传送指令应用示例程序

图 6-7 中，当 PLC 的输入端 I0.0 有信号输入时，MOV_DW 指令的使能输入端 EN 就与左侧的“母线”接通，MOV_DW 指令就被执行，IN 输入端的十进制数 2539760213 就被传送到 VD60 存储单元中，双字存储单元 VD60 由字节存储单元 VB60、VB61、VB62 和 VB63 组成，于是 VB60 中存放的二进制数据为 10010111，VB61 中存放的二进制数据为 01100001，VB62

中存放的二进制数据为 10101010，VB63 中存放的二进制数据为 01010101。

当 PLC 的输入端 I1.0 有信号输入时，BLKMOV_B 指令的使能输入端 EN 就与左侧的“母线”接通，BLKMOV_B 指令就被执行，于是从 VB60 开始的连续四个字节存储单元中的数据被传送到以 VB80 开始的连续四个字节存储单元中，指令执行后的各存储单元中的数据监控结果如图 6-8 所示。其他数据块传送指令的应用与此类似，请读者自己分析。

状态表

	地址	格式	当前值
1	VB60	二进制	2#1001_0111
2	VB61	二进制	2#0110_0001
3	VB62	二进制	2#1010_1010
4	VB63	二进制	2#0101_0101
5	VB80	二进制	2#1001_0111
6	VB81	二进制	2#0110_0001
7	VB82	二进制	2#1010_1010
8	VB83	二进制	2#0101_0101

图 6-8 BLKMOV_B 指令执行后各存储单元中的数据

（3）字节交换指令

字节交换指令 SWAP 的 LAD 格式如图 6-9 所示，该指令专用于对 1 个字长（16 位）的字型数据进行处理，SWAP 指令的功能是当使能输入端 EN 有效时，将数据输入端 IN 字存储单元中的字型数据的高位字节和低位字节进行交换，交换后的结果依然存入数据输入端 IN 指定的字存储单元中。

【例 6-4】 字节交换指令 SWAP 的应用示例程序如图 6-10 所示。

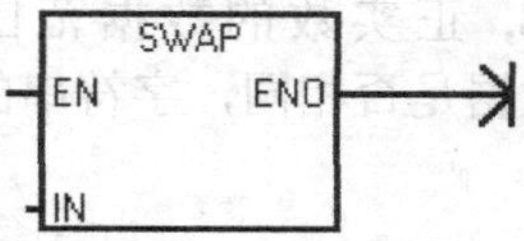

图 6-9 SWAP 指令 LAD 格式

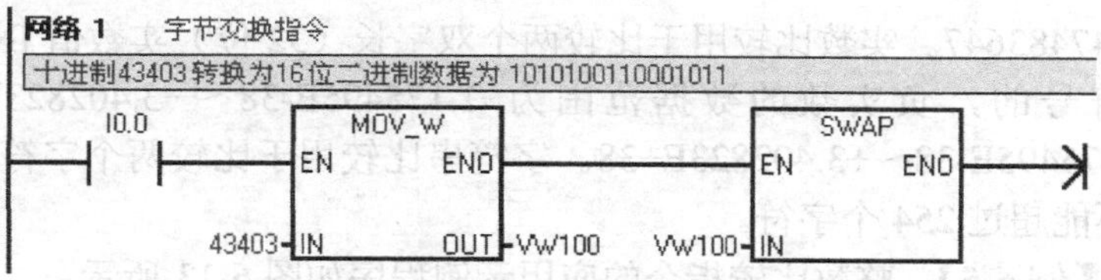

图 6-10 字节交换指令应用示例程序

图 6-10 中，当 PLC 的输入端 I0.0 有信号输入时，MOV_W 指令的使能输入端 EN 就与左侧的“母线”接通，MOV_W 指令就被执行，IN 输入端的十进制数 43403 就被传送到 VW100 存储单元中,同时 MOV_W 指令的使能输出端 ENO 被置位，SWAP 指令的使能输入端 EN 有效，使得 VW100 存储单元中高位字节（2#1010_1001）和低位字节（2#1000_1011）进行互换，并把结果又存入 VW100 单元中。SWAP 指令被执行后 VW100 存储单元中的数据监控结果如图 6-11 所示。

状态表

	地址	格式	当前值
1	VW100	二进制	2#1000_1011_1010_1001
2		有符号	

图 6-11 SWAP 指令执行后 VW100 存储单元中的数据监控结果

6.2.2 比较指令及应用

比较指令是将两个数值或字符串（IN1 和 IN2）按照指定条件进行比较，条件成立时，触点就闭合，比较指令在实际应用中为上、下限控制以及为数值条件判断提供了方便。

比较指令的类型有：字节比较，整数比较，双字整数比较，实数比较和字符串比较。

数值比较指令的运算符有=、＞、＞=、＜、＜=、＜＞6 种，例如字节型比较指令的 LAD 格式如图 6-12 所示，而字符串的比较只有=和＜＞两种，运算符的含义如下：

=　　表示：比较 IN1 是否等于 IN2。

＞　　表示：比较 IN1 是否大于 IN2。

＞=　　表示：比较 IN1 是否大于等于 IN2。

＜　　表示：比较 IN1 是否小于 IN2。

＜=　　表示：比较 IN1 是否小于等于 IN2。

＜＞　　表示：比较 IN1 是否不等于 IN2。

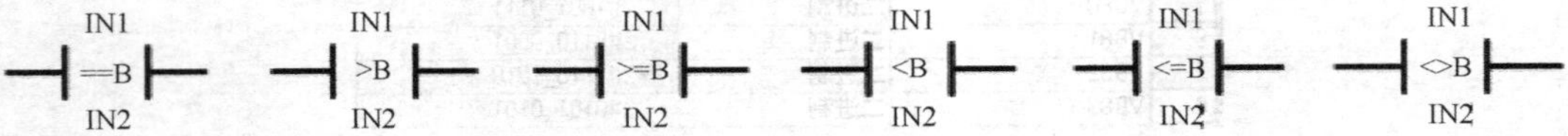

图 6-12　6 种字节比较指令的 LAD 格式

在比较指令应用时，被比较的两个数的数据类型要相同，字节比较用于比较两个字节型整数值 IN1 和 IN2 的大小，字节比较是无符号的。整数比较用于比较一个字长（16 位）的两个整数值 IN1 和 IN2 的大小，整数比较的数据是有符号的，其数据范围为 16#8000～16#7FFF，此有符号的数据范围用十进制数来表示即为-32768～+32767。双字整数比较用于比较两个双字长（32 位）整数值 IN1 和 IN2 的大小，它们的比较的数据也是有符号的，其数据范围为 16#80000000～16#7FFFFFFF，此有符号的数据范围用十进制数来表示即为-2147483648～+2147483647。实数比较用于比较两个双字长（32 位）实数值 IN1 和 IN2 的大小，实数比较是有符号的，负实数的数据范围为-1.175495E-38～-3.402823E+38，正实数的数据范围为+1.175495E-38～+3.402823E+38。字符串比较用于比较两个字符串数据是否相同，字符串的长度不能超过 254 个字符。

【例 6-5】 整数比较指令的应用示例程序如图 6-13 所示。

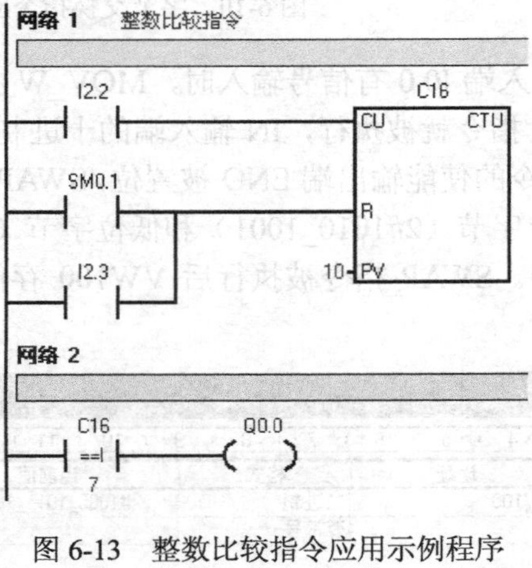

图 6-13　整数比较指令应用示例程序

图 6-13 中，当递增计数器 C16 的数值等于 7 时，整数比较指令符合条件，触点闭合，使得 Q0.0 输出。该比较指令被执行时的程序状态监控结果如图 6-14 所示。其他比较指令的应用与此类似，请读者自己分析。

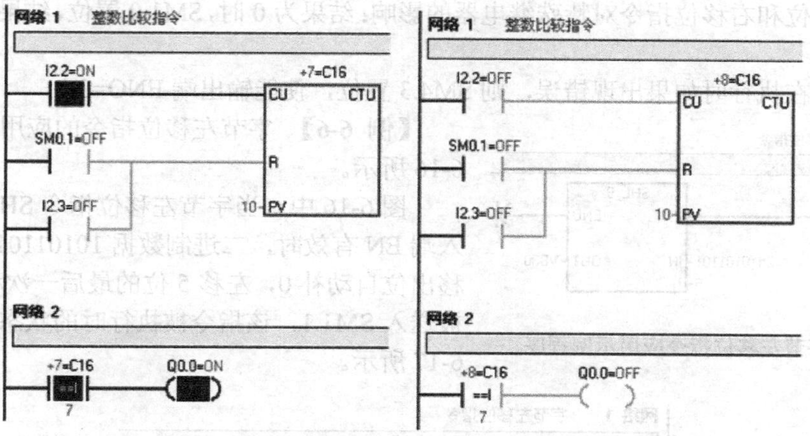

（a）条件满足时的监控结果　　（b）条件不满足时的监控结果

图 6-14　整数比较指令执行时的程序状态监控结果

6.2.3　移位指令及应用

移位指令的作用是对输入操作数 IN 按照二进制进行移位（移动 *N* 位）操作，移位指令包括左移位、右移位、循环左移位和循环右移位。

（1）左移位与右移位指令

左移位和右移位指令的功能是将输入数据 IN 按照二进制进行左移或右移 *N* 位，并把结果送到 OUT 指定的存储单元中，左移位和右移位指令的数据类型有字节、字和双字。该指令的 LAD 格式如图 6-15 所示，左移位和右移位指令的特点如下：

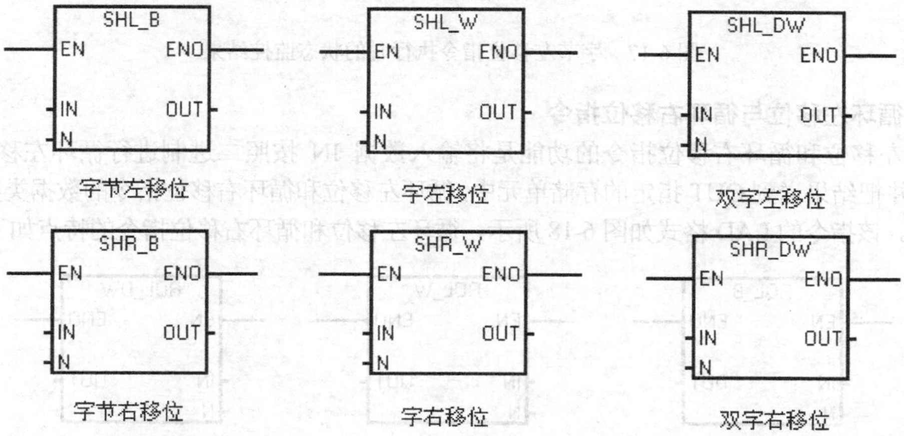

图 6-15　左移位与右移位指令的 LAD 格式

① 左移位和右移位指令中，字节操作是无符号的，对于字和双字操作，当使用有符号数据类型时，符号位也将被移动。

② 在移位时，移出位自动补零，如果移位的次数大于零，则溢出位（SM1.1）上就是最近移出的位值。

③ 移位次数 *N* 为字节型数据，它与移位数据的长度有关，如果 *N* 小于实际的数据长度，则执行 *N* 次移位，如果 *N* 大于实际数据长度，则实际执行的移位的次数等于实际数据长度的位数。

④ 左移位和右移位指令对特殊继电器的影响：结果为 0 时，SM1.0 置位，结果溢出时 SM1.1 置位。

⑤ 指令在执行时如果出现错误，则 SM4.3 置位，使能输出端 ENO=0。

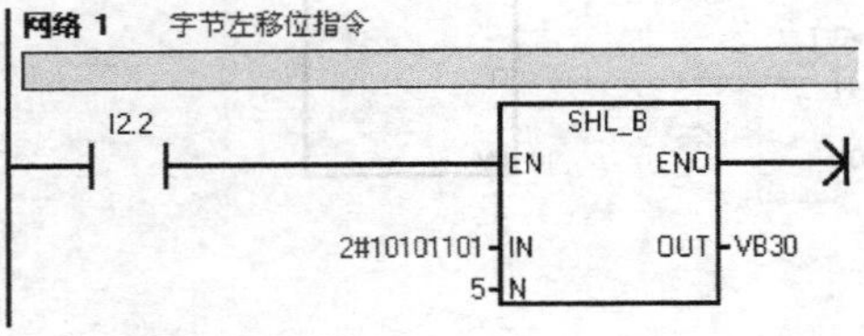

图 6-16 字节左移位指令应用示例程序

【例 6-6】 字节左移位指令的应用示例程序如图 6-16 所示。

图 6-16 中，当字节左移位指令 SHL_B 的使能输入端 EN 有效时，二进制数据 10101101 被左移 5 位，移出位自动补 0，左移 5 位的最后一次移位数据为 1，被送入 SM1.1，该指令被执行时的状态监控结果如图 6-17 所示。

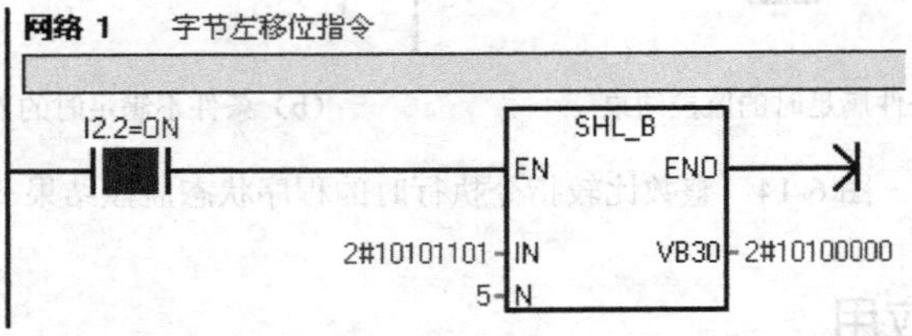

程序状态监控结果

状态表

	地址	格式	当前值
1	SM1.1	位	2#1
2	VB30	二进制	2#1010_0000
3		有符号	

状态表监控结果

图 6-17 字节左移位指令执行时的状态监控结果

（2）循环左移位与循环右移位指令

循环左移位和循环右移位指令的功能是将输入数据 IN 按照二进制进行循环左移或循环右移 N 位，并把结果送到 OUT 指定的存储单元中，循环左移位和循环右移位指令的数据类型有字节、字和双字。该指令的 LAD 格式如图 6-18 所示，循环左移位和循环右移位指令的特点如下：

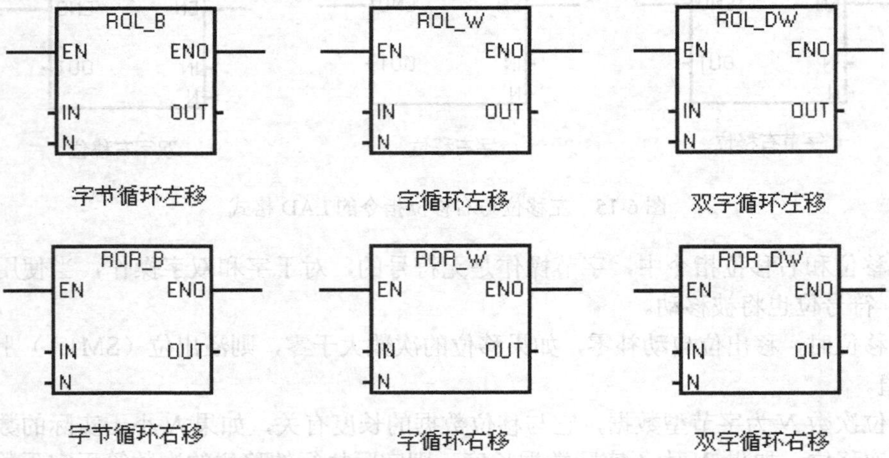

图 6-18 循环左移位与循环右移位指令的 LAD 格式

① 循环左移位和循环右移位指令中，字节操作是无符号的，对于字和双字操作，当使用有符号数据类型时，符号位也将被移动。

② 循环移位的数据存储单元的移出端与另一端相连，同时又与溢出位 SM1.1 相连，所以最后被移出的位被移到另一端的同时，也被放到 SM1.1 位存储单元。

③ 移位次数 N 为字节型数据，它与移位数据的长度有关，如果 N 小于实际的数据长度，则执行 N 次移位，如果 N 大于实际数据长度，则实际执行的移位的次数等于 N 除以实际数据长度的余数。

④ 循环移位指令对特殊继电器的影响：结果为 0 时，SM1.0 置位，结果溢出时 SM1.1 置位。

⑤ 指令在执行时如果出现错误，则 SM4.3 置位，使能输出端 ENO=0。

【例 6-7】 字节循环左移位指令的应用示例程序如图 6-19 所示。

图 6-19 中，当字节循环左移位指令 ROL_B 的使能输入端 EN 有效时，二进制数据 10101110 被循环左移 5 位，循环左移 5 位的最后一次移位数据为 1，被送入 SM1.1，该指令被执行时的状态监控结果如图 6-20 所示。

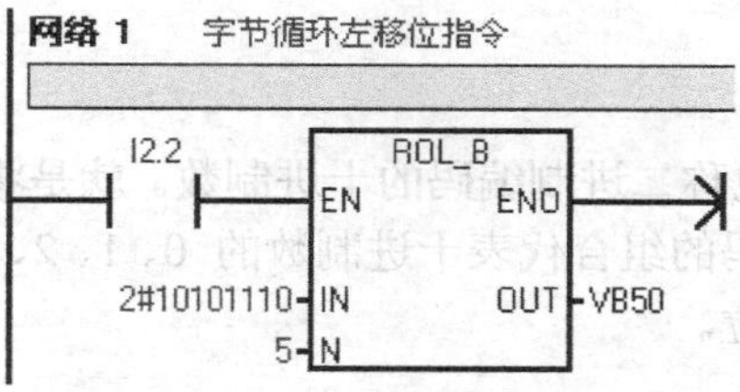

图 6-19 字节循环左移位指令应用示例程序

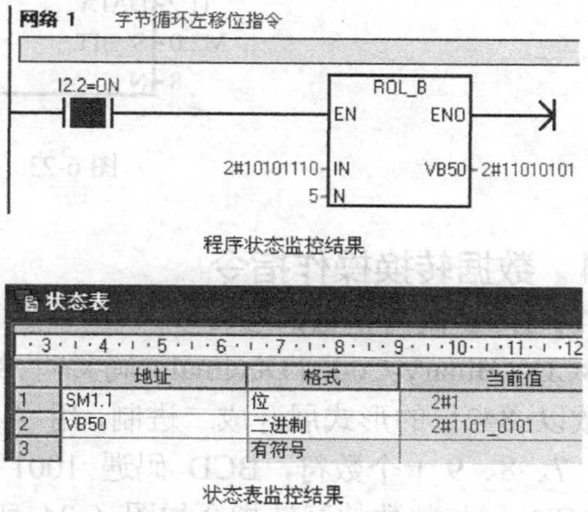

图 6-20 字节循环左移位指令执行时的状态监控结果

【例 6-8】 字节循环左移位指令的应用示例程序如图 6-21 所示。

图 6-21 中，二进制字节数据 10101110 的实际长度为 8 位，而需要循环左移位的次数 N 为 10，大于实际数据长度，因此按照循环移位的规则，N 除以实际数据长度 8 的余数为 2，所以实际执行的结果是只循环左移位 2 位，循环左移 2 位的最后一次移位数据为 0，被送入 SM1.1，该指令被执行时的状态监控结果如图 6-22 所示。

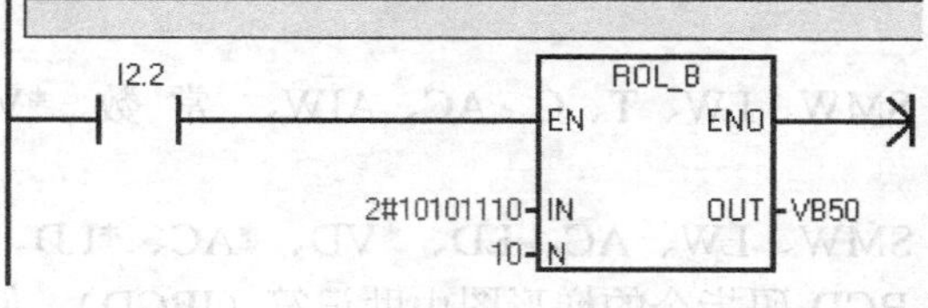

图 6-21 字节循环左移位指令应用示例程序

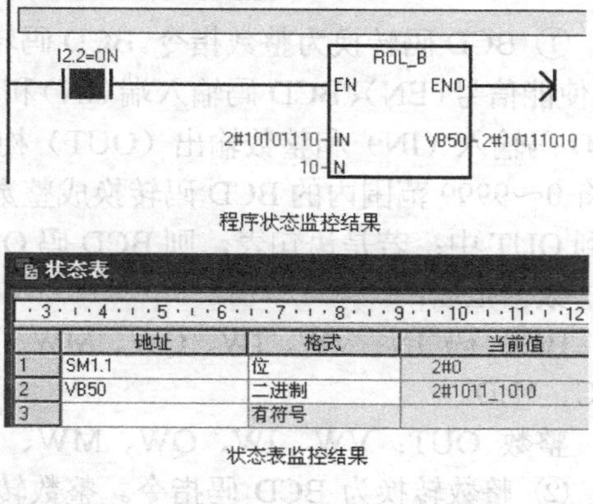

图 6-22 字节循环左移位指令执行时的状态监控结果

（3）移位寄存器指令

移位寄存器指令 SHRB 将 DATA 端输入的位数值移入移位寄存器。S_BIT 指定移位寄存器最低位的地址，字节型变量 *N* 指定移位寄存器的长度和移位方向，正向移位（左移）时 *N* 为正，反向移位（右移）时 *N* 为负。SHRB 指令移出的位被传送到溢出标志位 SM1.1。DATA 和 S_BIT 为 BOOL 变量。

移位寄存器指令提供了一种排列和控制产品流或者数据的简单方法。移位寄存器指令的应用如图 6-23 所示。

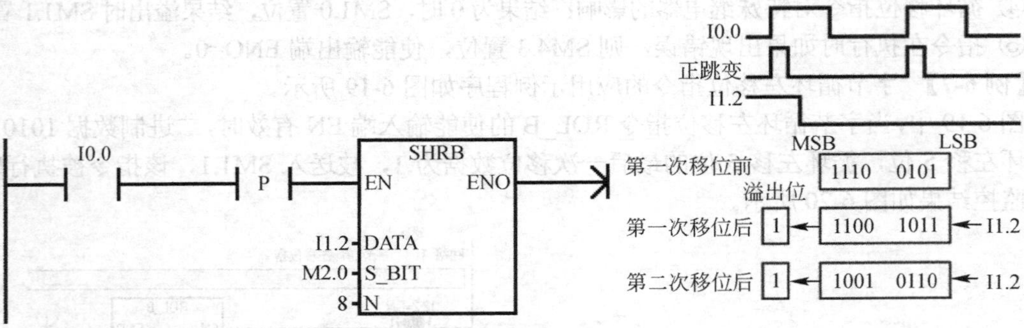

图 6-23 移位寄存器指令

6.2.4 数据转换操作指令

（1）BCD 码与整数的互转

BCD（Binary-Coded Decimal）码又叫 8421 码，也称二进制编码的十进制数。就是将十进制的数以 8421 的形式展开成二进制，用 4 位二进制码的组合代表十进制数的 0、1、2、3、4、5、6、7、8、9 十个数符，BCD 码遇 1001 就产生进位。

BCD 码与整数的互转指令如图 6-24 所示。

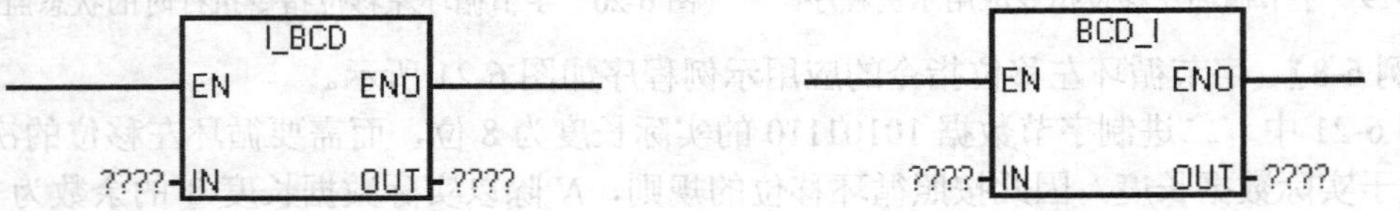

（a）BCD 码转整数指令　　（b）整数转 BCD 码指令

图 6-24 BCD 码与整数的互转指令

① BCD 码转换为整数指令。BCD 码转换成整数（Integer）指令的梯形图由指令助记符（BCD I）、使能信号（EN）、BCD 码输入端（IN）和整数输出端（OUT）构成；其语句表由操作码（BCDI）、BCD 码输入（IN）和整数输出（OUT）构成，如图 6-24（a）所示。BCD 码转换成整数指令可以将 0～9999 范围内的 BCD 码转换成整数，当转换允许时，BCD 码 IN 被转换成整数，结果传送到 OUT 中；若是语句表，则 BCD 码 OUT 被转换成整数，结果保存在 OUT 中。

数据范围：

BCD 码 IN：VW、IW、QW、MW、SW、SMW、LW、T、C、AC、AIW、常数、*VD、*AC、*LD。

整数 OUT：VW、IW、QW、MW、SW、SMW、LW、AC、LD、*VD、*AC、*LD。

② 整数转换为 BCD 码指令。整数转换成 BCD 码指令的梯形图由助记符（IBCD）、使能信号（EN）、整数输入端（IN）和 BCD 码输出端（OUT）构成；其语句表由操作码（IBCD）

和 BCD 码输出端（OUT）构成，如图 6-24（b）所示。

整数转换成 BCD 码指令可以将 0～9999 范围内的整数转换成 BCD 码，当转换允许时，整数 IN 被转换成 BCD 码，结果传送到 OUT 中；若是语句表，则整数 OUT 被转换成 BCD 码，结果保存在 OUT 中。

数据范围：

整数 IN：VW、IW、QW、MW、SW、SMW、LW、T、C、AC、AIW、常数、*VD、*AC、*LD。

BCD 码 OUT：VW、IW、QW、MW、SW、SMW、LW、AC、LD、*VD、*AC、*LD。

（2）字节与整数的互转

字节与整数的互转指令如图 6-25 所示。

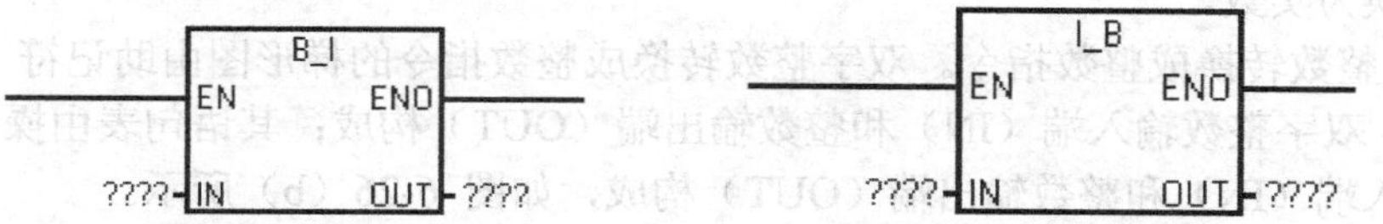

（a）字节转换成整数指令　　（b）整数转换成字节指令

图 6-25　字节与整数的互换指令

① 字节转换成整数指令。字节转换成整数指令的梯形图由助记符（B_I）、使能输入（EN）、字节输入端（IN）和整数输出端（OUT）构成；其语句表由操作码（BTI）、字节输入（IN）和整数输出（OUT）构成，如图 6-25（a）所示。

字节转换成整数指令可以将字节转换成整数，由于字节是没有符号的，故无须进行符号扩展，当转换允许时，字节 IN 被转换成整数，结果传送到 OUT 中。

数据范围：

字节 IN：VB、IB、QB、MB、SB、SMB、LB、常数、*VD、*AC、*LD。

整数 OUT：VW、IW、QW、MB、SW、SMW、LW、T、C、AC、*VD、*AC、*LD。

② 整数转换成字节指令。整数转换成字节指令梯形图由助记符（I_B）、使能输入（EN）、整数输入端（IN）和字节输出端（OUT）构成；其语句表由操作码（ITB）、整数输入（IN）和字节输出（OUT）构成，如图 6-25（b）所示。

整数转换成字节指令可以将整数转换成字节，当整数不在 0～255 范围内时，会有溢出（SM1.1 被置位），且输出不变，当转换允许时，整数 IN 被转换成字节，结果传送到 OUT 中。

数据范围：

整数 IN：VW、IW、QW、MB、SW、SMW、LW、T、C、AIW、AC、常数、*VD、*AC、*LD。

字节 OUT：VB、IB、QB、MB、SMB、AC、LB、*VD、*AC、*LD。

（3）整数与双字整数的互转

整数与双字整数的互转指令如图 6-26 所示。

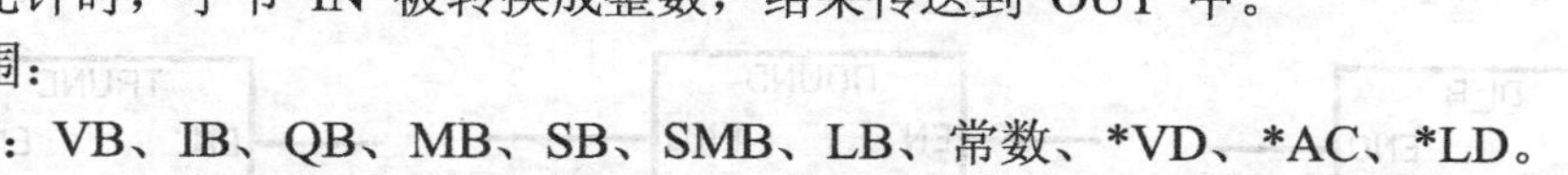

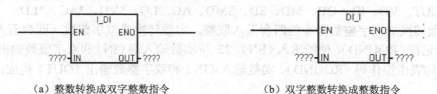

（a）整数转换成双字整数指令　　（b）双字整数转换成整数指令

图 6-26　整数与双字整数的互转指令

① 整数转换成双字整数指令。整数转换成双字整数指令的梯形图由助记符（I_DI）、使能输入（EN）、整数输入端（IN）和双字整数输出端（OUT）构成；其语句表由操作码（ITD）、整数输入（IN）和双字整数输出（OUT）构成，如图 6-26（a）所示。

整数转换成双字整数指令可以将整数转换成双字整数，并进行符号扩展，当转换允许时，整数 IN 被转换成有符号双字整数，结果传送到 OUT 中。

数据范围：

整数 IN：VW、IW、QW、MW、SW、SMW、LW、T、C、AIW、AC、常数、*VD、*AC、*LD。

双字整数 OUT：VD、ID、QD、SD、SMD、AC、LD、*VD、*AC、*LD。

欲将整数转换为实数，可先用 ITD 指令把整数转换为双字整数，然后再用 DTR 指令把双字整数转换为实数。

② 双字整数转换成整数指令。双字整数转换成整数指令的梯形图由助记符（DI_I）、使能输入（EN）、双字整数输入端（IN）和整数输出端（OUT）构成；其语句表由操作码（DTI）、双字整数输入端（IN）和整数输出端（OUT）构成，如图 6-26（b）所示。

双字整数转换成整数指令可以将双字整数转换成整数，如果要转换的数据太大，则溢出位被置位且输出保持不变，当转换允许时，双字整数 IN 被转换成整数，结果传送到 OUT 中。

数据范围：

双字整数 IN：VD、ID、QD、MD、SD、SMD、AC、LD、HC、常数、*VD、*AC、*LD。

整数 OUT：VW、IW、QW、MW、SW、SMW、LW、T、C、AC、*VD、*AC、*LD。

（4）双字整数与实数的互转

双字整数与实数的互转指令有三种，其中实数转换成双字整数有两种方式，如图 6-27 所示。

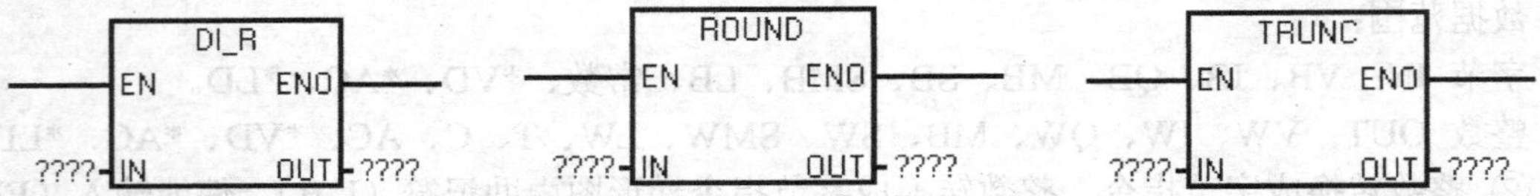

（a）双字整数转换成实数指令　（b）实数转换成双字整数（四舍五入）指令　（c）实数转换成双整数指令

图 6-27　双字整数与实数的互换指令

① 双字整数转换为实数指令。双字整数转换为实数指令的梯形图由助记符（DI_R）、使能信号（EN）、整数输入端（IN）和实数输出端（OUT）构成；其语句表由操作码（DTR）、整数输入（IN）和实数输出（OUT）构成，如图 6-27(a) 所示。

双字整数转换为实数指令可以将 32 位有符号整数转换成 32 位实数，当使能信号 EN = 1 时，双整数 IN 被转换成实数，结果传送到 OUT 中。

数据范围：

双整数 IN：VD、ID、QD、MD、SD、SMD、AC、LD、HC、常数、*VD、*AC、*LD。

实数 OUT：VD、ID、QD、MD、SD、SMD、AC、LD、*VD、*AC、*LD。

② 实数转换成双字整数指令的四舍五入取整。实数转换成双字整数（四舍五入）指令的梯形图由助记符（ROUND）、使能输入（EN）、32 位实数输入端（IN）和双字整数输出端（OUT）构成；其语句表由操作码（ROUND）、实数输入（IN）和双字整数输出（OUT）构成，如图 6-27（b）所示。

实数转换成双字整数（四舍五入）指令可以将实数转换成 32 位有符号整数，如果小数部分大于等于 0.5 就进一位，当转换允许时，实数 IN 被转换成有符号整数，结果传送到OUT 中。

数据范围：

实数 IN：VD、ID、QD、MD、SD、SMD、AC、LD、HC、常数、*VD、*AC、*LD。

整数 OUT：VD、ID、QD、MD、SD、SMD、AC、LD、*VD、*AC、*LD。

③ 实数转换成双字整数指令的舍去尾数取整。实数转换成双字整数（舍去尾数）指令的梯形图由助记符（Truncate，TRUNC）、使能输入（EN）、32 位实数输入端（IN）和 32 位整数输出端（OUT）构成；其语句表由操作码（TRUNC）、32 位实数输入（IN）和双字整数输出（OUT）构成，如图 6-27（c）所示。

实数转换成双字整数的舍去尾数指令可以将32位实数转换成32位有符号整数，小数部分被舍去，当转换允许时，32位实数 IN 被转换成有符号32位整数，结果传送到OUT 中。

数据范围：

实 数 IN：VD、ID、QD、MD、SD、SMD、AC、LD、HC、 常 数、*VD、*AC、*LD。

整数 OUT：VD、ID、QD、MD、SD、SMD、AC、LD、*VD、*AC、*LD。

【例 6-9】 图 6-28 给出了一个数据转换指令的应用实例，计数器 C40 的计数值为现场测得的以英寸(in)为单位表示的长度，现在要把这个长度单位改为厘米(cm)，且把该长度的整数部分保存。

因为 1in=2.54cm，需把 C40 的计数值乘以 2.54。这是一个实数运算，需先把整数转换成实数，再进行实数运算；得到的乘积是一个实数，为了得到整数值，还需要进行实数到整数的转换。

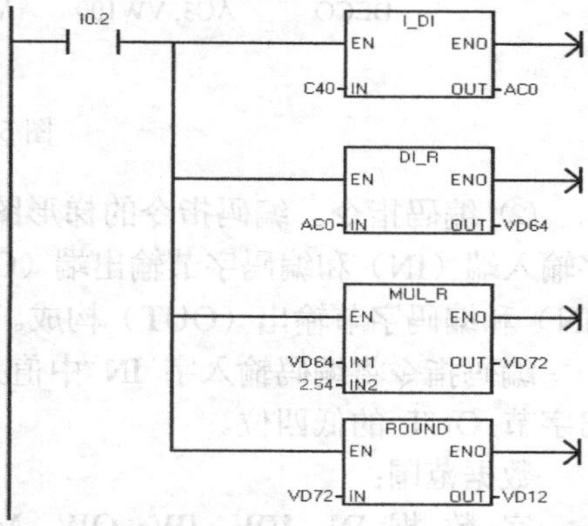

图 6-28 数字转换指令的编程

在梯形图中，第一条指令的作用是把计数器 C40 的计数值（一个 16 位无符号整数）转换成双字整数并存入 AC0 中（AC0 的高 16 位用 0 填充）；第二条指令的作用是把双字整数 AC0 的内容转换成实数存入 VD64 中；第三条指令的作用是把实数 VD64 的内容与 2.54 相乘，结果存于 VD72 中；最后一条指令的作用是把实数 VD72 的内容四舍五入转换成双字整数并存于 VD12 中。

（5）译码、编码指令

译码、编码指令如图 6-29 所示。

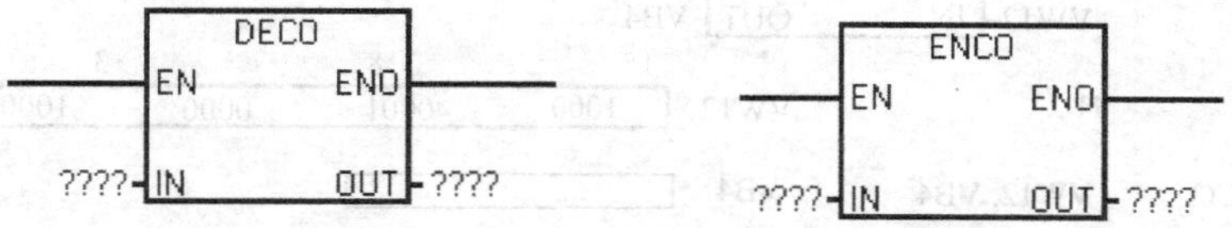

（a）译码指令　　（b）编码指令

图 6-29 译码、编码指令

① 译码指令。译码指令的梯形图由助记符（Decode，DECO）、使能输入（EN）、译码字节输入端（IN）和译码字输出端（OUT）构成；其语句表由操作码（DECO）、译码字节输入（IN）和译码字输出（OUT）构成，如图 6-29（a）所示。

译码指令可根据译码输入字节 IN 的低四位（半个字节）的二进制值所对应的十进制数（0～15）所表示的位号，置输出字 OUT 的相应位为 1，而 OUT 的其他位置零。

数据范围：

字节数据 IN：VB、IB、QB、MB、SMB、AC、常数、LB、*VD、*AC、*LD。

字数据 OUT：VW、IW、QW、MW、SW、SMW、LW、T、C、AC、常数、*VD、*AC、*LD。

【例 6-10】 如图 6-30 所示，AC3 中存放错误码 5，译码指令使 VW100 的第 5 位置 1，其他位置零。

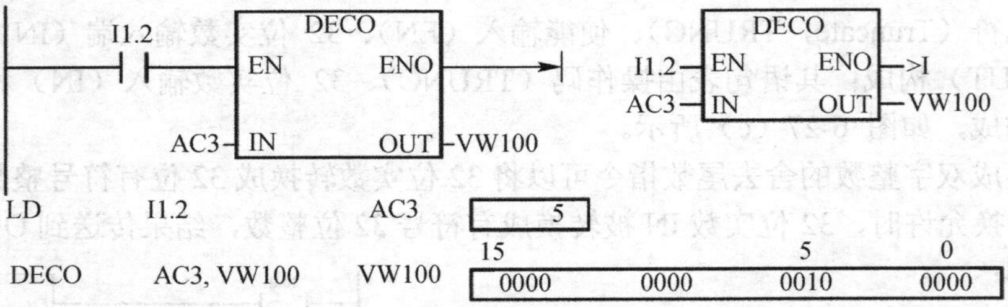

图 6-30 译码指令的工作原理

② 编码指令。编码指令的梯形图由助记符（Encode，ENCO）、使能输入端（EN）、编码字输入端（IN）和编码字节输出端（OUT）构成；其语句表令由操作码（ENCO）、编码字输入（IN）和编码字节输出（OUT）构成。如图 6-29（b）所示。

编码指令将编码输入字 IN 中值为 1 的最低有效位的位号编码成 4 位二进制数，写入输出字节 OUT 的低四位。

数据范围：

字数据 IN：VW、IW、QW、MW、SW、SMW、LW、T、C、AIW、AC、常数、*VD、*AC、*LD。

字节数据 OUT：VB、IB、QB、MB、SMB、SB、AC、LB、*VD、*AC、*LD。

【例 6-11】 图 6-31 给出了一个编码指令编程的例子，当 I1.2 = 1 时，对 VW12 中内容（1000 0001 0000 1000）进行编码，因为 VW12 中的数据为 1 的位共有三位，即第 15、第 8、第 3 位，这三位中位数最低的是第 3 位，位号为 3。经编码后，由 VB4 存储这个数。

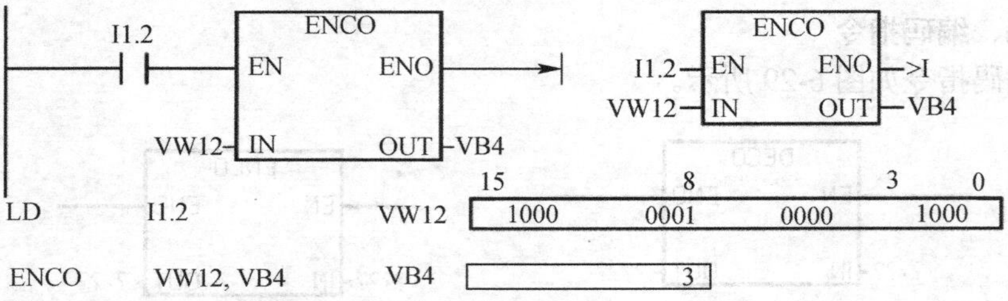

图 6-31 编码指令的工作原理

6.3 数学运算类指令

6.3.1 算术运算指令及应用

目前各种型号的 PLC 普遍具有较强的数学运算功能，在对 S7-200 PLC 数学运算指令的应用中要注意存储单元的分配，数学运算指令包括加法、减法、乘法、除法和一些常用的数学函数指令。

（1）加法指令

加法指令是对两个有符号数（IN1 和 IN2）进行相加操作，它包括整数加法指令，双整数加法指令和实数加法指令，LAD 格式如图 6-32 所示。

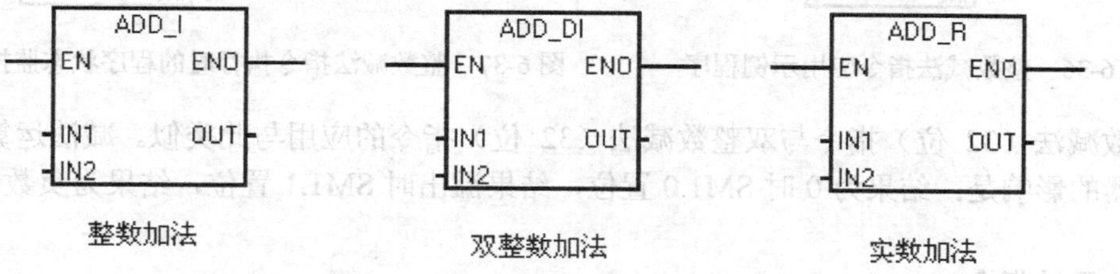

图 6-32 加法指令的 LAD 格式

【例 6-12】 实数加法指令的应用示例程序如图 6-33 所示。

实数加法指令用于两个双字长（32 位）的实数相加，并把运算结果（32 位）存储到 OUT 指定的存储单元中。图 6-33 中，当实数加法运算指令的使能输入端 EN 有效时，两个实数 2.56 和 23.12 进行加法运算，运算结果存储在 VD200 存储单元中，指令执行结果如图 6-34 所示。

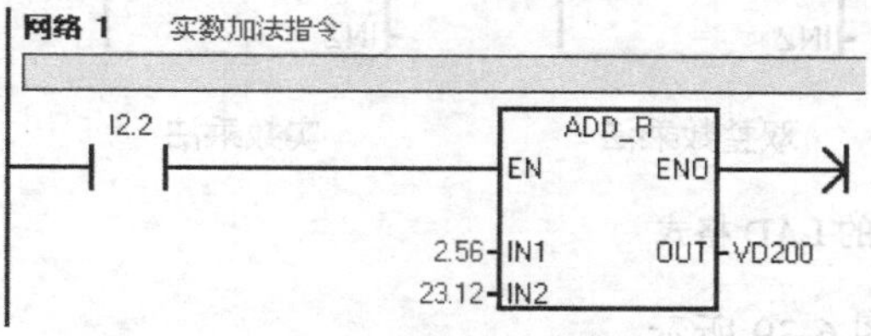

图 6-33 实数加法指令应用示例程序

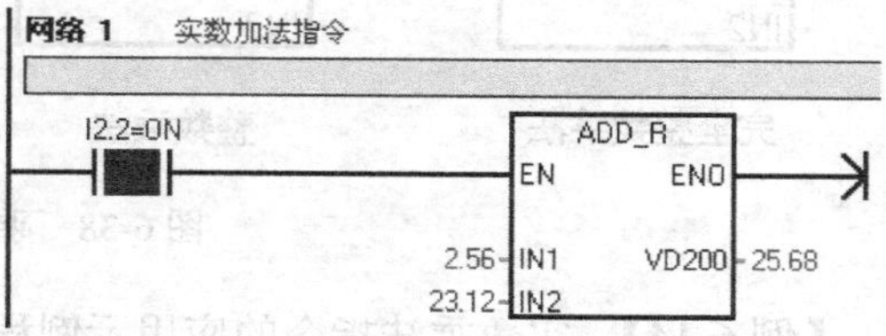

图 6-34 实数加法指令执行时的程序状态监控结果

整数加法（16 位）指令与双整数加法（32 位）指令的应用与此类似。加法运算结果对特殊继电器的影响是：结果为 0 时 SM1.0 置位，结果溢出时 SM1.1 置位，结果为负数时，SM1.2 置位。

（2）减法指令

减法指令是对两个有符号数（IN1 和 IN2）进行相减操作，它包括整数减法指令、双整数减法指令和实数减法指令，LAD 格式如图 6-35 所示。

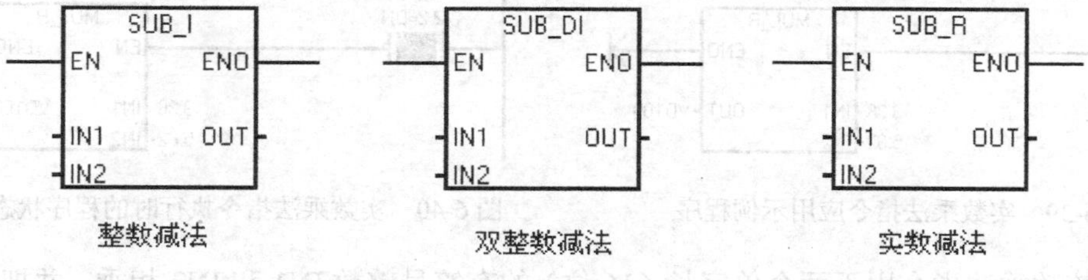

图 6-35 减法指令的 LAD 格式

【例 6-13】 整数减法指令的应用示例程序如图 6-36 所示。

整数减法指令用于两个字长（16 位）的实数相减，并把运算结果（16 位）存储到 OUT 指定的单元中。图 6-36 中，当实数减法运算指令的使能输入端 EN 有效时，两个整数 45 和-13 进行减法运算，运算结果存储在 VW300 存储单元中，指令执行结果如图 6-37 所示。

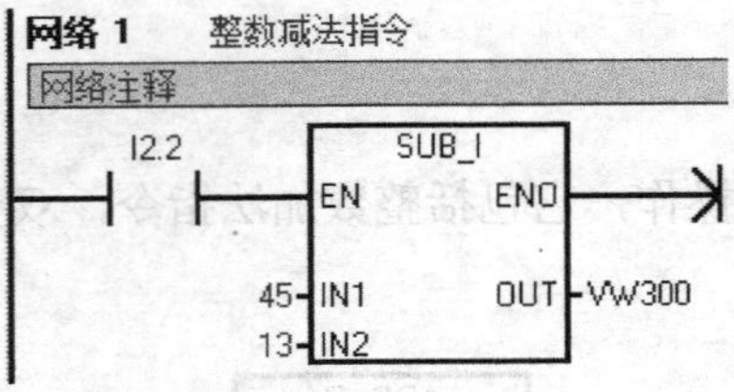

图 6-36　整数减法指令应用示例程序

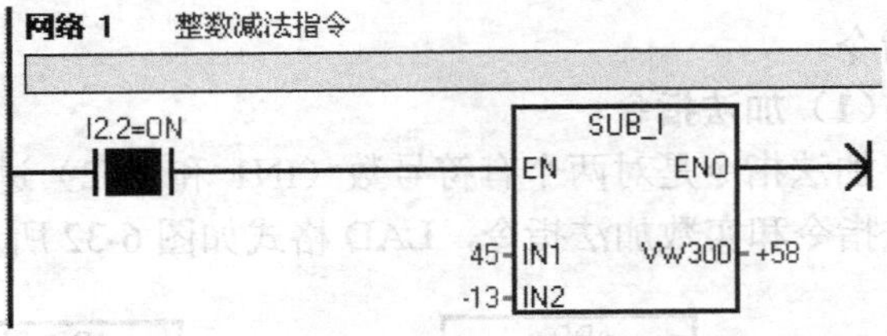

图 6-37　整数减法指令执行时的程序状态监控结果

实数减法（32 位）指令与双整数减法（32 位）指令的应用与此类似。减法运算结果对特殊继电器的影响是：结果为 0 时 SM1.0 置位，结果溢出时 SM1.1 置位，结果为负数时，SM1.2 置位。

（3）乘法指令

乘法指令是对两个有符号数（IN1 和 IN2）进行乘法操作，它包括整数乘法指令，完全整数乘法指令，双整数乘法指令和实数乘法指令，LAD 格式如图 6-38 所示。

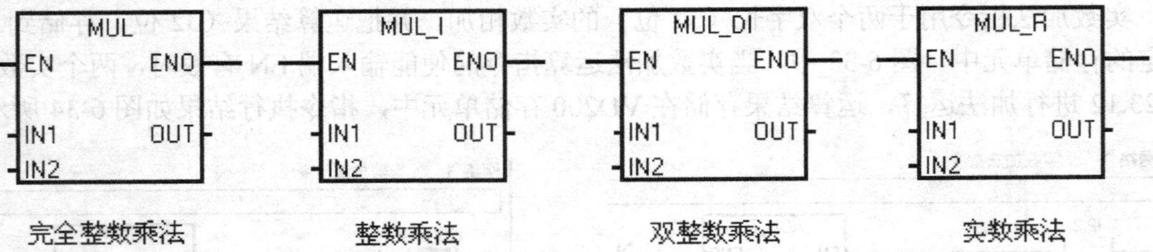

图 6-38　乘法指令的 LAD 格式

【例 6-14】　实数乘法指令的应用示例程序如图 6-39 所示。

实数乘法指令用于两个双字长（32 位）的实数相乘，并把运算结果（32 位）存储到 OUT 指定的存储单元中。图 6-39 中，当实数乘法运算指令的使能输入端 EN 有效时，两个实数 3.36 和 5.62 进行乘法运算，运算结果存储在 VD100 存储单元中，指令执行结果如图 6-40 所示。

整数乘法指令用于两个单字长（16 位）的有符号整数 IN1 和 IN2 相乘，并把运算结果（16 位）存储到 OUT 指定的存储单元中。如果运算结果超出 16 位二进制数可表示的有符号数的范围，则产生溢出。

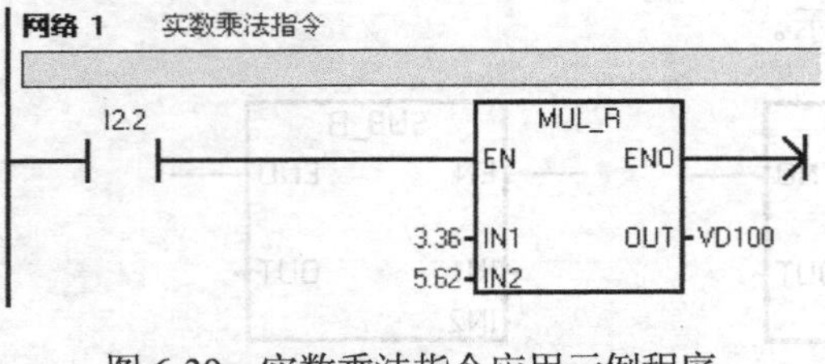

图 6-39　实数乘法指令应用示例程序

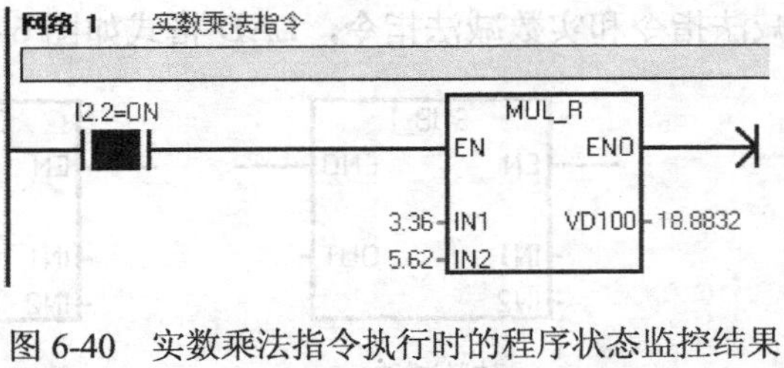

图 6-40　实数乘法指令执行时的程序状态监控结果

完全整数乘法指令用于两个单字长（16 位）的有符号整数 IN1 和 IN2 相乘，并把运算结果（32 位）存储到 OUT 指定的存储单元中。

双整数乘法指令用于两个双字长（32 位）的有符号整数 IN1 和 IN2 相乘，并把运算结果（32 位）存储到 OUT 指定的存储单元中。

乘法运算结果对特殊继电器的影响是：结果为 0 时 SM1.0 置位，结果溢出时 SM1.1 置位，结果为负数时，SM1.2 置位。

（4）除法指令

除法指令是对两个有符号数（IN1 和 IN2）进行除法操作，它包括整数除法指令、完全整数除法指令、双整数除法指令和实数除法指令，LAD 格式如图 6-41 所示。

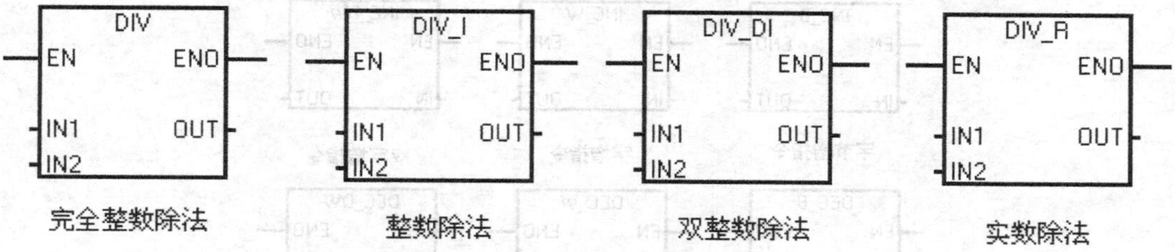

图 6-41　除法指令的 LAD 格式

【例 6-15】　完全整数除法指令的应用示例程序如图 6-42 所示。

完全整数除法指令用于两个单字长（16 位）的有符号整数 IN1 和 IN2 相除，并把运算结果（32 位）存储到 OUT 指定的存储单元中，其中低 16 位存储的是商，高 16 位存储的是余数。图 6-42 中，当完全整数除法运算指令的使能输入端 EN 有效时，两个有符号整数 52 和 8 进行除法运算，运算结果存储在 VD90 存储单元中，VD90 存储单元中的低 16 位存储的是商（6），高 16 位存储的是余数（4），指令执行结果如图 6-43 所示。

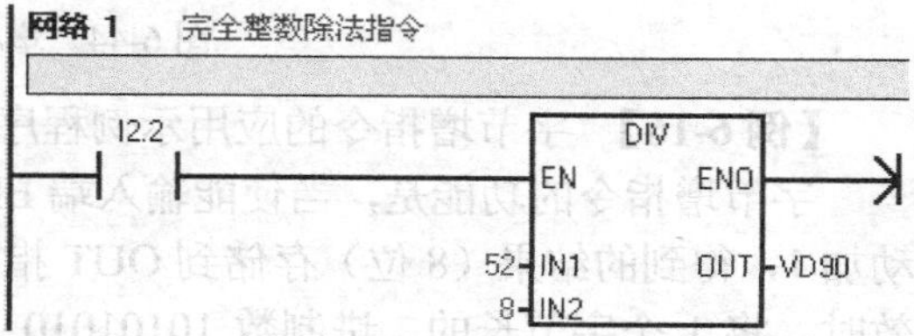

图 6-42　完全整数除法指令应用示例程序

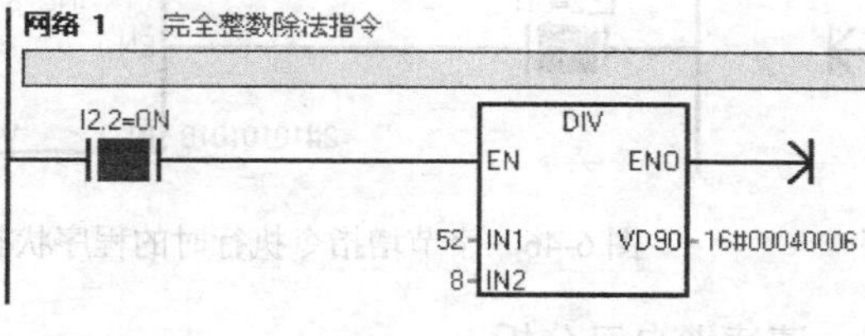

程序状态监控结果

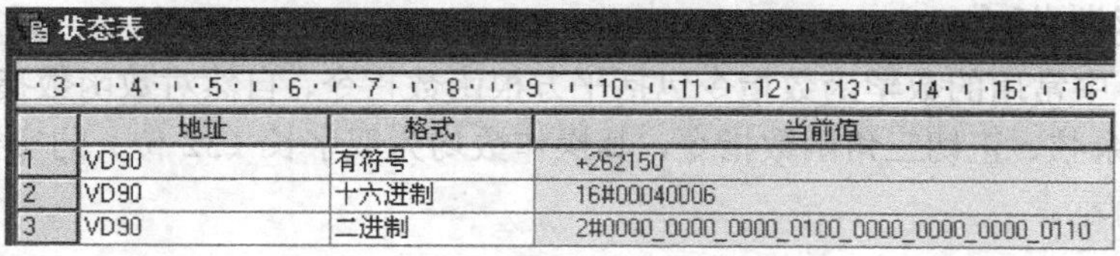

	地址	格式	当前值
1	VD90	有符号	+262150
2	VD90	十六进制	16#00040006
3	VD90	二进制	2#0000_0000_0000_0100_0000_0000_0000_0110

状态表监控结果

图 6-43　完全整数除法指令执行时的状态监控结果

整数除法指令用于两个单字长（16 位）的有符号整数 IN1 和 IN2 相除，并把运算结果（16 位）存储到 OUT 指定的存储单元中。结果只保留 16 位商，不保留余数。

双整数除法指令用于两个双字长（32 位）的有符号整数 IN1 和 IN2 相除，并把运算结果（32 位）存储到 OUT 指定的存储单元中。结果只保留 32 位商，不保留余数。

实数除法指令用于两个双字长（32 位）的有符号整数 IN1 和 IN2 相除，并把运算结果（32 位）存储到 OUT 指定的存储单元中。

除法运算结果对特殊继电器的影响是：结果为 0 时 SM1.0 置位，结果溢出时 SM1.1 置位，结果为负数时，SM1.2 置位。

（5）增减指令

增减指令又称自动加 1 和自动减 1 指令，包括字节增/减指令、字增/减指令和双字增/减指令，它们的 LAD 格式如图 6-44 所示。

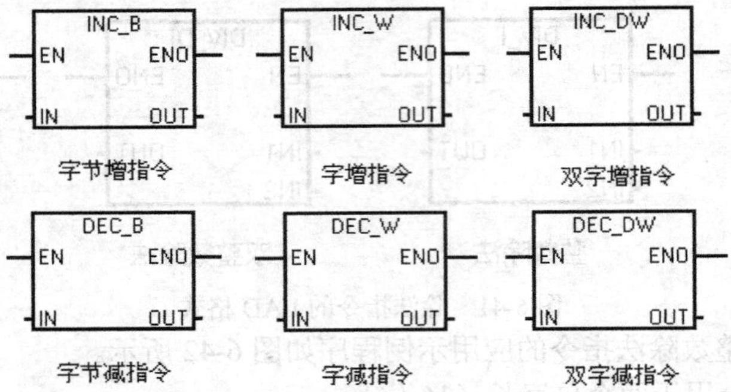

图 6-44　增/减指令的 LAD 格式

【例 6-16】 字节增指令的应用示例程序如图 6-45 所示。

字节增指令的功能是，当使能输入端 EN 有效时，将 1 个字节长（8 位）的无符号数 IN 自动加 1，得到的结果（8 位）存储到 OUT 指定的存储单元中。图 6-45 中，当使能输入端 EN 有效时，将 1 个字节长的二进制数 10101010 自动加 1，得到的结果（2#10101011）存储到 OUT 指定的存储单元 VB100 中,指令执行时的程序状态监控结果如图 6-46 所示。

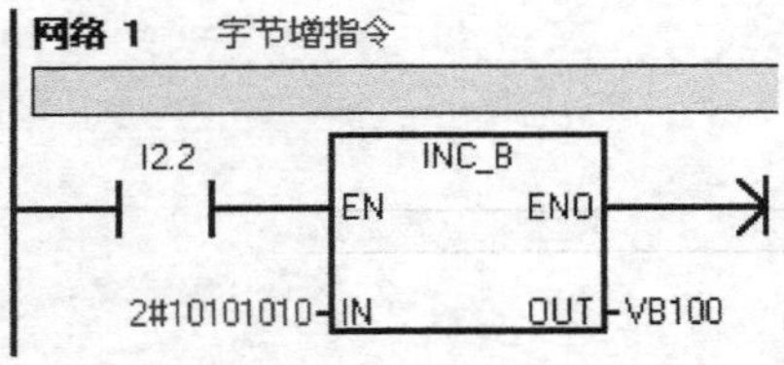

图 6-45　字节增指令应用示例程序

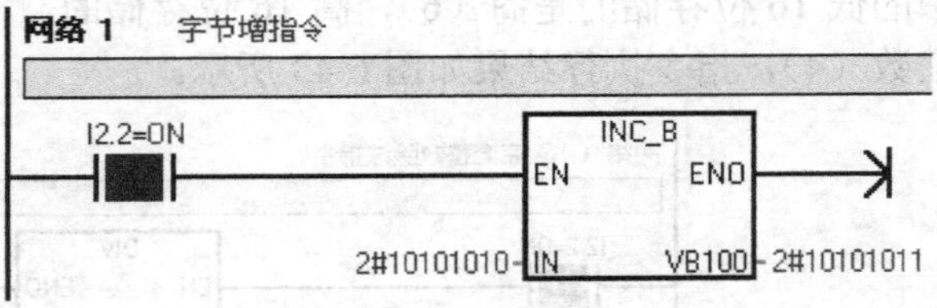

图 6-46　字节增指令执行时的程序状态监控结果

其他增减指令的应用与此类似，请读者自己分析。

6.3.2　数学函数指令

S7-200 PLC 中常用的数学函数指令包括平方根函数指令、自然对数函数指令、指数函数指令，以及正弦、余弦、正切三角函数指令，其操作数均为双字长（32 位）的实数。它们的 LAD 格式如图 6-47 所示。

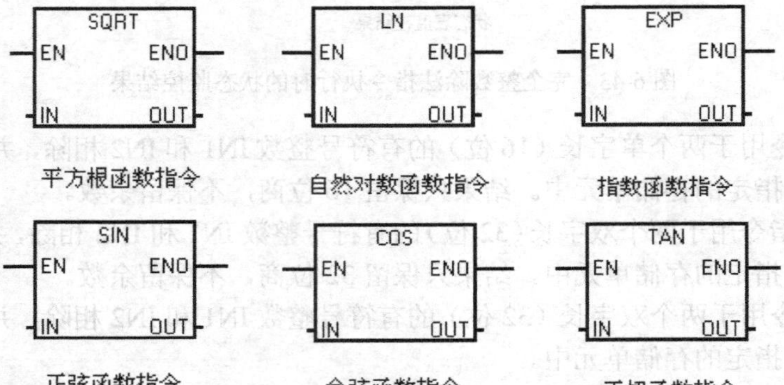

图 6-47　常用三角函数的 LAD 格式

（1）平方根函数指令

平方根函数指令的功能是，当使能输入端 EN 有效时，将从输入端 IN 输入的一个双字长（32 位）的实数开平方，并将运算结果（32 位）存储到 OUT 指定的存储单元中。

【例 6-17】 平方根函数指令的应用示例程序如图 6-48 所示。

图 6-40 中，当使能输入端 EN 有效时，对实数 100.0 进行开平方，结果存储在 VD100 存储单元中，指令执行时的程序状态监控结果如图 6-49 所示。

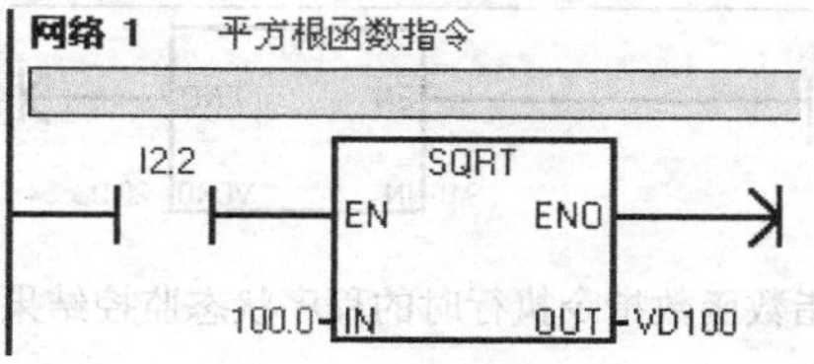

图 6-48 平方根函数指令应用示例程序

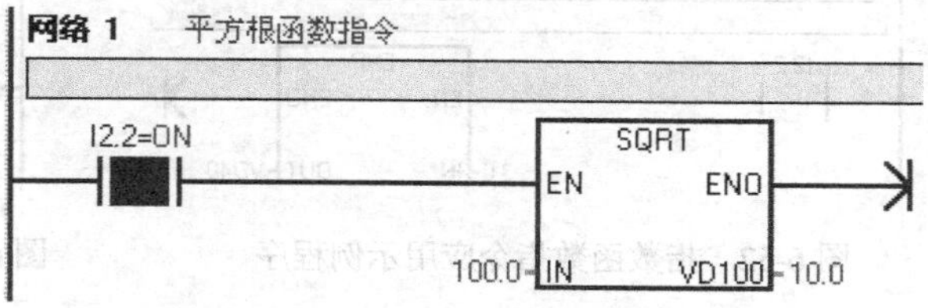

图 6-49 平方根函数指令执行时的程序状态监控结果

（2）自然对数函数指令

自然对数函数指令的功能是，当使能输入端 EN 有效时，将从输入端 IN 输入的一个双字长（32 位）的实数取自然对数，并将运算结果（32 位）存储到 OUT 指定的存储单元中。

当求解以 10 为底的 x 的常用对数时，由数学中对数运算公式 $\lg x=\dfrac{\ln x}{\ln 10}$，可先分别求出 $\ln x$ 和 ln10（ln10=2.302585）的值，然后用实数除法指令相除即可。

【例 6-18】 求常用对数 lg80 的值，使用自然对数函数指令来求解的应用示例程序如图 6-50 所示。

图 6-42 中，当输入端 I2.2 有效时，自然对数指令及实数除法指令均被执行，指令执行时的程序状态监控结果如图 6-51 所示。

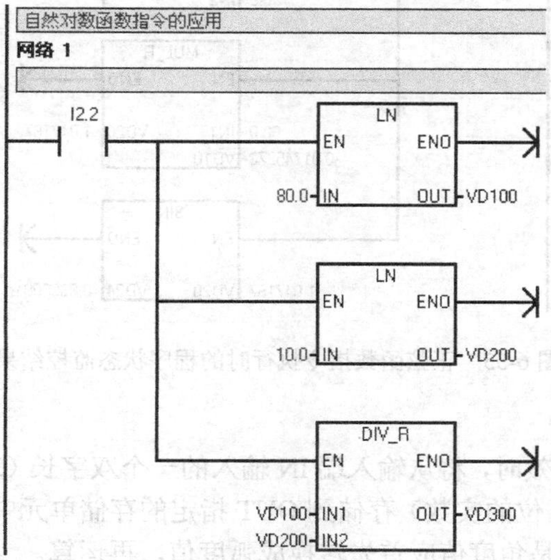

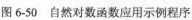

图 6-50 自然对数函数应用示例程序

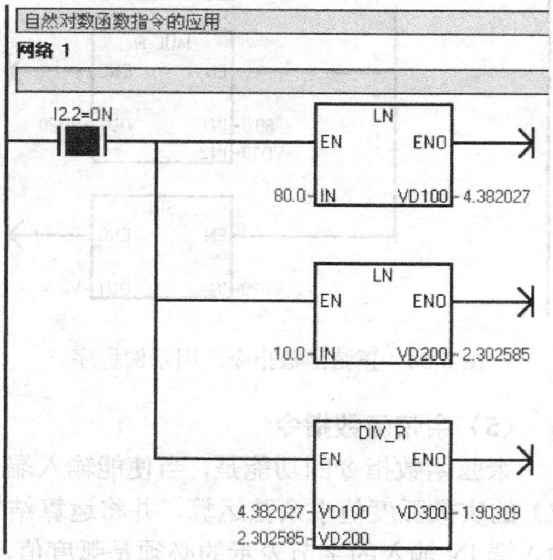

图 6-51 自然对数指令执行时的程序状态监控结果

（3）指数函数指令

指数函数指令的功能是，当使能输入端 EN 有效时，将从输入端 IN 输入的一个双字长（32 位）的实数取以 e 为底的指数运算，并将运算结果（32 位）存储到 OUT 指定的存储单元中。另外，由数学恒等式 $y^x=e^{x\ln y}$ 可知，指数函数指令和自然对数指令相结合，可以实现以任意数 y

为底，以任意数 x 为指数的数学运算。

【例 6-19】 指数函数指令的应用示例程序如图 6-52 所示。

图 6-52 中，当指数函数指令的使能输入端 EN 有效时，将实数 3.0 取以 e 为底的指数运算，并将运算结果（32 位）存储到 OUT 指定的存储单元 VD40 中，指令执行时的程序状态监控结果如图 6-53 所示。

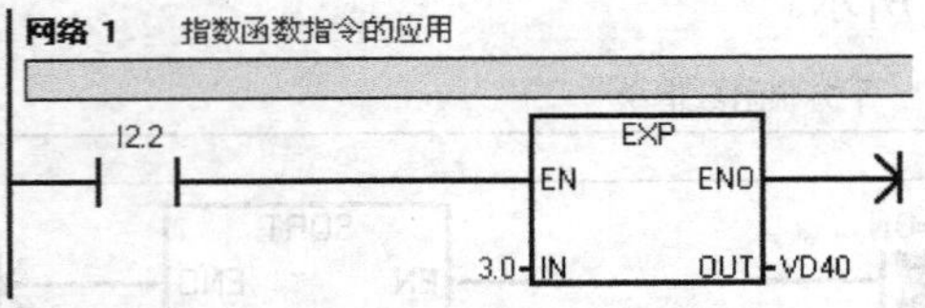

图 6-52 指数函数指令应用示例程序

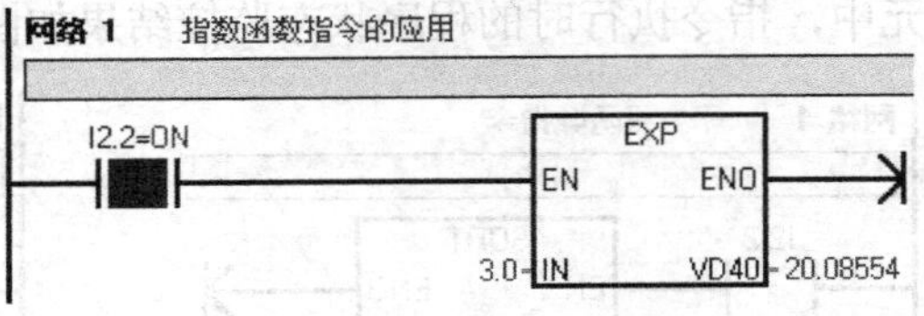

图 6-53 指数函数指令执行时的程序状态监控结果

（4）正弦函数指令

正弦函数指令的功能是，当使能输入端 EN 有效时，将从输入端 IN 输入的一个双字长（32 位）的实数弧度值求正弦运算，并将运算结果（32 位的实数）存储到 OUT 指定的存储单元中。输入端 IN 输入的字节表示的必须是弧度值，如果是角度值应首先转换成弧度值，再运算。

【例 6-20】 求 60° 的正弦值，正弦函数指令的应用示例程序如图 6-54 所示。

图 6-54 中，当输入端 I2.2 有效时，实数除法指令、实数乘法指令及正弦函数指令均被执行，指令执行时的程序状态监控结果如图 6-55 所示。

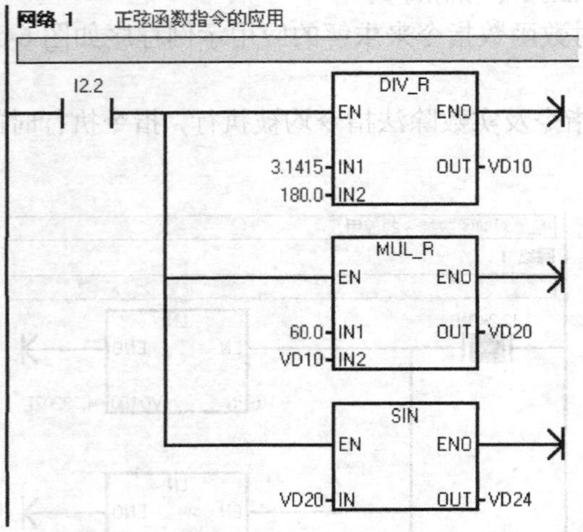

图 6-54 正弦函数指令应用示例程序

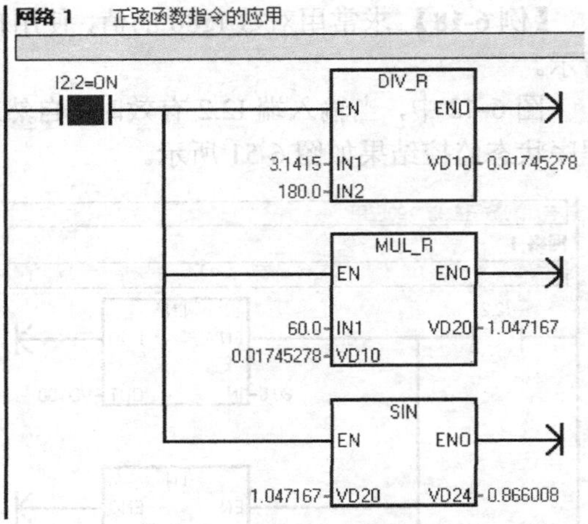

图 6-55 正弦函数指令执行时的程序状态监控结果

（5）余弦函数指令

余弦函数指令的功能是，当使能输入端 EN 有效时，将从输入端 IN 输入的一个双字长（32 位）的实数弧度值求余弦运算，并将运算结果（32 位的实数）存储到 OUT 指定的存储单元中。输入端 IN 输入的字节表示的必须是弧度值，如果是角度值应首先转换成弧度值，再运算。

（6）正切函数指令

正切函数指令的功能是，当使能输入端 EN 有效时，将从输入端 IN 输入的一个双字长（32 位）的实数弧度值求正切运算，并将运算结果（32 位的实数）存储到 OUT 指定的存储单元中。输入端 IN 输入的字节表示的必须是弧度值，如果是角度值应首先转换成弧度值，再运算。

数学函数指令运算结果对特殊继电器的影响是：结果为 0 时 SM1.0 置位，结果溢出时 SM1.1

置位，当 SM1.1 置位时，ENO=0，结果为负数时，SM1.2 置位。

6.3.3 逻辑运算指令及应用

逻辑运算指令是对要操作的数据（IN1 和 IN2）按照二进制位进行逻辑运算，主要包括逻辑与、逻辑或、逻辑非、逻辑异或等操作。逻辑运算可以实现对字节、字和双字型数据的运算。这里以字节逻辑运算指令为例来介绍应用，其他与此类似，请读者自己分析。

字节逻辑运算指令包括字节逻辑与指令 WAND_B、字节逻辑或指令 WOR_B、字节逻辑异或指令 WXOR_B 和字节逻辑非指令 INV_B。它们的 LAD 指令格式如图 6-56 所示。

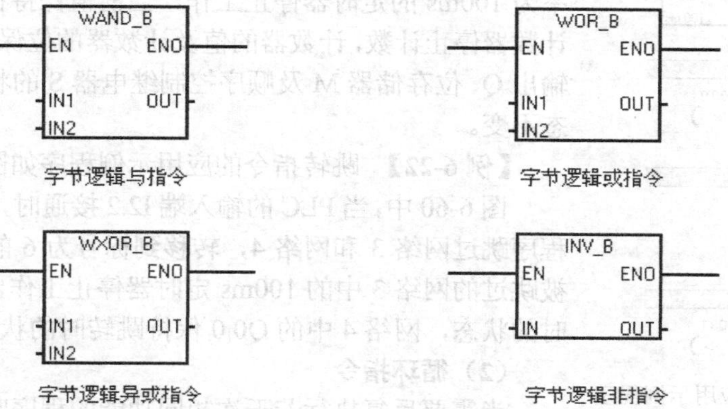

图 6-56 字节逻辑运算指令的 LAD 格式

【例 6-21】 字节逻辑与指令的应用示例程序如图 6-57 所示。

图 6-57 中，当字节逻辑与指令 WAND_B 的使能输入端 EN 有效时，字节数据 IN1 和 IN2 按位进行与运算（有 0 出 0，全 1 出 1），并把运算的结果存储在 VB20 存储单元中，该指令执行时的程序状态监控结果如图 6-58 所示。

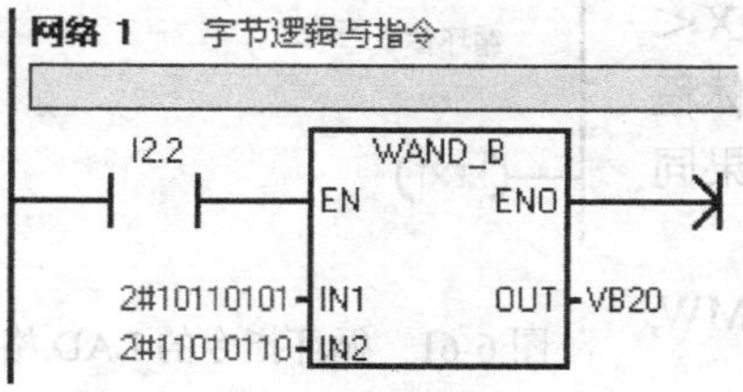

图 6-57 字节逻辑与指令应用示例程序

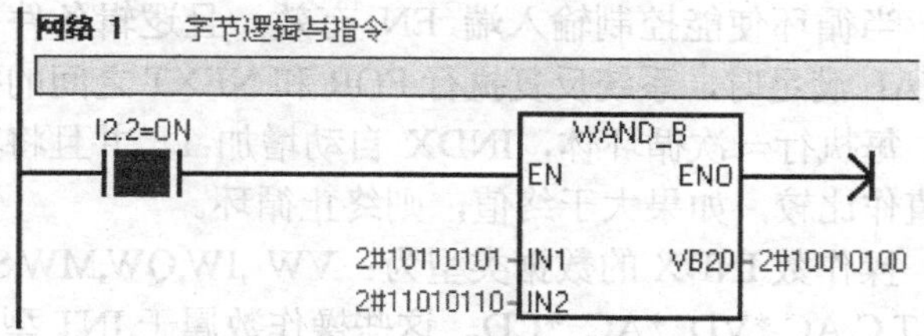

图 6-58 字节逻辑与指令执行时的程序状态监控结果

6.4 程序控制指令及应用

在 S7-200 指令系统中，有一类指令可以优化程序结构、增强程序功能，被称为程序控制指令，它包括跳转指令，循环指令，停止、结束及看门狗复位指令及子程序指令等。

（1）跳转指令

跳转指令又称转移指令，系统可以根据不同条件选择执行不同的程序，可以极大地提高程序的灵活性，跳转指令由跳转指令 JMP 和标号指令 LBL 组成，跳转指令的 LAD 格式如图 6-59 所示。

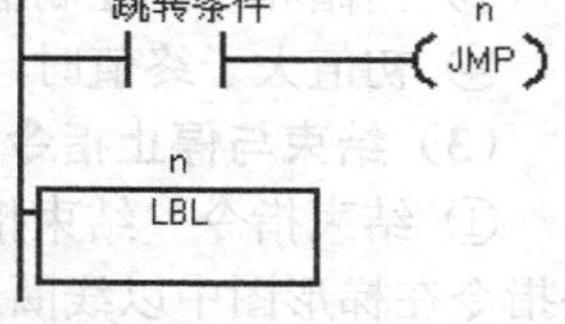

图 6-59 跳转指令的 LAD 格式

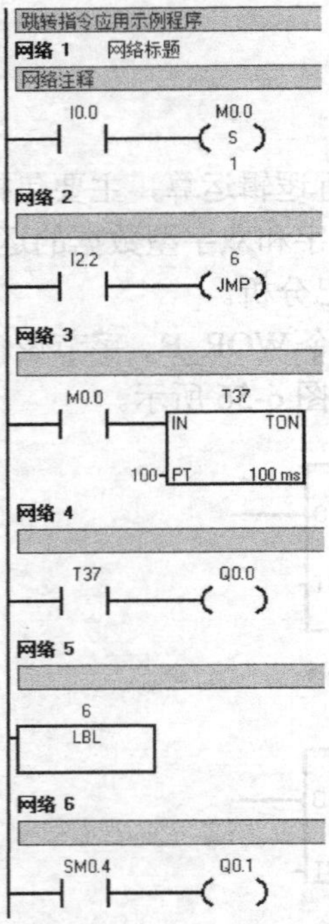

图 6-60 跳转指令应用示例程序

跳转指令的功能是，当跳转条件满足时，执行跳转指令 JMP n,使程序跳转到标号为 n 的程序段执行，该位置由标号指令 LBL n 来确定，n 的范围为 0～255。

跳转指令应用注意事项如下：

① JMP 指令和 LBL 指令必须配合使用在同一个程序块中，如同一个主程序或同一个子程序。

② 执行跳转指令后，被跳过的程序段中各元器件的状态为：分辨率为 1ms，10ms 的定时器保持原来的工作状态及功能；分辨率为 100ms 的定时器停止工作，当前值保持在跳转时的值不变；计数器停止计数，计数器的值及计数器的位保持在跳转时的状态；输出 Q、位存储器 M 及顺序控制继电器 S 的状态保持跳转时的状态不变。

【例 6-22】 跳转指令的应用示例程序如图 6-60 所示。

图 6-60 中，当 PLC 的输入端 I2.2 接通时，执行跳转指令 JMP，程序跳过网络 3 和网络 4，转移到标号为 6 的网络 5 执行程序，被跳过的网络 3 中的 100ms 定时器停止工作，其值和位保持跳转时的状态，网络 4 中的 Q0.0 保持跳转时的状态不变。

（2）循环指令

当需要反复执行若干次相同功能的程序时，为了优化程序结构，提高效率，可以使用循环指令。循环指令由循环开始指令 FOR、循环体和循环结束指令 NEXT 组成，其 LAD 格式如图 6-61 所示。

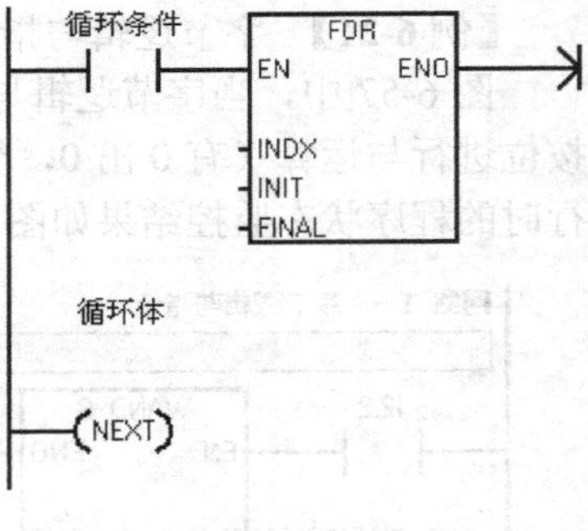

图 6-61 循环指令的 LAD 格式

图 6-61 中，FOR 指令表示循环的开始，NEXT 指令表示循环的结束，中间为循环体，EN 为使能控制输入端，INDX 为当前循环次数的计数器，INIT 为计数初始值，FINAL 为循环计数终值。

当循环使能控制输入端 EN 有效，且逻辑条件 INDX＜FINAL 满足时，系统反复执行 FOR 和 NEXT 之间的循环体程序，每执行一次循环体，INDX 自动增加 1，并且将其结果同终值作比较，如果大于终值，则终止循环。

操作数 INDX 的数据类型为：VW ,IW,QW,MW,SW,SMW, LW,T,C,AC,*VD, *AC, *CD。这些操作数属于 INT 型。

操作数 INIT 和 FINAL 的数据类型为：VW ，IW,QW,MW,SW,SMW,LW,T,C,AC,*VD, *AC, *CD 以及常数。这些操作数属于 INT 型。

循环指令使用注意事项：

① FOR 和 NEXT 指令必须成对使用；

② FOR 和 NEXT 指令可以循环嵌套，最多嵌套 8 层，但各个嵌套之间一定不能有交叉；

③ 当循环使能控制输入端 EN 重新有效时，指令将自动复位各参数；

④ 初值大于终值时，循环体不被执行。

（3）结束与停止指令

① 结束指令　结束指令包括有条件结束指令（END）和无条件结束指令（MEND）,这两条指令在梯形图中以线圈形式编程，不含操作数，LAD 格式如图 6-62 所示。

结束指令只能用在主程序中，不能在子程序和中断程序中使用，有条件结束指令可在无条件结束指令前结束主程序。

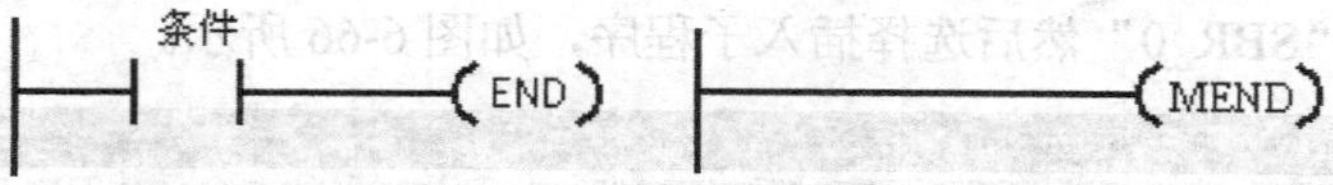

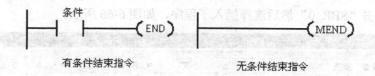

图 6-62 结束指令的 LAD 格式

② 停止指令 停止指令 STOP 在梯形图中以线圈形式编程，不含操作数，LAD 格式如图 6-63 所示，当满足某种条件该指令被执行时，可以使主机 CPU 的工作方式由 RUN 状态切换到 STOP 状态，从而立即终止用户程序的执行，该指令可以用在主程序、子程序和中断程序中。如果在中断程序中执行 STOP 指令，则中断程序立即终止，并忽略全部等待执行的中断，继续执行主程序的剩余部分，并在主程序结束时使主机 CPU 的工作方式由 RUN 状态切换到 STOP 状态。

结束指令和停止指令通常在程序中用来对突发紧急事件进行处理，以避免实际生产中的重大损失。

（4）看门狗复位指令

看门狗复位指令 WDR，实际上是一个 300ms 的监控定时器，在梯形图中以线圈形式编程，LAD 格式如图 6-64 所示，CPU 每次扫描到该指令，则延时 300ms 后使 PLC 自动复位一次。

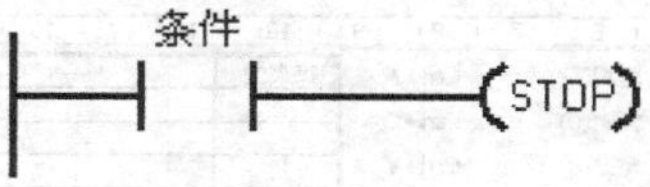

图 6-63 停止指令的 LAD 格式

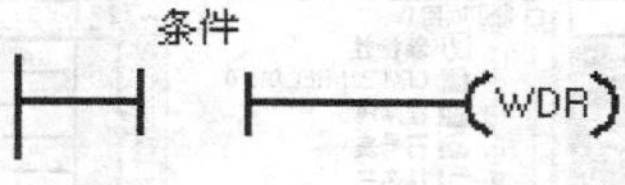

图 6-64 看门狗指令 LAD 格式

使用看门狗复位指令 WDR 的注意事项：

① 如果 PLC 正常工作时的扫描周期小于 300ms，WDR 定时器未到定时时间，将不起作用，系统将进入下一个扫描周期。

② 如果 PLC 因受到干扰出现死机或者扫描周期超过 300ms，则 WDR 定时器不再被复位，定时时间到后，PLC 将停止运行，重新启动，从头开始执行程序。

所以，如果希望扫描周期超过 300ms，或者希望中断时间超过 300ms，则最好用 WDR 指令来重新触发看门狗定时器。

6.5 子程序指令和中断指令

6.5.1 子程序指令

在结构化程序设计中，常会遇到功能相同的程序段，这就需要用到子程序，所谓的子程序，就是指能够实现某种控制功能的程序段，它可以被多次调用执行，每次调用执行结束后，系统又返回到调用处继续执行原来的程序，与子程序相关的操作有：建立子程序、调用子程序和子程序返回。

（1）建立子程序

在 S7-200 编程软件中建立子程序最快捷的方法如图 6-65 所示，在编程页面，鼠标单击“SBR_0”，即可立即进入子程序编辑页面，鼠标再单击“主程序”又可立即进入主程序的编辑页面，子程序默认的名称为 SBR_N，编号 N 从 0 开始按递增顺序生成。如果要继续增加子程序，鼠标右键单击“SBR_0”然后选择插入子程序，如图 6-66 所示。

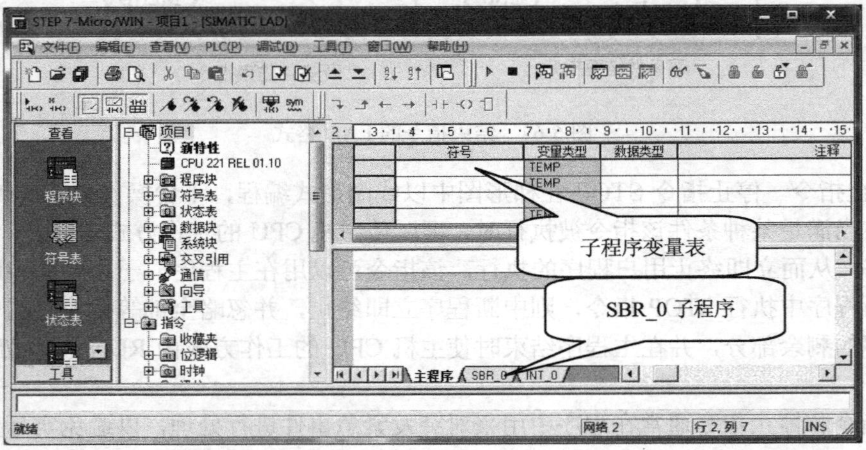

图 6-65　子程序 SBR_0 的编辑页面

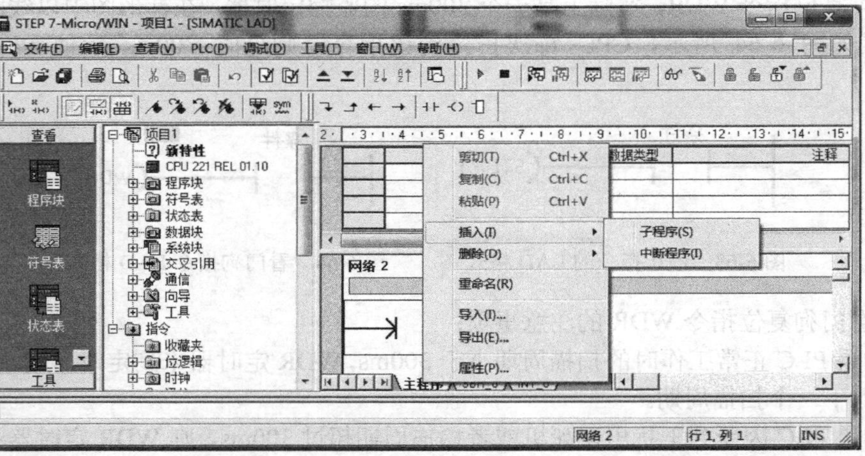

图 6-66　增加子程序

S7-200 CPU 中，CPU 226 XM 最多可以有 128 个子程序，对于其他型号的 CPU 最多可以有 64 个子程序。如果子程序需要接收调用程序传递的参数，或者需要输出参数给调用程序，则在子程序中可以设置参变量。子程序参变量应在子程序编辑窗口的子程序局部变量表中定义。

（2）调用子程序

建立子程序以后，可以通过子程序调用指令反复调用子程序，子程序调用可以带参数，也可以不带参数，它的 LAD 格式如图 6-67 所示。

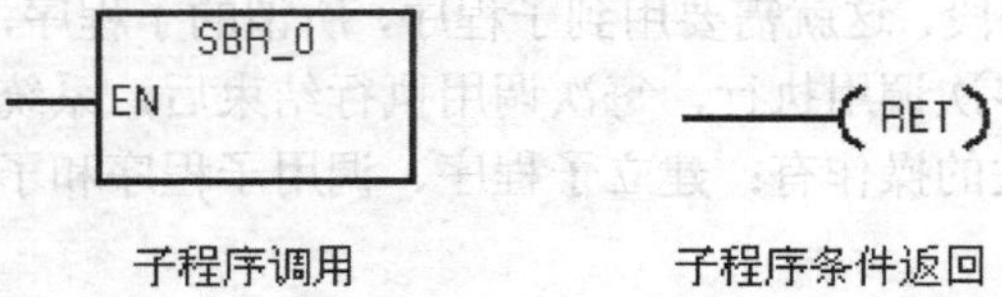

图 6-67　子程序调用与返回指令 LAD 格式

图 6-67 中，当使能输入端 EN 有效时，调用子程序 SBR_0，即开始执行子程序 SBR_0。子程序名称可以修改，子程序可以嵌套调用，即在一个子程序内部又对另一个子程序执行调用指令，最多可嵌套 8 级，累加器可以在调用程序和被调用程序之间传递参数，所以累加器的值在子程序调用时不需要保护。

子程序条件返回指令的 LAD 格式如图 6-59 所示，该指令的功能是，当条件满足时执行该指令，结束子程序的执行，返回主程序或调用程序继续执行原来的程序。

子程序条件返回指令应在子程序内部，且不能直接接在左侧"母线"上，必须在输入端设置返回条件。

【例 6-23】 子程序调用指令的应用示例程序如图 6-68 所示。

图 6-68 中，当 PLC 进入运行状态时，先从主程序中的网络 1 开始执行程序，当主程序网络 2 中的定时器 T40 计时时间（20s）到时，主程序网络 3 中的执行子程序调用指令 SBR_0 被执行，开始执行子程序 SBR_0 中的程序。

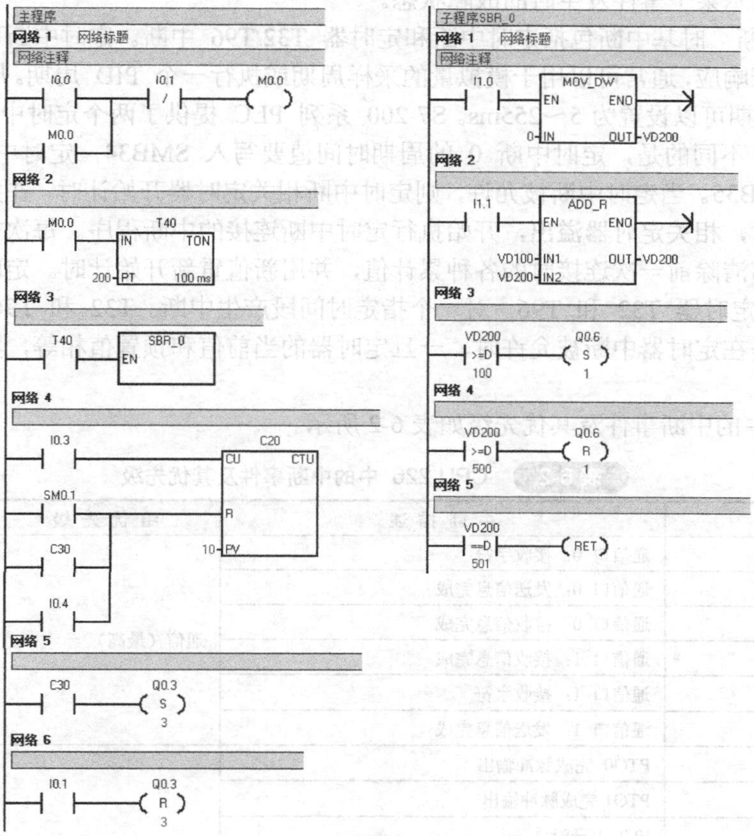

图 6-68 子程序调用指令应用示例程序

在执行子程序时，也是从网络 1 开始执行，当存储器满足条件时（VD200 中的数据等于 501 时），执行子程序返回指令 RET 就被执行，即结束子程序，继续返回到主程序中执行程序。

6.5.2 中断指令

中断是指系统暂时中断正在执行的程序，而转到中断服务程序去处理急需处理的事件，处理后再返回到原程序执行，所以中断是由中断源和中断服务程序构成的。

中断源就是引起中断的原因，或者说，就是能发出中断请求信号的来源。S7-200 系列 PLC 最多具有 34 个中断源，系统给每个中断源都分配了一个编号，称为中断事件号。不同 CPU 模块可用的中断源有所不同，如表 6-1 所示。

表 6-1 不同 CPU 模块可用的中断源

CPU 模块	CPU 221、CPU 222	CPU 224	CPU 226
可用中断事件号	0～12，19～23，27～33	0～23，27～33	0～33

（1）中断的分类

34 个中断源主要分为三大类，即通信中断、I/O 中断、时基中断。

① 通信中断　PLC 的串行通信口可由用户程序来控制。通信口的这种操作模式称为自由端口模式。在自由端口模式下，用户程序定义波特率、每个字符位数、奇偶校验和通信协议。利用接收和发送中断可简化程序对通信的控制。通信口中断号有 8、9、23～26。

② I/O 中断　I/O 中断包含了上升沿或下降沿中断、高速计数器和脉冲串输出中断。S7-200 CPU 可用输入点（I0.0～I0.3）的上升沿或下降沿产生中断，CPU 检测出这些上升沿或下降沿事件，可用来指示某个事件发生时的故障状态。

③ 时基中断　时基中断包括定时中断和定时器 T32/T96 中断。定时中断可以设置一个周期性触发的中断响应，通常可以用于模拟量的采样周期或执行一个 PID 周期。周期时间以 1ms 为增量单位，周期可以设置为 5～255ms。S7-200 系列 PLC 提供了两个定时中断，定时中断 0 和定时中断 1。不同的是，定时中断 0 的周期时间值要写入 SMB34，定时中断 1 的周期时间值要写入 SMB35。当定时中断被允许，则定时中断相关定时器开始计时，在定时时间值与设置周期值相等时，相关定时器溢出，开始执行定时中断连接的中断程序。每次重新连接时，定时中断功能能够清除前一次连接时的各种累计值，并用新值重新开始计时。定时器中断使用且只能使用 1ms 定时器 T32 和 T96，对一个指定时间段产生中断。T32 和 T96 使用方法同其他定时器，只是在定时器中断被允许时，一旦定时器的当前值和预置值相等，则执行被连接的中断程序。

CPU 226 中的中断事件及其优先级如表 6-2 所示。

表 6-2　CPU 226 中的中断事件及其优先级

中断事件号	中断描述	组优先级	组内优先级
8	通信口 0：接收字符	通信（最高）	0
9	通信口 0：发送信息完成		0
23	通信口 0：接收信息完成		0
24	通信口 1：接收信息完成		1
25	通信口 1：接收字符		1
26	通信口 1：发送信息完成		1
19	PTO0 完成脉冲输出	I/O（中等）	0
20	PTO1 完成脉冲输出		1
0	I0.0 上升沿		2
2	I0.1 上升沿		3
4	I0.2 上升沿		4
6	I0.3 上升沿		5
1	I0.1 下降沿		6
3	I0.3 下降沿		7
5	I0.5 下降沿		8
7	I0.7 下降沿		9
12	HSC0 CV=PV（当前值=设定值）		10
27	HSC0 输入方向改变		11
28	HSC0 外部复位		12
13	HSC1 CV=PV（当前值=设定值）		13
14	HSC1 输入方向改变		14
15	HSC1 外部复位		15
16	HSC2 CV=PV（当前值=设定值）		16

续表

中断事件号	中断描述	组优先级	组内优先级
17	HSC2 输入方向改变	I/O（中等）	17
18	HSC2 外部复位		18
32	HSC3 CV=PV（当前值=设定值）		19
29	HSC4 CV=PV（当前值=设定值）		20
30	HSC4 输入方向改变		21
31	HSC4 外部复位		22
33	HSC4 CV=PV（当前值=设定值）		23
10	定时中断 0	定时（最低）	0
11	定时中断 1		1
21	定时器 T32 CT=PT 中断		2
22	定时器 T96CT=PT 中断		3

（2）中断指令

中断指令见表 6-3。

表 6-3 中断指令

梯形图	语句表	描述	梯形图	语句表	描述
RETI	CRETI	从中断程序有条件返回	ATCH	ATCH INT,EVNT	中断连接
ENI	ENI	中断允许	DTCH	DTCH EVNT	中断分离
DISI	DISI	禁止中断	CLR_EVNT	CEVNT EVNT	清除中断事件

① 中断允许和中断禁止指令　中断允许（Enable Interrupt,ENI）指令全局性地允许处理所有被连接的中断事件，禁止中断（Disable Interrupt ，DISI）指令全局性地禁止处理所有中断事件，允许中断排队等待，但不会执行中断程序，直到用中断允许指令 ENI 重新允许中断，或中断队列溢出。

② 中断允许和中断禁止指令　中断连接（Attach Interrupt，ATCH）指令用来建立中断事件 EVNT 和处理该事件的中断程序 INT 之间的联系，并允许处理该中断事件。中断事件由中断事件号指定（见表 6-2），中断程序由中断程序号指定。INT 和 EVNT 的数据类型都是 BYTE。

可以将多个中断事件连接到同一个中断程序，但是一个中断事件不能同时连接到多个中断程序。中断被允许且中断事件发生时，将执行为该事件指定的最后一个中断程序。

③ 中断程序的执行　进入 RUN 模式时自动禁止中断。CPU 自动调用中断程序需要满足如下条件：

a．执行了全局中断允许指令 ENI；

b．执行了中断事件对应的 ATCH 指令；

c．出现对应的中断事件。

执行中断程序之前操作系统保存逻辑堆栈、累加寄存，以及指示累加寄存器与指令操作状态的特殊寄存器标志位（SM），从中断程序返回时，恢复上述的存储单元的值，避免了中断程序执行对主程序的破坏。执行完中断程序的最后一条指令之后，将会从中断程序返回，继续执行被中断的操作。用户不用在中断程序中专门编写返回程序。可以通过执行从中断有条件返回指令 CRETI，在控制它的逻辑条件满足时从中断程序返回。

在中断程序中不能使用 DISI、ENI、HDEF(高速计数器定义)和 END 指令。

④ 中断优先级与中断队列溢出　中断按以下固定的优先级顺序执行：通信中断（最高优先级）、I/O 中断和定时中断（最低优先级）。在上述 3 个优先级范围内，CPU 按照先来先服务的原则处理中断，同一时刻只能执行一个中断程序。一旦某个中断程序开始执行，它要一直执

行到完成，即使另一个中断程序的优先级较高，也不能中断正在执行的中断程序。正在处理其他中断发生的中断事件则排队等待处理。3 个中断队列及其能保持的最大中断格式如表 6-4 所示。

如果中断事件产生过于频繁，使中断产生的速率比可以处理的速率快，或者中断被 DISI 指令禁止，中断队列溢出状态位（见表 6-4）被置 1，只能在中断程序中使用这些位，因为当队列变空或返回主程序时这些位被复位。

如果多个中断事件同时发生，则组之间和组内的优先级会确定首先处理哪一个中断事件。处理了优先级最高的中断事件之后，会检查队列，以查找仍在队列中的当前优先级最高的事件，并会执行连接到该事件的中断程序。CPU 将按此规则继续执行，知道队列为空且控制权返回到主程序。

表 6-4 各中断队列的最大中断数和溢出的 SM 位

队　列	CPU 221,CPU 222,CPU 224	CPU 224 XP,CPU 226，CPU 226 XM	SM 位
通信中断队列	4	8	
I/O 中断队列	16	16	
定时中断队列	8	8	

⑤ 中断程序编程步骤

a．建立中断程序 INT *n*（和建立子程序的方法相同）。

b．在中断程序 INT *n* 中编写其应用程序。

c．编写中断连接指令 ATCH。

d．允许中断 ENI。

e．如果需要，编写中断分离指令 DTCH。

（3）中断程序举例

① I/O 中断　I/O 中断包括上升沿中断、下降沿中断、高速计数器中断（HSC）中断和脉冲列输出（PTO）中断。输入点 I0.0～I0.3 的上升沿或下降沿都可以产生中断。

高速计数器（HSC）中断允许响应的计数当前值等于设定值、计数方向改变（相当于轴转动的方向改变）和计数器外部复位等中断事件。这些事件均可以触发实时执行的操作，而 PLC 的扫描工作方式不能快速响应这些高速事件。完成指定脉冲数输出时也可以产生中断，脉冲列输出可以用于步进电动机的控制。

【例 6-24】 出现事故时，I0.0 的上升沿产生中断，使 Q0.0 立即置位，同时将事故发生的日期和时间保存在 VB10～VB17 中。事故消失时，I0.0 的下降沿产生中断，使 Q0.0 立即复位，同时将事故消失的日期和事件保存在 VB20～VB27 中。

下面是主程序（图 6-69）和中断程序（图 6-70）。

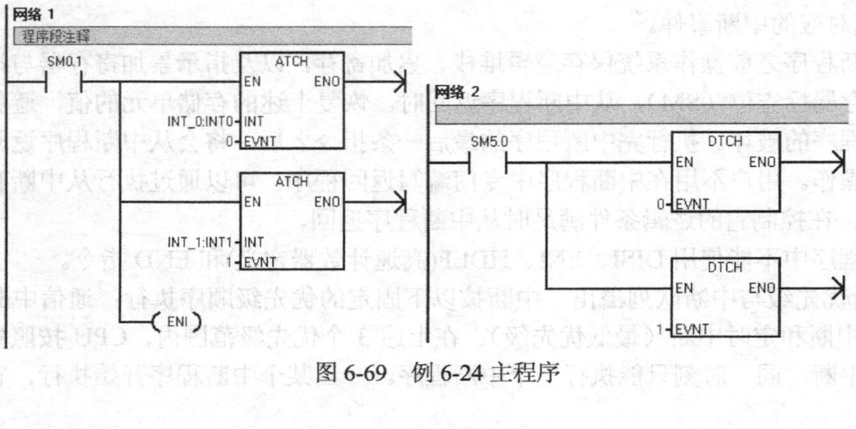

图 6-69　例 6-24 主程序

② 定时中断 定时中断和定时器T32/T96中断统称为时间基准中断。

可以用定时中断来执行一个周期性的操作，以1ms位增量，周期时间可以取1~255ms，定时中断0和定时中断1的事件间隔分别用特殊寄存器字节存储器SMB34和SMB35来设置。每当定时时间到时，执行指定的定时中断程序，例如可以用定时中断来采集模拟量的值和执行PID程序。如果定时中断事件已被连接到一个定时中断程序，为了改变定时中断的事件间隔，首先必须修改SMB34和SMB35的值，然后重新把中断程序连接到定时中断事件上。重新连接时，定时中断功能清除前一次连接的累计事件，并用新的定时值重新开始计时。

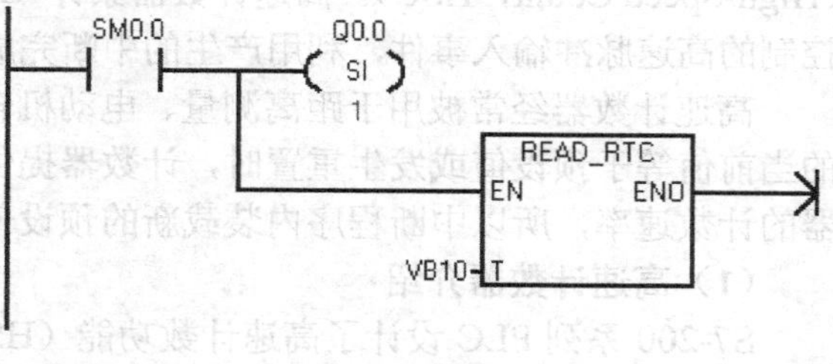

图 6-70 例 6-24 中断程序

定时中断一旦被启用，中断就会周期性地不断产生，每当定时时间到，就会执行被连接的中断程序。如果退出RUN状态或者定时中断被分离，定时中断被禁止，如果执行了全局中断禁止指令DISI，定时中断事件仍然会连续出现，但是不会处理所连接的中断程序。每个定时中断事件都会进入中断队列排队等候，直到中断启用或中断队列满。

【例 6-25】 用定时中断0实现周期为2s的高精度定时。

定时中断的定时时间最长为255ms，为了实现周期为2s的高精度周期性操作的定时，将定时中断的定时时间间隔设为250ms，在定时中断0的中断程序中，将VB0加1，然后用比较触点指令"LDB="判断VB0是否等于8。若相等，在中断程序中执行每2s一次的操作，例如使QB0加1。主程序和中断程序梯形图如图6-71所示。

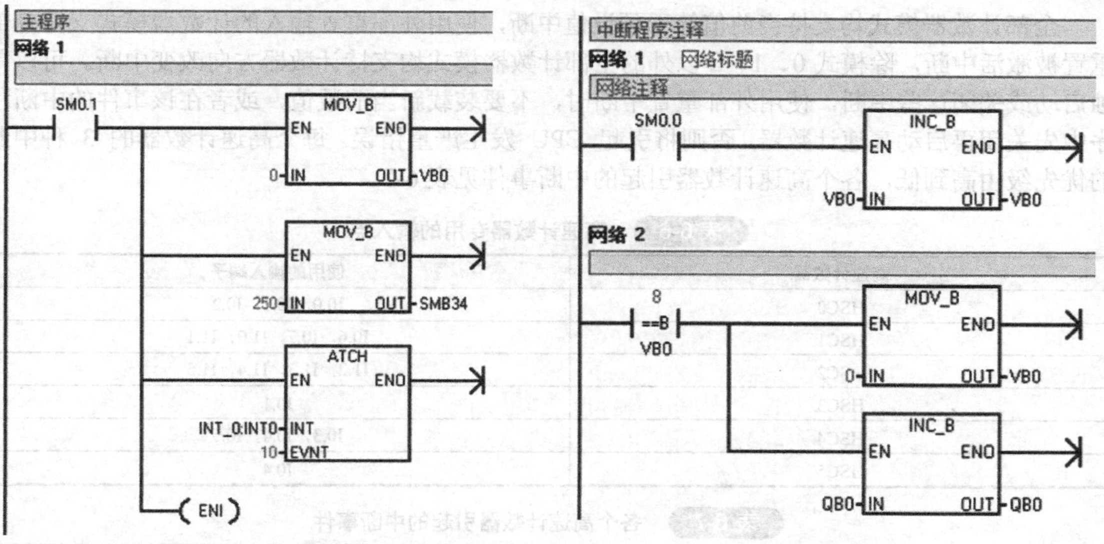

（a）主程序　　（b）中断程序

图 6-71 例 6-25 主程序和中断程序

6.6 高速计数器与高速脉冲输出指令

6.6.1 高速计数器操作指令

前面介绍过的计数器指令的计数速度受扫描周期的影响，对比CPU扫描频率高的脉冲输入，就不能满足控制要求了。为此，SIMATIC S7-200系列PLC设计了高速计数功能

（High-Speed Count，HSC）。高速计数器累计 CPU 扫描速率（比 PLC 扫描频率高得多）不能控制的高速脉冲输入事件，利用产生的中断完成预定的操作。

高速计数器经常被用于距离测量、电动机转速检测，实现高速运动的精确控制。当计数器的当前值等于预设值或发生重置时，计数器提供中断。因为中断的发生概率远远低于高速计数器的计数速率，所以中断程序内装载新的预设值，使程序简单易懂。

（1）高速计数器介绍

S7-200 系列 PLC 设计了高速计数功能（HSC），其计数自动进行，不受扫描周期的影响，最高计数频率取决于 CPU 的类型，CPU 22x 系列最高计数频率为 30kHz，用于捕捉比 CPU 扫描更快的事件，并产生中断，执行中断程序，完成预定的操作。高速计数器在程序中使用时的地址编号用 HC *n* 来表示（在非正式程序中有时用 HSC *n* 表示），HC（HSC）表示编程元件名称为高速计数器，*n* 为编号。

对不同型号的 PLC 主机，高速计数器的数量与编号范围表见表 6-5。

表 6-5　高速计数器的数量与编号范围

主机型号	CPU 221	CPU 222	CPU 224	CPU 226
可用 HSC 数量	4		6	
HSC 编号范围	HC0，HC3，HC4，HC5		HCO～HC5	

① 高速计数器输入端的连接　每个高速计数器对它所支持的时钟、方向控制、复位和启动都有专用的输入点，通过中断控制完成预定的操作。高速计数器专用输入点见表 6-6。

注意：同一个输入端不能用于两种不同的功能。但是高速计数器当前模式未使用的输入端均可用于其他用途，如作为中断输入端或作为数字量输入端。

全部计数器模式均支持当前值等于预设值中断，使用外部重置输入的计数器模式支持外部重置被激活中断，除模式 0、1、2 以外的全部计数器模式均支持计数器方向改变中断。可以单独启动或关闭这些中断，使用外部重置中断时，不要装载新当前数值，或者在该事件的中断程序中先关闭再启动高速计数器，否则将引起 CPU 发生严重错误。每个高速计数器的 3 种中断的优先级由高到低，各个高速计数器引起的中断事件见表 6-7。

表 6-6　高速计数器专用的输入点

高速计数器	使用的输入端子
HSC0	I0.0，I0.1，I0.2
HSC1	I0.6，I0.7，I1.0，I1.1
HSC2	I1.2，I1.3，I1.4，I1.5
HSC3	I0.1
HSC4	I0.3，I0.4，I0.5
HSC5	I0.4

表 6-7　各个高速计数器引起的中断事件

高速计数器	当前值等于预设值		计数方向改变中断		外部信号复位中断	
	事件号	优先级	事件号	优先级	事件号	优先级
HSC0	12	10	27	11	28	12
HSC1	13	13	14	14	15	15
HSC2	16	16	17	17	18	18
HSC3	32	19	无	无	无	无
HSC4	29	20	30	21	31	12
HSC5	33	23	无	无	无	无

② 高速计数器的工作模式　高速计数器有 12 种工作模式，模式 0～模式 2 采用单路脉冲

输入的内部方向控制加/减计数，只有一个计数输入端，是要么增计数、要么减计数的单相计数器；模式 3～模式 5 采用单路脉冲输入的外部方向控制加/减计数，也只有一个计数输入端，也是要么增计数、要么减计数的单相计数器；模式 6～式 8 采用两路脉冲输入的加 / 减计数，有两个计数输入端，其一增计数，另一减计数，是既可增计数又可减计数的双相计数器；模式 9～模式 11 采用两路脉冲输入的双相正交计数，有两个时钟脉冲输入端，一个输入端叫 A 相，另一个输入端叫 B 相，当 A 相时钟脉冲超前 B 相时钟脉冲时计数器进行增计数，而当 A 相时钟脉冲滞后 B 相时钟脉冲时计数器进行减计数，在正交模式下可选择 1 倍（1×）或 4 倍（4×）最大计数速率。

每个高速计数器有多种不同的工作模式，对于相同的工作模式，全部计数器的运行方式均相同，但并非每种计数器均支持全部工作模式。HSC0 和 HSC4 有模式 0、1、3、4、6、7、8、9、10；HSC1 和 HSC2 有模式 0、1、2、3、4、5、6、7、8、9、10、11；HSC3 和 HSC5 只有模式 0。高速计数器的工作模式和输入端子数的关系见表 6-8。

表 6-8　高速计数器的工作模式和输入端子数的关系

HSC 编号及其对应的输入端子 / HSC 模式	功能及说明	占用的输入端子及其功能			
	HSC0	I0.0	I0.1	I0.2	×
	HSC1	I0.3	I0.4	I0.5	×
	HSC2	I0.6	I0.7	I1.0	I1.1
	HSC3	I1.2	I1.3	I1.4	I1.5
	HSC4	I0.1	×	×	×
	HSC5	I0.4	×	×	×
0	单路脉冲输入的内部方向控制加/减计数；	脉冲输入端	×	×	×
1	控制字 SM37.3=0，减计数；		×	复位端	×
2	SM37.3=1，加计数		×	复位端	启动
3	单路脉冲输入的外部方向控制加/减计数；	脉冲输入端	方向控制端	×	×
4	方向控制端=0，减计数；			复位端	×
5	方向控制端=1，加计数			复位端	启动
6	两路脉冲输入的单相加/减计数；	加计数脉冲输入端	减计数脉冲输入端	×	×
7	加计数有脉冲输入，加计数；			复位端	×
8	减计数端脉冲输入，减计数			复位端	启动
9	两路脉冲输入的双相正交计数；	A 相脉冲输入端	B 相脉冲输入端	×	×
10	A 相脉冲超前 B 相脉冲，加计数；			复位端	
11	A 相脉冲滞后 B 相脉冲，减计数			复位端	启动

③ 高速计数器的控制字和状态字　定义了计数器和工作模式之后，还要设置高速计数器的有关控制字节。每个高速计数器均有一个控制字节，它决定了计数器的计数允许或禁用，方向控制（仅限模式 0、1 和 2）或对所有其他的模式初始化计数方向、装载当前值和预置值。高速计数器的控制字节每个控制位的说明见表 6-9。

每个高速计数器都有一个状态字节，该字节的每一位都反映了这个计数器的工作状态，状态位表示当前计数方向以及当前值是否大于或等于预置值。各个高速计数器状态字节的状态位 SM36.0 ～ SM36.4（HSC0）、SM46.0 ～ SM46.4（HSC1）、SM56.0 ～ SM56.4（HSC2）、SM136.0 ～ SM136.4（HSC3）、SM146.0 ～ SM146.4（HSC4）、SM156.0 ～ SM156.4（HSC5）未使用，其余状态见表 6-10，描述了当前计数方向和当前值是否等于预设值以及当前值是否大于预设值。

表 6-9 高速计数器的控制字节每个控制位的说明

HSC0	HSC1	HSC2	HSC3	HSC4	HSC5	说明
SM37.0	SM47.0	SM57.0		SM147.0		复位有效电平控制： 0=复位信号高电平有效；1=低电平有效
SM37.1	SM47.1	SM57.1		SM147.1		启动有效电平控制： 0=启动信号高电平有效；1=低电平有效
SM37.2	SM47.2	SM57.2		SM147.2		正交计数器计数速率选择： 0=4×计数速率；1=1×计数速率
SM37.3	SM47.3	SM57.3	SM137.3	SM147.3	SM157.3	计数方向控制位： 0=减计数；1=加计数
SM37.4	SM47.4	SM57.4	SM137.4	SM147.4	SM157.4	向 HSC 写入计数方向： 0=无更新；1=更新计数方向
SM37.5	SM47.5	SM57.5	SM137.5	SM147.5	SM157.5	向 HSC 写入新预置值： 0=无更新；1=更新预置值
SM37.6	SM47.6	SM57.6	SM137.6	SM147.6	SM157.6	向 HSC 写入新当前值： 0=无更新；1=更新当前值
SM37.7	SM47.7	SM57.7	SM137.7	SM147.7	SM157.7	HSC 允许： 0=禁用 HSC；1=启用 HSC

表 6-10 高速计数器状态字节的状态位

HSC0	HSC1	HSC2	HSC3	HSC4	HSC5	说明
SM36.5	SM46.5	SM56.5	SM136.5	SM146.5	SM156.5	当前计数方向状态位： 0=减计数；1=加计数
SM36.6	SM46.6	SM56.6	SM136.6	SM146.6	SM156.6	当前值等于预设值状态位： 0=不相等；1=等于
SM36.7	SM46.7	SM56.7	SM136.7	SM146.7	SM156.7	当前值大于预设值状态位： 0=小于或等于；1=大于

④ 高速计数器的当前值和预置值　各高速计数器均有 32 位当前值，当前值为带符号整数值，欲向高速计数器装载新的当前值，必须设定包含当前值的控制字节及特殊内存字节，然后执行 HSC 指令，使新数值传输至高速计数器，表 6-11 列举了用于装入新当前值的特殊内存字节。

每个高速计数器均有一个 32 位的预设置，预设置为带符号整数值，欲向计数器内装载新的预置值，必须设定包含预置值的控制字节及特殊内存字节，然后执行 HSC 指令，将新数值传输至高速计数器，表 6-11 描述了用于容纳预置值的特殊内存字节。

表 6-11 高速计数器的新当前值和新预设值

高速计数器	HSC0	HSC1	HSC2	HSC3	HSC4	HSC5
新当前值	SMD38	SMD48	SMD58	SMD138	SMD148	SMD158
新预设值	SMD42	SMD52	SMD62	SMD142	SMD152	SMD162

（2）高速计数器指令及应用

① 高速计数器指令　高速计数器指令有两条：高速计数器定义指令 HDEF 和高速计数器编程指令 HSC。其格式如表 6-12 所示。

a. 高速计数器定义指令 HDEF 用来指定高速计数器（HSC *x*）的工作模式。选择了工作模式即选择了高速计数器的输入脉冲、计数方向、复位和启动功能。每个高速计数器只能用一条高速计数器定义指令。高速计数器中的 4 个计数器拥有三个控制位，用于配置重置（复位）、起始输入（启动）的激活状态和选择 1×或 4×计数模式（只用于正交计数器）。这些位处于计数器的控制字节内，只有在执行 HDEF 指令时才使用。执行 HDEF 指令之前，必须将这些控制位设定成要求的状态，否则，计数器对所选计数器模式采用默认配置。重置输入及起始输入的默认设定是高电平有效，正交计数速率为 4×（或输入时钟频率的 4 倍）。一旦执行 HDEF 指令，则不可改变计数器设定，除非首先将 PLC 置于停止模式。

表 6-12　高速计数器指令格式

梯形图	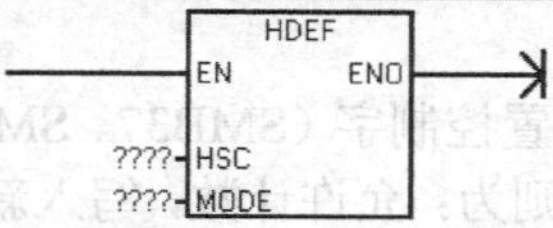	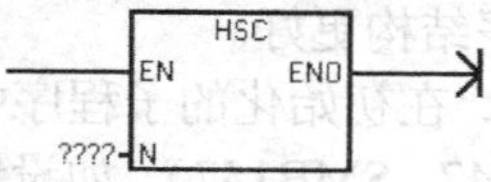
语句表	HDEF HSC，MODE	HSC N
功能说明	高速计数器定义指令 HDEF	高速计数器使用指令 HSC
操作数	HSC：高速计数器的编号，为常量（0～5） 数据类型：字节 MODE：工作模式，为常量（0～11） 数据类型：字节	N：高速计数器的编号，为常量（0～5） 数据类型：字
ENO=0 的出错条件	SM4.3（运行时间），0003（输入点冲突），0004（中断中的非法指令），000A（HSC 重复定义）	SM4.3（运行时间），0001（HSC 在 HDEF 之前），0005（HSC/PLS 同时操作）

高速计数器定义指令由助记符或操作码 HDEF、使能端 EN（语句表中由前一条语句决定）、编号 HSC、工作模式 MODE 构成。

高速计数器定义指令允许时，计数器号 HSC 及工作模式 MODE 被确定，须注意的是 HDEF 指令只能用一次（如对某高速计数器执行两次 HDEF 指令，将产生运行错误而且不会改变第一次执行 HDEF 指令后对计数器的设定），HSC 的编号和 HDEF 的编号要符合表 6-8 的规定。

数据范围：

高速计数器使能端 EN：I、Q、M、SM、T、C、V、S、L。

高速计数器编号 HSC：常数 0、1、2、3、4、5。

高速计数器工作模式 MODE：常量 0、1、2、3、4、5、6、7、8、9、10、11。

b．高速计数器编程指令 HSC，根据高速计数器控制位的状态 HDEF 指令指定的工作模式控制高速计数器，参数 N 指定高速计数器的编号。在定义高速计数器之后，在重置（复位）、更新当前值、更新预置值时，都要应用高速计数器编程的 HSC 指令对其编程，只有经过编程，高速计数器才能运行。

高速计数器编程指令由助记符或操作码 HSC、使能端 EN（语句表中由前一条语句决定）和对高速计数器进行编程的计数器编号 N 构成。

高速计数器编程指令允许时，对高速计数器 N 进行的一系列新操作，将被 S7-200 进行编程，高速计数器新的功能生效。

数据范围：

编程指令使能端 EN：I、Q、M、SM、T、C、V、S、L。

高速计数器编号 N：常数 0、1、2、3、4、5。

高速计数器指令格式见表 6-12。

② 高速计数器指令的使用

a．每个高速计数器都有一个 32 位当前值和一个 32 位预置值（见表 6-11），当前值和预设值均为带符号的整数值。要设置高速计数器的新当前值和新预置值，必须设置控制字节（表 6-9），令其第 5 位和第 6 位为 1，允许更新预置值和当前值，新当前值和新预置值写入特殊内部标志位存储区。然后执行 HSC 指令，将新数值传输到高速计数器。

b．执行 HDEF 指令之前，必须将高速计数器控制字节的位设置成需要的状态，否则将采用默认设置。默认设置为：复位和启动输入高电平有效，正交计数速率选择 4×模式。执行 HDEF 指令后，就不能再改变计数器的设置，除非 CPU 进入停止模式。

c．执行 HSC 指令时，CPU 检查控制字节和有关的当前值和预置值。

③ 高速计数器指令的初始化　高速计数器指令的初始化的步骤如下所示。

a．用首次扫描时接通一个扫描周期的特殊内部存储器 SM0.1 去调用一个子程序，完成初始化操作。因为采用了子程序，所以在随后的扫描中不必再调用这个子程序，以减少扫描时间，使程序结构更好。

b．在初始化的子程序中，根据控制目标设置控制字（SMB37、SMB47、SMB57、SMB137、SMB147、SMB157），如设置 SMB47=16#F8，则为：允许计数，写入新当前值，写入新预置值，更新计数方向为加计数，若为正交计数设为 4×，复位和启动设置为高电平有效。

c．执行 HDEF 指令，设置 HSC 的编号（0 ～ 5），设置工作模式（0 ～ 11）。如 HSC 的编号设置为 1，工作模式输入设置为 11，则为既有复位又有启动的正交计数工作模式。

d. 将新的当前值写入 32 位当前值寄存器（SMD38，SMD48，SMD58 ，SMD138，SMD148，SMD158）。如写入 0，则清除当前值，用指令“MOVD 0，SMD48”实现。

e．将新的预置值写入 32 位预置值寄存器（SMD42 ，SMD52，SMD62， SMD142 ，SMD152，SMD162）。如执行指令“MOVD 1000，SMD52”，则设置预置值为 1000。若写入预置值为 16#00，则高速计数器处于不工作状态。

f．设置中断。为了捕捉当前值等于预置值的事件，将条件 CV=PV 中断事件（事件 13）与一个中断程序相联系，对中断进行编程；为了捕捉计数方向的改变，将方向改变的中断事件（事件 14）与一个中断程序相联系，对中断进行编程；为了捕捉外部重置复位事件，将外部复位中断事件（事件 15）与一个中断程序相联系，对中断进行编程。

g．执行全局中断允许指令（ENI），允许 HSC 中断。

h．执行 HSC 指令，使 S7-200 对高速计数器进行编程。

i．结束子程序。

【例 6-26】 高速计数器的应用举例。

① 主程序。如图 6-72（a）主程序所示，用首次扫描时接通一个扫描周期的特殊内部存储器 SM0.1 去调用一个子程序，完成初始化操作。

```
LD  SM0.1              // 首次扫描时
CALL     SBR 0         // 调用子程序 SBR 0
```

② 初始化的子程序。如图 6-72（b）所示，第一条指令设置为 SMB47=16#F8，设定高速计数器为允许计数、更新当前值、更新预置值、更新计数方向为加计数、设定启动输入和复位输入为高电平有效、正交计数设为 4× 模式；第二条指令是定义 HSC1 的工作模式为模式 11（两路脉冲输入的双相正交计数，具有复位和启动输入功能）；第三条指令是对 SMD48 清 0，这是清除 HSC1 的当前值；第四条指令是设定 HSC1 的预置值 SMD52=50；第五条指令是当前值等于预设值时产生中断（中断事件 13），中断事件 13 连接中断程序 INT 0；第六条指令是设定全局开中断；第七条指令是对 HSC1 编程。

```
LD          SM0.1               // 首次扫描时
MOVB        16#F8 SMB47         // 设置 HSC1 控制字
HDEF        1，11               // 将 HSC1 设置为模式 11
MOVD        +0，SMD48           //HSC1 的当前值清 0
MOVD        +50，SMD52          // 将 HSC1 预设值设为 50
ATCHINT 0，13                   //CV=PV（中断事件 13），调用中断程序 INT 0
```

```
ENI                          // 允许全局中断
HSC 1                        // 执行 HSC1 指令
```

③ 中断程序 INT 0。如图 6-72（c）所示，第一条指令是把 0 送到 SMD48 中，对 HSC1 当前值清 0；第二条指令把 16#C0 送入 SMB47，设定 HSC1 允许更新当前值；第三条指令是对 HSC1 编程。后面还可以增加指令用以记录中断次数，或者说记录 HSC1 从 0 计数到 50 的次数。

```
LD      SM0.0
MOVD    +0，SMD48            //HSC1 的当前值清 0
MOVB    16#C0，SMB47         // 只写入一个新当前值，预置值不变，计数方向不变，
                             // HSC1 允许计数
HSC1                         // 执行 HSC1 指令
```

6.6.2 高速脉冲输出指令

高速脉冲输出指令 PLS（Pulse）使 PLC 某些输出端产生高速脉冲，用来驱动负载实现精确控制，例如对步进电动机的控制。

高速脉冲输出指令梯形图由助记符 PLS、使能输入端 EN 和高速脉冲输出端 Q0.X 构成；高速脉冲输出指令语句表由操作码 PLS 和高速脉冲输出端地址操作数 Q0.X 构成，如图 6-73 所示。

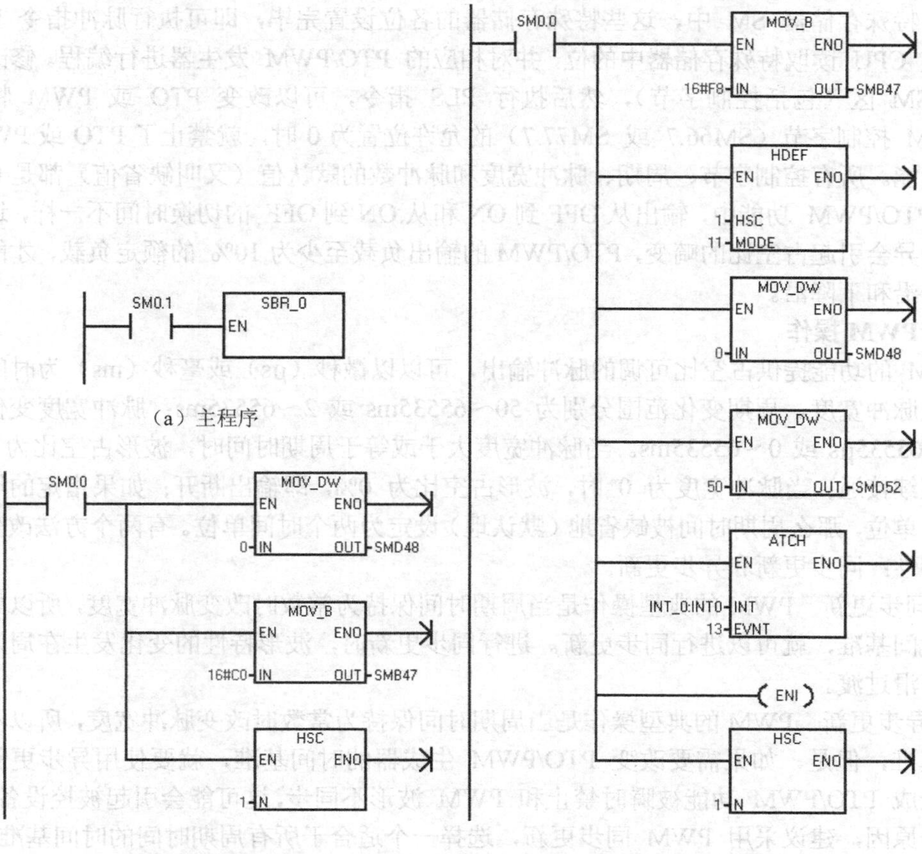

（a）主程序

（b）初始化子程序

（c）中断程序0

图 6-72 高速计数器的应用举例

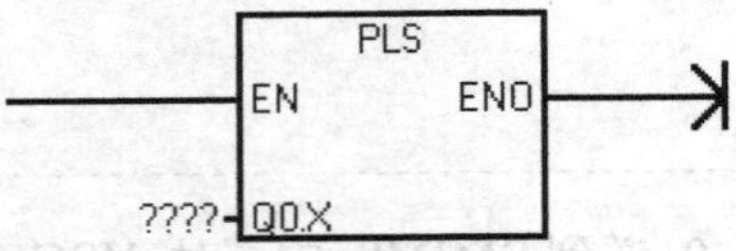

图 6-73 高速脉冲指令

使能输入端 EN=1 时，高速脉冲输出指令 PLS 检测为脉冲输出端（Q0.0 或 Q0.1）所设置的特殊存储器位，然后激活由特殊存储器位定义的 PWM（Pulse Width Modulation，脉冲宽度调制）或 PTO（Pulse Train Output，脉冲串输出）操作。

数据范围 Q0.X：Q0.0 或 Q0.1。

S7-200 的每个 CPU 都有两个 PTO/PWM 生成器，分别输出高速脉冲序列（脉冲串）及脉宽调制（宽度可调）波形，一个生成器指定给数字输出点 Q0.0，另一个生成器指定给数字输出点 Q0.1。

PTO/PWM 生成器及输出映像寄存器共同使用 Q0.0 及 Q0.1，当 Q0.0 或 Q0.1 被设定为 PTO 或 PWM 功能时，由 PTO/PWM 生成器控制其输出，并禁止输出点数字量输出的通用功能的正常使用，输出波形不受输出映像寄存器状态、输出强置或立即输出指令的影响；当不使用 PTO/PWM 生成器时，Q0.0 或 Q0.1 输出控制权转交给输出映像寄存器，输出映像寄存器决定输出波形的初始及最终状态，以高电平或低电平产生波形作为起始和结束。建议在启动 PTO 或 PWM 之前，将 Q0.0 及 Q0.1 的映像寄存器设定为 0。

脉冲序列（串）PTO 的功能提供周期时间及脉冲数目由用户控制的方波（50%占空比）输出；脉冲宽度调制 PWM 的功能提供周期时间及脉冲宽度由用户控制的、持续的、变化占空比的输出。

每个 PTO/PWM 发生器有一个控制字节（8 位）、一个 16 位无符号的周期时间值、一个 16 位无符号脉宽值（仅 PWM）和一个 32 位无符号的脉冲计数值（仅 PTO 有）。这些值全部存储在指定的特殊存储器 SM 中，这些特殊存储器的各位设置完毕，即可执行脉冲指令 PLS，这条指令使 CPU 读取特殊存储器中的位，并对相应的 PTO/PWM 发生器进行编程。修改特殊寄存器的 SM 区（包括控制字节），然后执行 PLS 指令，可以改变 PTO 或 PWM 特性。当 PTO/PWM 控制字节（SM66.7 或 SM77.7）的允许位置为 0 时，就禁止了 PTO 或 PWM 产生波形的功能。所有控制字节、周期、脉冲宽度和脉冲数的默认值（又叫缺省值）都是 0。

在 PTO/PWM 功能中，输出从 OFF 到 ON 和从 ON 到 OFF 的切换时间不一样，这种切换时间的差异会引起占空比的畸变，PTO/PWM 的输出负载至少为 10% 的额定负载，才能提供陡直的上升沿和下降沿。

（1）PWM 操作

PWM 的功能提供占空比可调的脉冲输出，可以以微秒（μs）或毫秒（ms）为时间单位指定周期及脉冲宽度。周期变化范围分别为 50～65535ms 或 2～65535ms；脉冲宽度变化范围分别为 0～65535μs 或 0～65535ms。当脉冲宽度大于或等于周期时间时，波形占空比为 100%，即输出连续接通；当脉冲宽度为 0 时，波形占空比为 0%，即输出断开；如果指定的周期小于两个时间单位，那么周期时间被缺省地（默认地）设定为两个时间单位。有两个方法改变 PWM 波形的特性：同步更新和异步更新。

① 同步更新　PWM 的典型操作是当周期时间保持为常数时改变脉冲宽度，所以如果不需要改变时间基准，就可以进行同步更新。进行同步更新时，波形特性的变化发生在周期边沿，可提供平滑过渡。

② 异步更新　PWM 的典型操作是当周期时间保持为常数时改变脉冲宽度，所以不需要改变时间基准，但是，如果需要改变 PTO/PWM 生成器的时间基准，就要使用异步更新。异步更新会造成 PTO/PWM 功能被瞬时禁止和 PWM 波形不同步，这可能会引起被控设备的振动。基于这个原因，建议采用 PWM 同步更新，选择一个适合于所有周期时间的时间基准。

控制字节中的 PWM 更新方法位（SM67.4 或 SM77.4）用来指定更新类型，执行 PLS 指令激活这些改变。注意，如果改变了时间基准，将会产生一个异步更新，而和这些控制位无关。

（2）PTO 操作

PTO 提供指定脉冲个数的方波（50% 占空比）脉冲串发生功能，周期可以以微秒或毫秒为单位指定，周期的范围是 50～65535μs 或 2～65535ms，如果设定的周期是奇数，则会引起占空比的一些失真，脉冲数的范围是 1～4294967295。

如果指定的周期时间少于两个时间单位，就把周期默认为两个时间单位；如果指定脉冲数为 0，就把脉冲数默认为 1 个脉冲。

状态字节中的 PTO 空闲位（SM66.7 或 SM76.7）用来指示可编程脉冲串完成。另外，高速脉冲串输出可以采用中断方式进行控制，各种型号的 PLC 可用的高速脉冲串输出的中断事件有两个，见表 6-13。根据脉冲串的完成调用中断程序，有关中断和通信指令的细节可见前述内容或其他有关书籍；如果使用多段操作，将在包络表完成时调用中断程序，见下面的多段管线。

表 6-13 有关高速脉冲输出完成的中断事件

中断事件号	事 件 描 述	优先级（在 I/O 中断中的次序）
19	PTO 0 高速脉冲串输出完成中断	0
20	PTO 1 高速脉冲串输出完成中断	1

如果要输出多个脉冲串，PTO 功能允许脉冲串的排队，形成管线，当激活的脉冲串完成时，立即开始新脉冲的输出，这保证了顺序输出脉冲串的连续性。

有两种管线：单段管线和多段管线。

单段管线：在单段管线中，需要为下一个脉冲串更新特殊寄存器，一旦启动了起始 PTO 段，就必须立即按照第二个波形的要求改变特殊寄存器，并再次执行 PLS 指令，第二个脉冲串的属性在管线中一直保持到第一个脉冲串发送完成。在管线中一次只能存一个入口，一旦第一个脉冲串发送完成，接着输出第二个波形。管线可以用于新的脉冲串，重复这个过程，设定下一个脉冲串的特性。

除下面的情况外，脉冲串之间进行平滑转换：发生了时间基准的改变；在利用 PLS 指令捕捉到新脉冲串前，启动的脉冲串已经完成。

当管线满时，如果试图装入管线，状态寄存器中的 PTO 溢出位（SM66.6 或 SM76.6）将置位。当 PLC 进入 RUN 状态时，这个位初始化为 0。如果要检测序列的溢出，必须在检测到溢出后手动清除这个位。

多段管线：在多段管线中，CPU 自动从 V 存储器区的包络表中读出每个脉冲串段的特性。在该模式下，仅使用特殊寄存器区的控制字节和状态字节。选择多段操作时，必须装入包络表的起始 V 存储器区的偏移地址（SMW168 或 SMW178）。时间基准可以选择微秒或者毫秒，但是在包络表中的所有周期值必须使用一个基准，而且当包络执行时不能改变。多段操作可以用 PLS 指令启动，每段的长度是 8 个字节，由 16 位周期值、16 位周期增量值和 32 位脉冲计数值组成。多段 PTO 操作的包络表格式见表 6-14。多段 PTO 操作的另一个特点是具有按照每个脉冲的个数自动增减周期的能力：在周期增量区输入一个正值将增加周期；输入一个负值将减小周期；输入 0 值将不改变周期。如果在许多脉冲后指定的周期增量值导致非法周期值，会产生一个算术溢出错误，同时停止 PTO 功能，PLC 的输出变为由映像寄存器控制。另外，在状态字节中的增量计算错误位 (SM66.4 或 SM76.4) 被置为 1。如果要人为地终止一个正在进行中的 PTO 包络，只需要把状态字节中的用户终止位（SM66.5 或 SM76.5）置为 1 即可，当 PTO 包络执行时，当前启动的段数目保存在 SMB166（或 SMB176）中。

（3）计算包络表值

PTO/PWM 发生器的多段管线能力在许多应用中非常有用，例如步进电动机的控制，电动机的转动受脉冲控制。例 6-26 中的图 6-74 说明了如何生成包络表值按要求产生输出波形，以加速步进电动机、恒速运行然后减速电动机的过程。

【例 6-27】 在步进电动机转动过程中，要从 *A* 点加速到 *B* 点后恒速运行，又从 *C* 点开始减速到 *D* 点，完成这一过程时用指示灯显示。电动机的转动受脉冲控制，*A* 点和 *D* 点的脉冲频率为 2kHz，*B* 点和 *C* 点的频率为 10kHz，加速过程的脉冲数为 400 个，恒速转动的脉冲数为 4000 个，减速过程脉冲数为 200 个。

表 6-14 多段 PTO 操作的包络表格式

从包络表开始的字节偏移	包络段数	描 述
0		段数（1～255）；数 0 产生一个非致命性错误，将不产生 PTO 输出
1	#1	初始周期（2～65535 时间基准单位）
3		每个脉冲的周期增量（有符号值，-32768～32767 时间基准单位）
5		脉冲数（1～4294967295）
9	#2	初始周期（2～65535 时间基准单位）
11		每个脉冲的周期增量（有符号值，-32768～32767 时间基准单位）
13		脉冲数（1～4294967295）

因为采用周期时间表示包络表数值而不采用频率，需要将给定频率数值转换成周期时间数值，换算得起始及终止脉冲周期时间为 500μs；与最大脉冲频率对应的脉冲周期时间为 100μs。

采用简单公式决定 PTO/PWM 生成器用于调节各个脉冲周期所使用的周期增量：周期增量=（最终脉冲周期-初始脉冲周期）/脉冲数目。利用此式，计算出加速部分（第 1 段）的周期增量是-1；恒速部分（第 2 段）的周期增量是 0；减速部分（第 3 段）的周期增量是 2。设包络表位于从 V500 开始的 V 内存内，表 6-15 用于生成要求波形的包络表值。

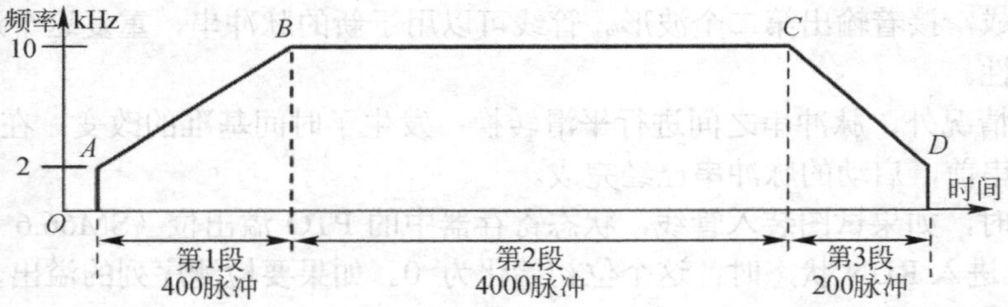

图 6-74 脉冲频率-时间关系图

表 6-15 波形的包络表数据值

V 内存地址	数 据 值	V 内存地址	数 据 值
VB500	3（段总数）	VW511	0（第二段周期增量）
VW501	500（第一段初始周期）	VW513	4000（第二段脉冲数）
VW503	-1（第一段周期增量）	VW517	100（第三段初始周期）
VW505	400（第一段脉冲数）	VW519	2（第三段周期增量）
VW509	100（第二段初始周期）	VD521	400（第三段脉冲数）

该表的值可以通过用户程序中的指令放在 V 存储器中，另外一种方法是在数据块中定义包络表的值。段的最后一个脉冲的周期在包络表中不直接指定，但必须计算得出（除非周期增量是 0）。知道段的最后一个脉冲的周期有利于决定各段波形之间的过渡是否平滑，计算各段最后一个脉冲周期的公式：最终脉冲周期=初始脉冲周期+周期增量×（该段脉冲数目-1）。

作为介绍，上面的例子是有用的，在实际应用中可能需要更复杂的波形包络。应注意两点：周期增量只能以整数微秒数或毫秒数指定；周期的修改在每个脉冲上进行。

这两点的影响是对于某个段的周期增量的计算可能需要迭代方法而言的，计算给定段的结束周期值或给定段的脉冲个数时可能需要作一定的调整。在确定校正包络表值的过程中，包络段的持续时间很有用的，可按照下面的公式计算完成一个包络段的时间长度：时间长度=该段的脉冲数量×[初始脉冲周期+（周期增量/2）（该段的脉冲数量–1）]。

（4）PTO/PWM控制寄存器

表6-16和表6-17从不同角度介绍用于控制PTO/PWM操作的寄存器，表6-18可以作为快速参考，确定放入PTO/PWM控制寄存器中的值，启动要求的操作。对PTO/PWM 0使用SMB67；对PTO/PWM 1使用SMB77。如果要装入新的脉冲数（SMD72或SMD82）、脉冲宽度（SMW70或SMW80）或周期（SMW68或SMW78），应该在执行PLS指令前装入这些值至控制寄存器；如果要使用多段脉冲串操作，在使用PLS指令前也需要装入包络表的起始偏移量（SMW168或SMW178）和包络表的值。

表6-16 控制PTO/PWM寄存器的分配

Q0.0的寄存器	Q0.1的寄存器	名称及功能描述
SMB66	SMB76	状态字节，在PTO方式下，跟踪脉冲串的输出状态
SMB67	SMB77	控制字节，控制PTO/PWM脉冲输出的基本功能
SMW68	SMW78	周期值，字型，PTO/PWM的周期值，范围：2～65535
SMW70	SMW80	脉宽值，字型，PWM的脉宽值，范围：0～65535
SMD72	SMD82	脉冲数，双字型，PTO的脉冲数，范围：1～4294967295
SMB166	SMB176	段数，多段管数PTO进行中的段数
SMW168	SMW178	偏移地址，多段管线PTO包络表的起始字节的偏移地址

表6-17 控制 PTO/PWM 操作的寄存器

Q0.0	Q0.1	PTO/PWM状态寄存器
SM66.4	SM76.4	PTO包络由于增量计算错误而终止，0=无错误；1=终止
SM66.5	SM76.5	PTO包络由于用户命令而终止，0=无错误；1=终止
SM66.6	SM76.6	PTO管线上溢/下溢，0=无上溢；1=上溢/下溢
SM66.7	SM76.7	PTO空闲，0=执行中；1=PTO空闲
SM67.0	SM77.0	PTO/PWM更新周期值，0=不更新；1=更新周期值
SM67.1	SM77.1	PWM更新脉冲宽度值，0=不更新；1=脉冲宽度值
SM67.2	SM77.2	PTO更新脉冲数，0=不更新；1=更新脉冲数
SM67.3	SM77.3	PTO/PWM时间基准选择，0=1s/时基；1=1ms/时基
SM67.4	SM77.4	PWM更新方法：0=异步更新；1=同步更新
SM67.5	SM77.5	PTO操作：0=单段操作；1=多段操作
SM67.6	SM77.6	PTO/PWM模式选择，0=选择PTO；1=选择PWM
SM67.7	SM77.7	PTO/PWM允许，0=禁止PTO/PWM；1=允许PTO/PWM
SMW68	SMW78	PTO/PWM周期值（范围：2～65535）
SMW70	SMW80	PWM脉冲宽度值（范围：0～65535）
SMW72	SMD82	PTO脉冲计数值（范围：1～4294967295）
SMB166	SMB176	进行中的段数（仅用在多段PTO操作中）
SMW168	SMW178	包络表的起始位置，以距V0的字节偏移量表示（仅用在多段PTO操作中）

（5）PTO/PWM初始化及操作顺序

PTO/PWM的初始化和操作步骤说明如下，以帮助大家更好地理解PTO和PWM功能的操作，这些步骤的说明使用了输出Q0.0。初始化操作假定S7-200已置成RUN模式，因此初次扫描存储器位为真（SM0.1=1），如果情况与此不符，则PTO/PWM必须重新初始化，当然可以利用某个条件（不一定是初次扫描存储器位）来调用初始化程序。

① PWM初始化。把Q0.0初始化成PWM，应遵循以下步骤。

a．用初次扫描存储器位（SM0.1）设置输出为1，并调用执行初始化操作的子程序，由于采用了这样的子程序调用，后续扫描就不会再调用这个子程序，从而减少了扫描时间，也提供了一个结构优化的程序。

表 6-18　PTO/PWM 控制字节编程参考

控制寄存器（十六进制）	执行 PLS 指令的结果							
	允许	模式选择	PTO 段操作	PWM 更新方法	时基	脉冲数	脉冲宽度	周期
16#81	Yes	PTO	单段		1μs/周期			装入
16#84	Yes	PTO	单段		1μs/周期	装入		
16#85	Yes	PTO	单段		1μs/周期	装入		装入
16#89	Yes	PTO	单段		1μs/周期			装入
16#8C	Yes	PTO	单段		1μs/周期	装入		
16#8D	Yes	PTO	单段		1μs/周期	装入		装入
16#A0	Yes	PTO	多段		1μs/周期			
16#A8	Yes	PTO	多段		1μs/周期			
16#D1	Yes	PWM		同步	1μs/周期			装入
16#D2	Yes	PWM		同步	1μs/周期		装入	
16#D3	Yes	PWM		同步	1μs/周期		装入	装入
16#D9	Yes	PWM		同步	1μs/周期			装入
16#DA	Yes	PWM		同步	1μs/周期		装入	
16#DB	Yes	PWM		同步	1μs/周期		装入	装入

b．在初始化子程序中，把 16#D3 送入 SMB67，使 PWM 以微秒为增量单位（或 16#DB 使 PWM 以毫秒为增量单位）。用这些值设置控制字节的目的是：允许 PTO/PWM 功能，选择 PWM 操作，选择以微秒或毫秒为增量单位，设置更新脉宽和周期值。

c．向 SMW68（字）写入所希望的周期值。

d．向 SMW70（字）写入所希望的脉宽。

e．执行 PLS 指令，以使 S7-200 对 PTO/PWM 发生器编程。

f．向 SMB67 写入 16#D2，选择以微秒为增量单位（或写入 16#DA，选择以毫秒为增量单位），这复位了控制字节中的更新周期值位但允许改变脉宽，可以装入一个新的脉宽值然后不需要修改控制字节就执行 PLS 指令。

g．退出子程序。

② 修改 PWM 输出的脉冲宽度。为了在子程序中改变 PWM 输出的脉宽，须遵循如下步骤（假定 SMB67 中装入 16#D2 或 16#DA）。

a．调用一个子程序以把所需脉宽装入 SMW70（字）中。

b．执行 PLS 指令使 S7-200 对 PTO/PWM 发生器编程。

c．退出子程序。

③ PTO 初始化——单段操作。为了初始化 PTO，须遵循如下步骤。

a．用初次扫描存储器位（SM0.1）复位输出为 0，并调用执行初始化操作的子程序，由于采用了这样的子程序调用，后续扫描不会再调用这个子程序，从而减少了扫描时间，也提供了一个结构优化的程序。

b．初始化子程序中把 16#85 送入 SMB67，使 PTO 以微秒为增量单位（或写入 16#8D，使 PTO 以毫秒为增量单位），用这些值设置控制字节的目的是：允许 PTO/PWM 功能，选择 PTO 操作，选择以微秒或毫秒为增量单位，设置更新脉冲计数和周期值。

c．向 SMW68（字）写入所希望的周期值。

d．向 SMD72（双字）写入所希望的脉冲计数。

e. 可选步骤。如果希望在一个脉冲串输出（PTO）完成时立刻执行一个相关功能，则可以编程使脉冲串输出完成中断事件（事件号 19）调用一个中断子程序，并执行全局中断允许指令。参见前面介绍的中断指令，以了解中断处理的详细内容。

f. 执行 PLS 指令，使 S7-200 对 PTO/PWM 发生器编程。

g. 退出子程序。

④ 修改 PTO 周期——单段操作。当使用单段 PTO 操作时，为了在中断程序中或子程序中改变 PTO 周期，须遵循如下步骤。

a. 把 16#81 送入 SMB67，PTO 以微秒为增量单位（或写入 16#89，使 PTO 以毫秒为增量单位），用这些值设置控制字节的目的是：允许 PTO/PWM 功能，选择 PTO 操作，选择以微秒或毫秒为增量单位和设置更新周期值。

b. 向 SMW68（字）写入所希望的周期值。

c. 执行 PLS 指令，使 S7-200 对 PTO/PWM 发生器编程，在更新周期的 PTO 波形开始前，CPU 必须完成已经启动的 PTO。

d. 退出中断程序或子程序。

⑤ 修改 PTO 脉冲数——单段操作。当使用单段 PTO 操作时，为了在中断程序中或子程序中改变 PTO 的脉冲计数，须遵循如下步骤。

a. 把 16#84 送入 SMB67，使 PTO 以微秒为增量单位（或写入 16#8C，使 PTO 以毫秒为增量单位）。用这些值设置控制字节的目的是：允许 PTO/PWM 功能，选择 PTO 操作，选择以微秒或毫秒为增量单位和设置更新脉冲计数。

b. 向 SMD72（双字）写入所希望的脉冲计数。

c. 执行 PLS 指令，使 S7-200 对 PTO/PWM 发生器编程，在更新周期的 PTO 波形开始前，CPU 必须完成已经启动的 PTO。

d. 退出中断程序或子程序。

⑥ 修改 PTO 周期和脉冲数——单段操作。当使用单段 PTO 操作时，为了在中断程序中或子程序中改变 PTO 的周期和脉冲计数，须遵循如下步骤。

a. 把 16#85 送入 SMB67，使 PTO 以微秒为增量单位（或写入 16#8D，使 PTO 以毫秒为增量单位），用这些值设置控制字节的目的是：允许 PTO/PWM 功能，选择 PTO 操作，选择以微秒或毫秒为增量单位，设置更新周期和脉冲计数。

b. 向 SMW68（字）写入所希望的周期值。

c. 向 SMD72（双字）写入所希望的脉冲计数。

d. 执行 PLS 指令，使 S7-200 对 PTO/PWM 发生器编程，在更新周期的 PTO 波形开始前，CPU 必须完成已经启动的 PTO。

e. 退出中断程序或子程序。

⑦ PTO 初始化——多段操作。为了初始化 PTO，须遵循如下步骤。

a. 用初次扫描存储器位（SM0.1）复位输出为 0，并调用执行初始化操作的子程序，由于采用了这样的子程序调用，后续扫描不会再调用这个子程序，从而减少了扫描时间，也提供了一个结构优化的程序。

b. 初始化子程序中把 16#A0 送入 SMB67，使 PTO 以微秒为增量单位（或写入 16#A8，使 PTO 以毫秒为增量单位），用这些值设置控制字节的目的是：允许 PTO/PWM 功能，选择 PTO 操作，选择以微秒或毫秒为增量单位，设置更新脉冲计数和周期值。

c．向 SMW168（字）写入包络表的起始 V 存储器偏移值。

d．在包络表中设定段数，确保段数区（表的第一个字节）正确。

e．可选步骤。如果希望在一个脉冲串输出（PTO）完成时立刻执行一个相关功能，则可以编程使脉冲串输出完成中断事件（事件号 19）调用一个中断子程序，并执行全局中断允许指令。

f．执行 PLS 指令，使 S7-200 对 PTO/PWM 发生器编程。

g．退出子程序。

总之，PLS 指令的应用编程是按以下步骤进行的：① 确定脉冲发生器及工作模式；② 设置控制字节；③ 写入周期值、周期增量值和脉冲数；④ 装入包络表首地址；⑤ 中断调用；⑥ 执行 PLS 指令。

【例 6-28】 脉冲宽度调制（PWM）举例，如图 6-75 所示，对照图中文字说明阅读梯形图和语句表。

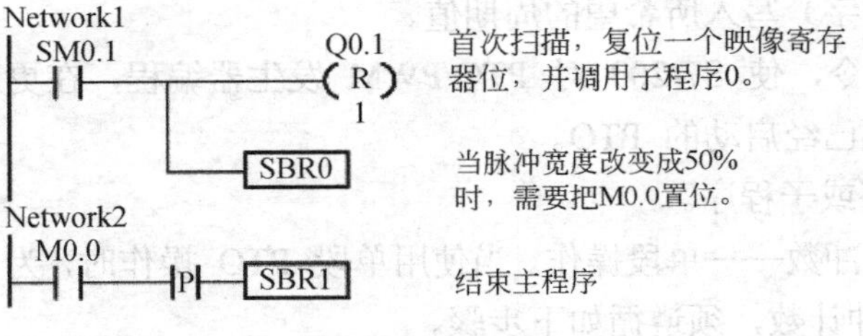
Network1
SM0.1
Q0.1
R
1
首次扫描，复位一个映像寄存器位，并调用子程序0。
SBR0
当脉冲宽度改变成50%时，需要把M0.0置位。
Network2
M0.0
P
SBR1
结束主程序

（a）主程序

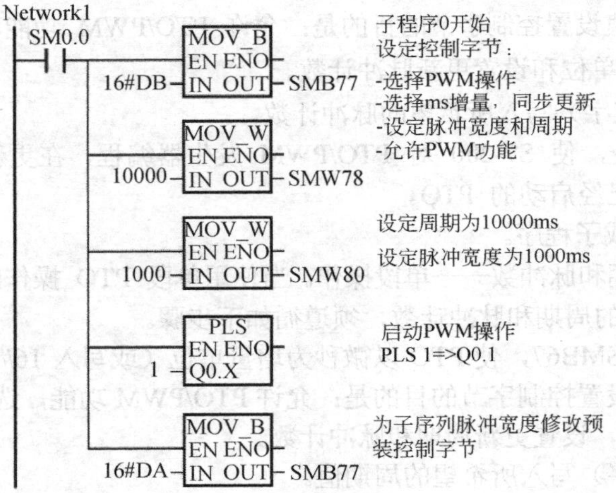
Network1
SM0.0
MOV_B
EN ENO
16#DB IN OUT SMB77
子程序0开始
设定控制字节：
-选择PWM操作
-选择ms增量，同步更新
-设定脉冲宽度和周期
-允许PWM功能
MOV_W
EN ENO
10000 IN OUT SMW78
设定周期为10000ms
MOV_W
EN ENO
1000 IN OUT SMW80
设定脉冲宽度为1000ms
PLS
EN ENO
1 Q0.X
启动PWM操作
PLS 1=>Q0.1
MOV_B
EN ENO
16#DA IN OUT SMB77
为子序列脉冲宽度修改预装控制字节

（b）子程序 0

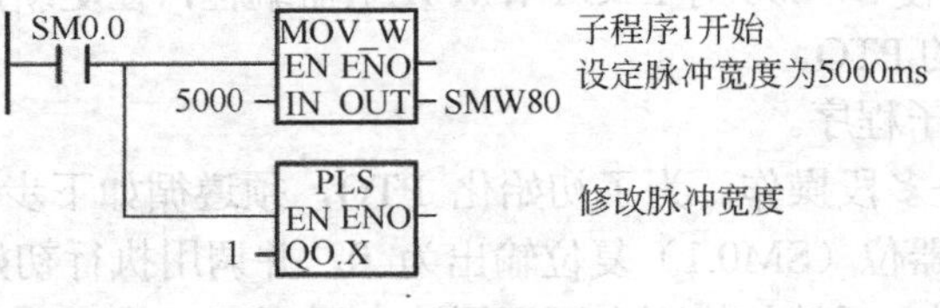
SM0.0
MOV_W
EN ENO
5000 IN OUT SMW80
子程序1开始
设定脉冲宽度为5000ms
PLS
EN ENO
1 Q0.X
修改脉冲宽度

（c）子程序 1

图 6-75　脉冲宽度调制 (PWM) 举例

【例 6-29】 单段操作的高速脉冲串输出举例，如图 6-76 所示。

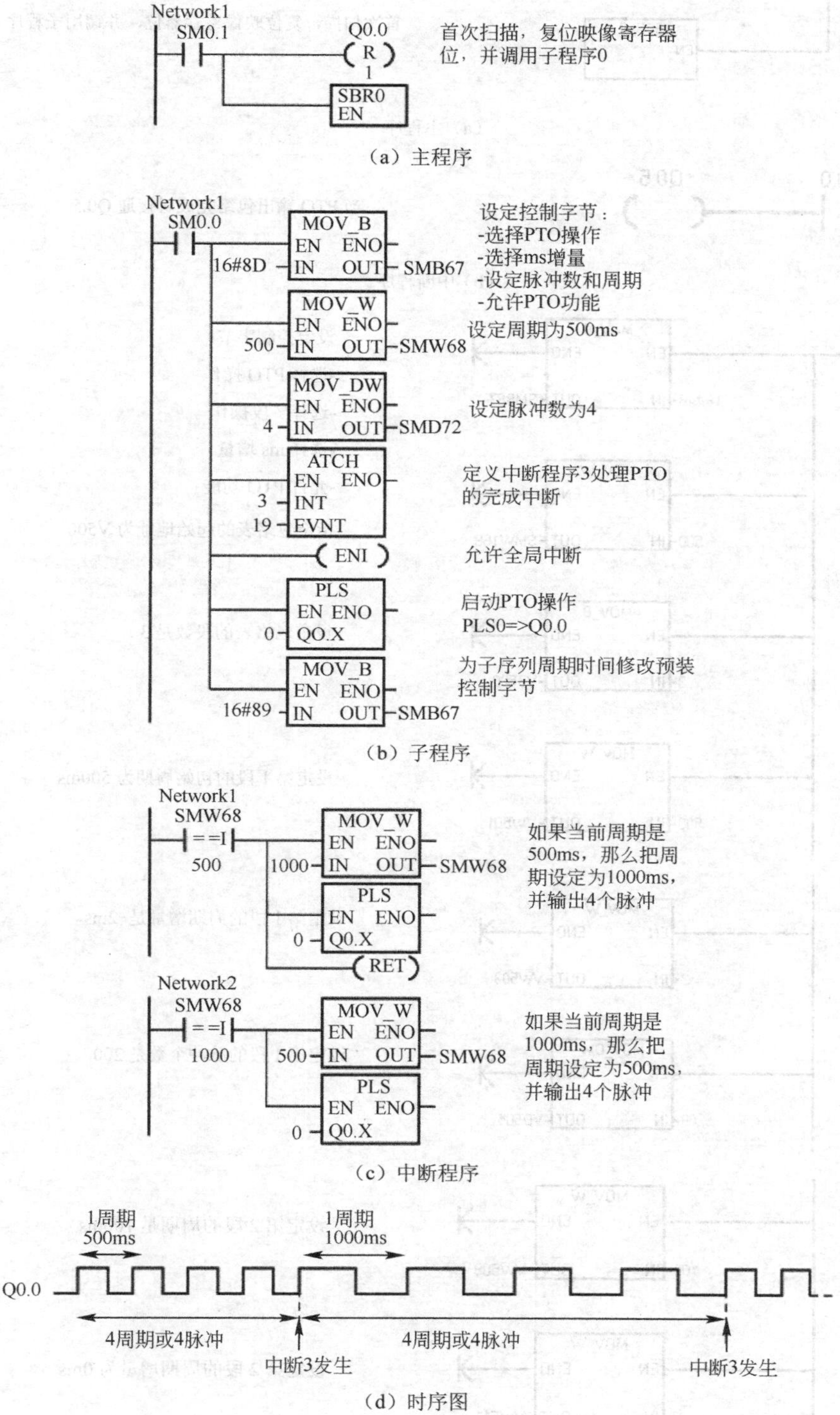

图 6-76 单段操作的高速脉冲串输出举例

【例 6-30】 多段操作的高速脉冲串输出举例，如图 6-77 所示。

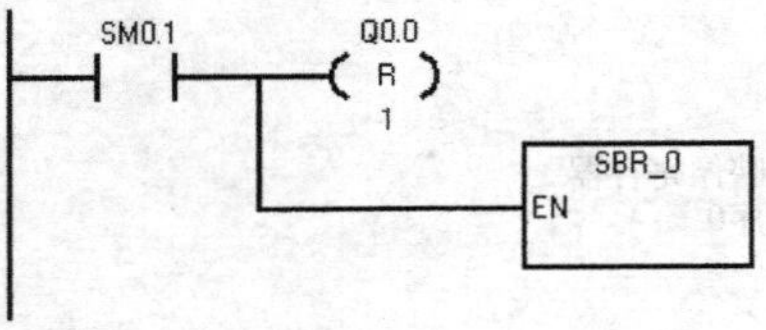
SM0.1
Q0.0
R
1
SBR_0
EN
首次扫描，复位映像寄存器位，并调用子程序 0

（a）主程序

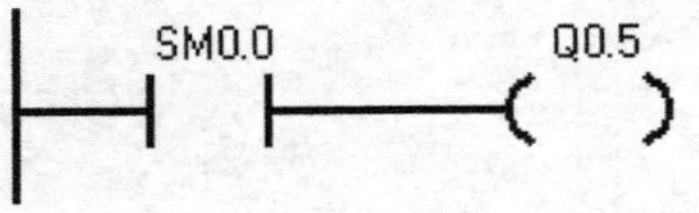
SM0.0
Q0.5
当 PTO 输出包络完成时接通 Q0.5

（b）中断程序

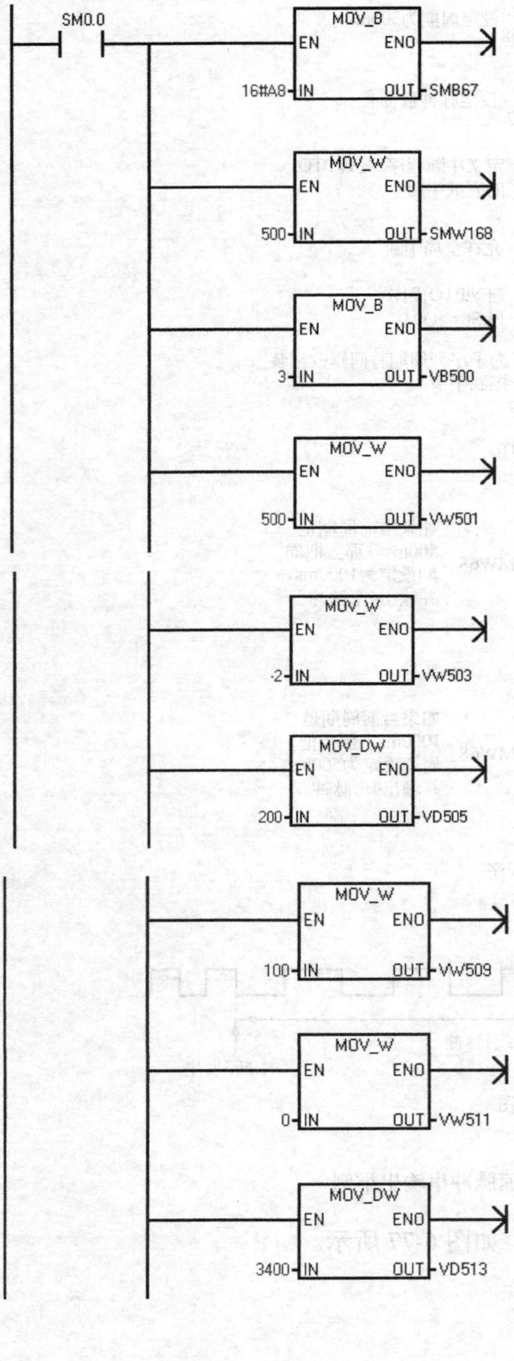
SM0.0
MOV_B
EN ENO
16#A8-IN OUT-SMB67
设定控制字节:
-选择 PTO 操作
-选择多段操作
-选择 ms 增量
-允许 PTO 功能
MOV_W
EN ENO
500-IN OUT-SMW168
指定包络表的起始地址为 V500
MOV_B
EN ENO
3-IN OUT-VB500
设定包络表的段数是 3
MOV_W
EN ENO
500-IN OUT-VW501
设定第 1 段的初始周期为 500ms
MOV_W
EN ENO
-2-IN OUT-VW503
设定第 1 段的周期增量是-2ms
MOV_DW
EN ENO
200-IN OUT-VD505
设定第 1 段的脉冲个数是 200
MOV_W
EN ENO
100-IN OUT-VW509
设定第 2 段的周期是 100ms
MOV_W
EN ENO
0-IN OUT-VW511
设定第 2 段的周期增量为 0ms
MOV_DW
EN ENO
3400-IN OUT-VD513
设定第 2 段的脉冲数为 3400

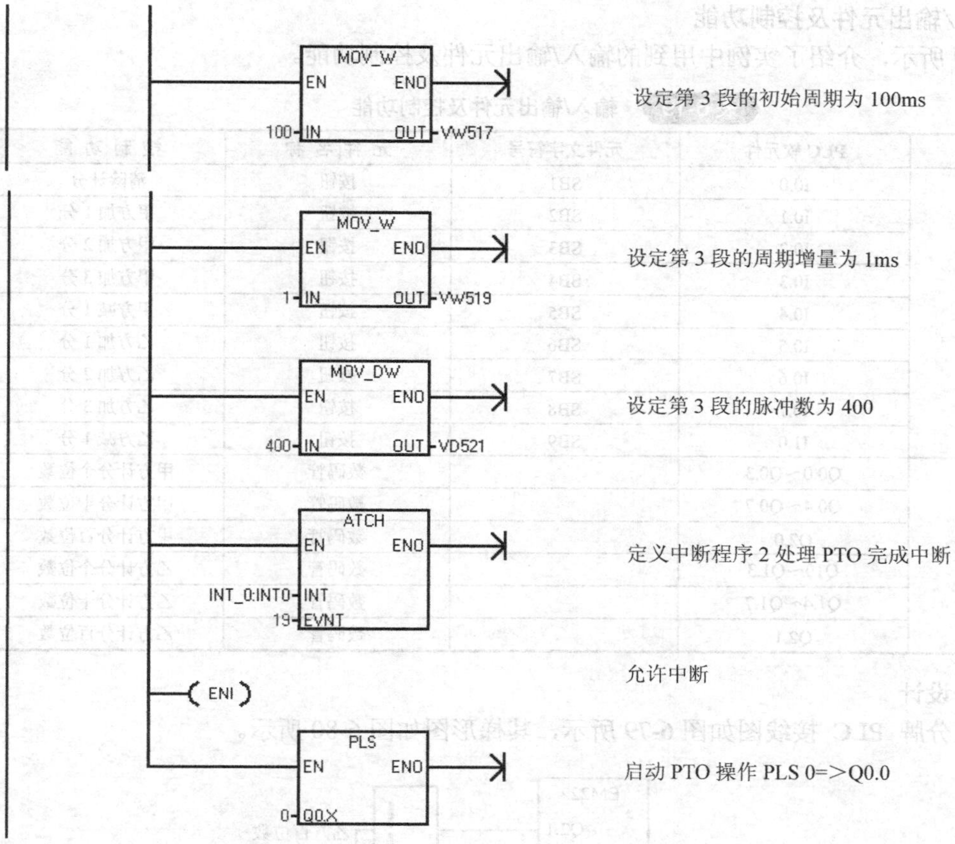

（c）子程序

图 6-77　多段操作的高速脉冲串输出举例

6.7　PLC 功能指令应用举例

6.7.1　篮球赛记分牌

控制要求：用 PLC 控制一个篮球赛记分牌，如图 6-78 所示，甲乙双方最大计分各为 199 分，各设一个 1 分按钮、2 分按钮、3 分按钮和一个减 1 分按钮。用数码管显示计分，设置一个清除计分按钮。

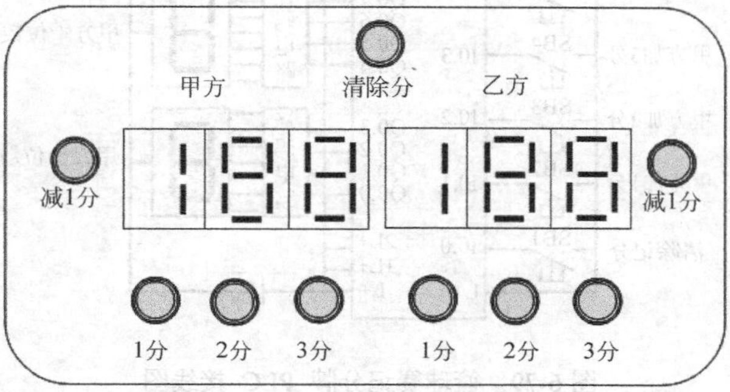

图 6-78　篮球赛记分牌示意图

控制方案设计：

（1）输入/输出元件及控制功能

如表 6-19 所示，介绍了实例中用到的输入/输出元件及控制功能。

表 6-19 输入/输出元件及控制功能

项目	PLC 软元件	元件文字符号	元件名称	控制功能
输入	I0.0	SB1	按钮	清除计分
	I0.1	SB2	按钮	甲方加 1 分
	I0.2	SB3	按钮	甲方加 2 分
	I0.3	SB4	按钮	甲方加 3 分
	I0.4	SB5	按钮	甲方减 1 分
	I0.5	SB6	按钮	乙方加 1 分
	I0.6	SB7	按钮	乙方加 2 分
	I0.7	SB8	按钮	乙方加 3 分
	I1.0	SB9	按钮	乙方减 1 分
输出	Q0.0～Q0.3		数码管	甲方计分个位数
	Q0.4～Q0.7		数码管	甲方计分十位数
	Q2.0		数码管	甲方计分百位数
	Q10～Q1.3		数码管	乙方计分个位数
	Q1.4～Q1.7		数码管	乙方计分十位数
	Q2.1		数码管	乙方计分百位数

（2）电路设计

篮球赛记分牌 PLC 接线图如图 6-79 所示，其梯形图如图 6-80 所示。

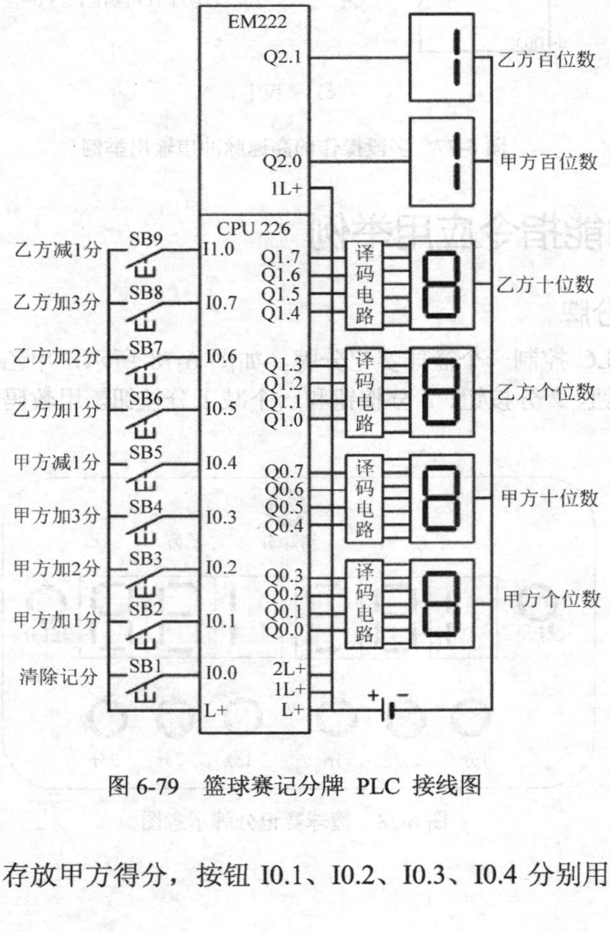

图 6-79 篮球赛记分牌 PLC 接线图

（3）控制原理

用位存储器 VW0 存放甲方得分，按钮 I0.1、I0.2、I0.3、I0.4 分别用于甲方加 1 分，加 2

分，加 3 分和减 1 分。用位存储器 VW2 存放乙方得分，按钮 I0.5、I0.6、I0.7、I0.10 分别用于乙方加 1 分、加 2 分、加 3 分和减 1 分。按钮 I0.0 用于清除计分。

例如，按下按钮 I0.2，执行一次加指令，将原来 VW0 存放的甲方得分加上 2 再存放到 VW0 中，结果是 VW0 中的数增加了 2。同理，按下按钮 I0.4，执行一次减指令，将原来 VW0 存放的甲方得分减去 1 再存放到 VW0 中，结果是 VW0 中的数减少了 1。

由于 VW0 和 VW2 中存放的是二进制数，不能用十进制的数码管显示，这里用 I_BCD 指令将二进制数转换成 BCD 数(二进制数表示的十进制数)。甲方计分 VW0 二进制数转换成 BCD 数存放在 VW4 中。VW4 的低 8 位 VB5 存放的是的十位数和个位数。将 VB5 中的数传送到输出继电器 QB0，经过译码电路显示甲方计分的十位数和个位数。当甲方计分计数值大于等于 100 时，Q2.0=1，直接驱动数码管，显示 1。

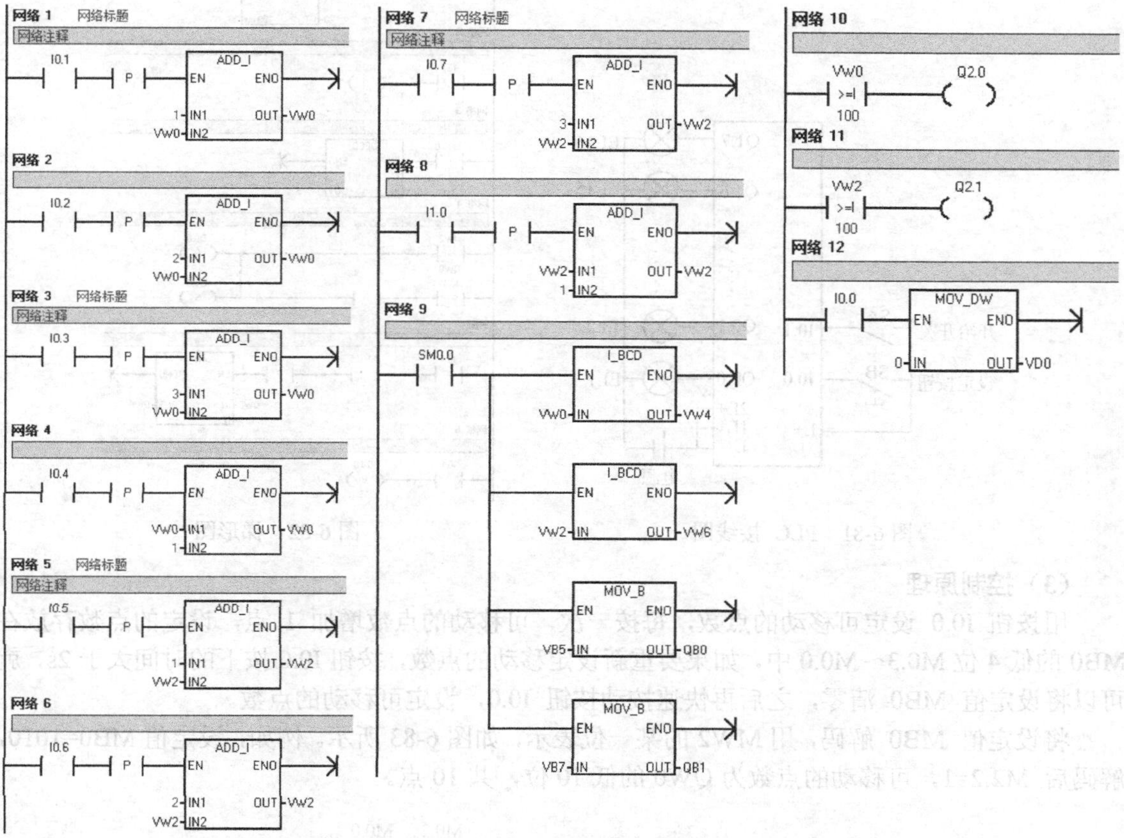

图 6-80　篮球赛记分牌控制梯形图

乙方计分 VW2 二进制数转换成 BCD 数存放在 VW6 中。VW6 的低 8 位 VB7 存放的是乙方计分的十位数和个位数。将 VB7 中的数传送到输出继电器 QB1，经过译码电路显示甲方计分的十位数和个位数。当乙方计分计数值大于等于 100 时，Q2.1=1，直接驱动数码管，显示 1。

6.7.2　点数可调的单点移位

控制要求：控制多个灯，当开关闭合时每秒钟亮一个灯，依次闪亮，并不断循环。要求控制闪亮的灯数在 2～16 个之间可以调节。

控制方案设计：

（1）输入/输出元件及控制功能

如表 6-20 所示，介绍了实例中用到的输入/输出元件及控制功能。

表 6-20 输入/输出元件及控制功能

项 目	PLC 软元件	元件文字符号	元件名称	控制功能
输入	I0.0	SB1	按钮	设定移动位数
	I0.1	SA	开始移动开关	移动开始
输出	Q0.0，…，Q1.7	EL1，…，EL16	灯 1，…，灯 16	多个灯依次闪亮

（2）电路设计

点数可调的单点移动控制 PLC 接线图和梯形图，如图 6-81 和图 6-82 所示。

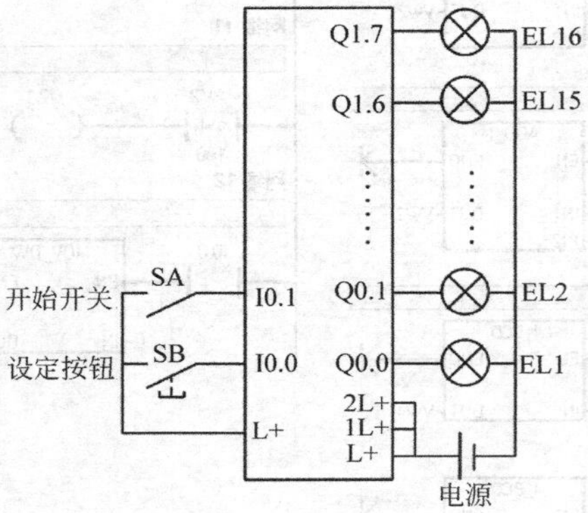

图 6-81 PLC 接线图

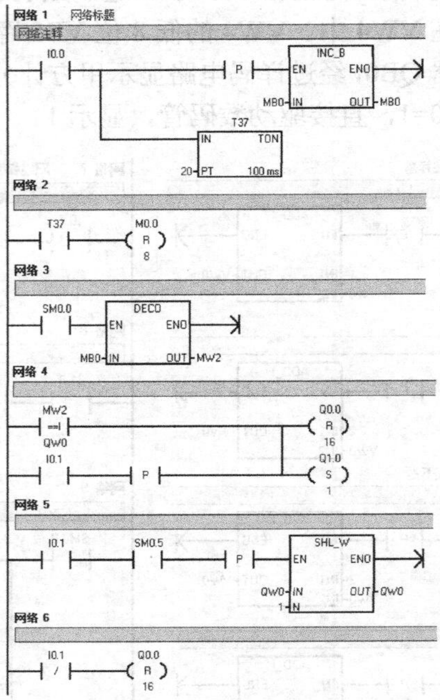

图 6-82 梯形图

（3）控制原理

用按钮 I0.0 设定可移动的点数，每按一次，可移动的点数增加 1 点，设定的点数存放在 MB0 的低 4 位 M0.3～M0.0 中，如果要重新设定移动的点数，按钮 I0.0 按下的时间大于 2s，就可以将设定值 MB0 清零，之后再快速按动按钮 I0.0，设定可移动的点数。

将设定值 MB0 解码，用 MW2 的某一位表示，如图 6-83 所示。例如，设定值 MB0=1010，解码后 M2.2=1，可移动的点数为 QW0 的低 10 位，共 10 点。

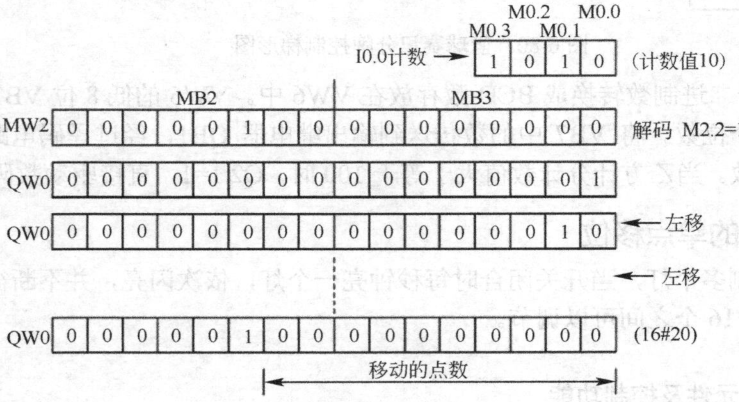

图 6-83 解码移位示意图

闭合开关 I0.1，在 I0.1 的上升沿 Q1.7～Q0.0 置 0，再将 QW0 的最低位 Q1.0 置 1，秒脉冲的上升沿对左移指令 SHL_W 开始移位。SM0.5 每隔 1s 发一个脉冲，进行一次左移，最低位 Q1.0 中的 1 移到 QW0 中 Q1.2，Q0.0=1，之后 Q0.0 接点闭合，将 M7 置 0。确保 Q1.7～Q0.0 中只有一个为 1。当左移到 Q0.2，Q0.2=1，QW0=16#20。这时，QW0=MW2，将 Q0.0～Q1.7 全部清零，重新置 Q1.0=1。完成一次移位过程，之后又重复上述移位过程。

能力训练

实训项目 1：数据传送指令及加减指令应用编程练习

（1）实训目的

① 熟悉数据传送指令及加减指令。

② 熟悉 PLC 梯形图的程序设计方法与设计步骤。

③ 熟悉 PLC 与计算机的通信与程序状态监控方法。

④ 熟悉 PLC 梯形图程序调试方法。

（2）功能要求

① 当 I0.0 接通时，把 VB22 中的数据传送到 VB32 中。

② 当 I1.0 接通时，把 VB40 中的数据传送到 VB44 中。

③ 当 I1.2 接通时，把 VB32 中的数据与 VB44 中的数据进行相加，并把运算结果存储到 VB100 中。

（3）实训步骤

① 根据功能要求编写梯形图程序。

② 完成 PLC 与计算机的通信并下载程序至 PLC。

③ 使 PLC 执行程序并进行程序状态监控。

④ 如果没有达到控制目标，调试程序。

⑤ 程序调试成功后，写实训报告。

（4）能力及标准要求

① 能够独自完成程序设计。

② 能够独自完成程序下载及调试。

③ 能够实现控制目标，且安全可靠。

实训项目 2：数据传送指令及循环移位指令应用编程练习

（1）实训目的

① 熟悉数据传送指令及循环移位指令。

② 熟悉 PLC 梯形图的程序设计方法与设计步骤。

③ 熟悉 PLC 与计算机的通信与程序状态监控方法。

④ 熟悉 PLC 梯形图程序调试方法。

（2）功能要求

① 当 I0.0 接通时，开始跑马灯（8 盏灯），间隔 2s。

② 当 I1.0 接通时，跑马灯停止。

③ 当跑马灯自动循环 3 圈时，自动停止。

（3）实训步骤

① 根据功能要求编写梯形图程序。

② 完成 PLC 与计算机的通信并下载程序至 PLC。

③ 使 PLC 执行程序并进行程序状态监控。

④ 如果没有达到控制目标，调试程序。

⑤ 程序调试成功后，写实训报告。

（4）能力及标准要求

① 能够独自完成程序设计。

② 能够独自完成程序下载及调试。

③ 能够实现控制目标，且安全可靠。

实训项目 3：数据传送指令、加减指令、比较指令及程序控制指令应用编程练习

（1）实训目的

① 熟悉数据传送指令、加减指令、比较指令及程序控制指令。

② 熟悉 PLC 梯形图的程序设计方法与设计步骤。

③ 熟悉 PLC 与计算机的通信与程序状态监控方法。

④ 熟悉 PLC 梯形图程序调试方法。

（2）功能要求

① 当 I0.0 接通时，把 VB100 中的数据传送到 VB200 中。

② 当 I0.1 接通时，把 VB200 中的数据与二进制字节数据 10100110 相加，并把运算结果仍存储到 VB200 中。

③ 当 VB200 中的数据大于二进制字节数据 11100111 时，程序跳转到标号为 LBL3 的程序段执行，把 VB200 中的数据与 VB300 中的数据进行相减，并把结果存储到 VB320 中。

（3）实训步骤

① 根据功能要求编写梯形图程序。

② 完成 PLC 与计算机的通信并下载程序至 PLC。

③ 使 PLC 执行程序并进行程序状态监控。

④ 如果没有达到控制目标，调试程序。

⑤ 程序调试成功后，写实训报告。

（4）能力及标准要求

① 能够独自完成程序设计。

② 能够独自完成程序下载及调试。

③ 能够实现控制目标，且安全可靠。

实训项目 4：五相步进电机的模拟控制

（1）实验目的

用 PLC 构成五相步进电机控制系统。

（2）实验内容

① 控制要求。

按下启动按钮 SB1,A 相通电（A 亮）→B 相通电（B 亮）→C 相通电（C 亮）→D 相通电（D 亮）→E 相通电（E 亮）→A→AB→B→BC→C→CD→D→DE→E→EA→A→B 循环下去。按下停止按钮 SB2，所有操作都停止需重新启动。

② I/O 分配。

输入	输出	
启动按钮：I0.0	A：Q0.1	D：Q0.4
停止按钮：I0.1	B：Q0.2	E：Q0.5

C：Q0.3

③ 按图 6-84 所示设计梯形图。

④ 调试并运行程序。

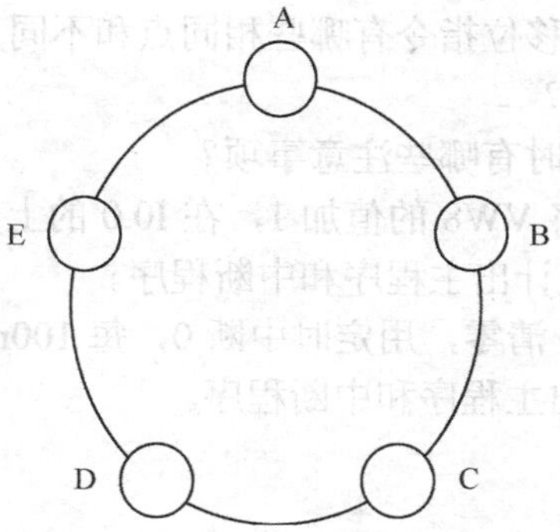

图 6-84 五相步进电机控制示意图

（3）五相步进电机控制语句表（见表 6-21）

表 6-21 五相步进电机控制语句表

1	LD	I0.0	19	TON	T39，+20	35	O	M11.1
2	O	M0.1	20	AN	T39	36	O	M11.2
3	A	I0.1	21	=	M0.2	37	O	M11.3
4	=	M0.1	22	LD	M0.0	38	=	Q0.3
5	LD	M0.1	23	SHRB	M10.0，M10.1，+15	39	LD	M10.4
6	AN	M0.0				40	O	M11.3
7	TON	T37，+20	24	LD	M10.1	41	O	M11.4
8	LD	T37	25	O	M10.6	42	O	M11.5
9	=	M0.0	26	O	M10.7	43	=	Q0.4
10	LD	M0.1	27	O	M11.7	44	LD	M10.5
11	TON	T38，+30	28	=	Q0.1	45	O	M11.5
12	AN	T38	29	LD	M10.2	46	O	M11.6
13	=	M1.0	30	O	M10.7	47	O	M11.7
15	LD	M1.0	31	O	M11.0	48	=	Q0.5
16	O	M0.2	32	O	M11.1	49	LDN	I0.1
17	=	M10.0	33	=	Q0.2	50	R	M10.1，15
18	LD	M11.7	34	LD	M10.3			

习题与思考题

6.1 PLC 的功能指令可以分哪几类？

6.2 PLC 常用的功能指令有哪些？

6.3 PLC 功能指令的输入操作数与输出操作数的数据类型有哪些？

6.4 PLC 功能指令在操作使用前要先明确什么？

6.5 数据传送指令主要包括哪几类？

6.6 二进制数据和十进制数据之间如何进行转换？请举例说明。

6.7 实数传送指令的输入操作数与输出操作数的数据类型是什么？

6.8 比较指令的运算符有哪几种？

6.9 二进制字节数据 11101010 与 10000011 在执行字节逻辑异或指令运算后的结果是什么？

6.10 实数加法指令的输入操作数与输出操作数的数据类型是什么？

6.11 除法指令执行后的运算结果对特殊继电器有哪些影响？

6.12 右移位指令和循环右移位指令有哪些相同点和不同点？

6.13 程序控制指令有哪些？

6.14 在使用程序跳转指令时有哪些注意事项？

6.15 用定时中断，每 1s 将 VW8 的值加 1，在 I0.0 的上升沿禁止该定时中断，在 I0.2 的上升沿重新启用该定时中断。设计出主程序和中断程序。

6.16 第一次扫描时将 VB0 清零，用定时中断 0，每 100ms 加 1，VB0 等于 100 时关闭中断，并将 Q0.0 立即置 1。设计出主程序和中断程序。

7 PLC外围接口电路

学习目标

1. 了解 S7-200 PLC 的输入接口电路、输出接口电路。
2. 理解 S7-200 PLC 外围接口接线图。
3. 掌握绘制 PLC 硬件接线图的方法并能正确接线。
4. 能根据实际控制要求初步设计 PLC 的外围电路。

7.1 PLC 接口电路概述

基于 PLC 的电气控制系统中有与 PLC 相连接的输入/输出设备，常见的输入设备有按钮、行程开关、转换开关、各种继电器的触点及各种传感器等，常见的输出设备有接触器、继电器、电磁阀、指示灯以及其他有关显示的执行电器。PLC 与输入/输出设备进行正确的线路连接是保证 PLC 安全可靠工作的前提，因此需要熟悉 PLC 外围输入/输出接口电路。

PLC 的输入/输出单元通常称作 I/O 单元模块，是 PLC 与工业生产现场之间连接的接口电路，PLC 通过输入单元检测被控对象的各种数据，这些数据将作为 PLC 对控制对象进行控制的依据，同时 PLC 也可通过输出单元将处理结果送给被控对象，以实现控制的目的。

PLC 的输入/输出信号类型可以为数字量或模拟量，PLC 外部的输入设备和输出设备所需的信号电平有所不同，而 PLC 内部的 CPU 处理的只能是标准的二进制数据，即标准电平，所以 PLC 的 I/O 接口电路具有电平转换功能，来处理电平之间的差异。

PLC 的接口电路一般具有光电隔离和滤波功能，用来防止各种干扰信号和高电压信号的进入，以免影响设备工作的可靠性。另外，通常还带有状态指示，使得工作状态更直观，方便维护。

PLC 的 I/O 单元所能接收的输入信号个数和输出信号个数称作 PLC 的 I/O 点数，I/O 点数是选择 PLC 的重要依据之一，当 PLC 的 I/O 点数不够用时，可以通过 PLC 的 I/O 扩展接口来连接 I/O 扩展模块，从而扩展系统的 I/O 点数。

7.2 PLC 输入接口电路

PLC 的输入接口电路需要保证 PLC 免受各种干扰信号和高电压信号的影响，所以输入接口电路一般由光电耦合电路进行隔离，光电耦合电路的关键器件是光电耦合器，一般由发光二极管和光电三极管组成，通常 PLC 的输入信号类型可以是直流信号、交流信号或交直流信号，输入接口电路所需要的电源可以由 PLC 外部电源提供，也可以由 PLC 内部电源提供。

PLC 的开关量输入接口电路如图 7-1～图 7-3 所示。

7.2.1 输入信号类型及范围

（1）数字量输入

① S7-200 PLC 的 CPU　对于 S7-200 PLC 的所有 CPU 型号，除了 CPU 224 XP 带有的两

个模拟量输入端口外，均采用 DC 24V 作为标准数字量输入信号。

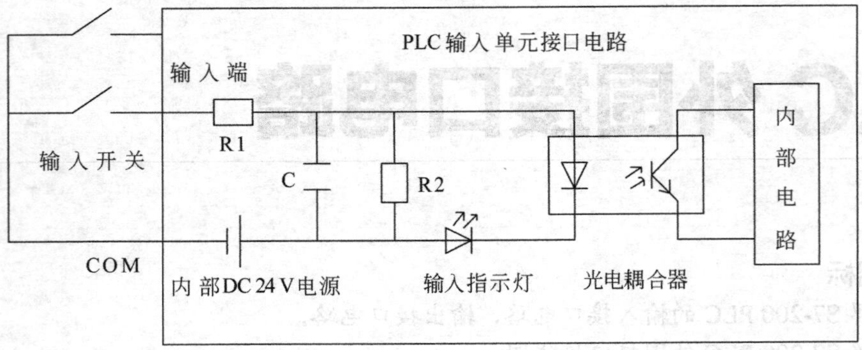

图 7-1　开关量直流输入单元接口电路

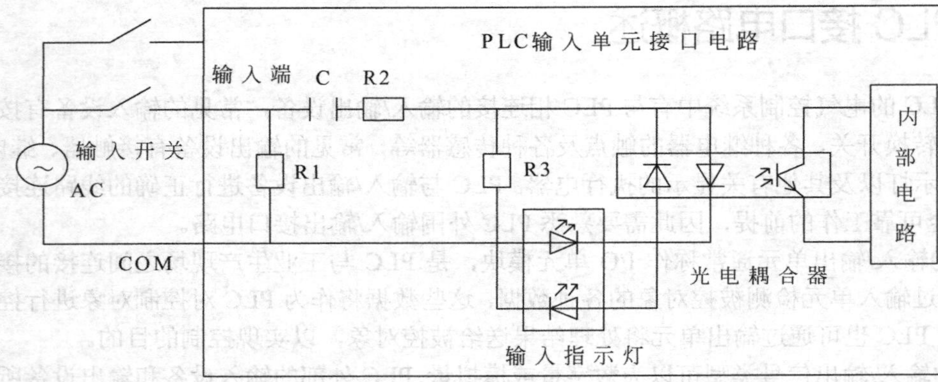

图 7-2　开关量交流输入单元接口电路

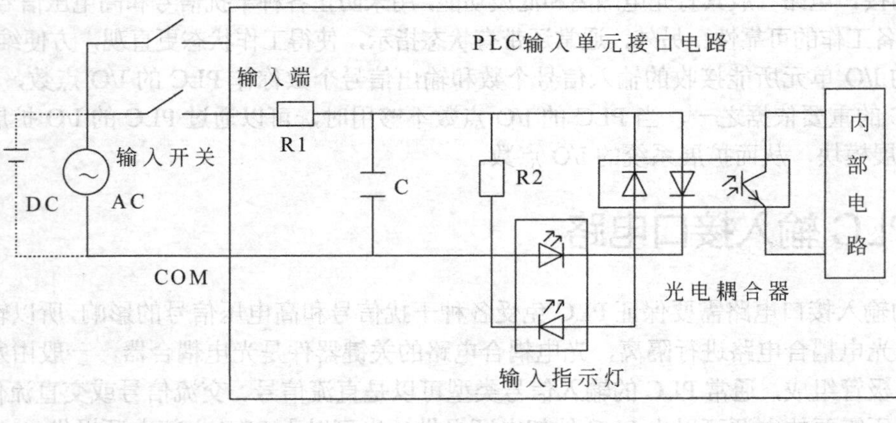

图 7-3　开关量交/直流输入单元接口电路

② 数字量输入扩展模块 EM221　数字量输入扩展模块 EM221 中有一种是交流信号输入，具体为 EM221 DI8×120/230V AC(120V AC 6mA 或 230V AC 9mA), EM221 的其他种类均采用 DC 24V 作为标准数字量输入信号。

③ 数字量混合扩展模块EM223　数字量混合扩展模块EM223的输入端也采用DC 24V作为标准数字量输入信号。

（2）模拟量输入

① S7-200 PLC 的 CPU　对于 CPU224XP 带有的两个模拟量输入端口，输入信号为直流−10～+10V的电压信号。

② 模拟量输入扩展模块EM231　对于模拟量输入扩展模块EM231，通过DIP开关的配置来选择输入信号范围，具体如表7-1所示。ON是闭合，OFF是断开。

表7-1　EM231的DIP开关配置及输入信号范围

单极性			满量程输入	分辨率
SW1	SW2	SW3		
ON	OFF	ON	0～10V	2.5mV
	ON	OFF	0～5V	1.25mV
			0～20mA	5μA
双极性			满量程输入	分辨率
SW1	SW2	SW3		
OFF	OFF	ON	±5V	2.5mV
	ON	OFF	±2.5V	1.25mV

③ 模拟量混合扩展模块EM235　对于模拟量混合扩展模块EM235，通过DIP开关的配置来选择输入信号范围，具体如表7-2所示。ON是闭合，OFF是断开。

表7-2　EM235的DIP开关配置及输入信号范围

单　极　性						满量程输入	分　辨　率
SW1	SW2	SW3	SW4	SW5	SW6		
ON	OFF	OFF	ON	OFF	ON	0～50mV	12.5μV
OFF	ON	OFF	ON	OFF	ON	0～100mV	25μV
ON	OFF	OFF	OFF	ON	ON	0～500mV	125μV
OFF	ON	OFF	OFF	ON	ON	0～1V	250μV
ON	OFF	OFF	OFF	OFF	ON	0～5V	1.25mV
ON	OFF	OFF	OFF	OFF	ON	0～20mA	5μA
OFF	ON	OFF	OFF	OFF	ON	0～10V	2.5mV
双　极　性						满量程输入	分辨率
SW1	SW2	SW3	SW4	SW5	SW6		
ON	OFF	OFF	ON	OFF	OFF	±25mV	12.5μV
OFF	ON	OFF	ON	OFF	OFF	±50mV	25μV
OFF	OFF	ON	ON	OFF	OFF	±100mV	50μV
ON	OFF	OFF	OFF	ON	OFF	±250mV	125μV
OFF	ON	OFF	OFF	ON	OFF	±500mV	250μV
OFF	OFF	ON	OFF	ON	OFF	±1V	500μV
ON	OFF	OFF	OFF	OFF	OFF	±2.5V	1.25mV
OFF	ON	OFF	OFF	OFF	OFF	±5V	2.5mV
OFF	OFF	ON	OFF	OFF	OFF	±10V	5mV

7.2.2 注意事项

为了保证PLC安全可靠的工作，在使用前一定要搞清楚CPU及扩展模块的输入信号类型及信号范围，在采用DC 24V作为标准数字量输入信号，可以接收DC 15～30V的信号范围，每个数字量信号输入时输入电流大约为4mA。PLC输入端自带的DC 24V电源（正极为L+，负极为M）只能作为输入信号电源且要注意其的输出电流能力，不能作为负载的电源。

7.3 PLC 输出接口电路

PLC 的输出接口电路有三种类型，晶体管输出型（DC）、晶闸管输出型（AC）和继电器输出型（RELAY，简写为 RLY）。继电器输出型的输出单元可以驱动直流或交流负载，但其响应速度慢，适用于动作频率低的负载。而晶体管输出型和晶闸管输出型的输出单元响应速度快，工作频率高，晶体管输出型仅用于驱动直流负载，晶闸管输出型仅用于驱动交流负载。

PLC 每种输出类型的接口电路都采用了电气隔离技术，每个输出端口的输出电流一般为 0.5～2A，输出电流的额定值与负载的性质有关，与输出接口连接的负载的电源由 PLC 外部提供，为了避免大电流对输出端口的损坏，输出端口外部接线要采取必要的保护措施，对于输出端口的公共端接熔断器，对于交流感性负载，一般还要采用阻容吸收回路作为保护电路，对于直流感性负载，一般采用续流二极管作为保护电路。

PLC 的开关量输出接口电路如图 7-4～图 7-6 所示。

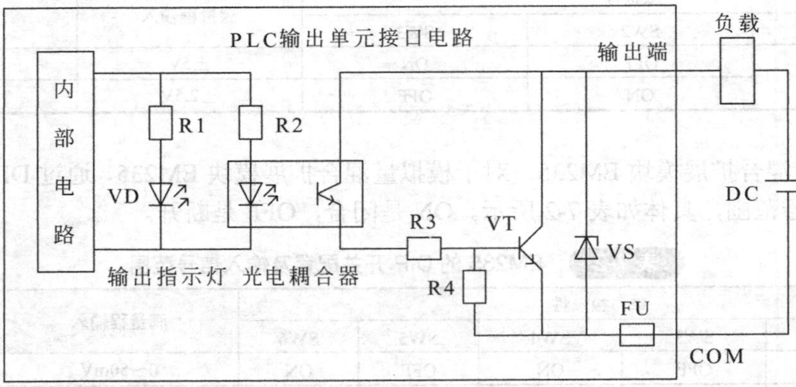

图 7-4 开关量晶体管输出单元接口电路

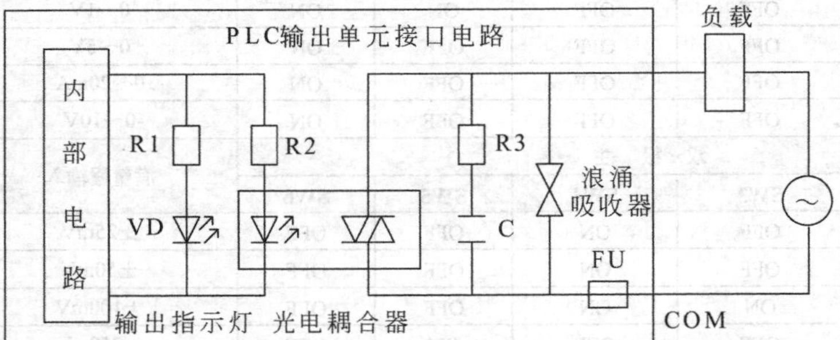

图 7-5 开关量晶闸管输出单元接口电路

7.3.1 输出类型及带负载能力

（1）数字量输出

① S7-200 PLC 的 CPU 对于 S7-200 PLC 的所有 CPU 型号，除了 CPU 224 XP 带有的一个模拟量输出端口外，均是数字量输出端口。DC 输出型输出端口所加的标准负载电源为 DC 24V(能够承受的最大电压为 DC 30V)，每个输出端口能够承受的最大电流为 0.75A，每个输出公共端口能够承受的最大电流为 6A；AC 输出型输出端口所加的标准负载电源为 110V/220V AC(能够承受的最大电压为 AC 230V)，每个输出端口能够承受的最大电流为 0.5A，每个输出公

共端口能够承受的最大电流为 0.5A；RELAY 输出型输出端口所加的标准负载电源为 DC 24V 或 AC 220V(能够承受的最大电压为 DC 30V 或 AC 250V)，每个输出端口能够承受的最大电流为 2A，每个输出公共端口能够承受的最大电流为 10A。

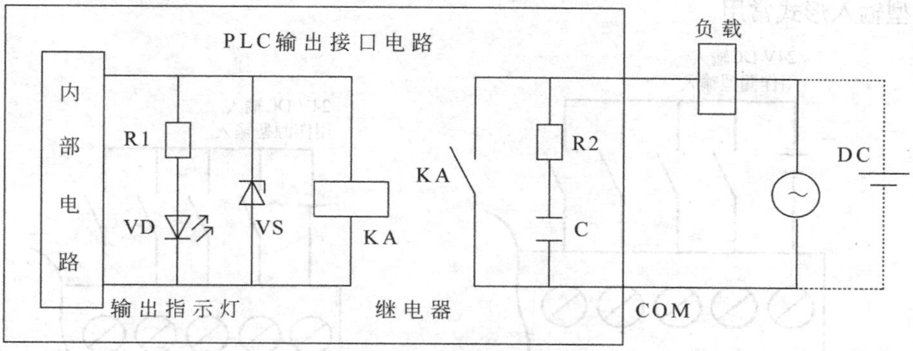

图 7-6　开关量继电器输出单元接口电路

② 数字量输出扩展模块 EM222　数字量输出扩展模块 EM222 有三种输出类型：DC 输出型输出端口所加的标准负载电源为 DC 24V(能够承受的最大电压为 DC 30V)，每个输出端口能够承受的最大电流为 0.75A，每个输出公共端口能够承受的最大电流为 6A；AC 输出型输出端口所加的标准负载电源为 110V/220V AC(能够承受的最大电压为 AC 230V)，每个输出端口能够承受的最大电流为 0.5A，每个输出公共端口能够承受的最大电流为 0.5A；RELAY 输出型输出端口所加的标准负载电源为 DC 24V 或 AC 220V(能够承受的最大电压为 DC 30V 或 AC 250V)，每个输出端口能够承受的最大电流为 2A，每个输出公共端口能够承受的最大电流为 10A。

③ 数字量混合扩展模块 EM223　数字量混合扩展模块 EM223 有两种输出类型：DC 输出型输出端口所加的标准负载电源为 DC 24V(能够承受的最大电压为 DC 30V)，每个输出端口能够承受的最大电流为 0.75A，每个输出公共端口能够承受的最大电流为 6A；RELAY 输出型输出端口所加的标准负载电源为 DC 24V 或 AC 220V(能够承受的最大电压为 DC 30V 或 AC 250V)，每个输出端口能够承受的最大电流为 2A，每个输出公共端口能够承受的最大电流为 10A。

（2）模拟量输出

① S7-200 PLC 的 CPU　对于 CPU 224 XP 带有的一个模拟量输出端口，输出信号范围：电压 0～10V，电流 0～20mA。

② 模拟量输出扩展模块 EM232　对于模拟量输出扩展模块 EM232，输出信号范围：电压±0V，电流 0～20mA。

③ 模拟量混合扩展模块 EM235　对于模拟量混合扩展模块 EM235，输出信号范围：电压±10V，电流 0～20mA。

7.3.2 注意事项

为了保证 PLC 安全可靠的工作，在使用前一定要搞清楚负载电源类型及电流大小，从而来选择 CPU 及扩展模块的输出类型，输出端口所接的负载电流不可超过端口能够承受的最大电流，如果超过，可采用中间继电器进行扩流。另外，输出端也要有必要的短路保护措施。

7.4 PLC 外围接口接线图

PLC 的外围设备通过 CPU 与扩展模块的 I/O 接口建立联系，因此用户必须熟悉 PLC 的外围接口与外围设备的接线方式。

7.4.1 CPU 的数字量输入接线图

S7-200 PLC 的所有型号 CPU 的 DC 24V 的数字量输入，既可以进行源型输入（输入公共端 M 接 DC 24V 的正极），也可以进行漏型输入（输入公共端 M 接 DC 24V 的负极），如图 7-7 所示，漏型输入形式常用。

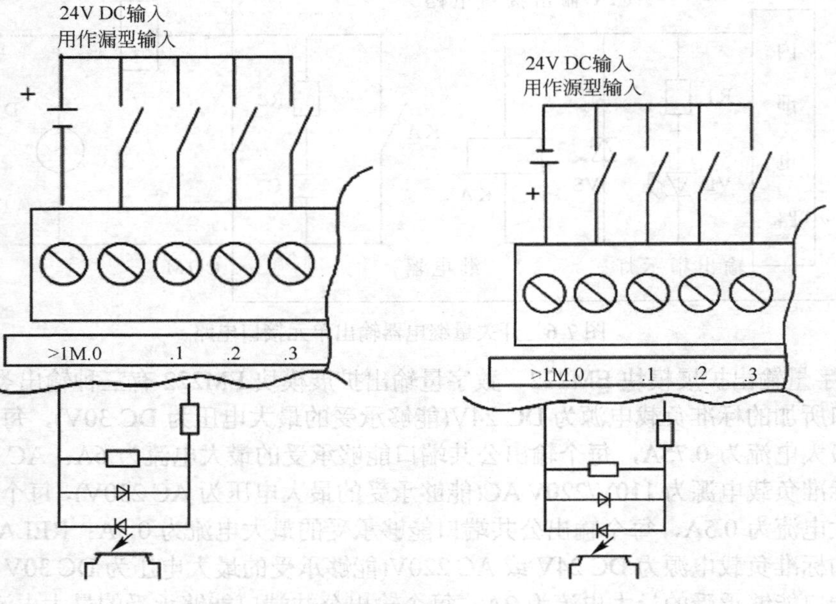

图 7-7 DC 24V 数字量输入接线图

7.4.2 CPU 模块外围接线图

（1）CPU 221 模块外围接线图

CPU 221 模块的 I/O 点数为 DI6/DO4，根据供电电源及输出类型的不同，典型接线图如图 7-8 所示。需要说明的是，以图 7-8 为例的 CPU 模块外围接线图输出端所接的图形符号“—□—”表示负载，不表示电阻。DI 表示数字量输入，DO 表示数字量输出。

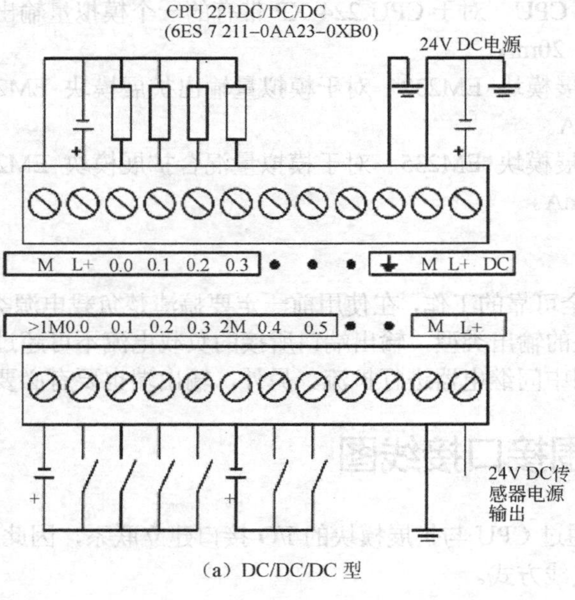

（a）DC/DC/DC 型

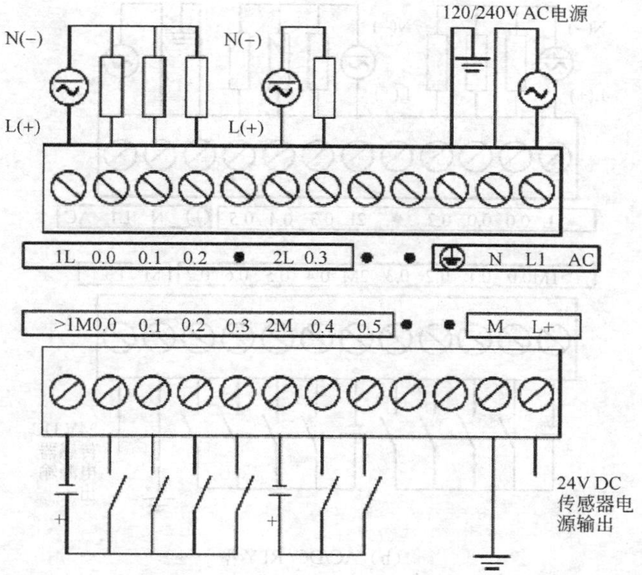

（b）AC/DC/RLY 型

图 7-8 CPU 221 模块典型外围接线图

（2）CPU 222 模块外围接线图

CPU 222 模块的 I/O 点数为 DI8/DO6，根据供电电源及输出类型的不同，典型接线图如图 7-9 所示。

（3）CPU 224 模块外围接线图

CPU 224 模块的 I/O 点数为 DI14/DO10，根据供电电源及输出类型的不同，DC/DC/DC 型 CPU 224 模块典型接线图如图 7-10 所示，AC/DC/RLY 型 CPU 224 模块典型接线图如图 7-11 所示。

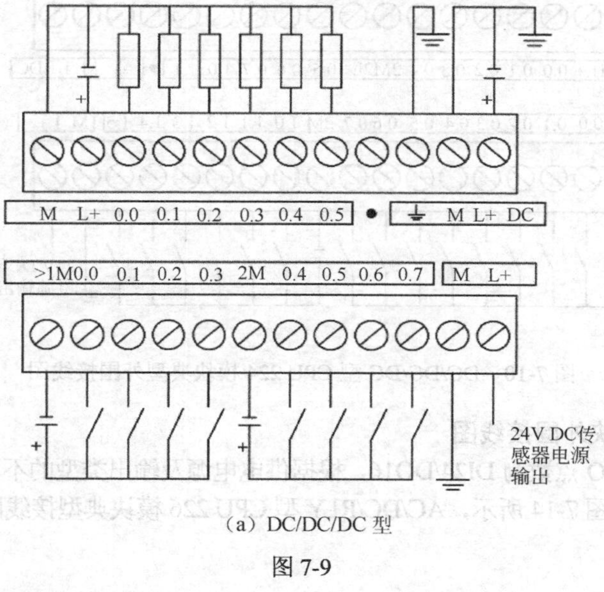

（a）DC/DC/DC 型

图 7-9

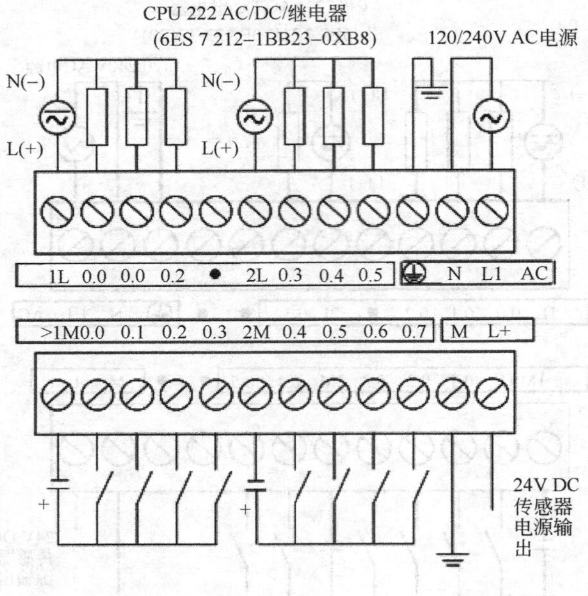

（b）AC/DC/ RLY 型

图 7-9 CPU 222 模块典型外围接线图

（4）CPU 224 XP 模块外围接线图

CPU 224 XP 模块的 I/O 点数为 DI14/DO10 与 AI2/AO1，根据供电电源及输出类型的不同，DC/DC/DC 型 CPU 224 XP 模块典型接线图如图 7-12 所示，AC/DC/RLY 型 CPU 224 XP 模块典型接线图如图 7-13 所示。AI 表示模拟量输入，AO 表示模拟量输出。

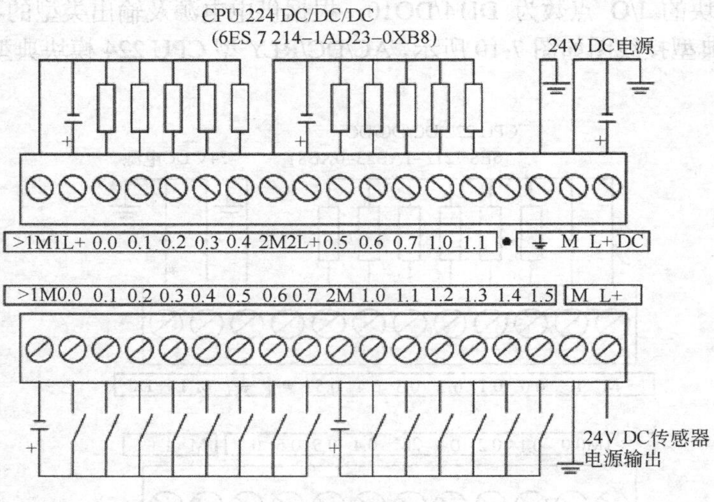

图 7-10 DC/DC/DC 型 CPU 224 模块典型外围接线图

（5）CPU 226 模块外围接线图

CPU 226 模块的 I/O 点数为 DI24/DO16，根据供电电源及输出类型的不同，DC/DC/DC 型 CPU 226 模块典型接线图如图 7-14 所示，AC/DC/RLY 型 CPU 226 模块典型接线图如图 7-15 所示。

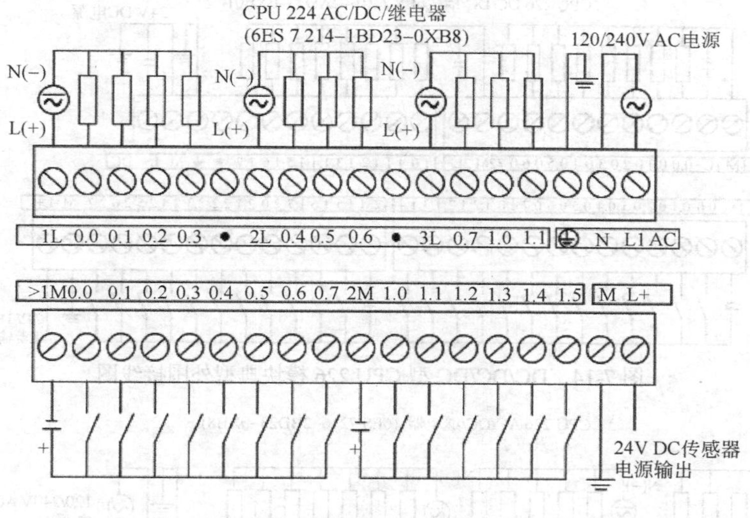

图 7-11 AC/DC/RLY 型 CPU 224 模块典型外围接线图

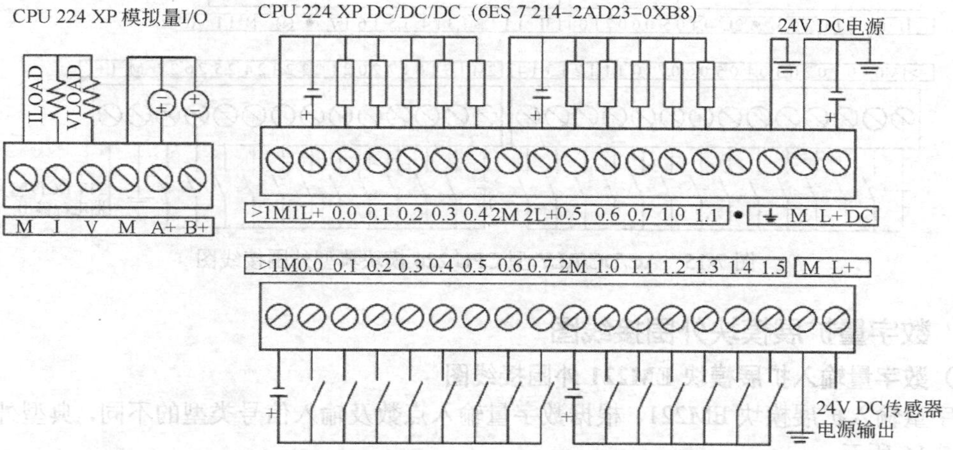

图 7-12 DC/DC/DC 型 CPU 224 XP 模块典型外围接线图

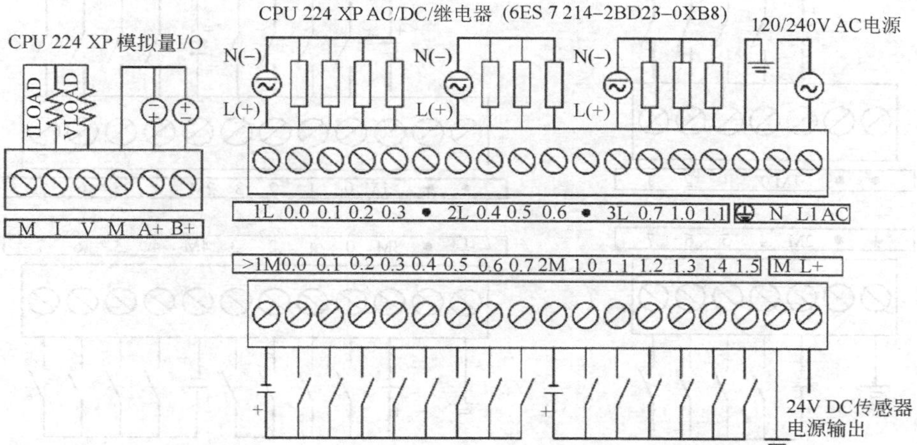

图 7-13 AC/DC/RLY 型 CPU 224 XP 模块典型外围接线图

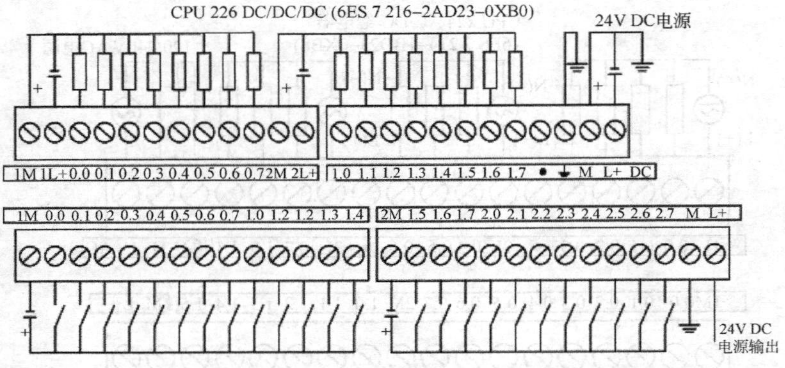

图 7-14　DC/DC/DC 型 CPU 226 模块典型外围接线图

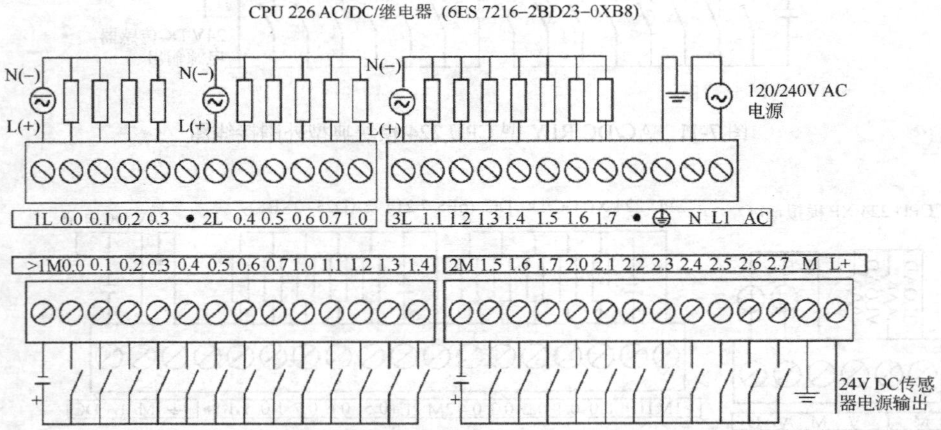

图 7-15　AC/DC/RLY 型 CPU 226 模块典型外围接线图

7.4.3　数字量扩展模块外围接线图

（1）数字量输入扩展模块 EM221 外围接线图

数字量输入扩展模块 EM221，根据数字量输入点数及输入信号类型的不同，典型外围接线图如图 7-16 所示。

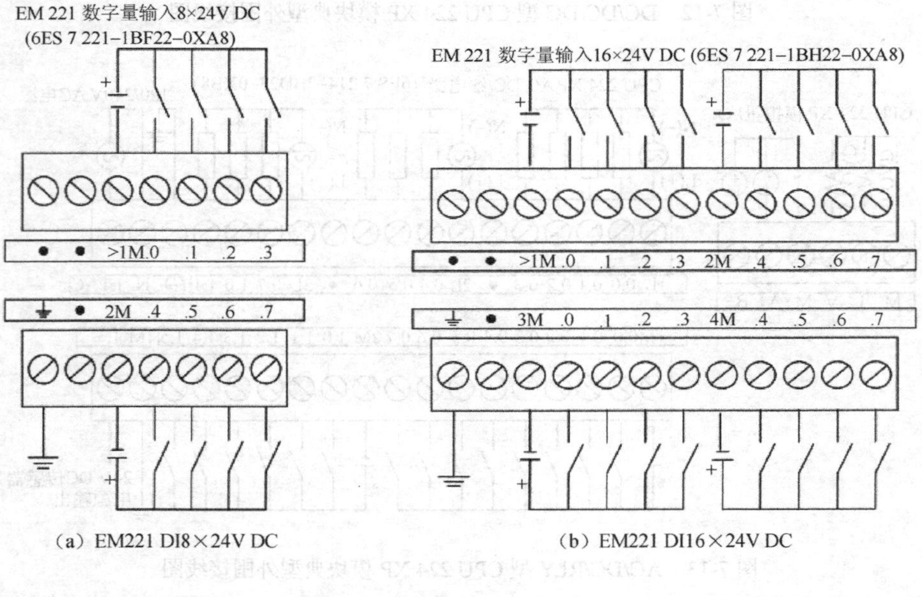

（a）EM221 DI8×24V DC　　　（b）EM221 DI16×24V DC

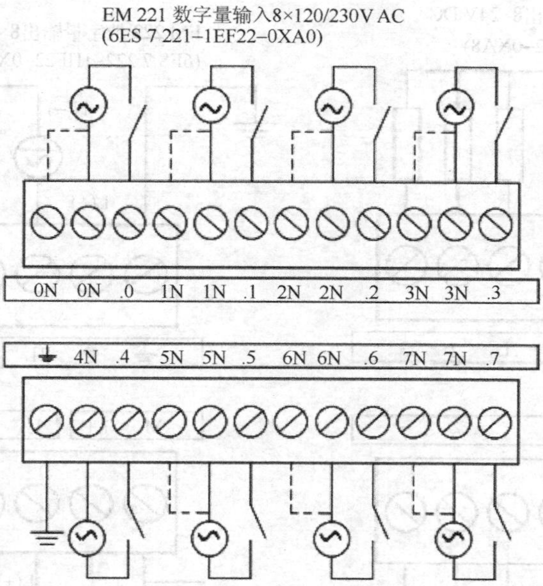

（c）EM221 DI8×120/230V AC

图 7-16 EM221 模块典型外围接线图

（2）数字量输出扩展模块 EM222 外围接线图

数字量输出扩展模块 EM222，根据数字量输出点数及输出类型的不同，典型外围接线图如图 7-17 与图 7-18 所示。

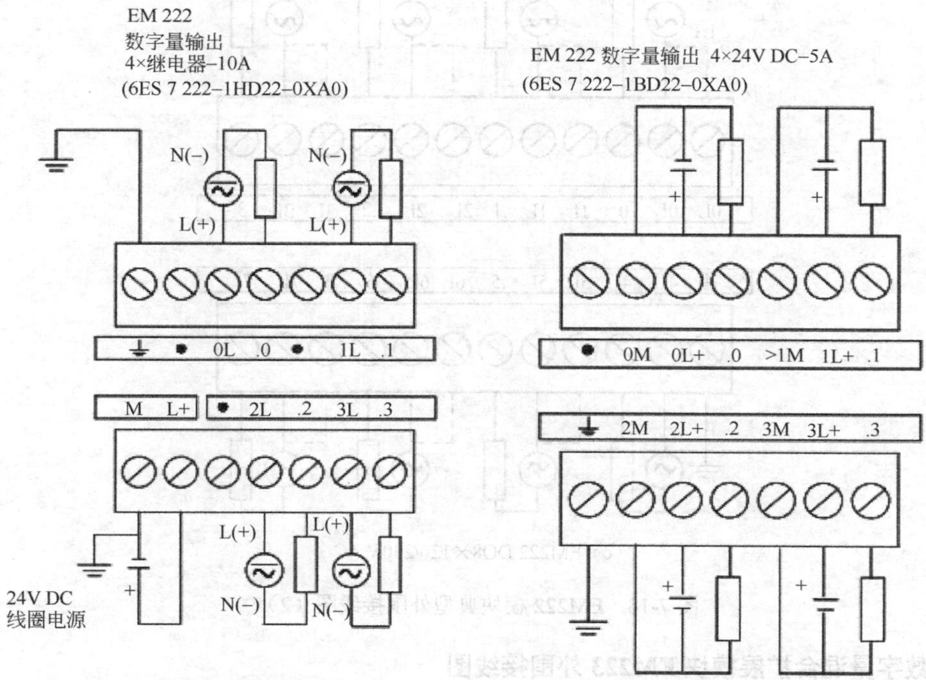

（a）EM222 DO8×120/230V AC （b）EM222 DO8×24V DC

图 7-17 EM222 模块典型外围接线图（1）

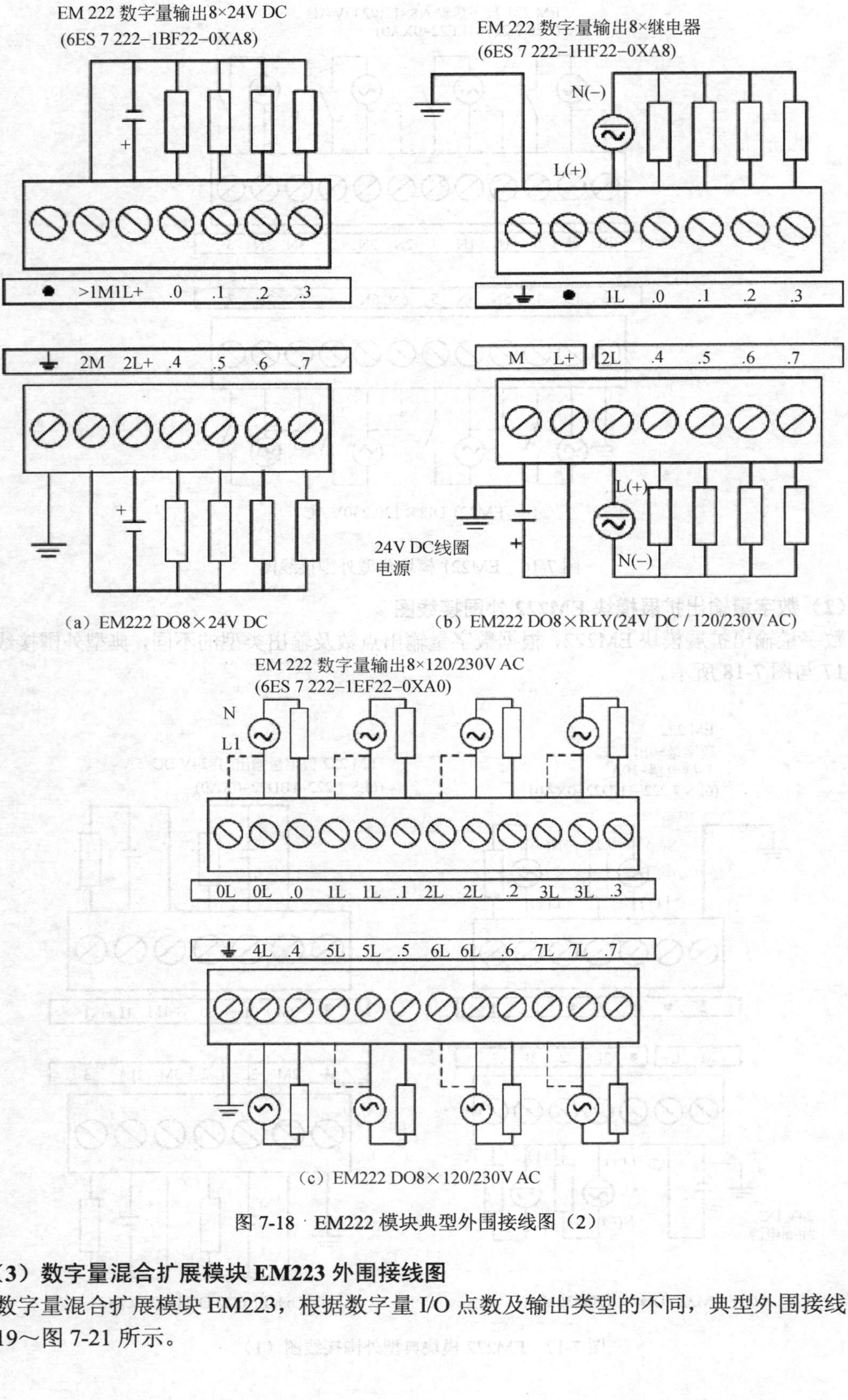

图 7-18 EM222 模块典型外围接线图（2）

（3）数字量混合扩展模块 EM223 外围接线图

数字量混合扩展模块 EM223，根据数字量 I/O 点数及输出类型的不同，典型外围接线图如图 7-19～图 7-21 所示。

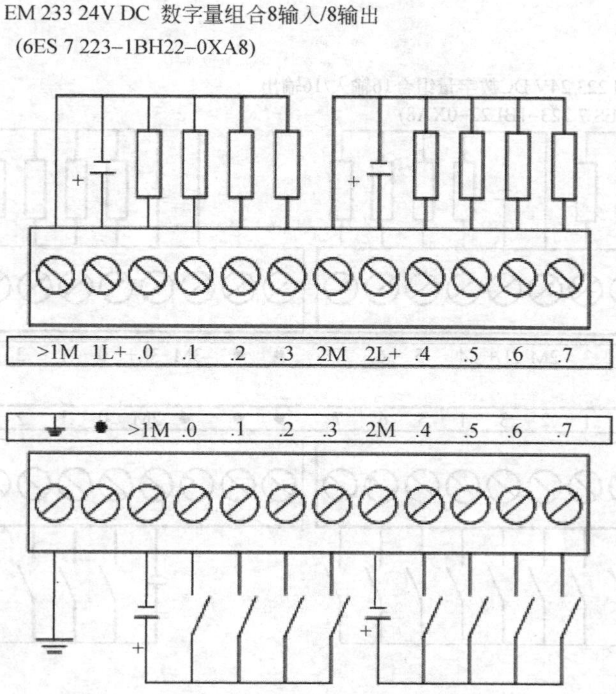

（a）DC/DC 型 EM223 DI8/DO8

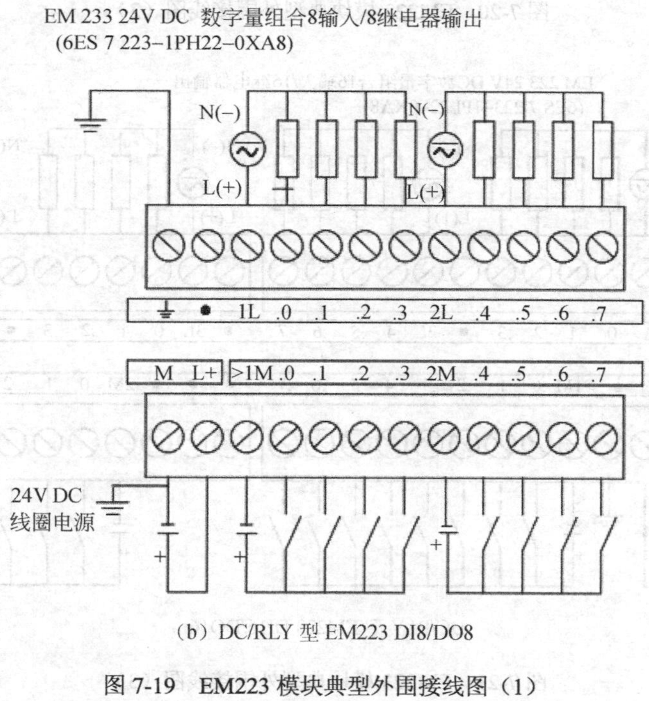

（b）DC/RLY 型 EM223 DI8/DO8

图 7-19　EM223 模块典型外围接线图（1）

7.4.4　模拟量扩展模块外围接线图

（1）模拟量输入扩展模块 EM231 外围接线图

模拟量输入扩展模块 EM231，根据模拟量输入点数及输入类型的不同，典型外围接线图如

图 7-22 所示。

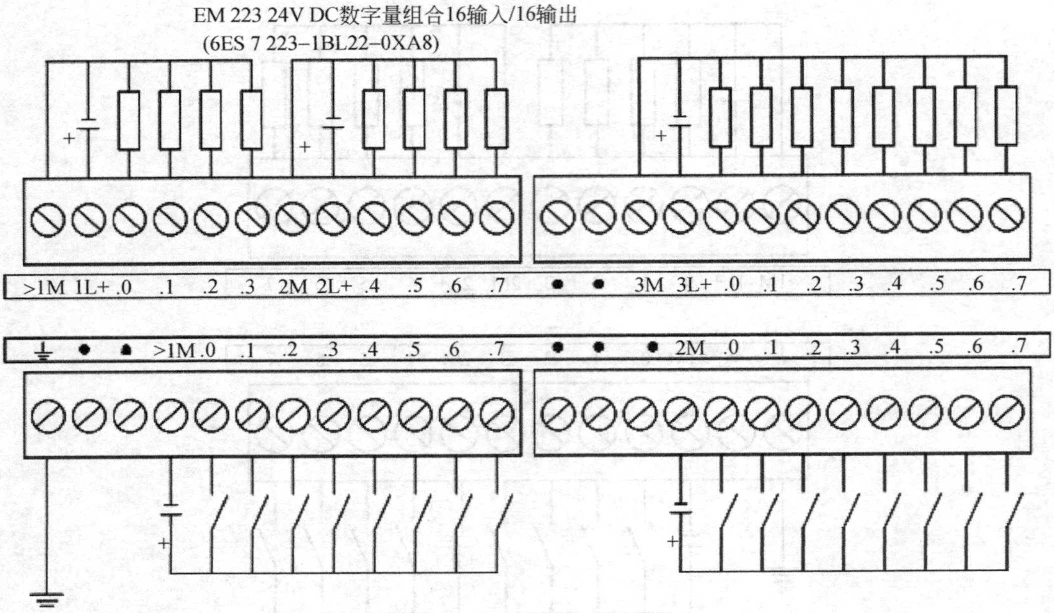

DC/DC 型 EM223 DI16/DO16

图 7-20　EM223 模块典型外围接线图（2）

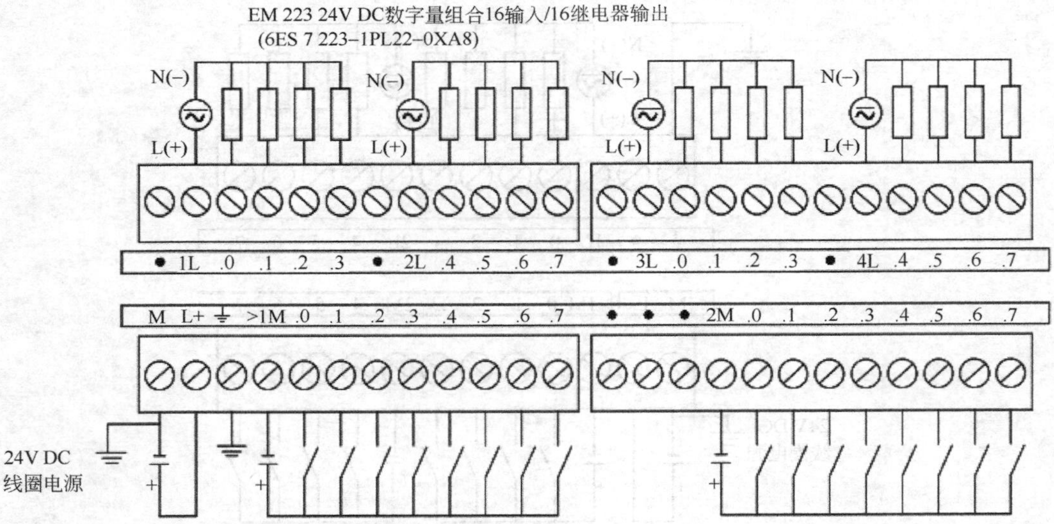

DC/RLY 型 EM223 DI16/DO16

图 7-21　EM223 模块典型外围接线图（3）

（2）模拟量输出扩展模块 EM232 外围接线图

模拟量输出扩展模块 EM232，典型外围接线图如图 7-23 所示。

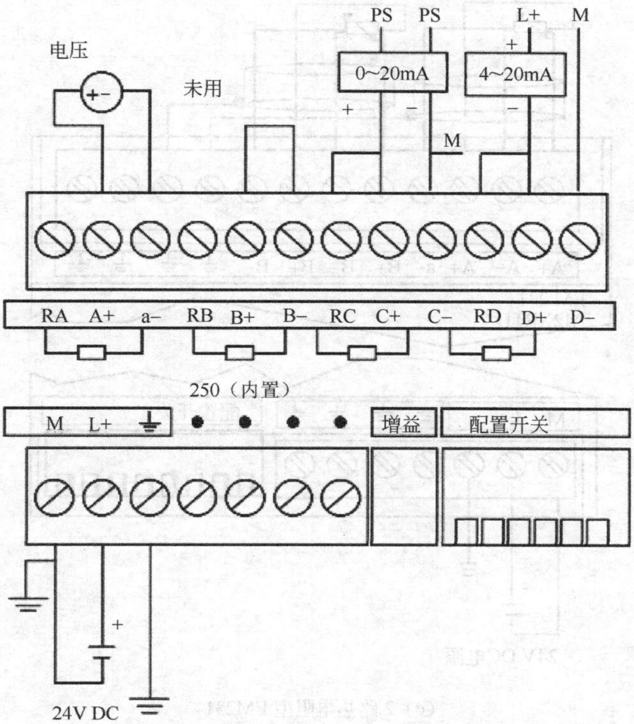

（a）AI4 型 EM231

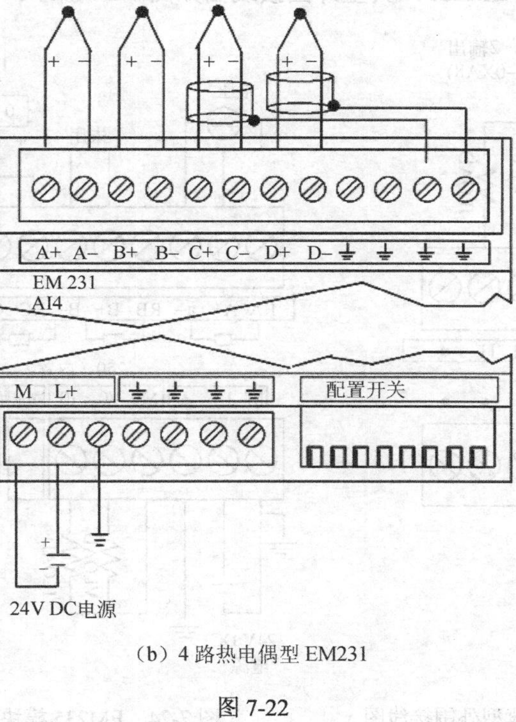

（b）4 路热电偶型 EM231

图 7-22

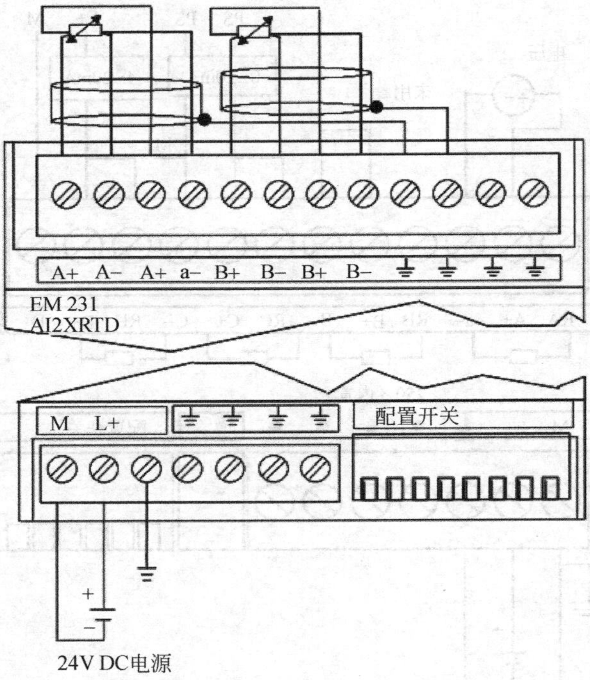

（c）2 路热电阻型 EM231

图 7-22　EM231 模块典型外围接线图

（3）模拟量混合扩展模块 EM235 外围接线图

模拟量混合扩展模块 EM235，典型外围接线图如图 7-24 所示。

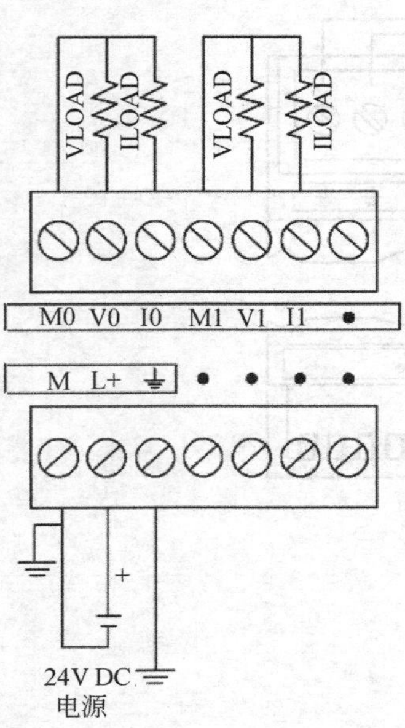

图 7-23　EM232 模块典型外围接线图

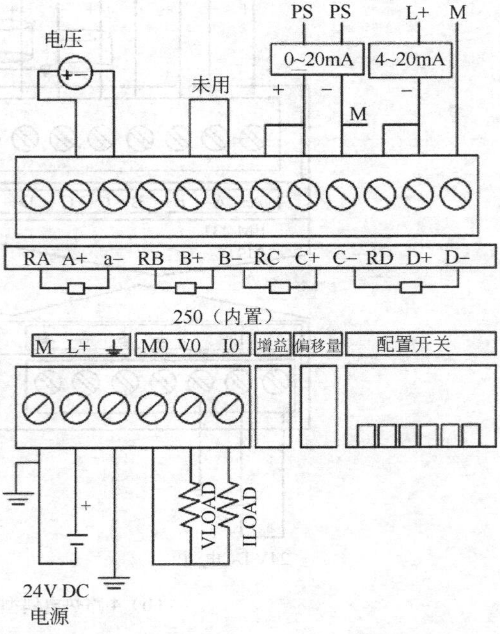

图 7-24　EM235 模块典型外围接线图

能力训练

实训项目1：S7-200 CPU 224 XP输入接口电路接线练习

(1) 实训目的

① 熟悉PLC的输入接口电路。
② 熟悉PLC的输入接口电路的输入信号类型。
③ 熟悉PLC的输入接口电路的接线方式与接线方法。

(2) 功能要求

① 当按下常开按钮SB1时，I0.0接通。
② 当按下常闭按钮SB2时，I0.1不接通。
③ 当KA1线圈上电时，I0.2接通。
④ 当KM1线圈上电时，I0.3不接通。
⑤ 当热继电器FR动作时，I0.4接通。
⑥ 传感器0～10V模拟量信号输入。
⑦ 采用DC 24V作为数字量输入信号。

(3) 实训步骤

① 根据功能要求确定输入信号类型。
② 根据功能要求画出PLC输入接口电路的接线图。
③ 准备实训器材与导线。
④ 使PLC运行进行线路调试。
⑤ 如果没有达到功能要求，调试线路，查找原因。
⑥ 线路调试成功后，写实训报告。

(4) 能力及标准要求

① 能够独自确定输入信号类型。
② 能够独自画出PLC输入接口电路的接线图。
③ 能够独自进行接线及线路调试。
④ 能够实现控制目标，且安全可靠。

实训项目2：S7-200 CPU 226输出接口电路接线练习

(1) 实训目的

① 熟悉PLC的输出接口电路。
② 熟悉PLC的输出接口电路的输出类型。
③ 熟悉PLC的输出接口电路的接线方式与接线方法。

(2) 功能要求

① 当Q0.0输出时，线圈电压为DC 24V的KA1线圈上电。
② 当Q0.1输出时，线圈电压为DC 24V的KA2线圈上电。
③ 当Q0.5输出时，DC 5V供电的发光二极管亮。
④ 当Q1.5输出时，线圈电压为AC 220V的KM1线圈上电。
⑤ S7-200 CPU 226采用继电器输出型。

(3) 实训步骤

① 根据功能要求确定PLC输出类型。
② 根据功能要求画出PLC输出接口电路的接线图。

③ 准备实训器材与导线。
④ 编写调试程序并下载至 PLC，使 PLC 运行进行线路调试。
⑤ 如果没有达到功能要求，调试线路，查找原因。
⑥ 线路调试成功后，写实训报告。

（4）能力及标准要求

① 能够独自确定 PLC 输出类型。
② 能够独自画出 PLC 输出接口电路的接线图。
③ 能够独自进行接线及线路调试。
④ 能够实现控制目标，且安全可靠。

实训项目 3：S7-200 CPU 226 CN 输入/输出接口电路接线综合练习

（1）实训目的

① 熟悉 CPU 226 CN 的输入/输出接口电路。
② 熟悉 PLC 的输出接口电路的输出类型。
③ 熟悉 PLC 的输入/输出接口电路的接线方式与接线方法。
④ 能够正确识读 PLC 外围接线图。

（2）识读 PLC 外围接线图（见图 7-25）

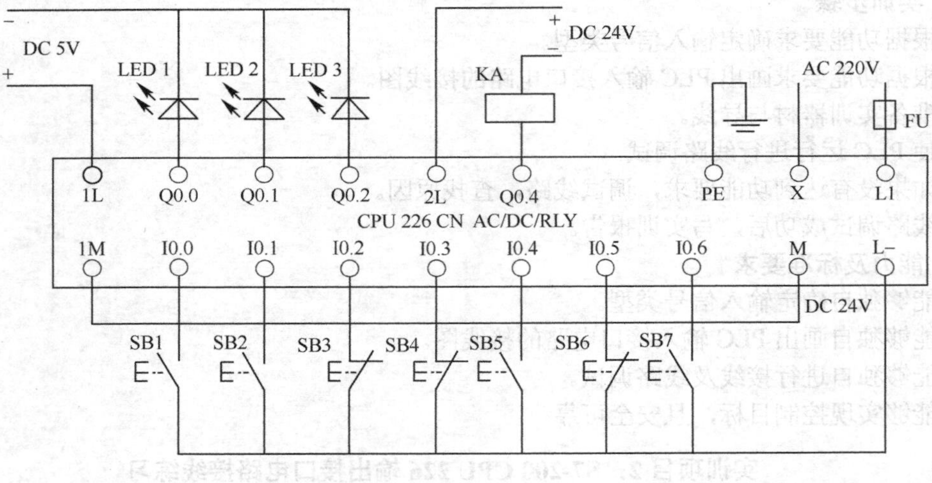

图 7-25 PLC 外围接线图

（3）实训要求

① 先口头表述从本项目 PLC 外围接线图中获得的信息。
② 按照本项目 PLC 外围接线图所示，正确选用输入按钮类型并正确进行输入端接线。
③ 按照本项目 PLC 外围接线图所示，正确进行输出端的线路连接。

（4）实训步骤

① 识读 PLC 外围接线图，明确含义。
② 按照本项目 PLC 外围接线图所示，正确选用按钮类型，正确选用 LED 及中间继电器。
③ 准备实训器材与导线。
④ 按照本项目 PLC 外围接线图所示正确进行输入/输出端的线路连接。
⑤ 编写调试程序并下载至 PLC，使 PLC 运行进行线路调试。
⑥ 如果没有达到要求，调试线路，查找原因。
⑦ 线路调试成功后，写实训报告。

（5）能力及标准要求

① 能够独自识读PLC外围接线图并正确选用PLC输入设备。

② 能够独自识读PLC外围接线图并正确选用PLC输出端连接设备。

③ 能够独自进行接线及线路调试。

④ 能够实现控制目标，且安全可靠。

习题与思考题

7.1 S7-200 PLC的CPU常用的标准数字量输入信号是多少？

7.2 S7-200 PLC的CPU自带的DC24V输出电源在使用时有哪些注意事项？

7.3 S7-200 PLC数字量扩展模块常用的标准的开关量输入信号是多少？

7.4 S7-200 PLC的每个输入端口在DC 24V数字量信号输入时的输入电流一般是多少？

7.5 S7-200 PLC的输出类型有哪些？

7.6 S7-200 PLC（RLY输出型）的每个输出端口能够承受的电流一般是多少？

7.7 S7-200 PLC（DC输出型）的每个输出端口能够承受的电流一般是多少？

7.8 S7-200 PLC（AC输出型）的每个输出端口能够承受的电流一般是多少？

7.9 S7-200 PLC为何具有较强的抗干扰能力？

7.10 在进行S7-200 PLC的CPU输入端接线时有几种接线方式？

7.11 在进行S7-200 PLC的CPU输出端接线时需注意些什么？

7.12 请绘制CPU 224(AC/DC/RLY)模块的典型外围接线图。

7.13 请绘制CPU 226(AC/DC/RLY)模块的典型外围接线图。

7.14 请绘制CPU 224 XP(AC/DC/RLY)模块的典型外围接线图。

7.15 请绘制DC/RLY 型EM223(DI8/DO8)模块的典型外围接线图。

8 S7-200 PLC以太网通信技术及应用

学习目标

1. 了解网络结构及通信协议。
2. 掌握S7-200系列PLC以太网的组网和配置方法。
3. 掌握数据通信的调试方法。

8.1 网络结构及通信协议

用S7-200进行网络连接，与其他设备进行通信前，需要了解S7-200通信的基础知识，本节将详细介绍S7-200的数据格式、网络结构以及通信设备。

（1）字符数据格式

S7-200采用异步串行通信方式，可以在通信组态时设置10位或11位的数据格式传送字符。

① 10位字符数据：1个起始位，8个数据位，无校验位，1个停止位。传送速率一般为9600bit/s。

② 11位字符数据：1个起始位，8个数据位，1个校验位，1个停止位。传送速率一般为9600bit/s，或者19200bit/s。

（2）网络层次结构

按照国际和国家标准，以ISO/OSI为参考模型，SIMATIC提供了各种开放的、应用于不同控制级别的工业环境的通信系统，统称为SIMATIC NET。SIMATIC NET定义了如下的内容：网络通信的物理传输介质、传输元件及相关的传输技术、在物理介质上的传输数据所需的协议和服务、PLC及PC机联网所需的通信模块（通信处理器CP“Communication Processor”）等。SIMATIC NET提供了各种通信网络来适应不同的应用环境。不同的通信网络，组成了网络通信的金字塔结构，如图8-1所示。在图中，S7-200既通过现场总线Profibus与上层的PLC行通信组成一个通信网络，又通过执行器总线AS-1与下层的执行部件组成通信网络。

（3）通信类型及协议

① 通用协议。

② 公司专用协议。

- PPI协议；
- MPI协议；
- Profibus协议；
- 自由口协议。

③ 通信类型。可编程控制器常见的有以下类型：把计算机或编程器作为主站、把操作界面作为主站和把 PLC 作为主站等类型。这几种类型又各有两种连接：单主站和多主站，如图

8-2、图 8-3 所示。

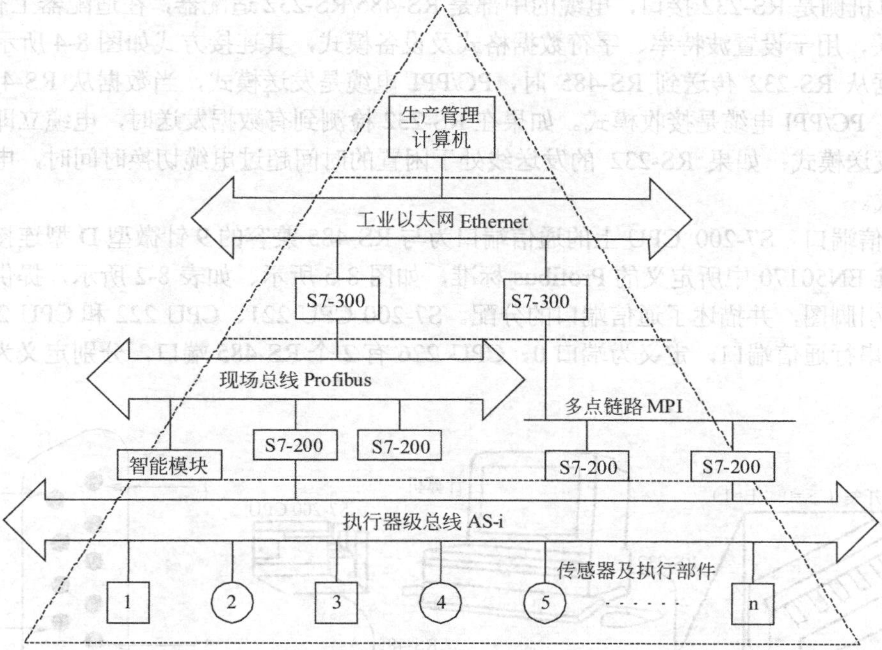

图 8-1 网络通信的金字塔结构

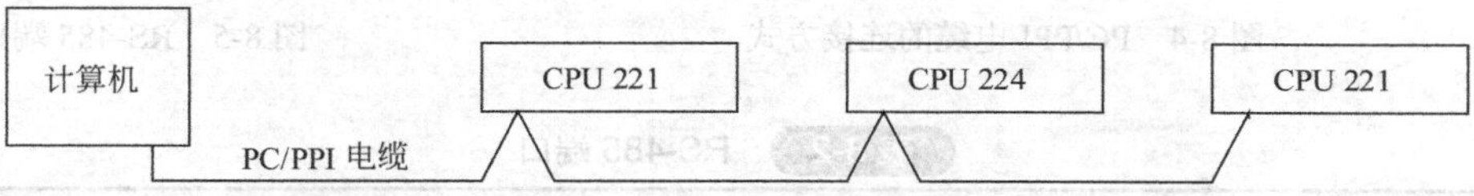

图 8-2 单主站结构网络

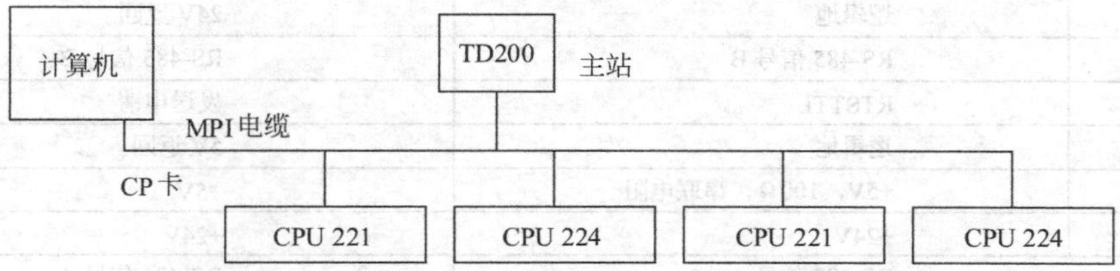

图 8-3 多主站结构网络

（4）通信设备

① 通信电缆 S7-200 的通信电缆主要有网络电缆和 PC/PPI 电缆两种。

a. 网络电缆。网络电缆是 Profibus DP 网络使用 RS-485 标准屏蔽双绞线电缆，在一个网络段上，该网络最多连接 32 台设备。根据波特率不同，网络段的最大长度可以达到 1200m，如表 8-1 所示。

表 8-1 Profibus DP 网络段中的最大电缆长度

波 特 率	网络段的最大电缆长度/m
9.6～93.75kbit/s	1200
187.5kbit/s	1000
500kbit/s	400
1～1.5Mbit/s	200
3～12Mbit/s	100

b.PC/PPI 电缆。S7-200 通过 PC/PPI 电缆连接计算机及其他通信设备，PLC 主机侧是 RS-485 接口，计算机侧是 RS-232 接口，电缆的中部是 RS-485/RS-232 适配器，在适配器上有 4 个或 5 个 DIP 开关，用于设置波特率、字符数据格式及设备模式，其连接方式如图 8-4 所示。

当数据从 RS-232 传送到 RS-485 时，PC/PPI 电缆是发送模式，当数据从 RS-485 传送到 RS-232 时，PC/PPI 电缆是接收模式。如果在 RS-232 检测到有数据发送时，电缆立即从接收模式切换到发送模式；如果 RS-232 的发送线处于闲置的时间超过电缆切换时间时，电缆又切换到接收模式。

② 通信端口　S7-200 CPU 上的通信端口为与 RS-485 兼容的 9 针微型 D 型连接器，它符合欧洲标准 EN50170 中所定义的 Profibus 标准，如图 8-5 所示、如表 8-2 所示，提供通信端口的 RS-485 引脚图，并描述了通信端口的分配。S7-200 CPU 221、CPU 222 和 CPU 224 均有一个 RS-485 串行通信端口，定义为端口 0，CPU 226 有 2 个 RS-485 端口，分别定义为端口 0 和端口 1。

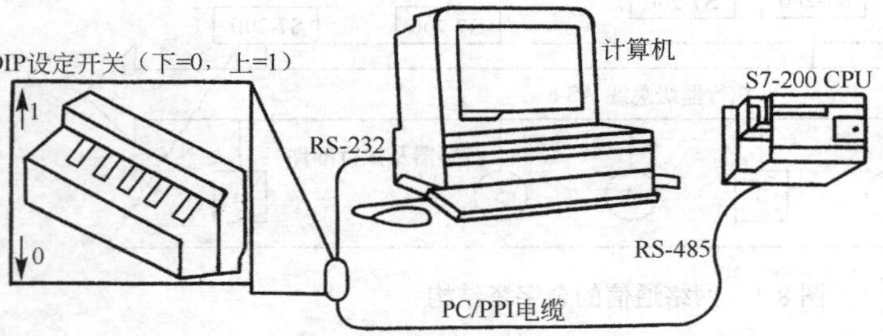

图 8-4　PC/PPI 电缆的连接方式

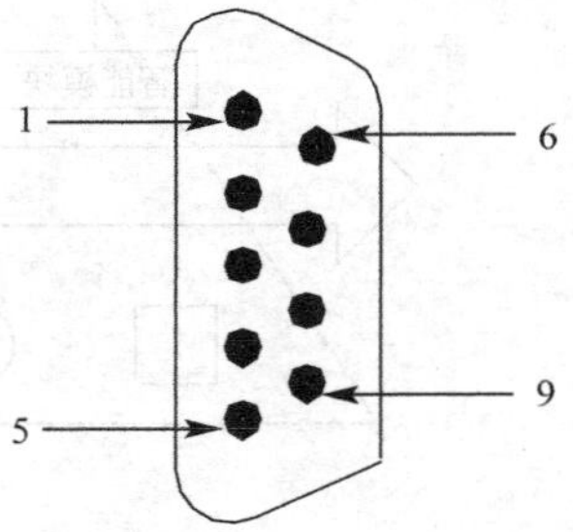

图 8-5　RS-485 端口

表 8-2　RS-485 端口

针　　号	端口 0/端口 1	Profibus 名称
1	逻辑地	屏蔽
2	逻辑地	24V 返回
3	RS-485 信号 B	RS-485 信号 B
4	RTSTTL	发送申请
5	逻辑地	5V 返回
6	+5V，100Ω，串联电阻	+5V
7	+24V	+24V
8	RS-485 信号 A	RS-485 信号 A
9	10 位协议选择	不用
端口外壳	机壳接地	屏蔽

③ 网络连接器　网络连接器用于将多个设备连接到网络中。网络连接器有两种类型，一种是标准网络连接器，另一种是包含编程端口的连接器。带有编程端口的连接器允许将编程站或 HMI 设备连接到网络，且对现有网络连接没有任何干扰，把所有信号（包括电源插针）从 S7-200 完全传递到编程端口，特别适用于连接从 S7-200 取电的设备（如 TD200）。

④ 网络中继器　在 Profibus DP 网络中，一个网络段的最大长度是 1200m，用网络中继器可以增加传输距离。一个 Profibus DP 网络中，最多可以有 9 个网络中继器，每个网络中继器最多可接 32 个设备，但是网络的最大长度不能超过 9600m。

⑤ 调制解调器　当计算机（编程器）距离 PLC 主机很远时，可以用调制解调器进行远距离通信。以 11 位调制解调器为例，通信连接如图 8-6 所示。

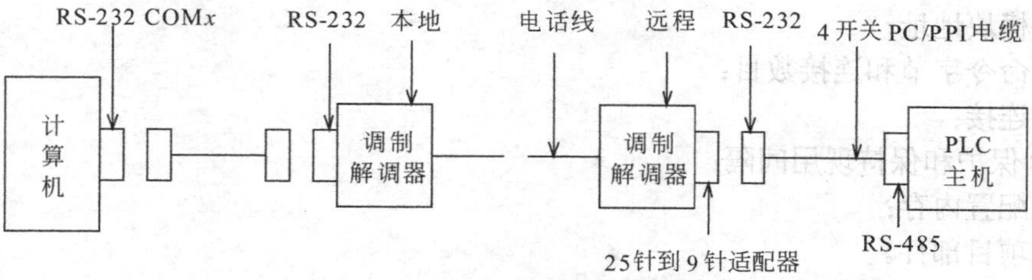

图 8-6 调制解调器的通信连接

8.2 建立 S7-200 PLC 以太通信网络

网络控制技术已经成为控制工程的通信手段，以太网具有组网简单、易于维护的特点，在工程应用越来越广泛，本章以工程实例讲述 S7-200 系列 PLC 以太网组网及数据传输方法，实现远程数据采集和数据发送。

（1）数据传输建立网络连接

本例由两台 CPU 226 PLC 和两台以太网通信模块 CP243 及小交换机组建小型以太网，建立一台 PLC 作为服务器，IP 地址 192.168.0.4。另一台 PLC 为客户机，设定 IP 地址 192.168.0.8，实现数据双向传输，客户机段内存单元 VB600 开始 3 个字节数据，发送到服务器端 VB700 开始的三个字节，服务器端内存单元 VB500 开始 3 个字节数据，发送到用户端 VB400 开始的三个字节，如图 8-7 所示。

（2）建立网络

网络硬件包括：

① CPU 226 PLC 2 个，2 个以太网通信模块 CP243；

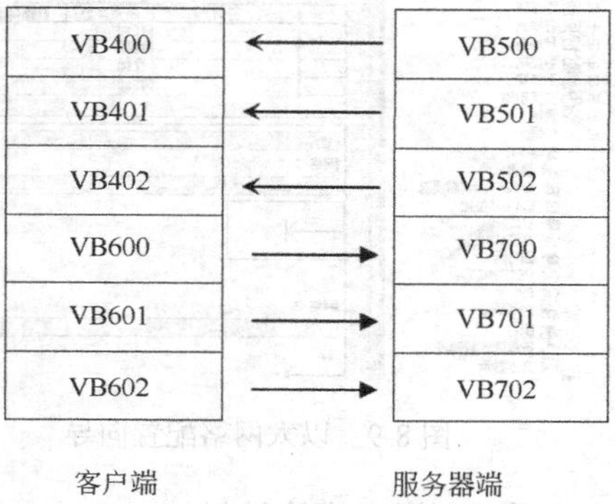

图 8-7 数据传输发送和存储地址

② 8 口交换机 1 个，PC/PPI 编程电缆 1 根；

③ 8 芯双绞线 2 根。

将上述设备连接成如图 8-8 所示的以太网络。

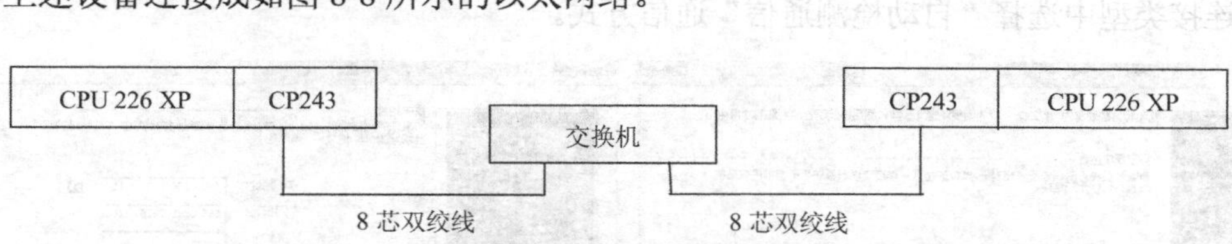

图 8-8 S7-200 以太网络

8.3 S7-200 PLC 之间网络通信以太网络配置

STEP7-Micro/WIN V4.0 软件提供了 S7-200 以太网配置向导，利用网络配置向导可以方便地配置服务器和客户机，以下讲述以太网配置方法。

（1）服务器端配置

服务器端配置步骤：

① 指定需要编辑的以太网配置；

② 指定模块位置；

③ 指定模块地址；

④ 指定命令字节和连接数目；

⑤ 配置连接；

⑥ CRC 保护和保持现用间隔；

⑦ 分配配置内存；

⑧ 生成项目部件。

步骤 1：指定需要编辑的以太网配置。

打开 STEP7-Micro/WIN V4.0 软件，如图 8-9 所示，在向导菜单下，点击“以太网”进入以太网配置向导界面出现以太网向导界面，如图 8-10 所示，点击“下一步”，进入下一配置界面。

步骤 2：指定模块位置。

在系统连接以太网模块时，单击“读取模块”按钮，自动读取连接的以太网模块位置。如果通信成功，向导会列出与 PLC 连接的所有以太网模块，如系统没有连接以太网模块，如图 8-11 所示选择一个模块位置，然后点击“下一步”。

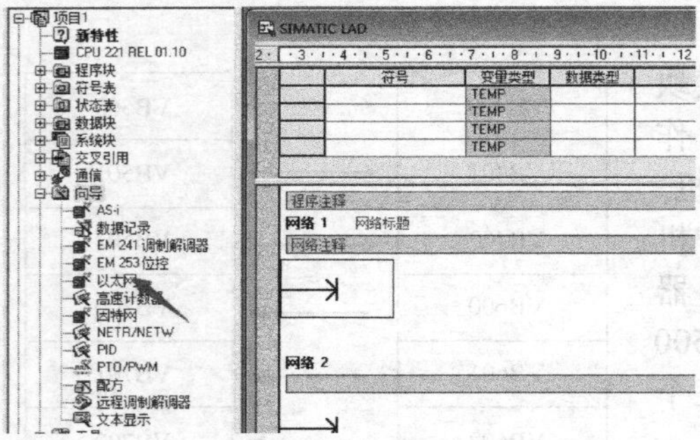

图 8-9 以太网络配置向导

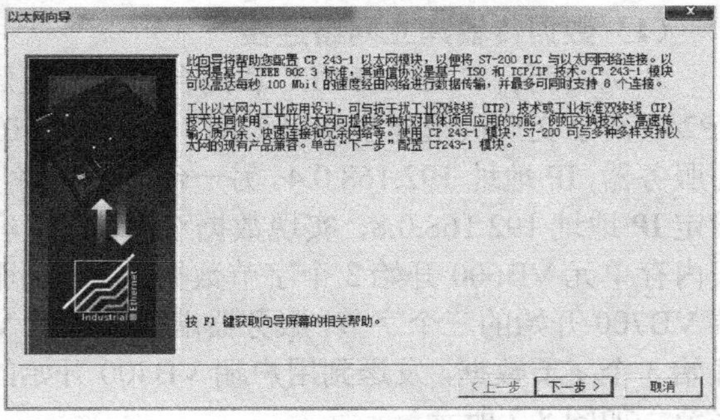

图 8-10 以太网配置向导界面

步骤 3：指定模块地址。

如图 8-12 所示，手动方式在“IP 地址”域中输入模块 IP 地址，在此设定 IP 地址为 192.168.0.11，或单击“IP 地址浏览器”图标从列表中选择一个模块 IP 地址。以手动方式输入子网掩码和网关地址；如果选择“允许 BOOTP 服务器自动为模块指定 IP 地址”复选框，允许以太网模块在启动时从 BOOTP 服务器（根据 MAC 地址）获取 IP 地址、网关地址和子网掩码。在模块连接类型中选择“自动检测通信”通信方式。

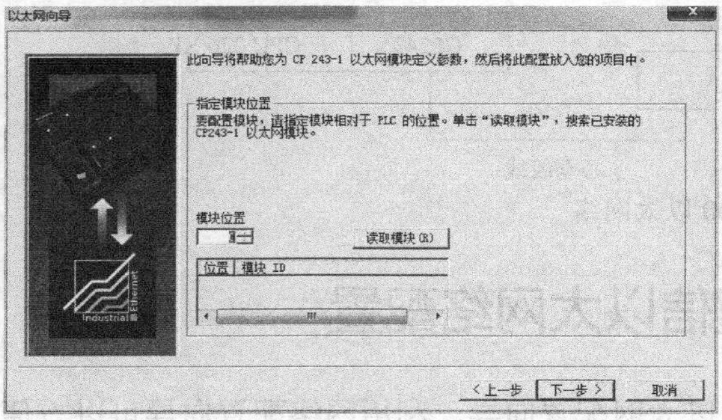

图 8-11 指定模块位置向导界面

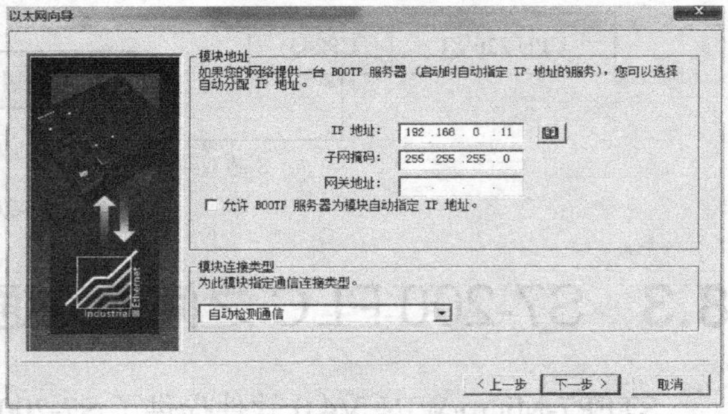

图 8-12 指定模块地址向导界面

步骤 4：指定命令字节和连接数目。

如图 8-13 所示，以太网模块的输出内存地址（Q 地址）。智能模块的命令字节是指定给模块的 Q 字节（输出字节）。如果向导在步骤 2 读取模块位置，输出内存地址会自动显示，以太网模块最多支持 8 个异步并行连接。

步骤 5：配置连接。

如图 8-14 所示，服务器连接从远程客户机接收连接请求，可将服务器配置为从任何客户机或仅限指定的客户机接受连接，选择此为服务器连接项，可以点击“IP 地址浏览器”图标，选择与之通信的客户机 IP 地址，注意客户机 IP 地址和服务器 IP 地址应在同一网段内。在此选择“此为服务器连接”和“仅从以下客户机接受连接请求”选项下，输入客户机 IP 地址为 192.168.147.2。

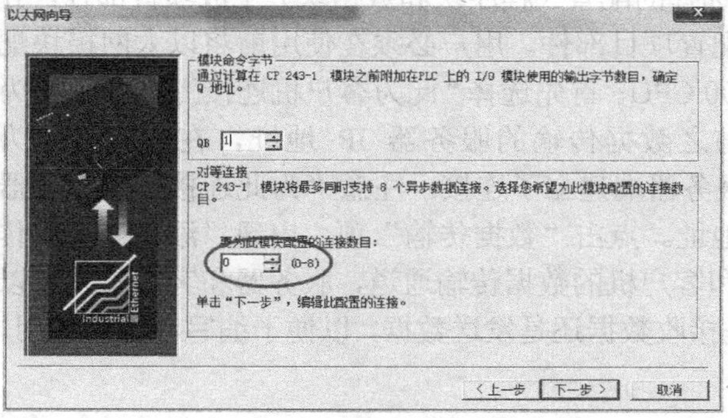

图 8-13 指定命令字节和连接数目向导界面

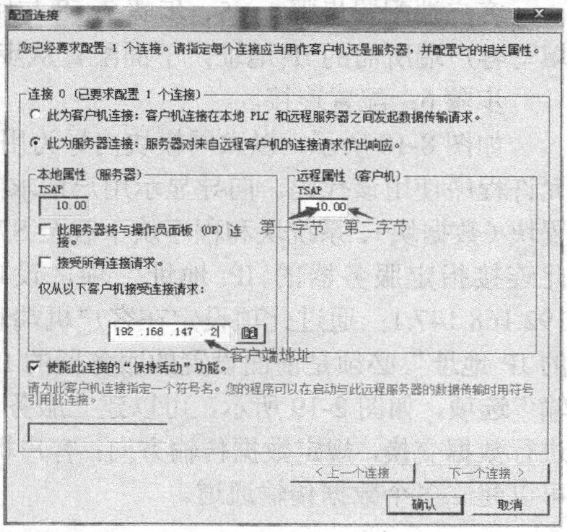

图 8-14 配置连接

步骤 6：CRC 保护与保持现用间隔。

如图 8-15 所示，CRC（循环冗余检查）保护选项允许用户指定以太网模块检查偶然发生的配置损坏。向导为 V 内存中配置的两个数据块部分生成 CRC 值。当模块读取配置时，则重新计算该值。如果数字不匹配，配置损坏，模块不使用该配置，一般选择 CRC 保护。

步骤 7：分配配置内存。

如图 8-16 所示，为配置选择一个存储地址，可以选择建议地址，也可以手动配置地址，通过此步骤给以上配置建立一个存储区域。

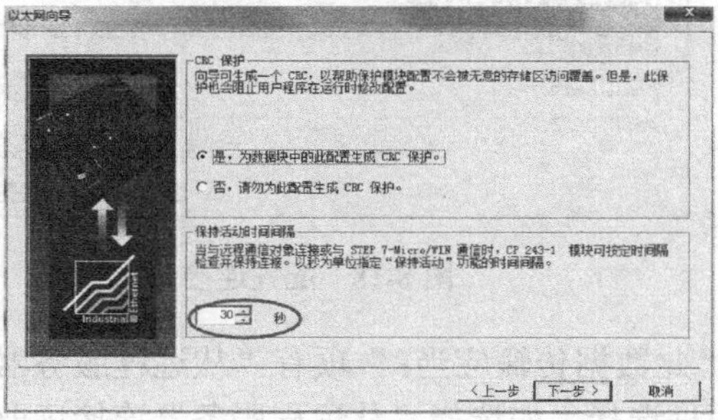

图 8-15 保护与保持现用间隔向导界面

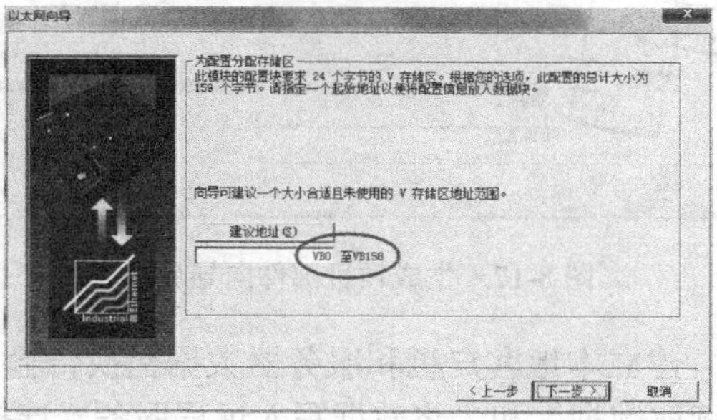

图 8-16 分配配置内存向导界面

步骤 8：生成项目部件。

如图 8-17 所示，以太网模块向导为用户选择的配置（程序块和数据块）生成项目部件，并允许程序使用该代码。向导显示用户请求的配置项目部件。用户必须在使用前将以太网模块配置块（数据块）、系统块和程序块下载至 S7-200 CPU。

（2）客户端配置

① 指定需要编辑的以太网配置；

② 指定模块位置；
③ 指定模块地址；
④ 指定命令字节和连接数目；
⑤ 配置连接；
⑥ CRC 保护和保持现用间隔；
⑦ 分配配置内存；
⑧ 生成项目部件。

客户端配置步骤 1～5、步骤 7～8 与服务器端相同，注意填写客户端 IP 地址有所不同，应填写客户端所需的 IP 地址，下面配置从步骤 6 开始。

步骤 6：配置连接。

如图 8-18 所示，以太网模块向导为用户选择的配置（程序块和数据块）生成项目部件，并允许程序使用该代码。向导显示用户请求的配置项目部件。用户必须在使用前将以太网模块配置块（数据块）、系统块和程序块下载至 S7-200 CPU。首先选择“此为客户机连接”，然后在“为此连接指定服务器的 IP 地址”项，设定与之数据传输的服务器 IP 地址，在此应设定为 192.168.147.1；通过此项设定在客户机端和服务器端建立了连接。注意“为此连接指定服务器的 IP 地址”必须是前面设置的服务器的 IP 地址。点击“数据传输”项，出现“添加一个新传输”选项，如图 8-19 所示，可以建立服务器和客户机的数据传输通道，服务器和客户机就可以进行数据交换，规定数据传输方向：客户机是接收数据还是发送数据，以便于编写程序时使用。可以建立多个数据传输通道。

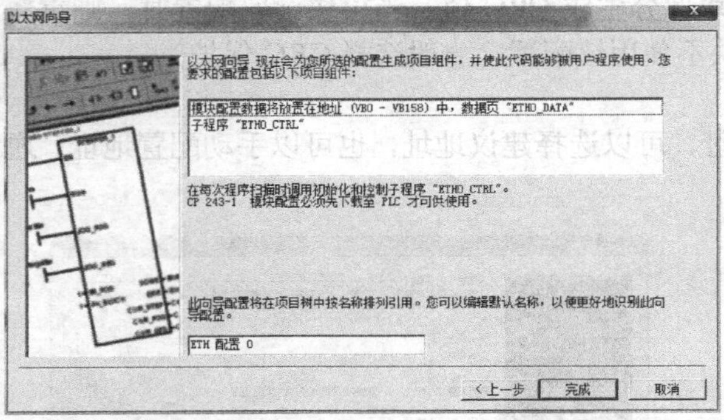

图 8-17 生成项目部件向导界面

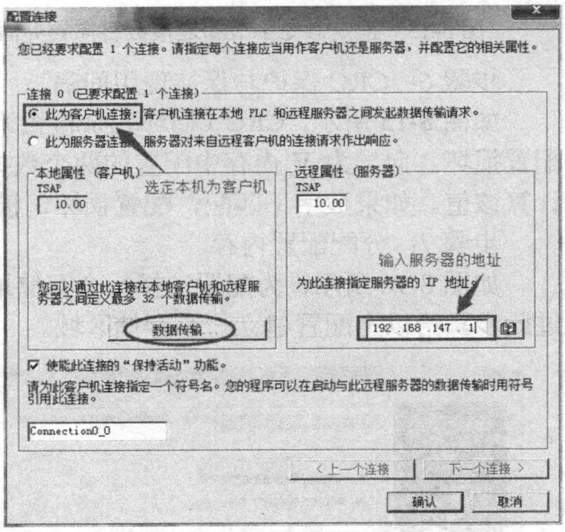

图 8-18 配置连接

建立本地客户机和服务器数据交换传输，在“此数据传输应当：”项有“从远程服务器连接读取数据”和“将数据写入远程服务器连接”两种选择。如选择“从远程服务器连接读取数据”，箭头表示 PLC 间的数据传输方向，如图 8-20 所示。

在规定数据传输方向后，确定传输数据的字节数和发送和接收内存地址，供编程是使用，地址根据编程需求可以自由选择，但不要与程序中使用过的地址发生冲突。点击“确认”完成数据传输配置。根据本章项目要求要建立两个传输通道：一个是“从远程服务器连接读取数据”，将服务器内存地址 VB500～VB502 中的数据传输到客户 VB400～VB402；另一个是“将数据写入远程服务器连接”，将客户机 VB600～VB602 内的数据传输到服务器 VB700～VB702。

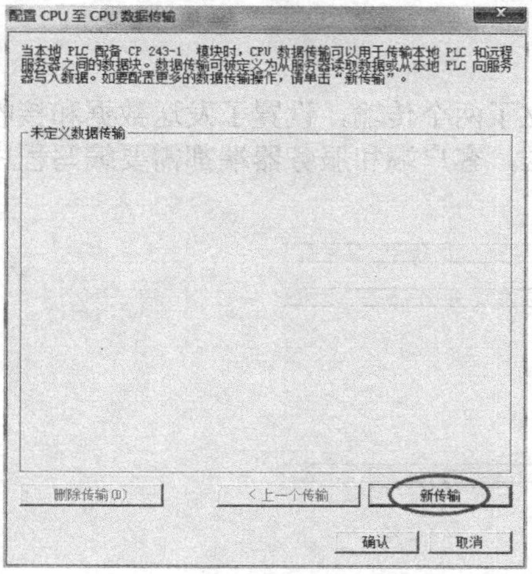

图 8-19 建立数据传输通道

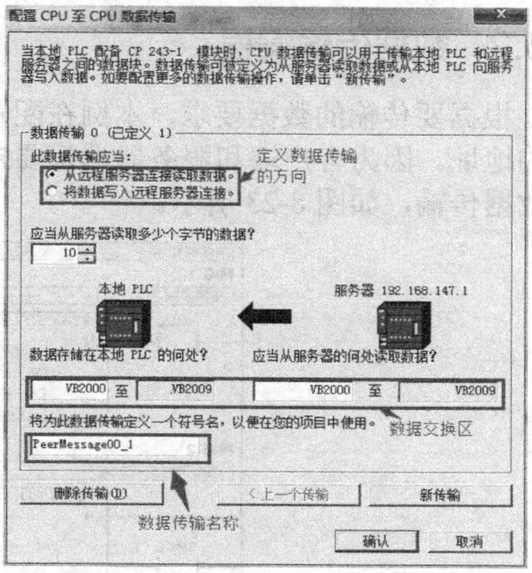

图 8-20 从远程服务器连接读取数据

8.4 编制 S7-200 PLC 以太网络数据通信程序

8.4.1 数据通信程序编写

通过任务 8.3 以太网配置向导配置了服务器端 PLC 和客户机 PLC 之间建立了两个传输，分别将客户机段内存单元 VB600 开始 3 个字节数据，发送到服务器端 VB700 开始的三个字节；服务器端内存单元 VB500 开始 3 个字节数据，发送到用户端 VB400 开始的三个字节。

① 在配置完服务器端 PLC 和客户机 PLC 后，自动生成 ETHX-CTRL 和 ETHX-XFR 指令模块。

a. ETHX-CTRL 指令块，运行时它执行以太网模块的错误检查。CP_Ready 为模块准备就绪。通过配置时产生的内存某个位指示就绪状态，格式为位格式，如 V110.0 位，当以太网模块从其他指令接收命令时，CP_Ready 置 1；Ch_Ready 为通道准备就绪，数据格式为字。如图 8-21 所示。

b. Ch_Ready 指定给每个通道的位，显示该通道的连接状态，可以指示一个或多个通道的连接状态，例如建立的通道 1 连接后，则位 0 置 1。

Error 数据格式为字，显示通信错误代码。

② ETHX-XFR 指令模块，通过指定客户端和信息号码，命令在 S7-200 和远程 PLC 之间进行数据传输。

数据传输的时间取决于使用的传输线路类型。如果要提高传输速度，程序扫描时间应减少。启动模块命令，使用 EN 位，EN 位应当保持打开，才能启用模块命令，直到表示传输完成位（Done）置位。START（开始）可通过仅允许发送一条边缘检测指令打开传输。Chan_ID 是在以太网配置的一个客户端的通道号码，指令向导中会生成的相应符号名和相应的配置地址。可以在符号表中查找到。Data（数据）是在向导配置中指定一个数据传输，在符号表中也会查找到相应的符号名和地址。Done（完成）表示数据传输完成。如图 8-22 所示。

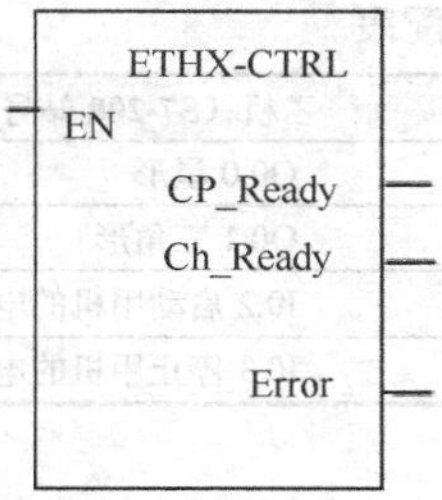

图 8-21 ETHX-CTRL 指令块

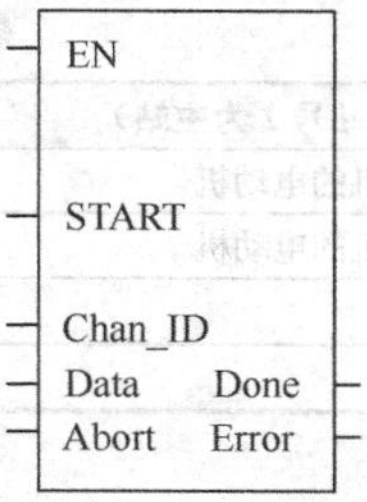

图 8-22 ETHX-XFR 指令块

8.4.2 数据传输编程

根据要传输的数据要求，本例在配置客户端时建立了两个传输，设置了发送数据和接收数据的地址。因为客户端和服务器端都要接收和发送数据，客户端和服务器端都需要编写程序控制数据传输，如图 8-23 所示。

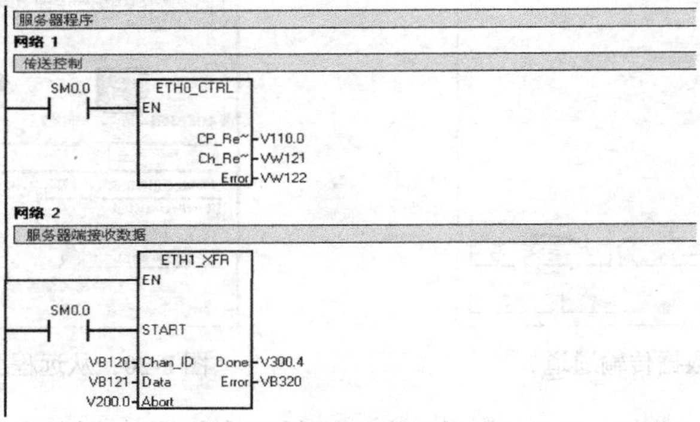

图 8-23　服务器端的程序

能力训练一

实训项目：两台 S7-200 PLC 之间的通信及数据交换

（1）实训任务

实现 2 台 S7-200 PLC 通过 PORT0 口互相进行 PPI 通信。通过此实例，了解 PPI 通信的应用。

（2）任务分析

PPI 协议是 S7-200 CPU 最基本的通信方式，通过原来自身的端口 PORT0 或 PORT1 就可以实现通信，是 S7-200 CPU 默认的通信方式。

PPI 是一种主从协议通信，主从站在 1 个令牌环网中。在 CPU 内用户调用网络读写指令即可。SMB30 是 PORTO 通信，SMB130 是 PORT1 通信。

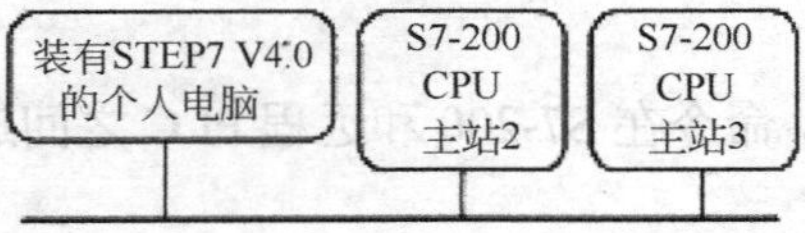

图 8-24　S7-200 CPU 之间的 PPI 通信网络

本例中用到的软硬件：

① S7-200 CPU 两台；

② 装有 STEP7 V4.0 软件的个人电脑一台；

③ PPI/RS-485 编程电缆一条；

④ 网络插头及网络电缆。

网络配置如图 8-24 所示。

（3）I/O 分配

两台 S7-200 PLC 通过 PORT0 口互相实现 PPI 通信，功能是甲机 I0.0 启动乙机的电动机星/三角启动，甲机 I0.1 终止乙机电动机转动；反过来乙机 I0.2 启动甲机的电动机星/三角启动，乙机 I0.3 终止甲机电动机转动。I/O 分配如表 8-3 所示。

表 8-3　I/O 分配表

甲机（S7-200 站号 2 为主站）	乙机（S7-200 站号 3 为从站）
I0.0 启动乙机的电动机	Q0.0 星形
I0.1 停止乙机的电动机	Q0.1 三角形
Q0.2 星形	I0.2 启动甲机的电动机
Q0.3 三角形	I0.3 停止甲机的电动机

（4）端口设置

设置过程如下所示。先打开 STEP7 V4.0 编程软件，如图 8-25 所示，选中“系统块”，打开“通讯端口”。

设置端口 0 站号为 3，选择波特率为 9.6 千波特，如图 8-26 所示。然后把系统块参数下载到 CPU 中，如图 8-27 所示。利用同样方法设置另一个 CPU，端口 0 为站号 2，波特率为 9.6 千波特，同样把系统块参数下载到 CPU 中。最后利用网络插头及网络线把甲机和乙机端口 0 连接，利用软件搜索，如图 8-28 所示。

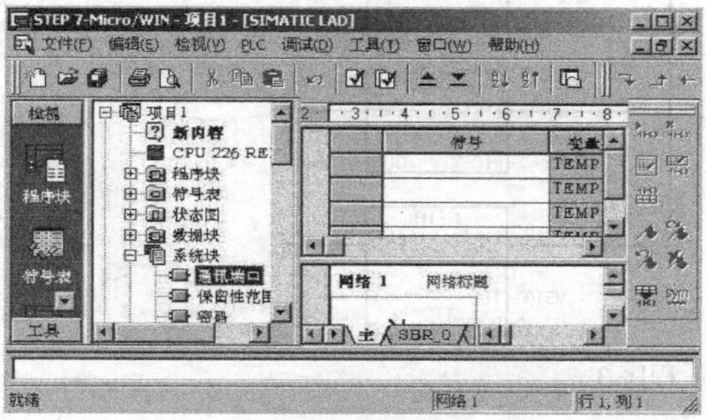

图 8-25 设置编程软件

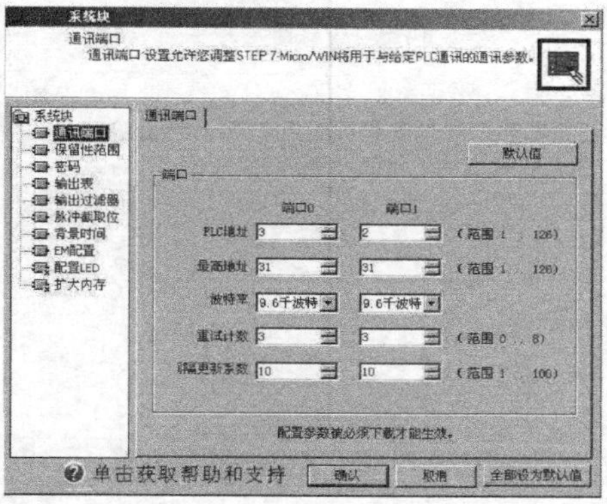

图 8-26 设置通信端口

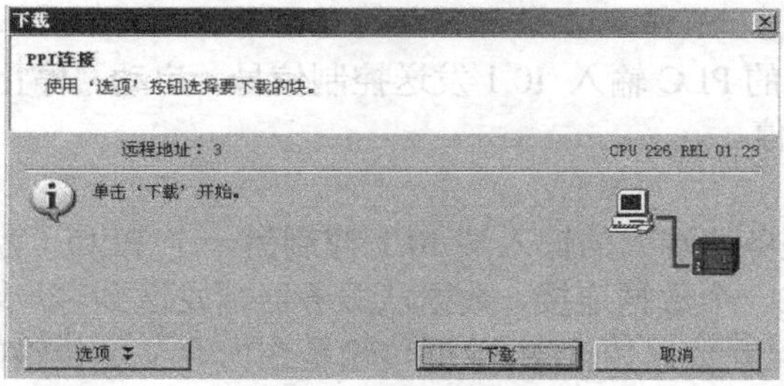

图 8-27 下载参数

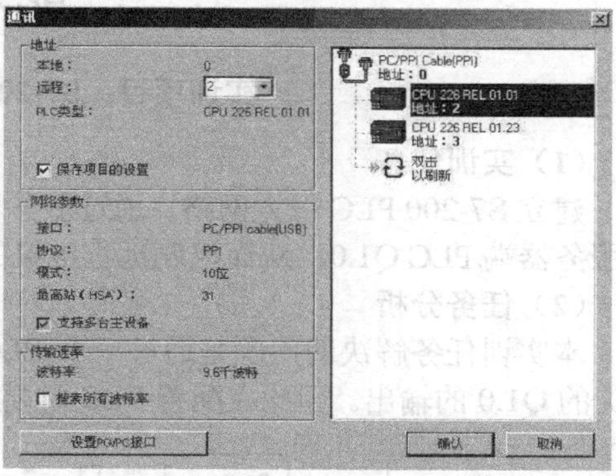

图 8-28 PPI 网络上的 S7-200 站

从站（站 3）不编写程序。

附梯形图程序，如图 8-29 所示。

对站 3 进行写操作，把主站 IB0 发送到对方（站 3）的 QB0，如图 8-30、图 8-31 所示。

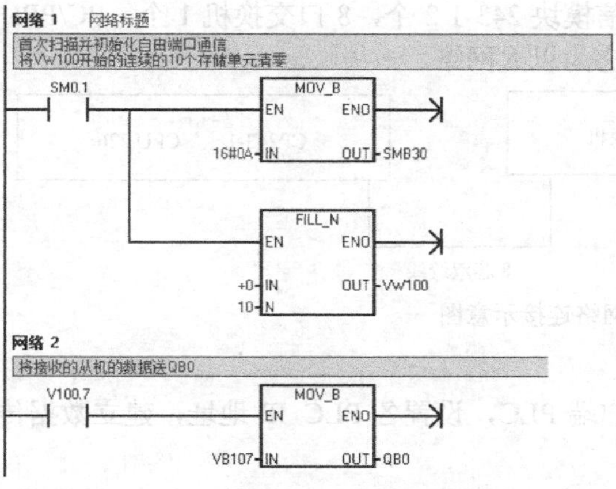

图 8-29 程序 1

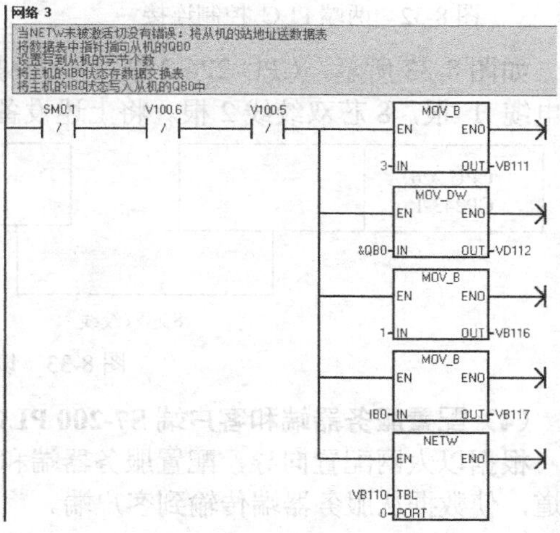

图 8-30 程序 2

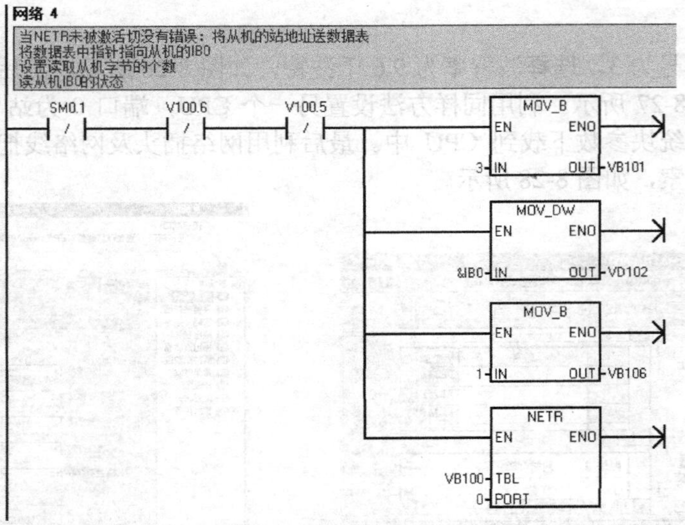

图 8-31　程序 3

能力训练二

实训项目：S7-200 PLC 以太网络控制电机运行

（1）实训任务

建立 S7-200 PLC 以太网络，通过服务器端的 PLC 输入 I0.1 发送控制信号，启动、停止远程服务器端 PLC Q1.0，从而控制远程电机的启停。

（2）任务分析

本实训任务解决的问题是通过一个 PLC(服务器端）的输入端 I0.1 控制另一个 PLC（客户端）的 Q1.0 的输出。因此在配置 PLC 时要建立一个数据连接，数据从服务器端发送到客户端。

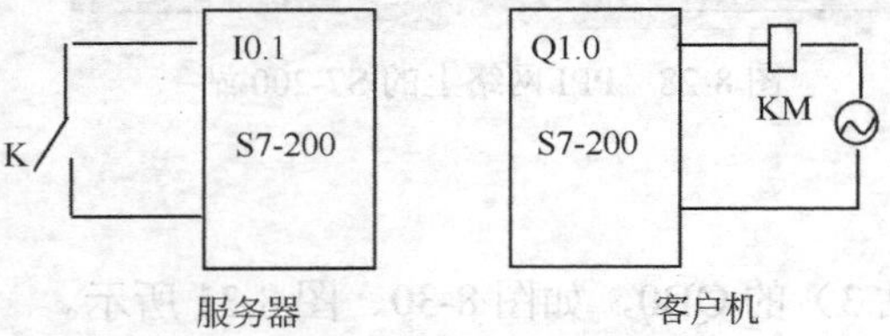

图 8-32　两端 PLC 控制连接

在配置数据传输中，数据传输是在内存 V 区传输的，因此要把输入端的状态首先传输到 V 区，然后通过以太网传输到客户端 V 区，客户端程序要把接收到 V 区的数据，传输到 PLC 的输出端 Q1.0。这些要通过程序编写实现。两端 PLC 控制连接如图 8-32 所示。

（3）网络硬件连接

如图 8-33 所示，CPU 226 2 个，以太网通信模块 243-1 2 个，8 口交换机 1 个，PC/PPI 编程电缆 1 根，8 芯双绞线 2 根。将上述设备组态为以太网络。

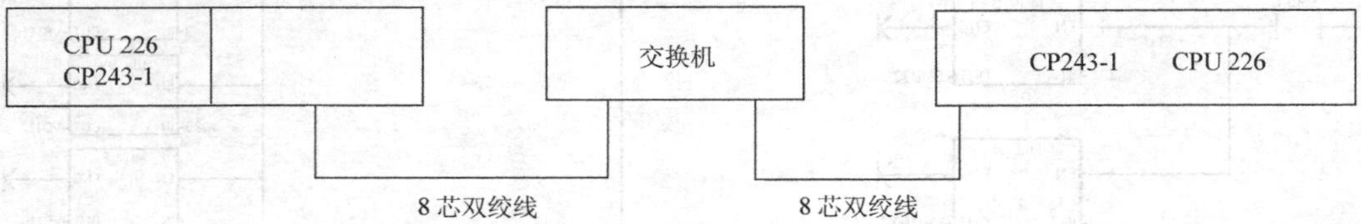

图 8-33　以太网络连接示意图

（4）配置服务器端和客户端 S7-200 PLC

根据以太网配置向导，配置服务器端和客户端 PLC，设置各 PLC IP 地址，建立数据传输通道，使数据从服务器端传输到客户端。

（5）编写程序服务器端和客户端程序

根据实训任务要求编写服务器端程序和客户端程序。

服务器端子程序：

```
LD      SM0.0   \\使能发送控制
CALL    ETH0_CTRL:SBR1：V110.0, VW121, VW122 \\ 调用传输制程序
LD      I0.1 \\ 启动信号
O       V100.0 \\ 启动信号传输到 V100.0
=       V100.0
```

客户端子程序：

```
LD      SM0.0 \\使能接收控制
CALL    ETH0_CTRL:SBR1, V210.0, VW221, VW222\\ 调用传输控制程序
LD      SM0.0
=       L60.0
LD      SM0.0
EU
=       L63.7
LD      L60.0
CALL    ETH1_XFR:SBR2, L63.7, Connection1_0:VB305,
PeerMessage10_1:VB306, V206.0,V400.4, VB420 \\调用发送控制程序
LD      V200.1 \\接收数据存储在 V200.1
=       Q1.0   \\ 将接收数据传输到 Q1.0
```

（6）程序调试

将程序分别下载到服务器端和客户端 PLC，运行开关置 RUN 状态，观察电机运行状态。

习题与思考题

8.1 配置以太网络，通过客户机端 S7-200 PLC，控制服务器 S7-200 端电机的正反转，画出 PLC 硬件连线图，编写制以太网控制控制程序。

8.2 编制一段以太网控制程序，服务器端 S7-200 PLC 存储客户机端模拟量输入模块 EM231 的模拟量，输入通道为 AIW0，并将接收数据存储到服务器端 S7-200 PLC 内存地址 VW500。

8.3 利用以太网配置向导，配置客户端 PLC 和服务器端 S7-200 PLC，建立两个数据传输，服务器端 IP 地址：192.168.0.12，客户机端 IP 地址：192.168.0.6.实现用服务器端控制客户端的电机运行。

8.4 怎样建立一个以太网络，网络硬件包括一个服务器 S7-200 PLC 和两个客户机 S7-200，并配置各个 PLC，编写程序：服务器 PLC 采集两个客户端 PLC 内存的数据。

9 基于 PLC 的电气控制系统设计实例

学习目标

1. 掌握电气控制系统电路及基本控制原理。
2. 掌握电气控制系统电气控制电路设计方法。
3. 理解电气控制系统程序分析。

PLC 自问世以来，凭着其强大的控制功能、较强的抗干扰能力、较高的工作可靠性及组合灵活、编程简单、扩展方便、体积小等优点，在现代电气控制系统中发挥着重要作用，成为工业自动化电气控制系统中的核心器件，本单元以常见工程控制系统为例，来介绍 PLC 在实际工程中的应用。

9.1 基于 PLC 的三相交流异步电动机 Y-△降压启动电气控制系统设计

（1）控制要求

有一台大功率三相交流异步电动机，电气控制系统控制要求如下：

① 启动时为 Y-△降压启动；

② Y 接法的持续时间为 6s；

③ 用 PLC 来控制；

④ 有必要的短路保护、过载保护、互锁保护及信号指示。

（2）PLC 选型

根据控制要求来确定 PLC 的输入/输出设备及数量，从而来确定 PLC 的 I/O 点数，根据 PLC 的 I/O 点数来确定 PLC 的 CPU 型号。

输入设备：启动按钮（1 个），停止按钮（1 个），热继电器的触点（1 对）。

输出设备：中间继电器（3 个）。

所以需要的 PLC 的 I/O 点数为 DI3/DO3，根据 PLC 的 I/O 点利用率及 PLC 的价格，可以采用西门子 S7-200 PLC 中的 CPU 221，CPU 221 的 I/O 点数为 DI6/DO4，能够满足控制需要，选用的 CPU 221 的类型为“AC/DC/RELAY”，即 AC 220V 供电，DC 24V 输入及继电器输出型。

（3）硬件设计

① 主电路　如图 9-1 所示，KM1 与 KM2 主触点闭合时为 Y 接法，KM1 与 KM3 主触点闭合时为△接法，Y 接法到△接法实现自动切换。

② 控制电路　如图 9-2 所示，为了提高 PLC 输出口的载流能力及提高系统工作的可靠性，采用中间继电器作为中间环节。

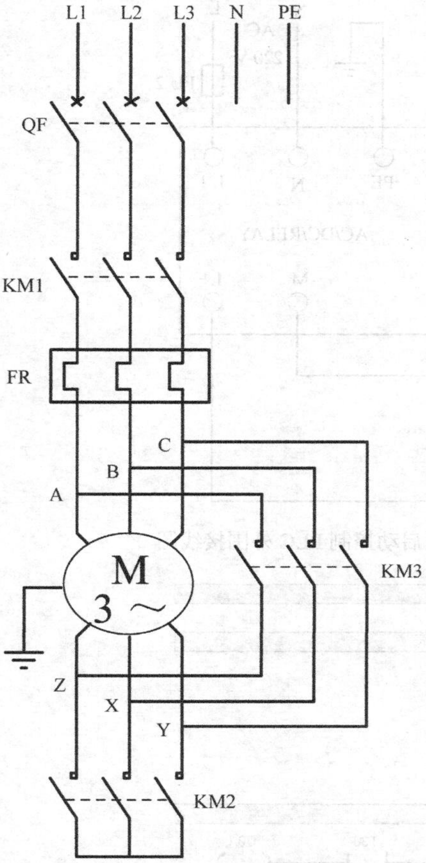

图 9-1 基于 PLC 的三相交流异步电动机 Y-△降压启动主电路电气控制原理图

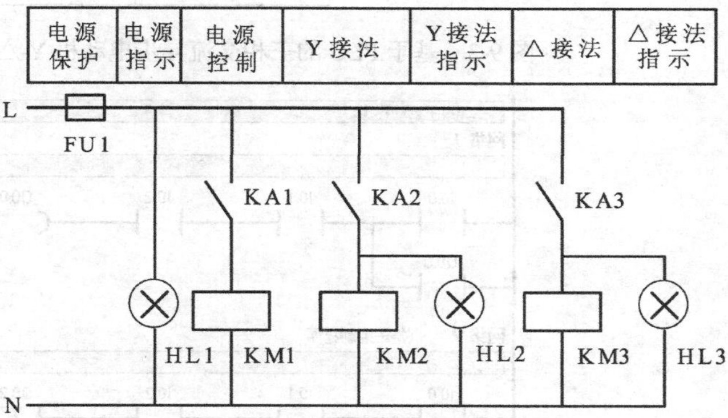

图 9-2 基于 PLC 的三相交流异步电动机 Y-△降压启动控制电路电气控制原理图

控制电路中交流接触器 KM1、KM2、KM3 的线圈额定电压及信号指示灯 HL1、HL2、HL3 的额定电压均为 AC 220V，FU1 为控制电路的短路保护，HL1 为控制电路电源状态指示，HL2 为 Y 接法运行状态指示，HL3 为△接法运行状态指示。

③ PLC 的 I/O 分配　基于 PLC 的电气控制系统中的停止按钮，可以采用常开按钮，也可以采用常闭按钮，它们之间的区别是 PLC 的梯形图程序有所不同。如果采用常开按钮作为停止按钮，那么在 PLC 梯形图程序中与之对应的软触点就用常闭，如果采用常闭按钮作为停止按钮，那么在 PLC 梯形图程序中与之对应的软触点就用常开。本项目采用常闭按钮 SB2 作为停止按钮，I/O 分配如表 9-1 所示。

表 9-1　PLC 的 I/O 分配（1）

输　入			输　出		
名　称	符　号	地　址	名　称	符　号	地　址
启动按钮	SB1	I0.0	电源控制	KA1	Q0.0
停止按钮	SB2	I0.1	Y 接法控制	KA2	Q0.1
过载保护	FR	I0.2	△接法控制	KA3	Q0.2

④ PLC 的外围接线图　如图 9-3 所示，PLC 的输入端采用自带的 DC 24V 电源作为输入信号电源，输出端控制的负载分别是线圈额定电压为 DC 24V 的中间继电器 KA1、KA2、KA3 的线圈，输出端的 DC 24V 电源由 PLC 外部的开关电源提供，FU2 为 PLC 的电源短路保护。

（4）软件设计

本电气控制系统的梯形图程序如图 9-4 所示。

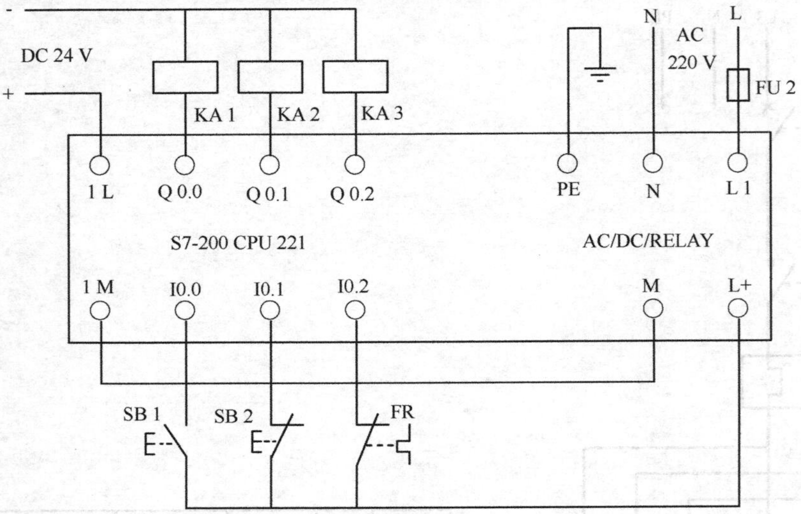

图 9-3 基于 PLC 的三相交流异步电动机 Y-△降压启动控制 PLC 外围接线图

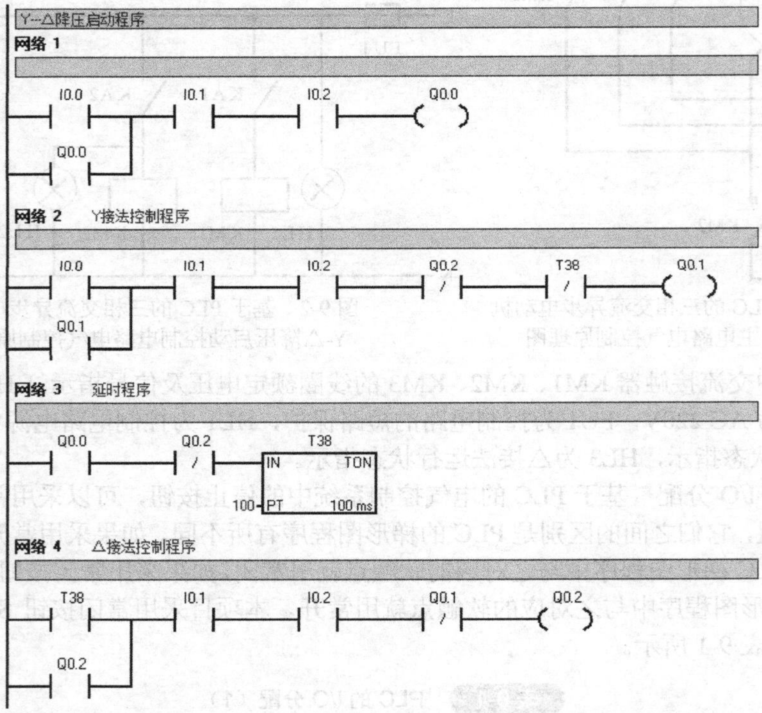

图 9-4 基于 PLC 的三相交流异步电动机 Y-△降压启动控制梯形图程序

9.2 基于 PLC 的三相交流异步电动机直流能耗制动电气控制系统设计

（1）控制要求

有一台三相交流异步电动机，电气控制系统控制要求如下：

① 启动时为全压启动；

② 停止时为直流能耗制动，延时 7s；

③ 用 PLC 来控制；

④ 有必要的短路保护、过载保护、互锁保护及信号指示。

（2）PLC 选型

根据控制要求来确定 PLC 的输入/输出设备及数量，从而来确定 PLC 的 I/O 点数，根据 PLC 的 I/O 点数来确定 PLC 的 CPU 型号。

输入设备：启动按钮（1 个），制动（停止）按钮（1 个），热继电器的触点（1 对）。

输出设备：中间继电器（2 个）。

所以需要的 PLC 的 I/O 点数为 DI3/DO2，根据 PLC 的 I/O 点利用率及 PLC 的价格，可以采用西门子 S7-200 PLC 中的 CPU 221，CPU 221 的 I/O 点数为 DI6/DO4，能够满足控制需要，选用的 CPU 221 的类型为“AC/DC/RELAY”，即 AC 220V 供电，DC 24V 输入及继电器输出型。

（3）硬件设计

① 主电路　如图 9-5 所示，交流接触器 KM1 控制电动机的正常运行，KM2 用来对电动机进行直流能耗制动控制，可调电阻器 RP 用来调整制动电流的大小。

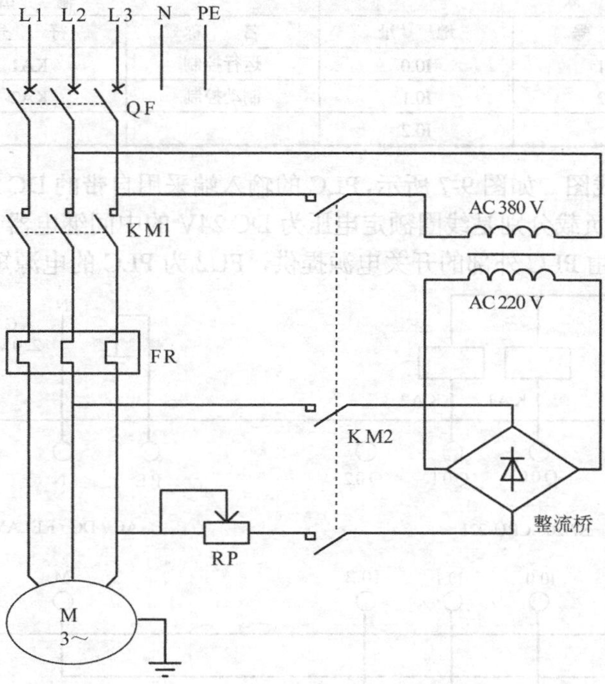

图 9-5　基于 PLC 的三相交流异步电动机直流能耗制动控制主电路原理图

② 控制电路　如图 9-6 所示，为了提高 PLC 输出口的载流能力及提高系统工作的可靠性，采用中间继电器作为中间环节。

控制电路中交流接触器 KM1、KM2 的线圈额定电压及信号指示灯 HL1、HL2、HL3 的额定电压均为 AC 220V，FU1 为控制电路的短路保护，HL1 为控制电路电源状态指示，HL2 为电动机运行状态指示，HL3 为电动机制动状态指示。

③ PLC 的 I/O 分配　基于 PLC 的电气控制系统中的停止按钮，可以采用常开按钮，也可以采用常闭按钮，它们之间的区别是 PLC 的梯形图程序有所不同。如果采用常开按钮作为停止按钮，那么在 PLC 梯形图程序中与之对应的软触点就用常闭，如果采用常闭按钮作为停止按钮，那么在 PLC 梯形图程序中与之对应的软触点就用常开。本项目采用常闭按钮 SB2 作为停止按钮，I/O 分配如表 9-2 所示。

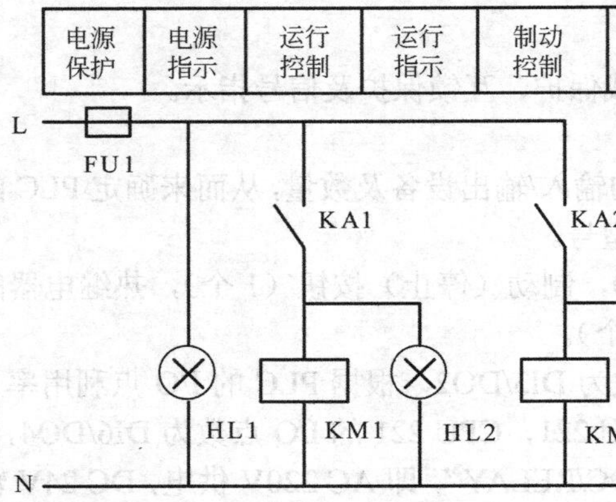

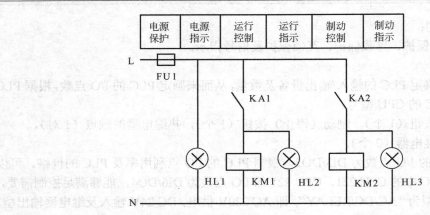

图 9-6 基于 PLC 的三相交流异步电动机直流能耗制动控制电路原理图

表 9-2 PLC 的 I/O 分配（2）

输入			输出		
名称	符号	地址	名称	符号	地址
启动按钮	SB1	I0.0	运行控制	KA1	Q0.0
制动按钮	SB2	I0.1	制动控制	KA2	Q0.1
过载保护	FR	I0.2			

④ PLC 的外围接线图　如图 9-7 所示，PLC 的输入端采用自带的 DC 24V 电源作为输入信号电源，输出端控制的负载分别是线圈额定电压为 DC 24V 的中间继电器 KA1、KA2 的线圈，输出端的 DC 24V 电源由 PLC 外部的开关电源提供，FU2 为 PLC 的电源短路保护。

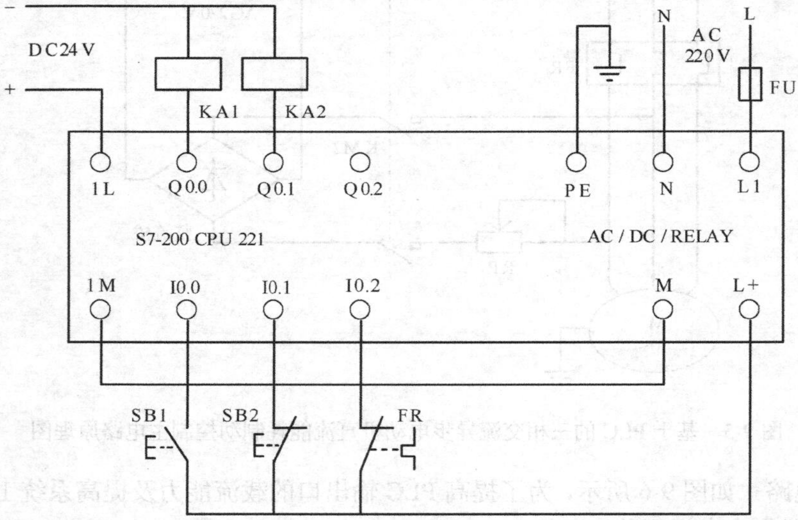

图 9-7 基于 PLC 的三相交流异步电动机直流能耗制动控制 PLC 外围接线图

（4）软件设计

本电气控制系统的梯形图程序如图 9-8 所示。

9.3 基于 PLC 的双速风机电气控制系统设计

（1）控制要求

有一台双速风机，电气控制系统控制要求如下：

① 启动时为全压启动；
② 通风时低速运行，可手动启动和停止；
③ 火灾时高速运行，可手动控制及自动控制；
④ 排烟防火阀打开时才可运行；
⑤ 过负荷时可声光报警；
⑥ 可手动消除报警音；
⑦ 可与消防控制中心联动；
⑧ 用 PLC 来控制；
⑨ 有必要的短路保护、过载保护及信号指示。

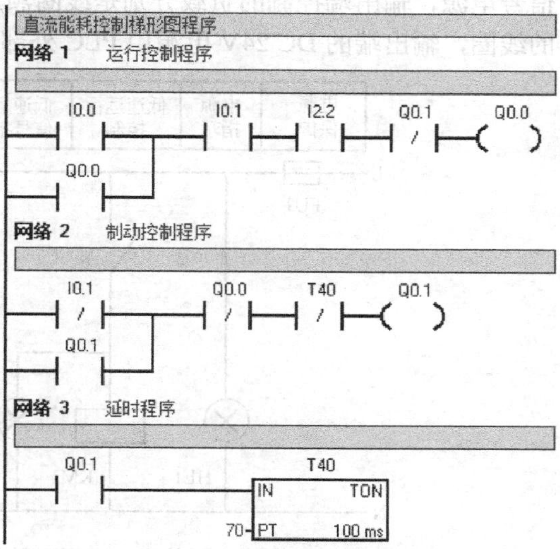

图 9-8 基于 PLC 的三相交流异步电动机直流能耗制动控制梯形图程序

（2）PLC 选型

根据控制要求来确定 PLC 的输入/输出设备及数量，从而来确定 PLC 的 I/O 点数，根据 PLC 的 I/O 点数来确定 PLC 的 CPU 型号。

输入设备：启动按钮（2 个），停止按钮（2 个），热继电器的触点（2 对），消音按钮（1 个），消防控制中心继电器触点（1 对），排烟防火阀无源触点（1 对）。

输出设备：中间继电器（3 个）。

所以需要的 PLC 的 I/O 点数为 DI9/DO3，根据 PLC 的 I/O 点利用率及 PLC 的价格，可以采用西门子 S7-200 PLC 中的 CPU 224，CPU 224 的 I/O 点数为 DI14/DO10，能够满足控制需要，选用的 CPU 224 的类型为“AC/DC/RELAY”，即 AC 220V 供电，DC 24V 输入及继电器输出型。

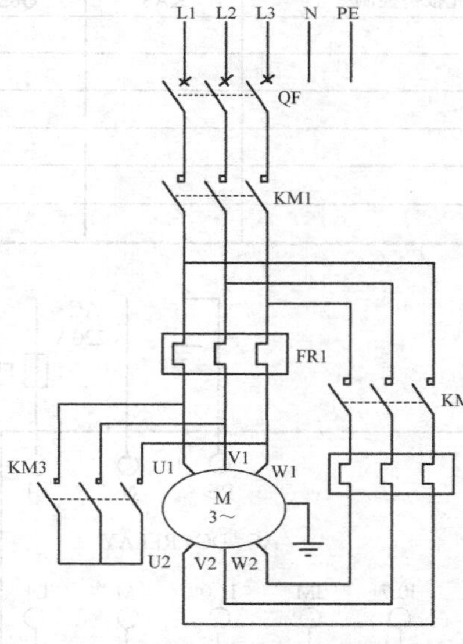

图 9-9 基于 PLC 的双速风机电气控制主电路原理图

（3）硬件设计

① 主电路 如图 9-9 所示，当 KM1 的主触点闭合时，双速风机为△接法，低速运行，KM2 与 KM3 的主触点同时闭合时，双速风机为 YY 接法，高速运行。

② 控制电路 如图 9-10 所示，为了提高 PLC 输出口的载流能力及提高系统工作的可靠性，采用中间继电器作为中间环节。

控制电路中交流接触器 KM1、KM2、KM3 的线圈额定电压及信号指示灯 HL1、HL2、HL3、HL4 的额定电压均为 AC 220V，FU1 为控制电路的短路保护，HL1 为控制电路电源状态指示，HL2 为双速风机低速运行状态指示，HL3 为双速风机高速运行状态指示，HL4 为双速风机过负荷报警信号指示。

③ PLC 的 I/O 分配 基于 PLC 的电气控制系统中的停止按钮，可以采用常开按钮，也可以采用常闭按钮，它们之间的区别是 PLC 的梯形图程序有所不同。如果采用常开按钮作为停止按钮，那么在 PLC 梯形图程序中与之对应的软触点就用常闭，如果采用常闭按钮作为停止按钮，那么在 PLC 梯形图程序中与之对应的软触点就用常开。本项目采用常开按钮作为停止按钮，I/O 分配如表 9-3 所示。

④ PLC 的外围接线图 如图 9-11 所示，PLC 的输入端采用自带的 DC 24V 电源作为输入

信号电源，输出端控制的负载分别是线圈额定电压为 DC 24V 的中间继电器 KA1、KA2、KA3 的线圈，输出端的 DC 24V 电源由 PLC 外部的开关电源提供，FU2 为 PLC 的电源短路保护。

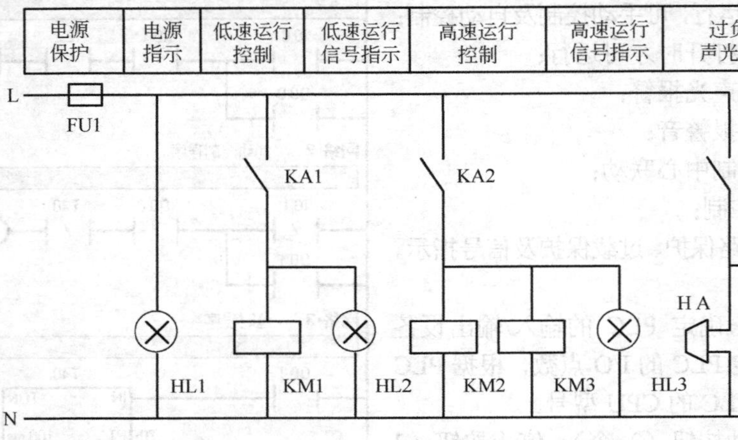

图 9-10　基于 PLC 的双速风机电气控制系统控制电路原理图

表 9-3　PLC 的 I/O 分配（3）

输　入			输　出		
名　称	符　号	地　址	名　称	符　号	地　址
低速手动启动按钮	SB1	I0.0	低速运行控制	KA1	Q0.0
低速手动停止按钮	SB2	I0.1	高速运行控制	KA2	Q0.1
高速手动启动按钮	SB3	I0.2	声光报警控制	KA3	Q0.2
高速手动停止按钮	SB4	I0.3			
消防控制中心继电器	K	I0.4			
低速过负荷报警	FR1	I0.5			
高速过负荷报警	FR2	I0.6			
消报警音按钮	SB5	I0.7			
排烟防火阀	YF	I1.0			

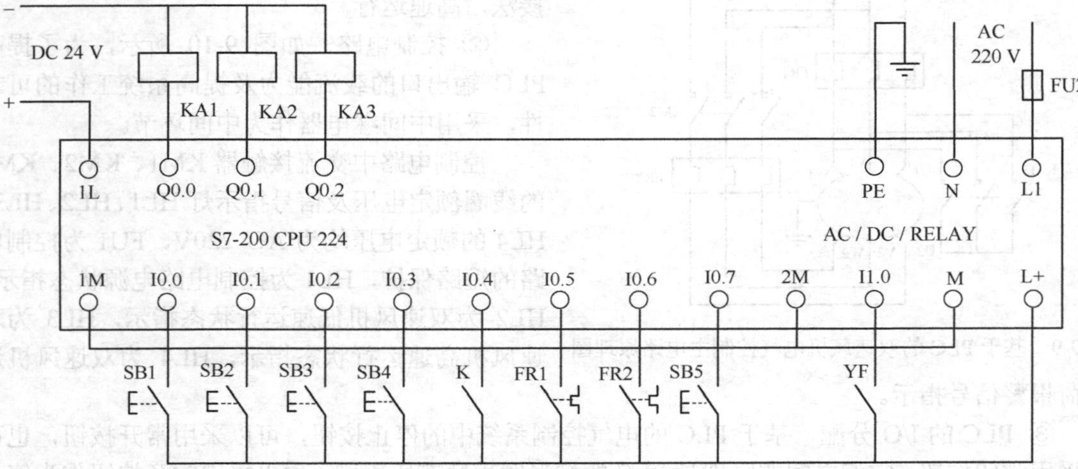

图 9-11　基于 PLC 的双速风机电气控制 PLC 外围接线图

（4）软件设计

本电气控制系统的梯形图程序如图 9-12 所示。

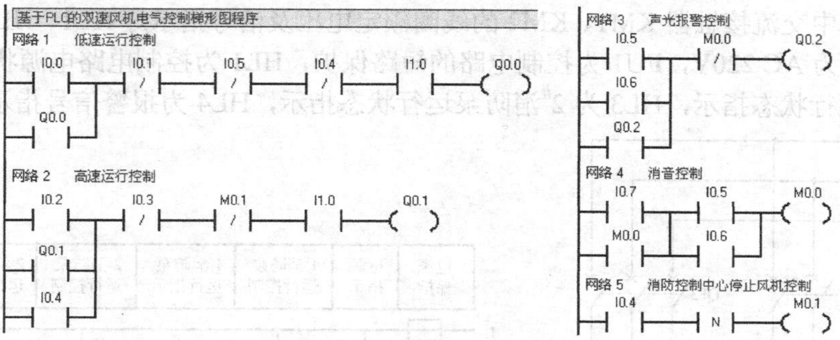

图 9-12 基于 PLC 的双速风机电气控制梯形图程序

9.4 基于 PLC 的消防泵电气控制系统设计

（1）控制要求

有一座 18 层的建筑物，设置有两台室内消火栓用消防泵，电气控制系统控制要求如下：

① 两台消防泵启动时均为全压启动；

② 两台消防泵互为备用，经延时后备用泵可自动投入；

③ 两台消防泵均可以进行手动控制和自动控制，手动控制时具有工作现场和控制室两地控制功能；

④ 检修开关处于运行位置时才可运行；

⑤ 管网压力高、消防水箱水位低及检修、过负荷时均可声光报警；

⑥ 可手动消除报警音；

⑦ 可与消防控制中心联动；

⑧ 消防水箱水位低时可自动启动消防泵；

⑨ 消防水箱水位高或管网压力高时可自动停止消防泵；

⑩ 每层楼消火栓内的消防按钮均可以直接启动消防泵；

⑪ 用 PLC 来控制；

⑫ 有必要的短路保护、过载保护及信号指示。

（2）PLC 选型

根据控制要求来确定 PLC 的输入/输出设备及数量，从而来确定 PLC 的 I/O 点数，根据 PLC 的 I/O 点数来确定 PLC 的 CPU 型号。

输入设备：手动启动按钮（4 个），消火栓内启动按钮（18 个，并联接入 PLC 的 1 个输入端口），停止按钮（4 个），热继电器的触点（2 对），消音按钮（1 个），检修开关（1 个），压力继电器触点（1 对），液位继电器触点（2 对）

输出设备：中间继电器（2 个），警铃（1 个）。

所以需要的 PLC 的 I/O 点数为 DI16/DO3，根据 PLC 的 I/O 点利用率及 PLC 的价格，可以采用西门子 S7-200 PLC 中的 CPU 222，CPU 222 的 I/O 点数为 DI8/DO6，不能够满足控制需要，再配一块 8 点数字量输入扩展模块 EM221，扩展后 I/O 点数就可以满足控制需要了，选用的 CPU 222 的类型为“AC/DC/RELAY”，即 AC 220V 供电，DC 24V 输入及继电器输出型。

（3）硬件设计

① 主电路 如图 9-13 所示，QF1 为电源总开关，QF2 为 1#消防泵的电源开关，QF3 为 2#消防泵的电源开关，FR1 为 1#消防泵的过载保护，FR2 为 2#消防泵的过载保护，FR1 与 FR2 均采用手动复位型热继电器，当 KM1 的主触点闭合时，1#消防泵运行，当 KM2 的主触点闭合时，2#消防泵运行。

② 控制电路 如图 9-14 所示，为了提高 PLC 输出口的载流能力及提高系统工作的可靠性，采用中间继电器作为中间环节。

控制电路中交流接触器 KM1、KM2 的线圈额定电压及信号指示灯 HL1、HL2、HL3、HL4 的额定电压均为 AC 220V，FU1 为控制电路的短路保护，HL1 为控制电路电源状态指示，HL2 为 $1^{\#}$消防泵运行状态指示，HL3 为 $2^{\#}$消防泵运行状态指示，HL4 为报警信号指示。

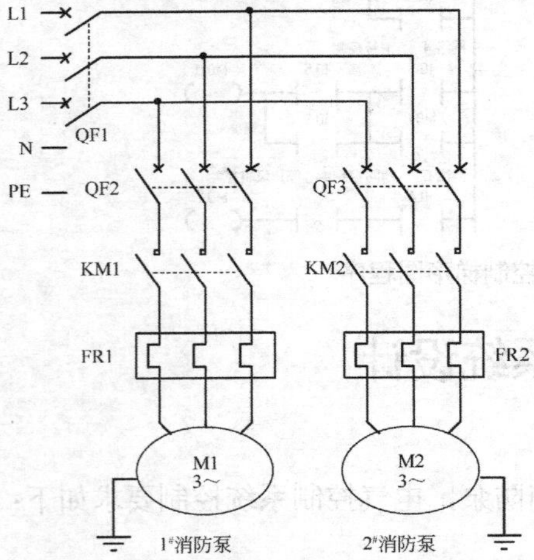

图 9-13 基于 PLC 的消防泵电气控制主电路原理图

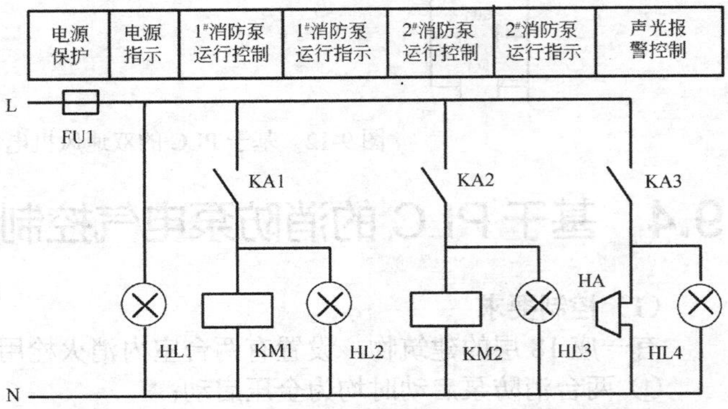

图 9-14 基于 PLC 的消防泵电气控制系统控制电路原理图

③ PLC 的 I/O 分配　基于 PLC 的电气控制系统中的停止按钮，可以采用常开按钮，也可以采用常闭按钮，它们之间的区别是 PLC 的梯形图程序有所不同。如果采用常开按钮作为停止按钮，那么在 PLC 梯形图程序中与之对应的软触点就用常闭，如果采用常闭按钮作为停止按钮，那么在 PLC 梯形图程序中与之对应的软触点就用常开。本项目采用常开按钮作为停止按钮，I/O 分配如表 9-4 所示。

表 9-4　PLC 的 I/O 分配（4）

输　入			输　出		
名　称	符　号	地　址	名　称	符　号	地　址
消火栓内启动按钮	SBn	I0.0	$1^{\#}$消防泵运行控制	KA1	Q0.0
检修开关	SA	I0.1	$2^{\#}$消防泵运行控制	KA2	Q0.1
$1^{\#}$消防泵手动启动按钮	SB1	I0.2	声光报警控制	KA3	Q0.2
$1^{\#}$消防泵手动启动按钮	SB2	I0.3			
$1^{\#}$消防泵手动停止按钮	SB3	I0.4			
$1^{\#}$消防泵手动停止按钮	SB4	I0.5			
$2^{\#}$消防泵手动启动按钮	SB5	I0.6			
$2^{\#}$消防泵手动启动按钮	SB6	I0.7			
$2^{\#}$消防泵手动停止按钮	SB7	I1.0			
$2^{\#}$消防泵手动停止按钮	SB8	I1.1			
$1^{\#}$消防泵过载保护	FR1	I1.2			
$2^{\#}$消防泵过载保护	FR2	I1.3			
压力继电器压力高	BP	I1.4			
液位继电器低水位	SL1	I1.5			
液位继电器高水位	SL2	I1.6			
手动消音按钮	SB9	I1.7			

④ PLC 的外围接线图 如图 9-15 所示，CPU 222 的输入端采用自带的 DC 24V 电源作为输入信号电源，输出端控制的负载分别是线圈额定电压为 DC 24V 的中间继电器 KA1、KA2、KA3 的线圈，输出端的 DC 24V 电源由 PLC 外部的开关电源提供，FU2 为 CPU 222 的电源短路保护。输入量扩展模块 EM221 的输入端的 DC 24V 信号电源由 PLC 外部的开关电源提供。

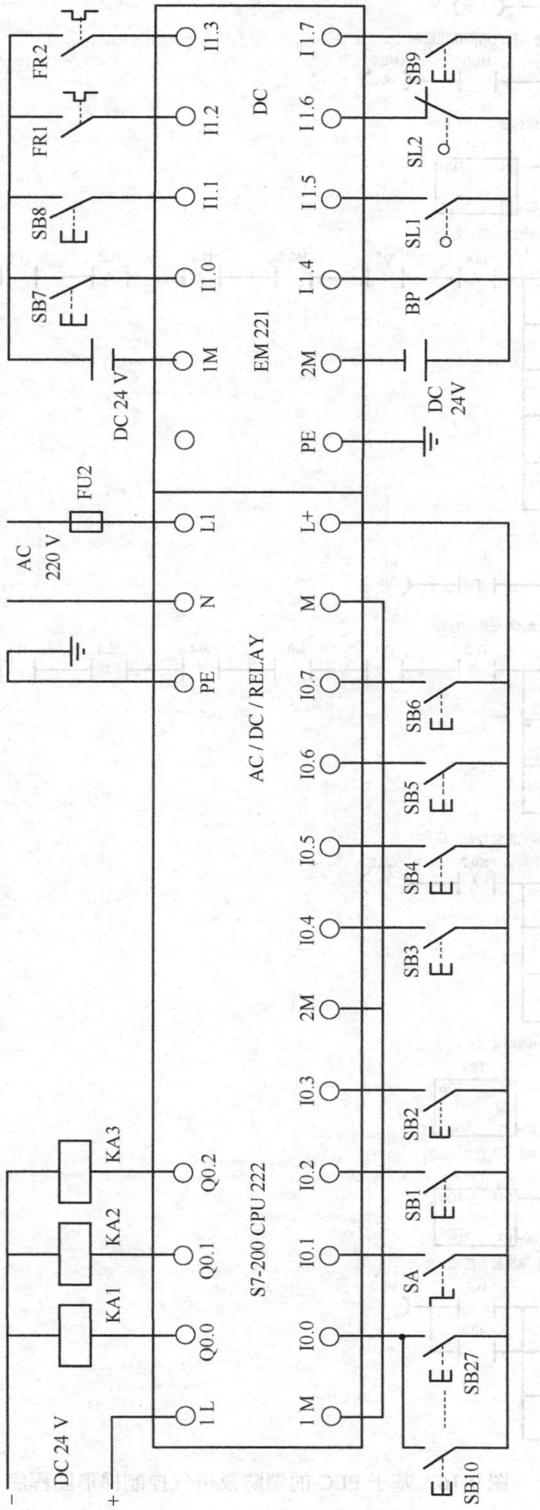

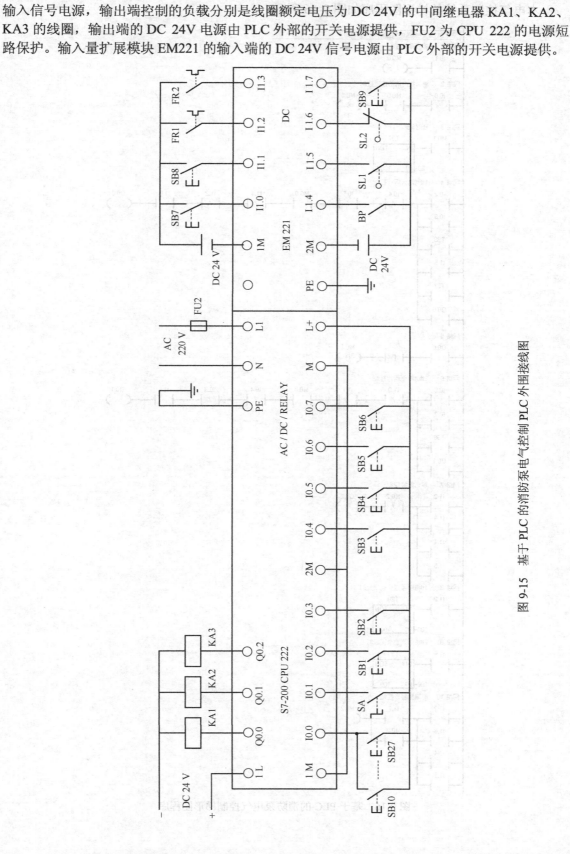

图 9-15 基于 PLC 的消防泵电气控制 PLC 外围接线图

（4）软件设计

本电气控制系统的梯形图程序如图 9-16 所示。

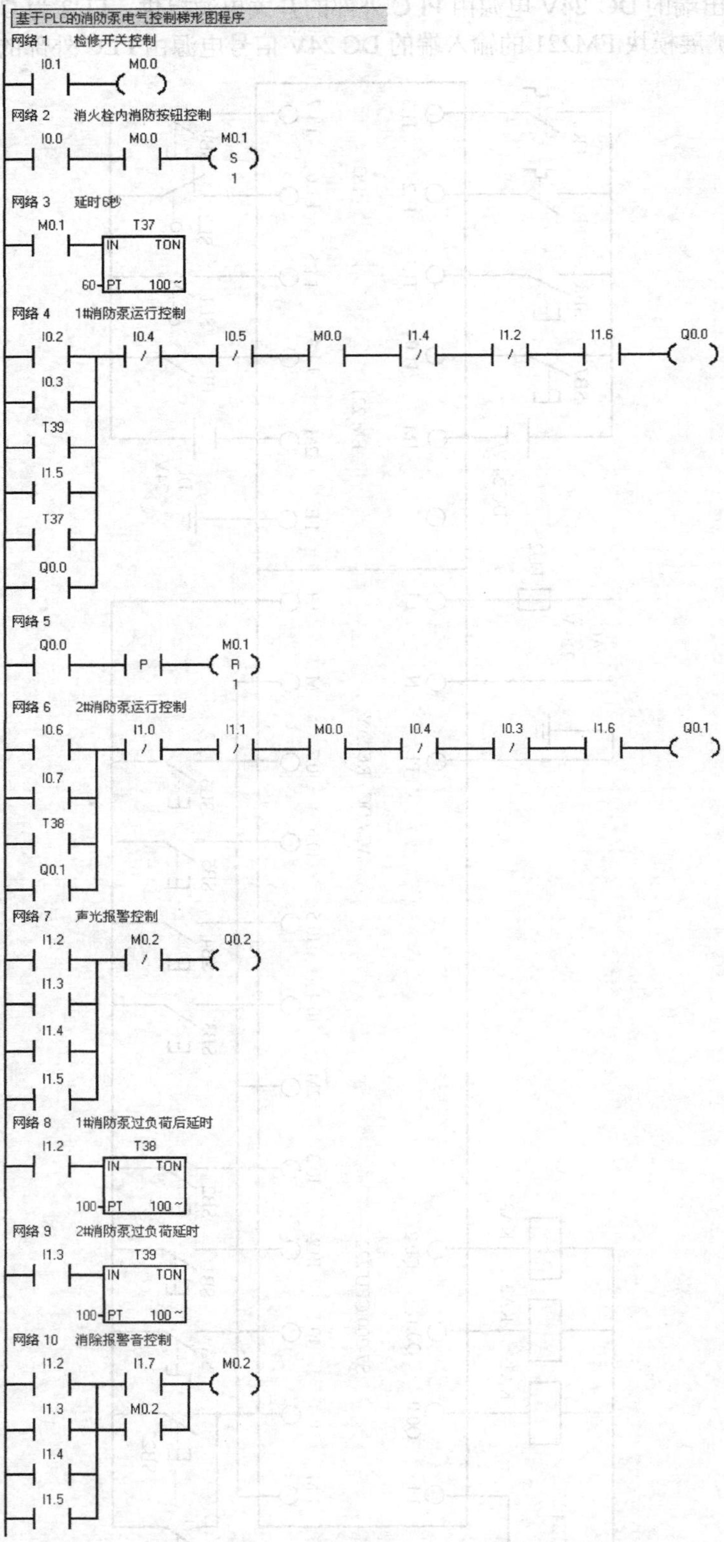

图 9-16　基于 PLC 的消防泵电气控制梯形图程序

能力训练

实训项目 1：基于 PLC 的锅炉引风机和鼓风机电气控制系统设计

（1）实训目的

① 熟悉锅炉引风机与鼓风机设备。

② 熟悉基于 PLC 的电气控制系统的硬件设计与软件设计方法。

③ 熟悉基于 PLC 的电气控制系统的接线方法及线路调试方法。

（2）控制要求

① 引风机和鼓风机启动时为全压启动，停止时为自由停止。

② 按下启动按钮 SB1，引风机先启动，延时 8s 后鼓风机自行启动。

③ 按下停止按钮 SB2，鼓风机先停止，延时 8s 后引风机自行停止。

④ 有必要的短路保护、过载保护及信号指示。

⑤ 采用西门子 S7-200 PLC 控制。

（3）实训步骤

① 根据控制要求确定 PLC 的输入设备、输出设备、I/O 点数及型号。

② 根据控制要求确定 PLC 的输入信号类型及输出类型。

③ 根据控制要求设计 PLC 的主电路、控制电路、I/O 分配及外围接线图。

④ 根据控制要求设计 PLC 的梯形图程序。

⑤ 准备实训器材与导线。

⑥ 使 PLC 运行进行硬件线路调试与软件调试。

⑦ 调试成功后，写实训报告。

（4）能力及标准要求

① 能够独自进行 PLC 的选型。

② 能够独自进行 PLC 的硬件设计。

③ 能够独自进行 PLC 的软件设计。

④ 能够独自进行硬件线路调试与软件调试。

⑤ 能够实现控制目标，且安全可靠。

实训项目 2：基于 PLC 的运料小车电气控制系统设计

（1）实训目的

① 熟悉工业生产运料小车的循环往复运动控制方法。

② 熟悉基于 PLC 的电气控制系统的硬件设计与软件设计方法。

③ 熟悉基于 PLC 的电气控制系统的接线方法及线路调试方法。

（2）控制要求

① 运料小车电机启动时为全压启动，停止时为自由停止。

② 按下启动按钮 SB1，运料小车电机正转前进，前进到端头碰到限位开关 SQ1 后自动反转后退，后退到端头碰到限位开关 SQ2 后停止，并延时 90 s，90 s 后运料小车电机正转前进，前进到端头碰到限位开关 SQ1 后自动反转后退，后退到端头碰到限位开关 SQ2 后停止，并延时 90 s，如此循环往复。

③ 按下停止按钮 SB2，运料小车立即停止。

④ 有必要的短路保护、过载保护及信号指示。

⑤ 采用西门子 S7-200 PLC 控制。

（3）实训步骤

① 根据控制要求确定 PLC 的输入设备、输出设备、I/O 点数及型号。

② 根据控制要求确定 PLC 的输入信号类型及输出类型。

③ 根据控制要求设计 PLC 的主电路、控制电路、I/O 分配及外围接线图。

④ 根据控制要求设计 PLC 的梯形图程序。

⑤ 准备实训器材与导线。

⑥ 使 PLC 运行进行硬件线路调试与软件调试。

⑦ 调试成功后，写实训报告。

（4）能力及标准要求

① 能够独自进行 PLC 的选型。

② 能够独自进行 PLC 的硬件设计。

③ 能够独自进行 PLC 的软件设计。

④ 能够独自进行硬件线路调试与软件调试。

⑤ 能够实现控制目标，且安全可靠。

实训项目 3：基于 PLC 的排烟风机电气控制系统设计

（1）实训目的

① 熟悉排烟风机的控制方法。

② 熟悉基于 PLC 的电气控制系统的硬件设计与软件设计方法。

③ 熟悉基于 PLC 的电气控制系统的接线方法及线路调试方法。

（2）控制要求

① 排烟风机启动时为全压启动，停止时为自由停止。

② 可以手动控制和自动控制。

③ 可以与消防控制中心联动。

④ 可以进行过载报警。

⑤ 有必要的短路保护、过载保护及信号指示。

⑥ 采用西门子 S7-200 PLC 控制。

（3）实训步骤

① 根据控制要求确定 PLC 的输入设备、输出设备、I/O 点数及型号。

② 根据控制要求确定 PLC 的输入信号类型及输出类型。

③ 根据控制要求设计 PLC 的主电路、控制电路、I/O 分配及外围接线图。

④ 根据控制要求设计 PLC 的梯形图程序。

⑤ 准备实训器材与导线。

⑥ 使 PLC 运行进行硬件线路调试与软件调试。

⑦ 调试成功后，写实训报告。

（4）能力及标准要求

① 能够独自进行 PLC 的选型。

② 能够独自进行 PLC 的硬件设计。

③ 能够独自进行 PLC 的软件设计。

④ 能够独自进行硬件线路调试与软件调试。

⑤ 能够实现控制目标，且安全可靠。

习题与思考题

9.1 某温度传感器的输出信号为4～20mA，对应的测量温度范围为0～105℃，设计模拟量程转换程序，将温度传感器电流数据转换为相应的温度数据。

9.2 假设PID调节回路表的首地址位VW200，设定值为0.8，比例、积分、微分值分别是0.25s、0.1s、30min，根据这些值写出PID初始化程序段。

9.3 分析本章恒压供水程序：当某时刻VB400=2，VB401=2，出现VB300>=48Hz，分析程序运行过程，指出各水泵的运行状态。

9.4 分析本章恒压供水程序：当某时刻VB400=3，VB401=1，出现VB300<=20Hz，分析程序运行过程，指出各水泵的运行状态。

9.5 某供水系统使用变频调速的方式供水，根据计算选择两台7.5kW水泵供水满足用水量要求，设计电气控制电路满足以下要求：使用两台水泵可以工作在工频和变频状态，但不能同时在工频和变频工作，两台水泵应循环工作在变频状态；根据用水量的变化投入和退出水泵；供水压力要求基本恒定。设计硬件电路和PLC控制程序。

10 PLC 工程项目应用

学习目标

1. 了解触摸屏与组态应用。
2. 了解基于 PLC 的工程项目控制系统设计步骤、内容及方法。
3. 掌握 PLC 组网与系统设计方法。

10.1 触摸屏与组态的介绍

10.1.1 西门子 HMI 人机界面功能与介绍

HMI 是 Human Machine Interface 的缩写，即“人机接口”，也叫人机界面。HMI 人机界面是系统和用户之间进行交互和信息交换的媒介，它实现信息的内部形式与人类可以接受形式之间的转换。凡参与人机信息交流的领域都存在着人机界面。

HMI 的接口种类很多，有 RS-232，RS-485，RJ45 网线接口

（1）人机界面产品的定义

连接可编程序控制器、变频器、直流调速器、仪表等工业控制设备，利用显示屏显示，通过输入单元写入工作参数或输入操作命令，实现人与机器信息交互的数字设备，由硬件和软件两部分组成。

（2）HMI 人机界面产品的组成及工作原理

人机界面产品由硬件和软件两部分组成，硬件部分包括处理器、显示与输入单元、通信接口、数据存储单元等，其中处理器的性能决定了 HMI 产品的性能高低，是 HMI 的核心单元。根据 HMI 的产品等级不同，处理器可分别选用 8 位、16 位、32 位的处理器。 HMI 软件一般分为两部分，即运行于 HMI 硬件中的系统软件和运行于 PC 机 Windows 操作系统下的画面组态软件。如图 10-1 所示。使用者都必须先使用 HMI 的画面组态软件制作“工程文件”，再通过 PC 机和 HMI 产品的串行通信口，把编制好的“工程文件”下载到 HMI 的处理器中运行。

（3）HMI 人机界面产品的基本功能及选型指标

基本功能：

① 设备工作状态显示；

② 数据、文字输入操作，打印输出；

③ 生产配方存储，设备生产数据记录；

④ 简单的逻辑和数值运算；

⑤ 可连接多种工业控制设备组网。

选型指标：

① 显示屏尺寸及色彩，分辨率；

② HMI 的处理器速度性能；

③ 输入方式：触摸屏或薄膜键盘；

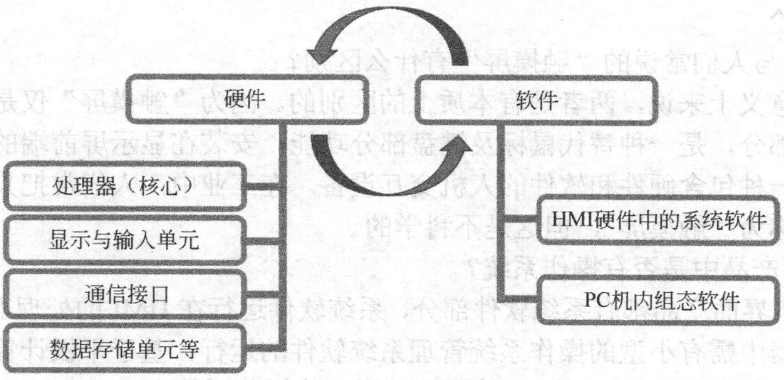

图 10-1　硬件和软件

④ 画面存储容量，注意厂商标注的容量单位是字节还是位；

⑤ 通信口种类及数量，是否支持打印功能。

（4）HMI 人机界面产品分类

① 薄膜键输入的 HMI，显示尺寸小于 5.7 in，画面组态软件免费，属初级产品。

② 显示屏尺寸为 5.7～12.1 in，画面组态软件免费，属中级产品。

③ 基于平板 PC 计算机、多种通信口、高性能 HMI 人机界面，显示尺寸大于 10.4 in，画面组态软件收费，属高端产品。

（5）人机界面的使用方法

① 明确监控任务要求，选择适合的 HMI 产品。

② 在 PC 机上用画面组态软件编辑“工程文件”。

③ 测试并保存已编辑好的“工程文件”。

④ PC 机连接 HMI 硬件，下载“工程文件”到 HMI 中。

⑤ 连接 HMI 和工业控制器，实现人机交互。

（6）HMI 在工业上的应用

① HMI 在纺织行业的应用　在纺织行业，HMI 产品主要用来设定和修改工艺参数，监控生产状况。HMI 可以帮助工艺工程师直接变更参数，无须变更设备结构或者控制程序，就数量而言，纺织机械是 HMI 产品使用最多的设备，每年都有大量的 HMI 产品在各种纺织机械上运用。

② HMI 在电力行业的应用　电力行业近两年的快速增长，是 HMI 市场上的一个亮点。但是，目前电力行业的 HMI 市场的整体规模并不大。这是由于电力行业的特点所造成的。通常来说，电厂中的主要设备都会纳入 DCS 系统，各个工程师站和操作员站只需通过 DCS 系统进行操作监控即可，并不需要太多现场 HMI。HMI 产品仅仅是在一些辅机或周边设备中使用。甚至，很多新建电厂已经将辅机也纳入了 DCS 系统，加之电厂本身的环境也限制了 HMI 产品运用。未来 HMI 产品在电力行业的增长主要体现在电网系统中。电网保护和监控系统都会用到 HMI 产品。由于电网系统本身对通信和数据存储要求比较高，电力行业中应用的 HMI 产品主要以平板电脑为主。

③ HMI 在市政工程中的应用　城市供水以及水处理领域的 HMI 主要用作 PLC 的上位机显示操作或者控制系统的工作站显示工作状态。在水厂，HMI 主要用作现场操作屏，作为配套使用在工序中。在“十一五”期间，国家将重点解决城镇污水处理率过低的情况，从根本上避免水环境的继续恶化。对于 HMI 产品来说，在市政行业的机会主要是水厂的系统升级、设备改造以及更多废水处理新项目。但是由于 HMI 产品在市政投资中所占比例很小，故 HMI 产品在市政行业的市场增长幅度不会太大。

（7）问题讨论

① 人机界面与人们常说的“触摸屏”有什么区别？

答：从严格意义上来说，两者是有本质上的区别的。因为“触摸屏”仅是人机界面产品中可能用到的硬件部分，是一种替代鼠标及键盘部分功能，安装在显示屏前端的输入设备；而人机界面产品则是一种包含硬件和软件的人机交互设备。在工业中，人们常把具有触摸输入功能的人机界面产品称为“触摸屏”，但这是不科学的。

② 人机界面产品中是否有操作系统？

答：任何人机界面产品都有系统软件部分，系统软件运行在 HMI 的处理器中，支持多任务处理功能，处理器中需有小型的操作系统管理系统软件的运行。基于平板计算机的高性能人机界面产品中，一般使用 WinCE、Linux 等通用的嵌入式操作系统。

③ 人机界面只能连接 PLC 吗？

答：不是这样的。人机界面产品是为了解决 PLC 的人机交互问题而产生的，但随着计算机技术和数字电路技术的发展，很多工业控制设备都具备了串口通信能力，所以只要有串口通信能力的工业控制设备，如变频器、直流调速器、温控仪表、数采模块等都可以连接人机界面产品，来实现人机交互功能。

④ 人机界面只能通过标准的串行通信口与其他设备相连接吗？

答：不对，大多数情况下是这样的。但随着计算机和数字电路技术的发展，人机界面产品的接口能力越来越强。除了传统的串行（RS-232、RS-422/RS-485）通信接口外，有些人机界面产品已具有网口、并口、USB 口等数据接口，它们就可与具有网口、并口、USB 口等接口的工业控制设备相连接，来实现设备的人机的交互。

⑤ PC 机加触摸屏，能否直接与 PLC 通信，完成 HMI 的功能？

答：当然可以。不过还要编制相应的 HMI 软件，才能使 PC 机成为一个真正的 HMI 产品。

⑥ 未来人机界面的发展趋势是什么？

答：随着数字电路和计算机技术的发展，未来的人机界面产品在功能上的高、中、低划分将越来越不明显，HMI 的功能将越来越丰富；5.7 in 以上的 HMI 产品将全部是彩色显示屏，屏的寿命也将更长。由于计算机硬件成本的降低，HMI 产品将以平板 PC 计算机为 HMI 硬件的高端产品为主，因为这种高端的产品在处理器速度、存储容量、通信接口种类和数量、组网能力、软件资源共享上都有较大的优势，是未来 HMI 产品的发展方向。当然，小尺寸的（显示尺寸小于 5.7 in）HMI 产品，由于其在体积和价格上的优势，随着其功能的进一步增强（如增加 I/O 功能），将在小型机械设备的人机交互应用中得到广泛应用。

10.1.2 WinCC flexible 组态功能与介绍

WinCC flexible 是德国西门子（SIEMENS）公司工业全集成自动化（TIA）的子产品，是一款面向机器的自动化概念的HMI软件。WinCC flexible 用于组态用户界面以操作和监视机器与设备，提供了对面向解决方案概念的组态任务的支持。WinCC flexible 与 WinCC 十分类似，都是组态软件，而前者基于触摸屏，后者基于工控机。

HMI 由硬件和软件两部分组成，硬件部分包括处理器、显示单元、输入单元、通信接口、数据存储单元等，其中处理器的性能决定了 HMI 产品的性能高低，是 HMI 的核心单元。根据 HMI 的产品等级不同，处理器可分别选用 8 位、16 位、32 位的处理器。HMI 软件一般分为两部分，即运行于 HMI 硬件中的系统软件和运行于 PC 机 Windows 操作系统下的画面组态软件（如 WinCC flexible）。使用者都必须先使用 HMI 的画面组态软件制作“工程文件”，再通过 PC 机和 HMI 产品的串行通信口，把编制好的“工程文件”下载到 HMI 的处理器中运行。

（1）HMI 人机界面产品的基本功能

① 设备工作状态显示，如指示灯、按钮、文字、图形、曲线等；

② 数据、文字输入操作，打印输出；

③ 生产配方存储，设备生产数据记录；

④ 简单的逻辑和数值运算；

⑤ 可连接多种工业控制设备组网。

（2）HMI 的选型指标

① 显示屏尺寸及色彩、分辨率、HMI 的处理器速度性能；

② 输入方式：触摸屏或薄膜键盘；

③ 画面存储容量，注意厂商标注的容量单位是字节（byte）还是位（bit）；

④ 通信口种类及数量，是否支持打印功能。

模块主要介绍西门子 TP 270 触摸屏，其接口外形如图 10-2 所示，接口功能描述如表 10-1 所示。

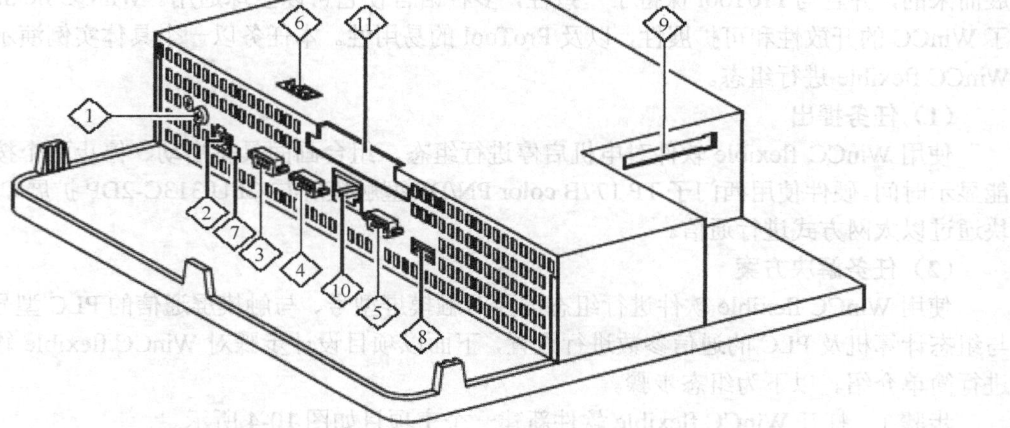

图 10-2　西门子 TP 270 接口排列图

表 10-1　接口功能描述

编　号	描　　述	应　　用
1	接地连接	用于连接到机架地线
2	电源	连接到电源 +24V DC
3	接口 IF1B	RS-422/RS-485(未接地)接口
4	接口 IF1A	用于 PLC 的 RS-232 接口
5	接口 IF2	用于 PC、PU、打印机的 RS-232 接口
6	开关	用于组态接口 IF1B
7	电池连接	连接可选备用电池
8	USB 接口	用于外部键盘，鼠标等的连接
9	插槽 B	用于 CF 卡
10	以太网接口（只用于 MP 270B）	连接 RJ45 以太网线
11	插槽 A（只用于 MP 270B）	用于 CF 卡

（3）装载程序

如图 10-3 所示，显示了触摸屏设备启动期间和运行系统结束时迅速出现的装载程序。

装载程序各按钮具有下述功能。

① 按下“传送（Transfer）”按钮，将触摸屏设备切换到传送模式，等待组态画面的传送。

② 按下“开始（Start）”按钮，启动运行系统打开触摸屏设备上已装载的项目。

③ 按下“控制面板（Control Panel）”按钮，访问 Windows CE 控制面板，可在其中定义各种不同的设置。例如，可在此设置传送模式的各种选项和参数。

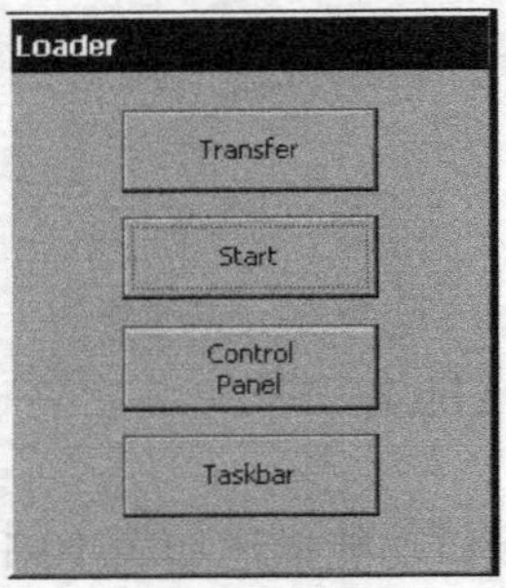

图 10-3 装载程序界面

④ 按下“任务栏（Taskbar）”按钮，以便在 Windows CE 开始菜单打开时显示 Windows 工具栏。

（4）使用口令保护装载程序

通过分配口令，可以保护装载程序免遭未经授权的访问。如果没有输入口令，则只有“传送（Transfer）”和“开始（Start）”按钮可以使用。这将防止错误操作，并增加系统或机器的安全性，因为控制面板中的设置不会被更改。

10.1.3 WinCC flexible 组态实例

西门子人机界面组态软件 WinCC flexible 是在被广泛认可的 ProTool 组态软件的基础上发展而来的，并且与 ProTool 保持了一致性，多种语言使它可以全球通用。WinCC flexible 还综合了 WinCC 的开放性和可扩展性，以及 ProTool 的易用性。本任务以一个具体实例演示如何使用 WinCC flexible 进行组态。

（1）任务提出

使用 WinCC flexible 软件对电机启停进行组态，组台画面具有启动、停止两个按钮，并且能显示时间。硬件使用西门子 TP 177B color PN/DP 型触摸屏与 CPU 313C-2DP 扩展 CP343-1 模块通过以太网方式进行通信。

（2）任务解决方案

使用 WinCC flexible 软件进行组态需要对触摸屏型号、与触摸屏通信的 PLC 型号、触摸屏与组态计算机及 PLC 的通信参数进行设置，下面以项目设计步骤对 WinCC flexible 软件的使用进行简单介绍。以下为组态步骤。

步骤 1 打开 WinCC flexible 软件新建一个空项目如图 10-4 所示。

步骤 2 在设备选择对话框中选取所用触摸屏的型号如图 10-5 所示，本例选用西门子 TP 177B color PN/DP 型触摸屏。

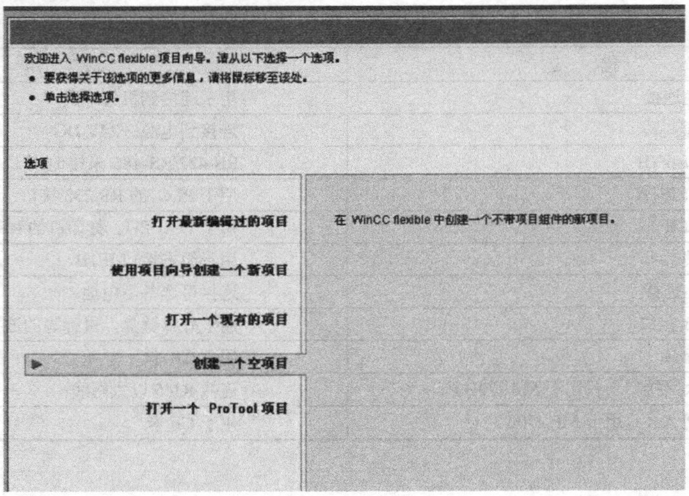

图 10-4 创建一个空项目界面

步骤 3 单击确定按钮进入 WinCC flexible 组态界面如图 10-6 所示。

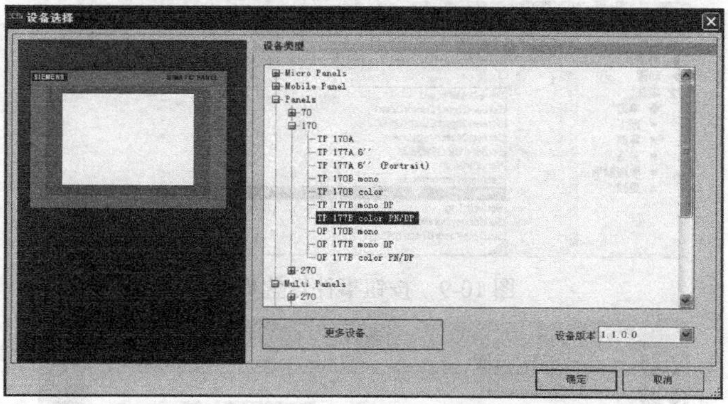

图 10-5　触摸屏型号选择界面

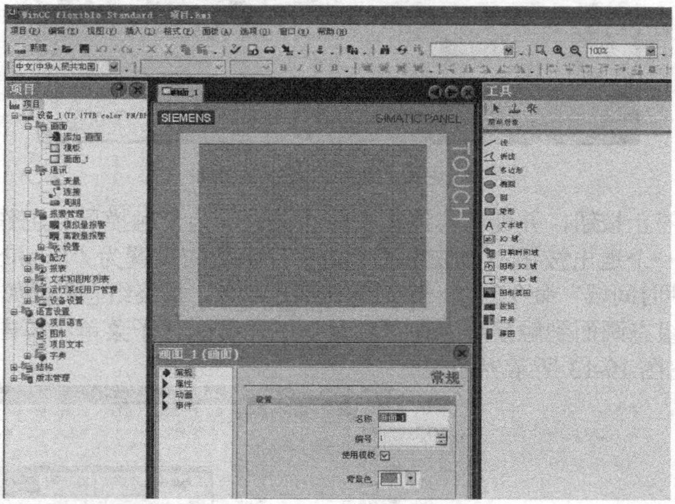

图 10-6　WinCC flexible 组态界面

步骤 4　变量设置。双击图 10-6 界面项目树中“通讯”→“变量”按钮，会弹出界面，如图 10-7 所示，建立组态画面变量与 PLC 进行连接，本例中的启动、停止变量分别与 S7-300 PLC 的 M0.0 和 M0.1 连接。

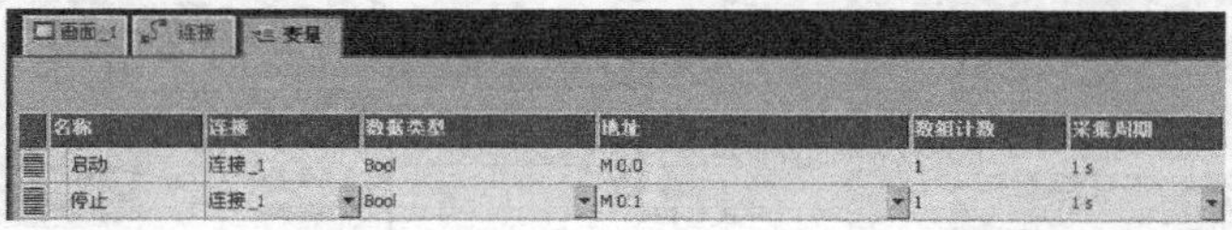
画面_1
连接
变量
名称
连接
数据类型
地址
数组计数
采集周期
启动
连接_1
Bool
M 0.0
1
1 s
停止
连接_1
Bool
M 0.1
1
1 s

图 10-7　通信变量参数设置界面

步骤 5　制作组态画面。双击图 10-6 界面项目树中“画面”→“画面_1”按钮，会弹出画面编辑界面，利用右方绘图工具箱中按钮命令在组态界面中添加按钮_1，并将其文本名字修改为“启动”，如图 10-8 所示。

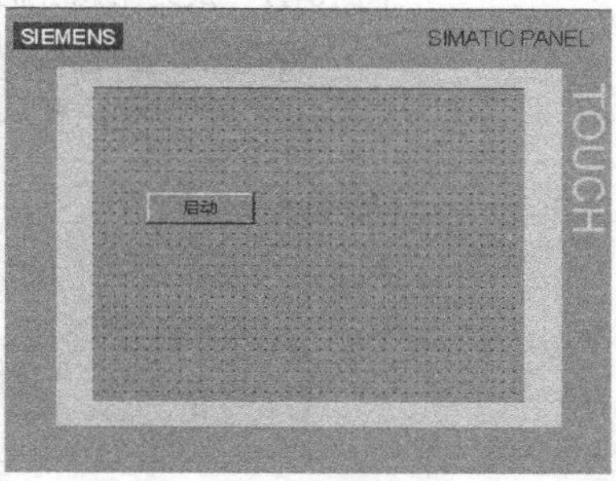

图 10-8　组态界面

在“启动”按钮属性窗口中单击“事件”子菜单，并且在单击事件中添加“SetBit”函数，如图 10-9 所示。

按钮事件命令设置好以后，下一步将该按钮与 PLC 相应位进行关联，如图 10-10 所示，本案例的启动按钮与第五步建立的启动变量相关联。

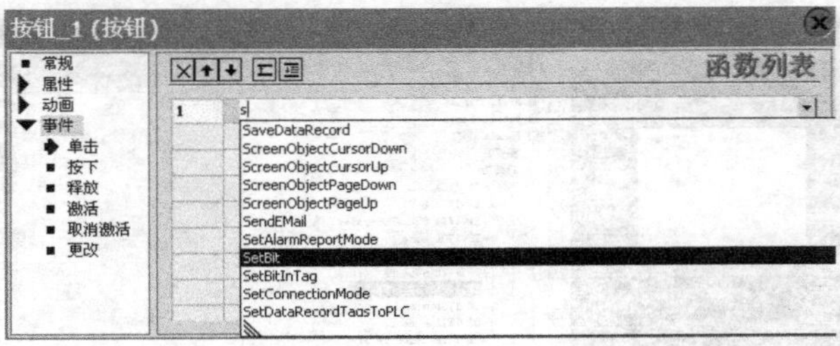

图 10-9　按钮事件设置界面

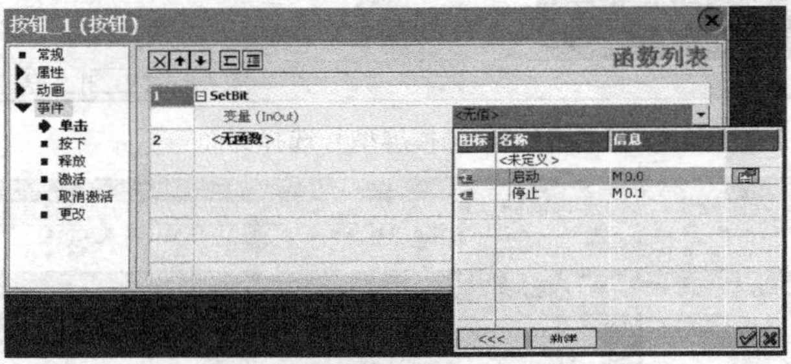

图 10-10　按钮变量设置界面

同样方法制作停止按钮，并使其与停止变量相关联。为使触摸屏在工作中能返回到触摸屏操作系统，需添加一个退出按钮，该按钮的单击事件函数应设置为“StopRuntime”。最后，从工具箱中调用“日期时间域”命令创建一个时间日期显示条，最终组态界面如图 10-11 所示。

步骤 6　下载组态画面到触摸屏。在“项目”→“传送”子菜单中单击“传送设置”如图 10-12 所示，会弹出图 10-13 所示界面。

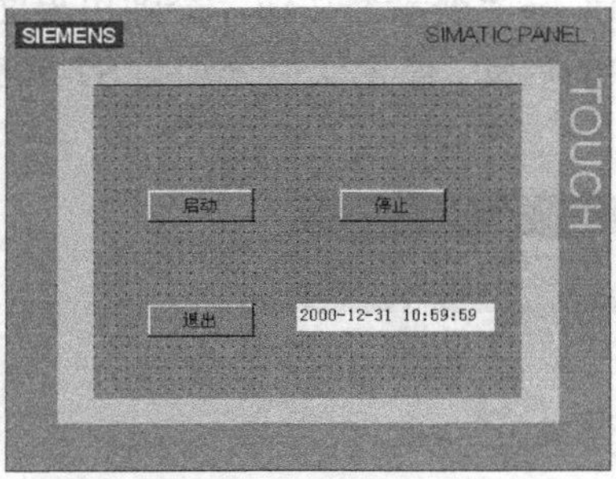

图 10-11　最终组态界面

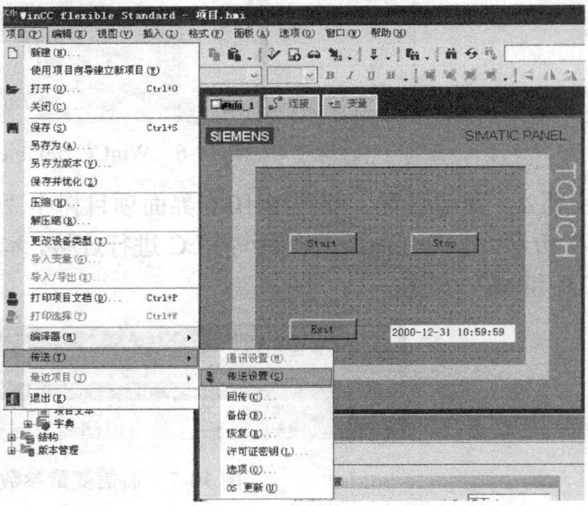

图 10-12　传送菜单选择界面

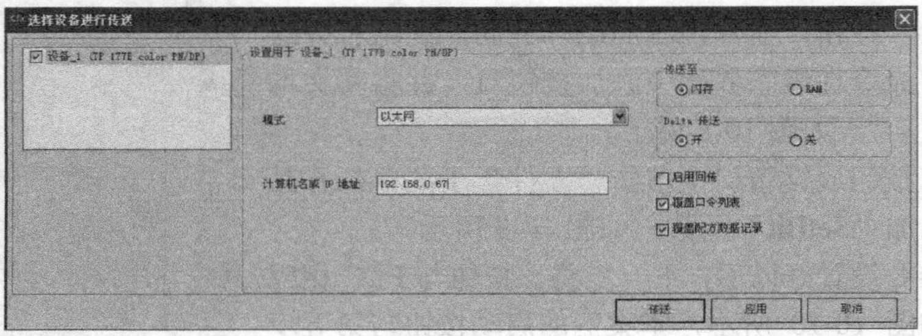

图 10-13　传送参数设置界面

注意：本任务采用以太网方式通信，所以“模式”应选择以太网，“计算机名称 IP 地址”为触摸屏 IP 地址，其他选项默认即可。最后单击“传送”按钮，出现图 10-14 传送状态后，图 10-11 所做的组态界面及变量的关联被下载到触摸屏。

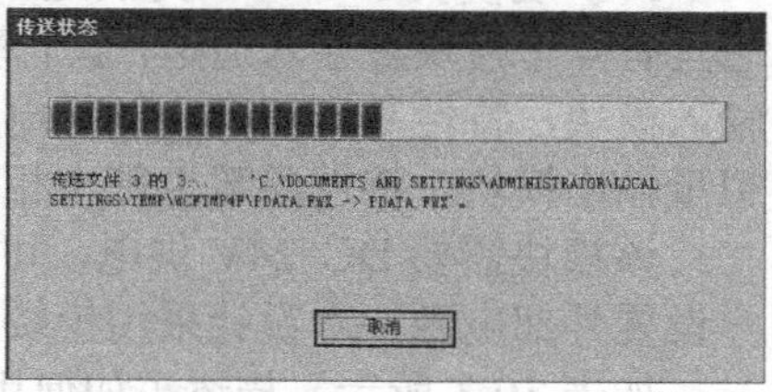

图 10-14 传送状态界面

10.2 工程项目实例设计

10.2.1 基于 PLC 与触摸屏的温度控制

10.2.1.1 硬件设计

（1）硬件配置

1）西门子 S7-200 PLC 西门子 S7-200 系列 PLC 以其极高的可靠性、丰富的指令集、易于掌握、便捷的操作、丰富的内置集成功能、实时特性、强劲的通信能力、丰富的扩展模块而适用于各行各业各种场合中的检测、监测及控制的自动化，其强大功能使其无论独立运行或连成网络皆能够实现复杂控制功能。S7-200 系列 PLC 在集散自动化系统中发挥其强大功能，使用范围从替代继电器的简单控制到更复杂的自动化控制，应用领域极为广泛，覆盖所有与自动检测、自动化控制有关的工业及民用领域，包括水电、核电、火电、各种输电、用电设施，各种机床、机械，环境保护设备及运动系统等。SIMATIC S7-200 PLC 系统构成包括基本单元（CPU 模块）、扩展单元（接口模块）、编程器、通信电缆、存储卡、写入器、文本显示器等。

2）基本单元（CPU） S7-200 CPU 将一个微处理器、一个集成的电源和若干数字量 I/O 点集成在一个紧凑的封装中，组成了一个功能强大的 PLC。CPU 的主要功能是进行逻辑运算及数学运算，并协调整个系统的工作。

西门子提供多种型号的 CPU 以适应不同的应用要求，每种型号都具有不同的数字量 I/O 点数、内存容量等规格参数。目前提供的 S7-200 CPU 型号有 CPU 221、CPU 222、CUP 224、CPU 226、CPU 226 XM，其规格如表 10-2 所示。

表 10-2 西门子 S7-200 各型号参数

特性		CPU 221	CPU 222	CPU 224	CPU 224 XP	CPU 226
外观尺寸/mm		90×80×62	90×80×62	120.5×80×62	140×80×62	190×80×62
程序存储器	带运行模式下编辑	4096 字节	4096 字节	8192 字节	12288 字节	16384 字节
	不带运行模式下编辑	4096 字节	4096 字节	12288 字节	16384 字节	24576 字节
数据存储器		2048 字节	2048 字节	8192 字节	10240 字节	10240 字节
掉电保护时间/h		50	50	100	100	100
本机 I/O	数字量	6 输入/4 输出	8 输入/6 输出	14 输入/10 输出	14 输入/10 输出	24 输入/16 输出
	模拟量	—	—	—	2 输入/1 输出	—
拓展模块数量		0 个模块	2 个模块	7 个模块	7 个模块	7 个模块
高速计数器	单向	4 路 30kHz	4 路 30kHz	6 路 30kHz	4 路 30kHz 2 路 200kHz	6 路 30kHz
	两相	2 路 20kHz	2 路 20kHz	4 路 20kHz	3 路 20kHz 1 路 100kHz	4 路 20kHz
脉冲输出 DC		2 路 20kHz	2 路 20kHz	2 路 20kHz	2 路 100kHz	2 路 20kHz
模拟电位器		1	1	2	2	2
实时时钟		卡	卡	内置	内置	内置
通信口		1 RS-485	1 RS-485	1 RS-485	2 RS-485	2 RS-485
浮点数运算		是				
数字 I/O 映像大小		256（128 输入/128 输出）				
布尔型执行速度		0.22 ms/指令				

对比较以上数据，考虑到传感器采取数据为模拟量，故而本文选择采用 CPU 224 XP，由于本设计外部设备较少，故而不再对电源供电等方面进行讨论，PLC 内部电源即可满足需求。

3）扩展模块 EM235　为满足工业控制要求，S7-200 PLC 配有模拟量输入/输出模块 EM235，它具有 4 个模块量输入通道，1 个模拟量输出通道。该模块的模拟量输入功能同 EM231 模拟量输入模块，特性基本相同，只是电压输入范围有所不同；该模块模拟量输出功能同 EM232 模拟量输出模块，特性参数也基本相同。

该模块需要 DC 24V 供电，可由 CPU 模块的传感器电源 DC 24V/400mA 供电，也可由用户设置外部电源，本设计采用模块数量较少，从经济角度和工业结构稳定角度考虑内部供电。

如表 10-3 所示，描述了如何用设定开关 DIP 设置 EM235 模块，开关 1～开关 6 可选择模拟量输入范围和分辨率，所有输入设置成相同的模拟量输入范围和格式。其中，开关 6 为选择单双极性、开关 4 和 5 为选择增益，开关 1、2 和 3 为选择衰减。

表 10-3　EM235 设定开关 DIP

单 极 性						满量程输入	分 辨 率
SW1	SW2	SW3	SW4	SW5	SW6		
ON	OFF	OFF	ON	OFF	ON	0～50mV	12.5μV
OFF	ON	OFF	ON	OFF	ON	0～100mV	25μV
ON	OFF	OFF	OFF	ON	ON	0～500mV	125μV
OFF	ON	OFF	OFF	ON	ON	0 至 1V	250μV
ON	OFF	OFF	OFF	OFF	ON	0 至 5V	12.5mV
ON	OFF	OFF	OFF	OFF	ON	0 至 20mA	5μA
OFF	ON	OFF	OFF	OFF	ON	0 至 10V	2.5mV
单 极 性						满量程输入	分 辨 率
SW1	SW2	SW3	SW4	SW5	SW6		
ON	OFF	OFF	ON	OFF	OFF	±25mV	12.5μV
OFF	ON	OFF	ON	OFF	OFF	±50mV	25μV
OFF	OFF	ON	ON	OFF	OFF	±100mV	50μV
ON	OFF	OFF	OFF	ON	OFF	±250mV	125μV
OFF	ON	OFF	OFF	ON	OFF	±500mV	250μV
OFF	OFF	ON	OFF	ON	OFF	±1V	500μV
ON	OFF	OFF	OFF	OFF	OFF	±2.5V	12.5mV
OFF	ON	OFF	OFF	OFF	OFF	±5V	2.5mV
OFF	OFF	ON	OFF	OFF	OFF	±25mV	5μA

本设计选择单极性，开关为 010001。

4）编程/通信电缆

① 编程/通信电缆是 PLC 用来实现与个人计算机 PC 通信的，连接 PLC 的 RS-485 口和计算机的 RS-232 可以用 PC/PPI 电缆。如表 10-4 所示，西门子 PC/PPI 电缆带有 RS-232/RS-485 电平转换器，是 PC 标准串口 RS-232 到 PPI 接口（PLC 通信端口 RS485）的转换电缆、互连电缆，是一种低成本的通信方式。适用于西门子 S7-200 系列 PLC，支持 PPI 协议和自由口通信协议，并可使用 MODEM（调制解调器）通过电话线远程通信。PC/PPI 电缆具有光电隔离和内置的防静电、浪涌等瞬态过电压保护电路，能够很好地保护电路，解决通信口易烧的问题。

表 10-4　PC-RS-232 插头和 PPI-RS-485 插头的信号定义

PC-RS-232 插头		PPI-RS-485 插头	
针号	信 号 说 明	针号	信 号 说 明
2	接收数据 RD（从 PC/PPI 输出）	2	24V 电源负极（RS-485 逻辑地）
3	发送数据 SD（输入到 PC/PPI）	3	RS-485 信号 B（RxD/TxD+）
4	数据终端就绪 DTR	7	24 电源正极
5	地（RS-232 逻辑地）	8	RS-485 信号 A（RxD/TxD–）
7	请求发送 RTS	9	协议选择

将 PC/PPI 电缆的 RS-485 插头插入 S7-200 PLC 的编程口，RS-232 插头插入 PC 的 RS-232 口，并在编程软件上选择对应的 COM 口号，将 10bit、11bit 选择开关拨到 11bit 位置即可。PC/PPI 电缆的波特率为 0～28.8kbit/s 自动适应无须设置。

考虑到本设计 PC 机与 PLC 需要进行长距离通信，需要外接电源，并且在 RS-485 插头 3、8 之间并接 120Ω 终端电阻以消除信号反射。

② 热电偶。热电偶是目前热电测温中普遍使用的一种温度计，其工作原理是基于热电效应，可广泛用来测量−200～1300℃范围内的温度。热电偶温度计具有结构简单，价格便宜，准确度高，测温范围广、热惯性小、准确度高、输出信号便于远传等优点。由于热电偶直接将温度转换为热电势进行检测，使温度的测量、控制、远传以及对温度信号的放大和变换都非常方便，适用于远距离测量和自动控制。在接触式测温方式中，热电偶温度计应用最为普遍。

在我国常用的热电偶达数十种，国际电工委员会 IEC 对其中已被国际公认的 8 种热电偶制定了国际标准，这些热电偶称为标准热电偶。标准热电偶已列入工业化标准文件中，文件规定了其热电势与温度之间的关系，并具有统一的分度表，标准热电偶具有与其配套的显示仪表可供选用；与此对应，非标准化热电偶在适用范围或数量级上均不及标准化热电偶，一般也没有统一的分度表，主要用于某些特殊场合的测量。这里选择 K 型热电偶（镍铬-镍硅），其长期使用温度为−270～1000℃，短期使用温度可达到 1300℃，在工业中应用最多，适应氧化性环境、线性度好。表 10-5 为其分度表部分内容。

表 10-5 K 型热电偶分度表（节选）

环境温度/℃ 电压/mV 电偶工作温度/℃	0	−10	−20	−30	−40	−50	−60	−70	−80	−90	−95	−100
−200	−5.89	−6.03	−6.15	−6.26	−6.34	−6.40	−6.44	−6.46				
−100	−3.55	−3.85	−4.14	−4.41	−4.7	−4.91	−5.14	−5.35	−5.55	−5.73	−5.81	−5.89
0	0	−0.39	−0.78	−1.16	−1.53	−1.89	−2.24	−2.59	−2.92	−3.24	−3.4	−3.55
环境温度/℃ 电压/mV 电偶工作温度/℃	0	10	20	30	40	50	60	70	80	90	95	100
0	0	0.4	0.8	1.2	1.61	2.02	2.43	2.85	3.27	3.68	3.89	4.09
100	4.09	4.51	4.92	5.33	5.73	6.14	6.54	6.94	7.34	7.74	7.94	8.14
200	8.14	8.54	8.94	9.34	9.75	10.15	10.56	10.97	11.38	11.79	12.00	12.21
300	12.21	12.62	13.04	13.46	13.87	14.29	14.71	15.13	15.55	15.98	16.19	16.4

注：参考温度点为 0 ℃（冰点）。

由温度传感器检测来的信号不是标准的电压（电流）信号，不能够直接传送给 PLC，因此温度传感器采集到的温度信号要经过变送器的处理以后才能被 A/D 转换器识别并转换为相应的数字信号。

温度变送器由基准源、冷端补偿、放大单元、线性化处理、V/I 转换、断偶处理、反接保护、限流保护等电路单元组成。它是将热电偶产生的热电势经冷端补偿放大后，再由线性电路消除热电势与温度的非线性误差，最后放大转换为 4～20mA 电流输出信号。为防止热电偶测量中由于电偶断丝而使控温失效造成事故，变送器中还设有断电保护电路。当热电偶断丝或接触不良时，变送器会输出最大值（28mA）以使仪表切断电源。

由于本设计采取了K型热电偶传感器，故而热电偶温度变送器采用K型热电偶温度变送器。

③ 电力调整器 本设计采用的锅炉为电阻炉，电阻炉是基于电阻发热原理的加热设备。电阻炉温度控制系统一般包括控制回路和主回路两个部分，主回路由晶闸管、过电流保护快速熔断器、过电压保护 RC 和电阻炉的加热元件等部分组成；控制回路是由直流信号电源、直流工作电源、电流反馈环节、同步信号环节、触发脉冲产生器、温度检测器和 PID 温度调节器等部分组成，其中主回路根据控制回路 PID 控制信号经功率分配调节装置（调功器）来调整加热体能够获取的发热功率。

调功器是加热主回路的核心部件，目前大多采用一体化的晶闸管电力控制器来实现电阻炉负载功率的调节分配。“晶闸管”又称“可控硅”（SCR），是一种四层三端半导体器件，具有体积小、结构简单、功能强大等优点。晶闸管门极与负极之间输入正向触发电压时晶闸管导通，阳极 A 与阴极 K 之间外加正向电压；若晶闸管阳极和阴极之间外加的是交流电压，则在电压过零时晶闸管会自行关断。调功器主要利用了晶闸管的无触点开关特性，能够迅速地将器件从关闭或阻断状态转换为开启或导通状态，通过开端状态和导通状态时间的改变来调节负载上的电压波形；同时由于晶闸管具有较宽的电流电压控制能力，晶闸管的应用也逐渐普及起来，常用于高电压和大电流的控制，通常情况下以封装好的整体单元来进行使用。

晶闸管调功器一般由触发板、晶闸管模块、专用散热器、风机、外壳等组成，其核心部件是控制板和晶闸管模块，散热系统采用高效散热、低噪声风机。晶闸管调功器一般与带有 0～5V，4～20mA 的智能 PID 调节器或 PLC 配套使用，负载类型可以是三相阻性负载、三相感性负载及三相变压器负载。目前主流电力调整器都是调压与调功一体化的，调压采用移相控制方式，有定周期调功和变周期调功两种方式。

本设计主要采用 JK3S 系列调功器。JK3S 系列调功器是具有高度数字化的新型功率控制设备，集移向调压型和变周期、定周期过零调功型三种触发方式于一体，通过外部转换开关可在三种触发方式之间任意转换；带有数码显示模块，能够实时显示输入信号、负载功率、负载电压以及负载电流，有斜率调整、缓启动、缓关断、电流限制、过流保护、电压限制、过压保护报警等功能，具有开环调压、闭环恒流、闭环恒压、闭环恒功率四种调节方式；参数设置方便，接线简单，具有通信功能，RS-485 接口，标准 MODBUS RTU 通信协议，计算机能够通过 485 通信数字量进行控制。JK3S 型三相数字晶闸管调压器与 0～5V、4～20mA 的智能 PID 调节器或 PLC 配套使用，能够实现精确的温度控制。

从网站上查阅到主要技术参数如表 10-6 所示。

表 10-6 JK3S 系列三相全数字晶闸管功率控制器

输入	主回路电源	3AC 100～500V，45～65Hz
	控制电源	AC 220V±15%
	风机电源	AC 220V，50/60Hz
输出	输出电压	主回路输入电压的 0～95%
	输出电流	AC 25～3000A
	控制方式	开环、恒压、恒流、恒功率、调功、LZ 等任意选择
	负载性质	电阻性、电感性、变压器一次侧
主要控制特性	控制信号	模拟给定、内部数字给定、通讯给定任意选择
	输入输出	5 路模拟量输入（可编程），4 路开关量输入（可编程）
		4 路模拟量输出（可编程），3 路开关量输出（可编程）
保护	过流保护	输出电流≥2 倍额定值时保护时保护
	频率故障	电源频率超出范围时保护（45～65Hz）
	SCR 过热保护	SCR 温度>75℃时保护
	缺相保护	主回路输入电源缺相时保护
	负载断线	负载断线或部分断线时保护
调节精度		电流、电压、功率控制优于 1%

（2）硬件连接

如图 10-15、图 10-16 所示。

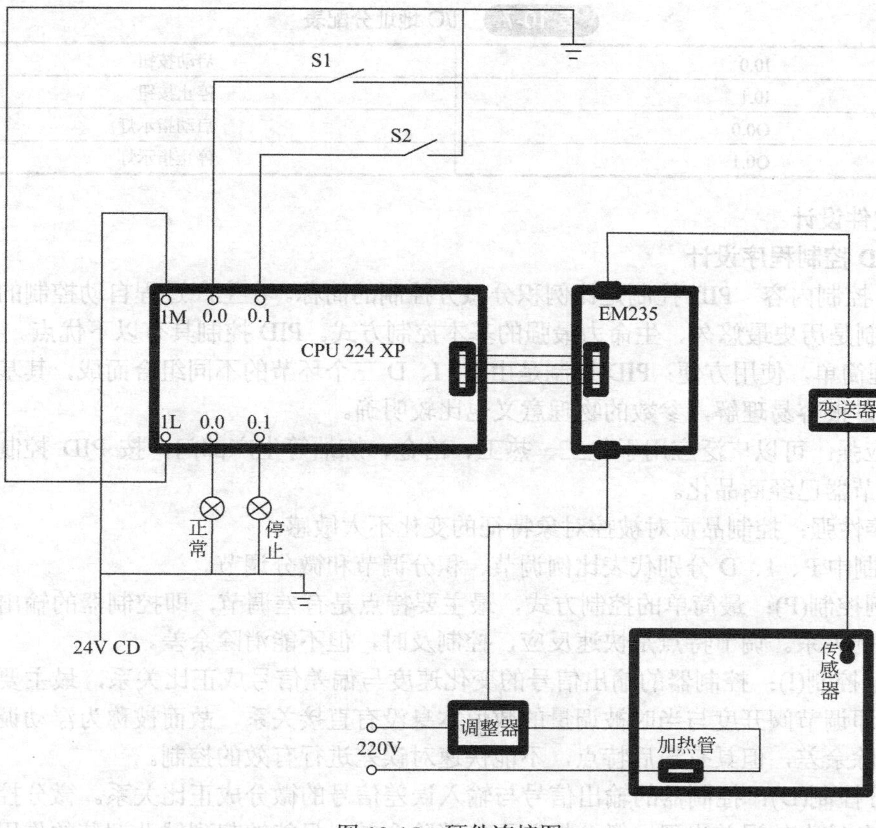

图 10-15 硬件连接图

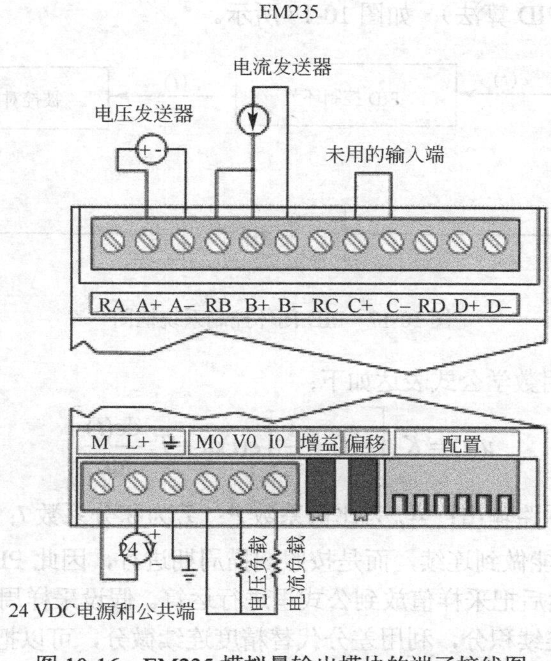

图 10-16 EM235 模拟量输出模块的端子接线图

（3）地址分配表

如表 10-7 所示。

表 10-7　I/O 地址分配表

I0.0	启动按钮
I0.1	停止按钮
Q0.0	启动指示灯
Q0.1	停止指示灯

10.2.1.2　软件设计

（1）PID 控制程序设计

1）PID 控制内容　PID 控制是比例积分微分控制的简称。在生产过程自动控制的发展历程中，PID 控制是历史最悠久、生命力最强的基本控制方式。PID 控制具有以下优点。

a．原理简单，使用方便：PID 控制是由 P、I、D 三个环节的不同组合而成，其基本组成原理比较简单，很容易理解，参数的物理意义也比较明确。

b．适应强：可以广泛应用于化工、热工、冶金、炼油等生产部门，按 PID 控制进行工作的自动化调节器已经商品化。

c．鲁棒性强：控制品质对被控对象特征的变化不太敏感。

PID 控制中 P、I、D 分别代表比例调节、积分调节和微分调节。

a．比例控制(P)：最简单的控制方式，最主要特点是有差调节，即控制器的输出与输入误差信号成比例关系。调节特点是快速反应，控制及时，但不能消除余差。

b．积分控制(I)：控制器的输出信号的变化速度与偏差信号成正比关系，最主要的特点是无差调节，即调节阀开度与当时被调量的数值本身没有直接关系，故而被称为浮动调节。积分控制可以消除余差，但具有滞后特点，不能快速对误差进行有效的控制。

c．微分控制(D)：控制器的输出信号与输入误差信号的微分成正比关系。微分控制具有超前作用，避免较大的误差出现，微分控制不能消除余差，只能够起到辅助调节的作用，可以与其他调节结合成 PI、PD 或 PID 等。

2）PID 控制原理（PID 算法）　如图 10-17 所示。

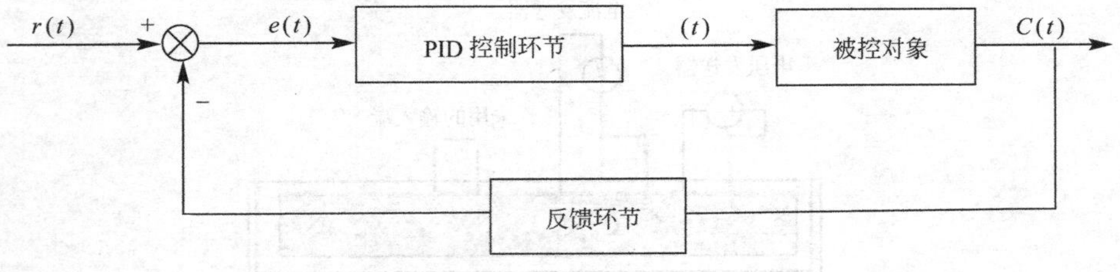

图 10-17　PID 闭环控制系统框图

连续 PID 算法方程用数学公式表达如下：

$$u(t)=K_p\left[e(t)+\frac{1}{T_i}\int_0^1 e(t)\mathrm{d}t+T_d\frac{\mathrm{d}e(t)}{\mathrm{d}t}\right]$$

式中，$u(t)$ 为 PID 回路输出；K_p 为比例系数 P；T_i 为积分系数 I；T_d 为微分系数 D。

由于 PLC 运算不可能做到连续，而是按照扫描周期进行，因此 PLC 中检测值是按照设定的时间周期进行采样，然后把采样值放到公式里进行运算。假设采样周期是 T，初始时间为零，利用矩形积分代替精度连续积分，利用差分代替精度连续微分，可以把上式简化成：

$$u(n)=K_p\left\{e(n)+\frac{T}{T_i}\sum_{i=0}^{n}e(i)+\frac{T_d}{T}\left[e(n)-e(n-1)\right]\right\}$$
$$=u_p(n)+u_i(n)+u_d(n)+u_0$$

式中，$u_p(n)=K_pe(n)$称为比例项；

$u_i(n)=K_p\dfrac{T}{T_i}\sum\limits_{i=0}^{n}e(i)$称为积分项；

$u_d(n)=K_p\dfrac{T_d}{T}[e(n)-e(n-1)]$称为微分项。

3）PID输入输出值转换

① 在实际应用中，设定值和检测值均为实际数值，其大小、范围和公称单位可能不同。将这些实际数值用于PID指令操作之前，必须将其转化为标准化小数表示法。方法如下：

第一步是将实际数值从16位整数数值转换成浮点或实数数值，然后将这些小数数值转换成0.0～1.0之间的标准化数值。

转化公式：PID标准值=原值÷值域+偏置。

式中，偏置是单极性数值取0.0，是双极性数值取0.5；值域是可能的最大值减去可能的最小值的差值，如图10-18、图10-19所示。

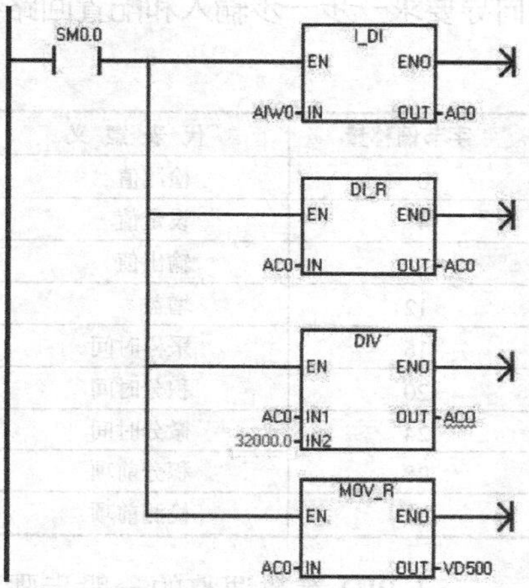

图10-18 单极性数值例子程序（1）

② 在实际应用中，输出值均为实数值，其大小、范围和工程单位可能不同。这些实际数值用于PID指令之后，必须将PID标准化小数转化为实际数值，方法如下：

第一步是将PID标准值转化成实数数值，然后将实数数值转换成0～32000或-32000～+32000之间的标准化数值。

转换公式：实际输出值=（PID标准输出值-偏置）×值域。

式中，偏置是单极性数值取0.0，是双极性数值取0.5；值域是可能的最大值减去可能的最小值的差值，如图10-20、图10-21所示。

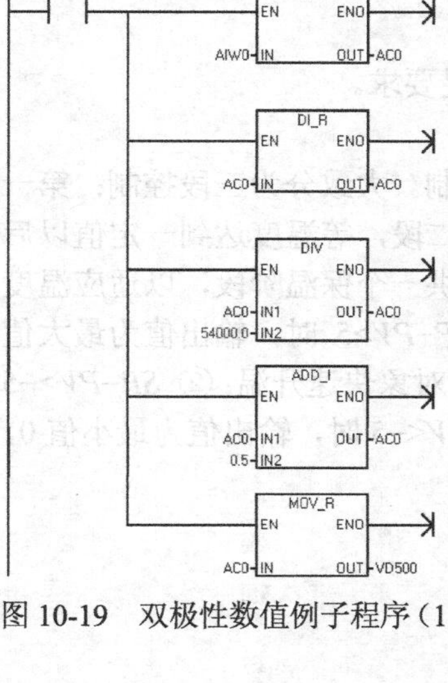

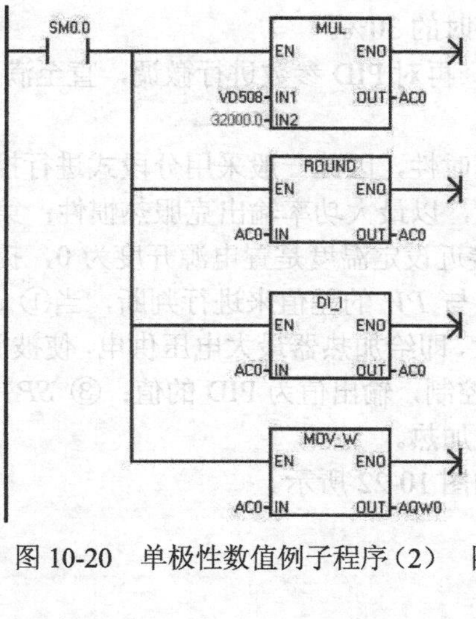

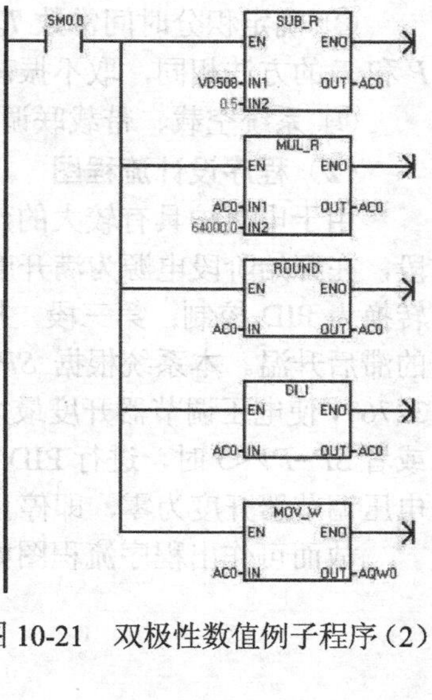

图10-19 双极性数值例子程序（1） 图10-20 单极性数值例子程序（2） 图10-21 双极性数值例子程序（2）

4）PID 在 PLC 中的回路指令　PID 运算指令是根据表格（TBL）中的输入和设置信息对 LOOP 指定的回路执行 PID 环路计算的指令，其指令样式如表 10-8 所示。

表 10-8　PID 计算指令样式

	输入/输出	操作数	数据类型
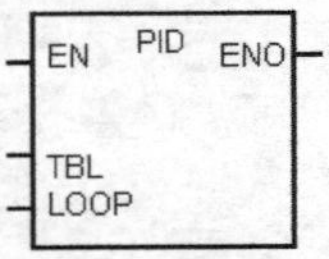	TBL	VB	字节
	LOOP	常量（0～7）	字节

由于需要进行 PID 闭环控制的场合很多，一般的 PLC 都具有 PID 运算指令，用户只需要按照向导要求一步一步输入和配置回路参数信息，即可立即达到 PID 运算的任务，如表 10-9 所示。

表 10-9　基本 PID 环路表

字节偏移量	代表意义	数据类型	IN/OUT	说明
0	检测值	小数	IN	范围：0.0～1.0
4	设定值	小数	IN	范围：0.0～1.0
8	输出值	小数	IN/OUT	范围：0.0～1.0
12	增益	小数	IN	比例常数，可正可负
16	采样时间	小数	IN	单位为"秒"，正数
20	积分时间	小数	IN	单位为"分钟"，正数
24	微分时间	小数	IN	单位为"分钟"，正数
28	积分前项	小数	IN/OUT	范围：0.0～1.0
32	检测前项	小数	IN/OUT	最近一次 PID 运算的检测值

5）PID 参数调整的一般步骤　目前应用最多的整定方法主要是工程整定法，包括经验法、衰减曲线法、临界比例带法和反映曲线法。这里介绍一般步骤：

① 确定比例增益 P。确定比例增益 P 时，首先去掉 PID 的积分项和微分项，一般是令 T_i=0、T_d=0，PID 为纯比例调节。输入设定为系统允许的最大值的 60%～70%，由 0 逐渐加大比例增益 P，直至系统出现振荡；再反过来，从此时的比例增益 P 逐渐减小，直至系统振荡消失，记录此时的比例增益 P，设定 PID 的比例增益 P 为当前值的 60%～70%。比例增益 P 调试完成。

② 确定积分时间常数 T_i。比例增益 P 确定后，设定一个较大的积分时间常数 T_i 的初值，然后逐渐减小 T_i，直至系统出现振荡，之后再反过来，逐渐加大 T_i，直至系统振荡消失。记录此时的 T_i，设定 PID 的积分时间常数 T_i 为当前值的 150%～180%。积分时间常数 T_i 调试完成。

③ 确定积分时间常数 T_d。积分时间常数 T_d 一般不用设定，为 0 即可。若要设定，与确定 P 和 T_i 的方法相同，取不振荡时的 30%。

④ 系统空载、带载联调，再对 PID 参数进行微调，直至满足要求。

（2）程序设计流程图

由于电热炉具有较大的延时性，因此一般采用分段式进行控制。大致分为三段控制：第一段，在开始阶段电源为满开度，以最大功率输出克服热惯性；第二段，等温度达到一定值以后转换为 PID 控制；第三段，接近设定温度是置电源开度为 0，提供一个保温阶段，以适应温度的滞后升温。本系统根据 SP 与 PV 的差值来进行判断，当① $SP-PV>5$ 时，输出值为最大值 32767，使电压调节器开度最大，即给加热器最大电压供电，使被测对象快速升温；② $SP-PV>-5$ 或者 $SP-PV<5$ 时，进行 PID 控制，输出值为 PID 的值；③ $SP-PV<-5$ 时，输出值为最小值 0，电压调节器开度为零，即停止加热。

故而可作出程序流程图如图 10-22 所示。

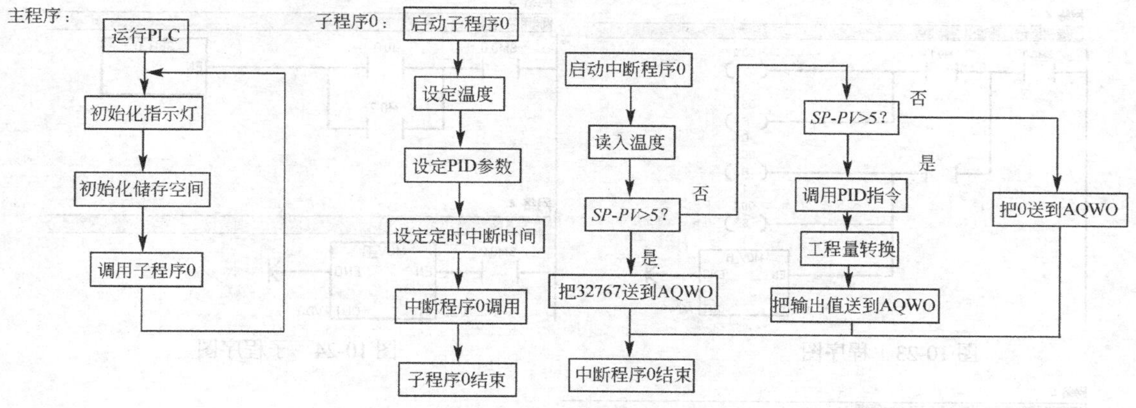

图 10-22 程序流程图

（3）内存分配地址及 PID 指令回路

如表 10-10、表 10-11 所示。

表 10-10 内存分配地址

地　址	说　明
VD0	设定温度存放
VD4	测量温度存放
VD8	温度偏差存放

表 10-11 PID 指令回路表

地　址	名　称	说　明
VD100	过程变量 PV_n	0.0～1.0 之间
VD104	给定值 SP_n	0.0～1.0 之间
VD108	输出值 M_n	0.0～1.0 之间
VD112	增益 K_c	比例常数，可负可正
VD116	采样时间 T_s	单位 s，正数
VD120	积分时间 T_i	单位 min，正数
VD124	微分时间 T_d	单位 min，正数
VD128	积分项前值 MX	0.0～1.0 之间
VD132	过程变量前值 PV_{n-1}	0.0～1.0 之间

（4）S7-200 程序设计梯形图

① 启动/停止　按下启动按钮后，开始标志位 M0.1 置位，M0.2 复位；按下停止按钮后，开始标志位 M0.1 复位，M0.2 置位

② 初始化　启动时，运行指示灯 Q0.0 点亮；停止时，停止指示灯 Q0.1 点亮，并清空输出模拟量 AQW0 防止继续加热，如图 10-23 所示。

③ 调用子程序　调用子程序，并将设定温度输送到设定温度存储器，如图 10-24 所示。

④ 数据导入　将设定温度及 PID 各个参数导入 PID 运算当中，并确定中断间隔时间，如图 10-25 所示。

⑤ 测量值归一处理　测量值为模拟量，必须转换为数字量以后才能进行运算，将转换后的测量值送到变量存储器中，最后导入 PID 运算，如图 10-26 所示。

⑥ 计算设定量与过程变量差值　将设定量与过程变量进行对比计算，根据两者之间的差值选择合适的加热方式，如图 10-27 所示。

⑦ 根据具体情况选择合适的加热方式　若实际温度与设定温度差值过大，可选择大功率加热，此时调压器处于全开状态。

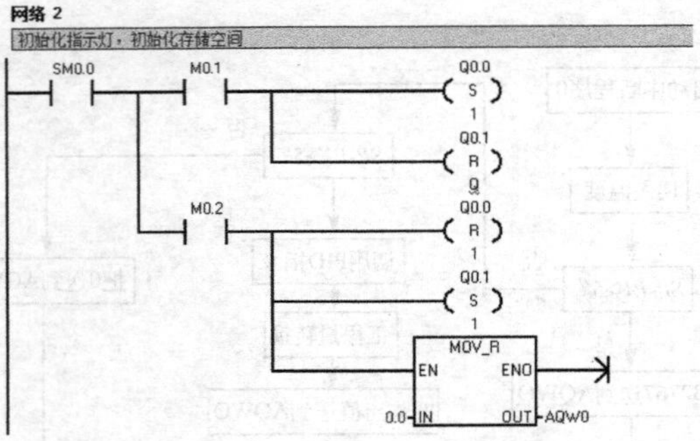

图 10-23 程序图

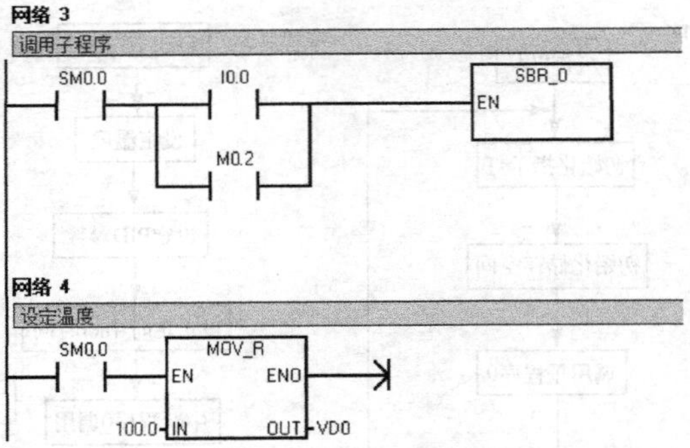

图 10-24 子程序图

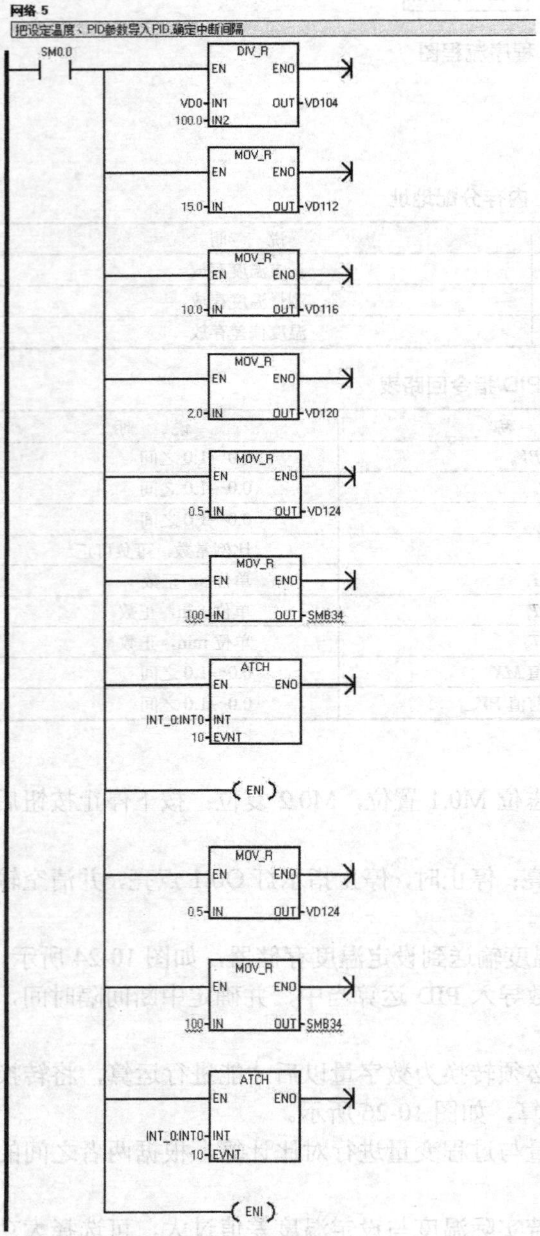

图 10-25 数据导入程序图

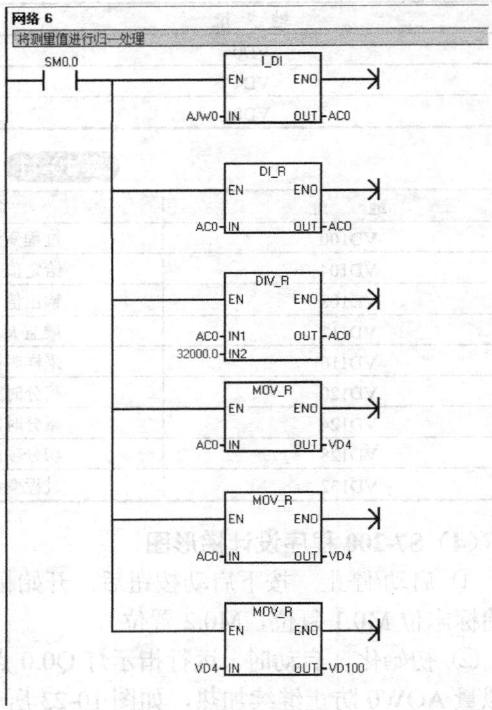

图 10-26 模拟量转换数字量程序图

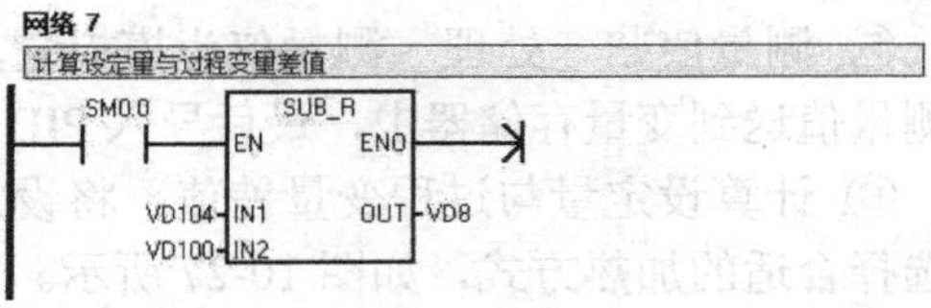

图 10-27 设定量与过程量比较程序图

若实际温度与设定温度差值不大，可选择PID控制加热，此时调压器由PID进行控制。

若实际温度与设定温度差值很小，则停止加热运用加热延迟性即可；若实际温度已经超过设定温度，则停止加热。两种情况下调压器处于全闭状态，输出为零。

根据具体情况选择合适加热方式，如图10-28所示。

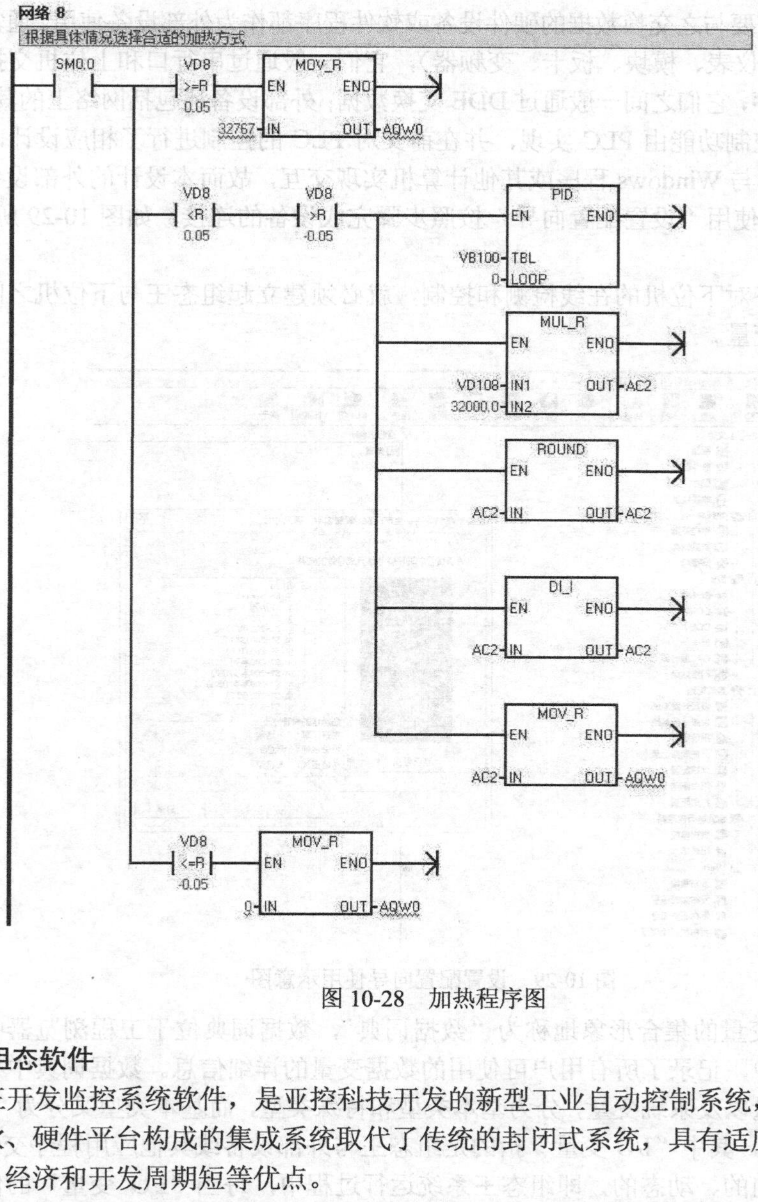

图10-28 加热程序图

10.2.1.3 组态软件

组态王开发监控系统软件，是亚控科技开发的新型工业自动控制系统，组态王以标准的工业计算机软、硬件平台构成的集成系统取代了传统的封闭式系统，具有适应性强、开放性好、易于扩展、经济和开发周期短等优点。

组态王软件结构由工程管理器、工程浏览器以及运行系统三个部分构成。工程管理器主要用于新工程的创建和已有工程的管理，对已有的工程进行搜索、添加、备份、回复以及实现数据词典的导入和导出等功能；工程浏览器是一个工程开发设计工具，用于创建监控画面、监控的设备及相关变量、动画连接、命令语言以及设定运行系统配置等的系统组态工具；运行系统是工程运行界面，可以从采集设备中获取通信数据，并依据工程浏览器的动画设计显示动态画面，实现人与控制设备的交互操作。

通常情况下，建立一个组态王应用工程大致可以分为以下几个步骤：① 创建新工程；② 定义硬件设备并添加工程变量；③ 制作图形画面并定义动画连接；④ 编写命令语言；⑤ 进行运行系统配置；⑥ 保存工程并运行。需要注意的是，以上 6 个步骤并不是完全独立，甚至大部分是交错进行的，在用组态王画面开发系统编制工程时，要依照以上步骤考虑三个方面的问题：图形、数据和连接。

（1）外部设备定义

组态王把那些需要与之交换数据的硬件设备或软件程序都作为外部设备使用。通常外部设备包括下位机（PLC、仪表、模块、板卡、变频器），它们一般通过串行口和上位机交换数据；其他 Windows 应用程序，它们之间一般通过 DDE 交换数据；外部设备还包括网络上的其他计算机。

本设计主要的控制功能由 PLC 实现，并在前文对 PLC 的控制进行了相应设计，组态王主要实现监测功能，不与 Windows 程序或其他计算机实现交互，故而本设计的外部设备为“西门子 S7-200 PLC”，并使用“设置配置向导”按照步骤完成设备的连接，如图 10-29 所示。

（2）数据变量

若要实现组态王对下位机的在线检测和控制，就必须建立起组态王与下位机之间的联系，即建立两者的数据变量。

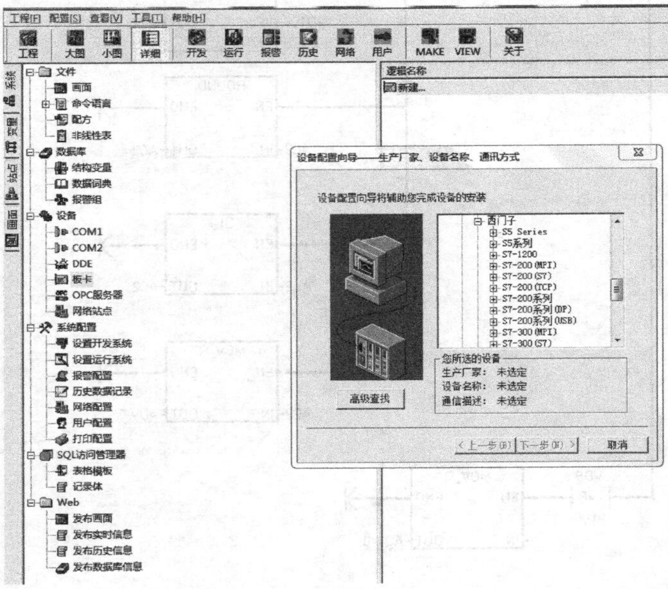

图 10-29　设置配置向导使用示意图

在组态王中，变量的集合形象地称为“数据词典”，数据词典位于工程浏览器中的“数据库”项的下拉列表中，记录了所有用户可使用的数据变量的详细信息。数据词典中存放的是应用工程中定义的变量以及系统变量，分为基本类型和特殊类型，而基本类型又分为“内存变量”和“I/O 变量”两种，其中“I/O 变量”指的是组态王与外部设备或其他应用程序交换的变量。这种数据交换是双向的、动态的，即组态王系统运行过程中，每当“I/O 变量”的值变化时，该值就会自动写入外部设备或远程应用程序；每当外部设备或远程应用程序的值变化时，组态王系统的变量值也会自动改变。

定义数据变量可以在系统设计开始之前进行设计，即通过“数据库—数据词典—新建”来定义变量，也可以在系统设计过程中进行定义，为了更好地展现变量应用的场合，本文采用的后一种设计方式，将在下文各步骤设计中体现。

（3）组态王画面设计

本设计为“基于西门子 S7-200 PLC 的温度控制系统设计”，主要控制由 PLC 进行实现，故而拟通过组态王实现简单的远程监测作用。在拟实现功能上，初步选定能够指示运行状态、实现实时温度反馈、实现温度变化趋势、实现报警记录查询等功能，组态王主画面设计如图 10-30 所示。

其中：状态指示灯能够根据加热运行状态进行反映，保证用户最直接地判断运行状态；实时温度反馈通过数字实现，精准地反映出锅炉实时温度；温度变化趋势主要用来实现加热状态和趋势的初步判断；报警记录能够对历史报警记录进行查询。

1）建立新画面　组态王开发系统可以为每个工程建立数目不限的画面，在每个画面上生成相互关联的静态或动态图形对象。组态王采用面向对象的编程技术，使用户可以方便地监理画面的图形界面，用户构图时，可以像搭积木那样利用系统提供的图形对象完成画面的生成，同时支持画面之间的图形对象复制，可重复使用以前的开发结果。

在工程浏览器左侧的“工程目录显示区”中选择“画面”选项，在右侧视图中双击“新建”图标，弹出新建画面对话框，如图 10-31 所示。

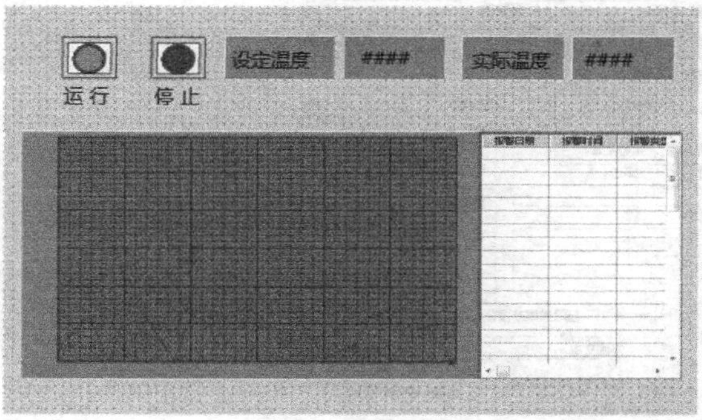

图 10-30　监控界面示意图

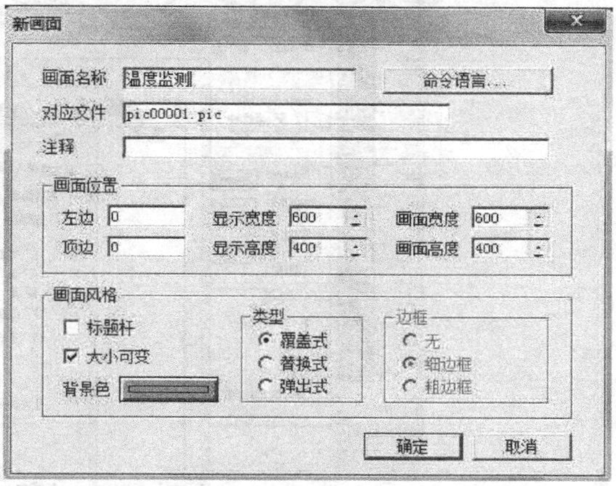

图 10-31　新建画面操作示意图

2）实时趋势曲线制作　趋势曲线用来反映变量随时间的变化情况，组态王对趋势分析提供了强有力的支持和简单的控制方法。趋势曲线有实时曲线和历史趋势曲线两种，对于实时趋势曲线最多可以显示 4 条曲线，而历史趋势曲线最多可显示 16 条曲线，而一个画面中可以定义数量不限的趋势曲线。

趋势曲线中，工程人员可以规定时间间距、数据的数值范围、网络分辨率、时间坐标数目、数值坐标数目以及绘制曲线的“笔”的颜色属性。画面程序运行时，实时曲线可以自动卷动，以快速反映变量随时间的变化；历史趋势曲线不能自动卷动，它一般与功能按钮一起工作以共同完成历史数据的查看工作。

本文选择“实时趋势曲线”：在制作画面中，选择菜单“工具—实时趋势曲线”后鼠标变为“+”，随后在画面中拖动画出大小合适的曲线图标，并双击该图形进行参数设置和坐标轴设置，将组态变量与 PLC 设备进行一一对应和进行报警上限设定，同时对坐标轴网格状态和显示进行设定，如图 10-32～图 10-34 所示。

3）报警窗口制作　报警窗口是用来显示组态王系统中发生的报警和事件信息，报警窗口分为实时报警窗口和历史报警窗口。实时报警窗口主要显示当前系统中发生的实时报警信息和报警确认信息，一旦报警回复后将从窗口中消失；历史报警窗口中显示系统发生的所有报警和事件信息，主要用于对报警和事件信息进行查询。本文采用后者，主要实现查询和记录功能，在设计上不进行单独窗口的设计，在原有窗口中通过“工具—报警窗口”绘制并进行属性设置。

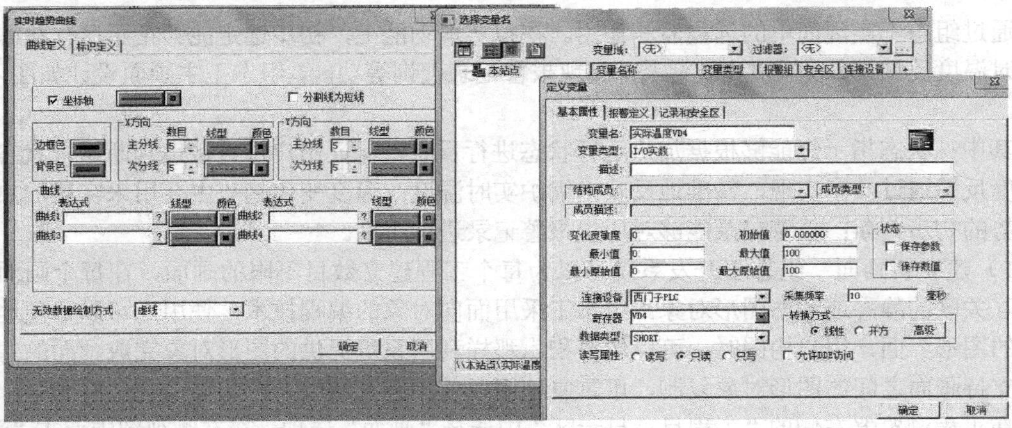

图 10-32　定义基本属性

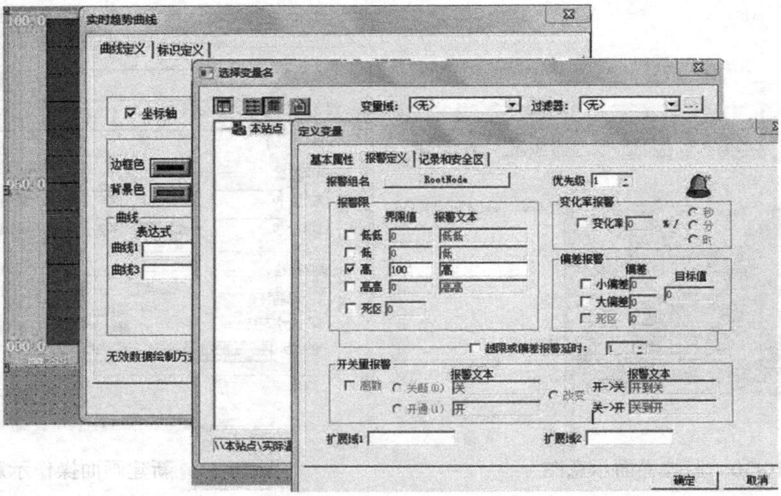

图 10-33　定义报警

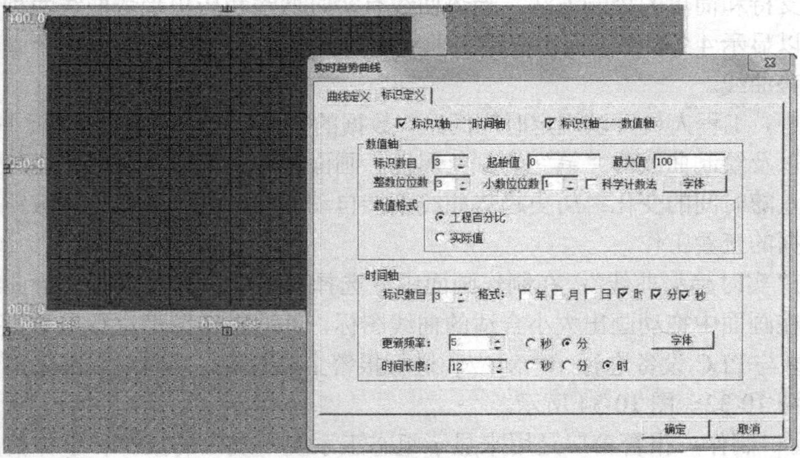

图 10-34　定义坐标轴属性

① 通用属性设置：设置窗口名称、窗口类型（实时报警窗口、历史报警窗口）、窗口显示属性以及日期和时间显示格式等，如图 10-35 所示。

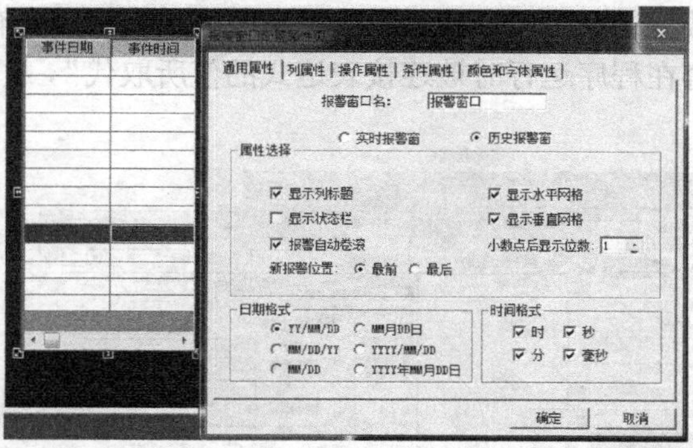

图 10-35 通用属性设置

② 列属性设置：设置报警窗口中显示的内容，包括报警日期时间显示与否、报警变量名称显示与否、报警限值显示与否、报警类型显示与否，如图 10-36 所示。

③ 操作属性、条件属性、颜色和字体属性等内容按默认计。

4）指示灯　为了方便用户的使用，组态王软件专门设计了图库管理器，在图库管理器中有一些已制作成形的图素结合。使用图库管理器降低了工程人员设计页面的难度，使其集中精力于维护数据库和增强软件内部的逻辑控制，缩短开发周期；同时用图库开发的软件将具有统一的外观，方便工程人员学习和掌握；另外利用图库的开放性，工程人员可以生成自己的图库元素。

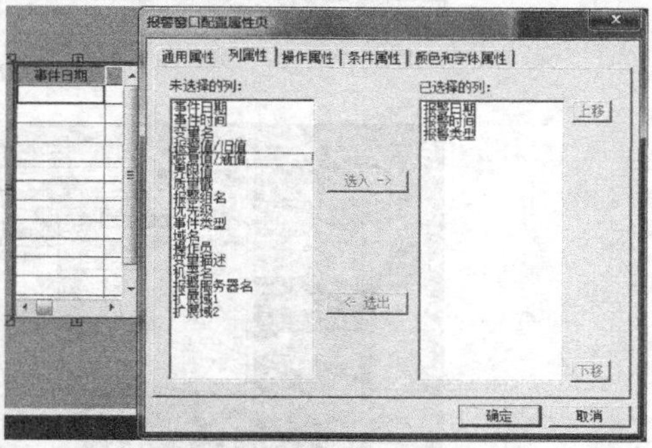

图 10-36 列属性设置

① 选择指示灯类型：选择菜单栏“图库—打开图库”，即出现图库管理器，选择指示灯选项并选择合适的图形后双击，界面自动消失返回至设计图形，在合适位置单击鼠标即可出现选中图形，如图 10-37 所示。

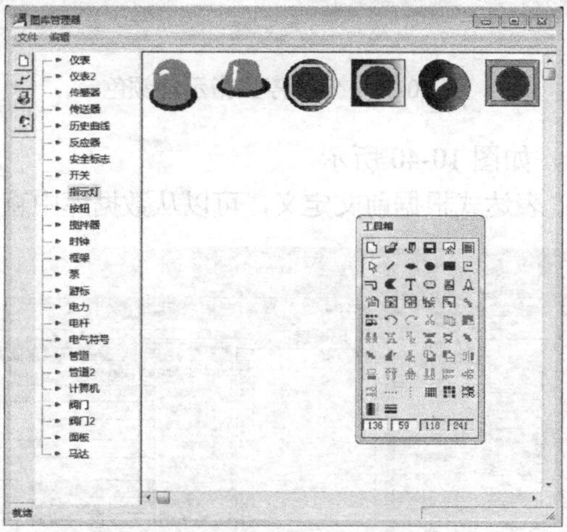

图 10-37 选择指示灯类型

② 定义运行指示灯：按照惯例将运行指示灯正常运行颜色定义为绿色，如图 10-38 所示。

③ 定义停止指示灯：按照惯例将停止指示灯正常运行颜色定义为红色，如图 10-39 所示。

5）温度数值显示　尽管从实时曲线趋势图上能够读出实时温度值，但是考虑到用户使用方便，在设计中加入了实时温度数字显示部分。通过工具库进行图形设计之后，需要进行相关变量的设置以满足实时数据的及时反馈和显示，组态王使用说明书上有以下定义“模拟值输出连接是使文本对象的内容在程序运行时被连接表达式的值所取代”，故而在定义变量时选择“模拟量输出”选项。

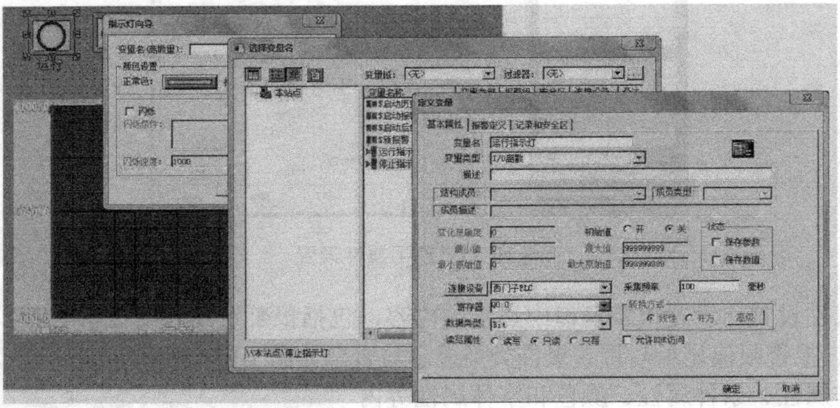

图 10-38　定义运行指示灯颜色

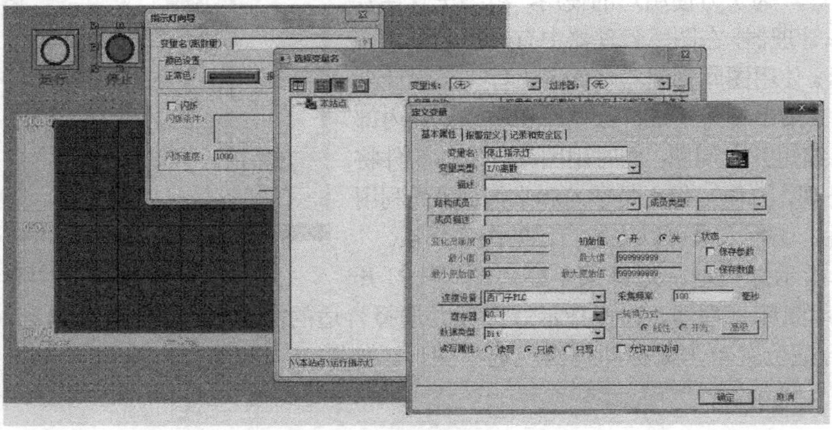

图 10-39　定义停止指示灯颜色

① 设定温度数值显示，如图 10-40 所示。

② 实时温度数值显示：表达式根据前文定义，可以从数据库中直接选择，如图 10-41 所示。

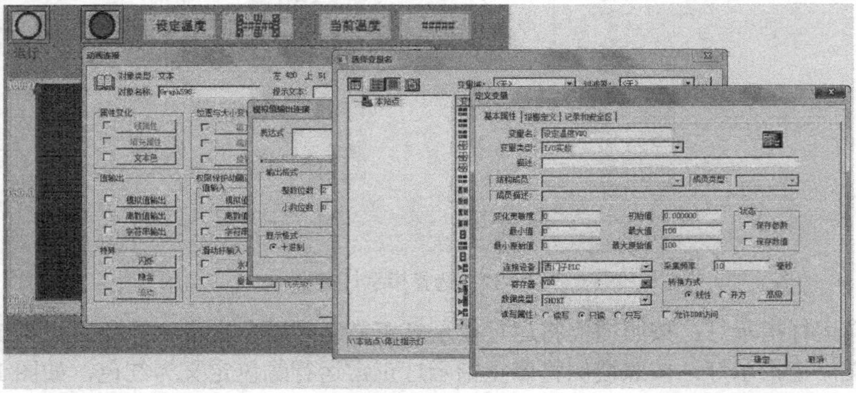

图 10-40　设定温度数值显示

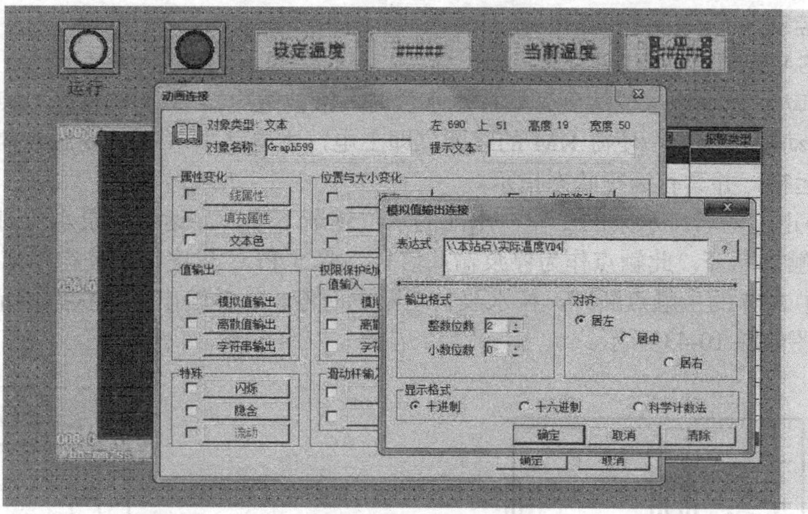

图 10-41 设置实时温度显示

（4）组态王与西门子 PLC 的通信

组态王提供了多种方式与西门子 PLC 进行通信，根据前文设计的 PLC 与 PC（计算机）通信方式，对应的组态王与西门子 PLC 通信方式为：使用西门子专用紫色电缆和网络接头+常规有缘 RS-485/232 转换模块进行 PLC RS-485 编程口和计算机标准 232 口进行连接。组态王对应驱动为“PPI-西门子-S7-200 系列-PPI”，需要注意的是，因为 PPI 协议的特殊性，读取一个数据包一般需要 400ms 的时间，当用户反馈 PPI 通信速度慢时，可以以此标准分析用户工程通信速度慢是否是在合理的范围。

另外需要注意的是，因为组态王和 PLC 编程软件使用的是同一个端口，故而两者不能够同时启动。若想在线利用组态王监控程序，就必须关闭组态王，将 PLC 程序下载到 PLC 中并运行，然后关闭编程软件，再启动组态王。

10.2.2 基于 PLC 组态软件的排水监控

10.2.2.1 硬件

本次任务以单台排水泵的控制为例，利用力控组态软件+可编程控制器通过以太网通信方式，对单台排水泵水位运行进行控制和监视。通过力控组态软件的组态及 S7-200 PLC 编程控制实现楼宇设备远程控制，网络结构如图 10-42 所示。

控制功能如下：

（1）手动控制

① 手动启动　手动自动开关在手动控制位，当按下手动启动按钮 SB1 时，KM 的线圈上电并自锁，主电路中 KM 的主触点闭合，排水泵全压启动运行，并具有运行状态指示。

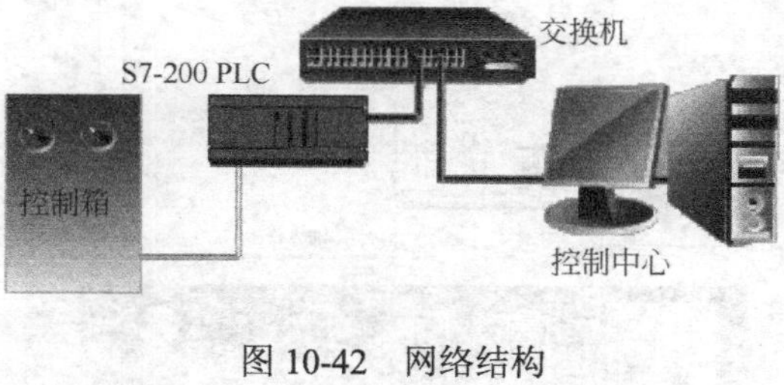

图 10-42 网络结构

② 手动停止　当按下手动停止按钮 SB2 时，KM 的线圈断电并解除自锁，主电路中 KM 的主触点断开，排水泵断电而停止工作，并具有停止状态指示。

③ 过载保护　如果排水泵在运行过程中出现过载，则热继电器 FR 动作，热继电器的常闭触点作为停泵输入信号，通过 PLC 程序控制使 KM 的线圈断电并解除自锁，主电路中 KM 的主触点断开，排水泵断电而停止工作，从而实现过载保护。

（2）自动控制

转换开关 SA 旋至自动控制挡位。

① 自动启动　当水池水位达到开始排水水位时，液位继电器 SL1 的常开触点闭合，此信号作为 PLC 启动输入信号，使得 KM 的线圈立即上电，主电路中 KM 的主触点闭合，排水泵自动全压启动运行，并具有运行状态指示。

② 自动停止　随着排水泵的工作，水池的水位逐渐下降，当达到停泵水位时，液位继电器 SL2 的常闭触点断开，此触点作为停泵输入信号，通过 PLC 程序控制使得 KM 的线圈立即断电，主电路中 KM 的主触点断开，排水泵自动断电而停止，并输出停泵状态指示。

PLC 接线图如图 10-43 所示。

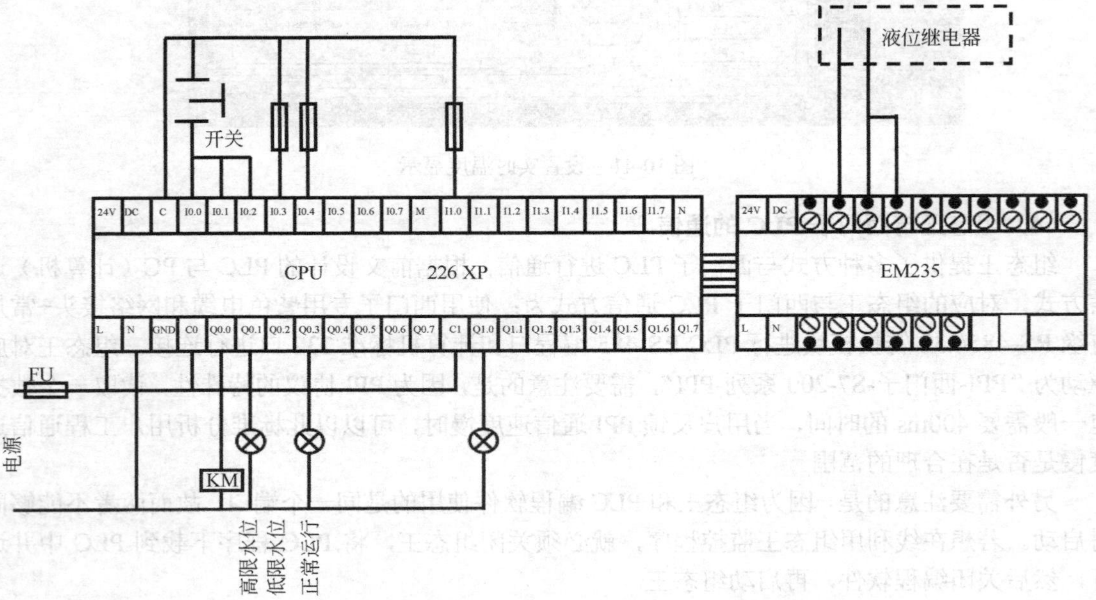

图 10-43　排水泵控制 PLC 接线图

（3）远程监控

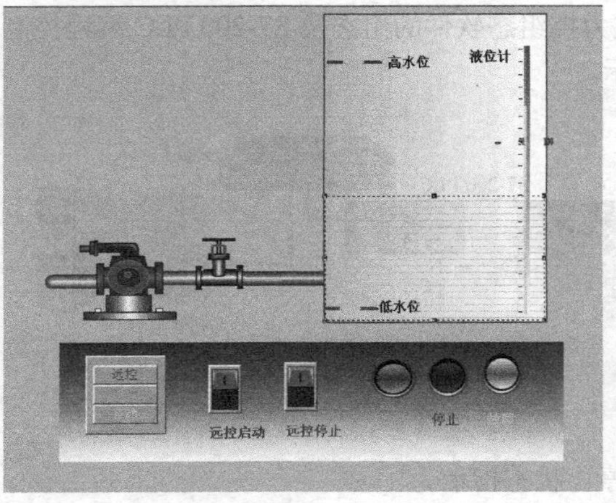

图 10-44　工程组态画面

① 远程启动和停止水泵运行：通过楼宇控制中心计算机监控软件，实现远程启动和停止水泵运行；控制方式显示等。

② 监视排水泵的运行状态：包括启动、停止、故障、液位，并产生相关的报警。

10.2.2.2　建筑排水监控工程组态

根据本工程所要完成的功能，建立如图 10-44 所示的工程组态画面。通过画面上的远程启动及远程停止可以启、停排水泵；显示控制方式、运行状态、液位高度等。以下工程界面仅仅作为学习力控组态软件，建立工程组态的基本概念，为更进一步学习工程综合应用打下基础。

工程组态可以分成三个主要步骤：① 根据监控功能制作监控画面；② I/O 设备组态，建立监控系统与外部设备；③ 数据库组态。

（1）制作监控画面

① 双击力控组态软件，点击“新建”进入如图 10-45 所示的新建工程窗口，给工程项目命名为“排水泵监控系统”，将工程项目保存到指定目录下，点击“确定”，如图 10-45 所示。

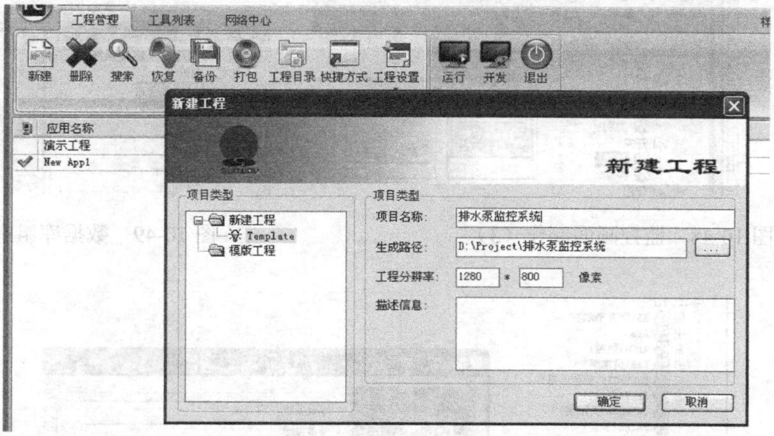

图 10-45　组态软件创建

② 双击“窗口”，在创建的窗口中制作监控画面，点击“创建空白界面”，如图 10-46 所示。

③ 在工具栏菜单下双击“标准图库”项，如图 10-47 所示。

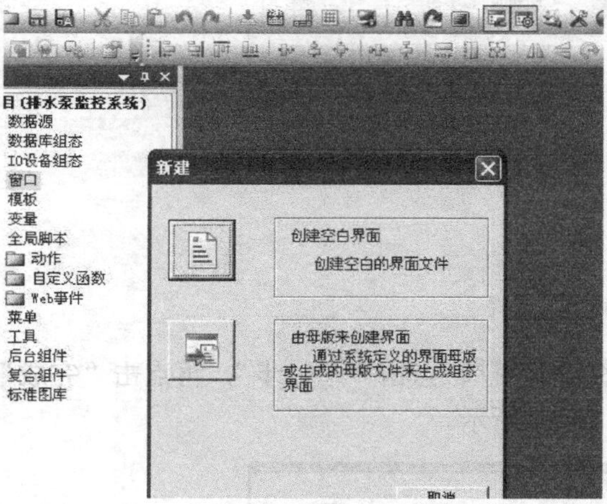

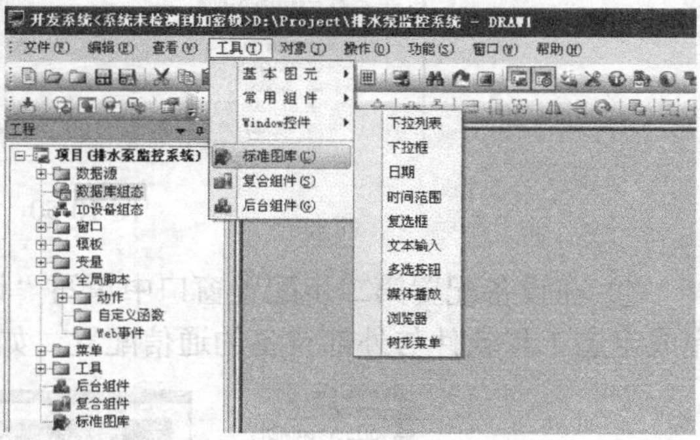

图 10-46　监控画面制作（1）

图 10-47　监控画面制作（2）

④ 在出现的图库菜单下，选择“图库”类别 1 的合适的开关图例，如图 10-48 所示，并拖放到创建的窗口中，根据以上操作步骤可以拖放其他的窗口元素，最后制作好如图 10-48 所示监控画面。

（2）I/O 设备组态

本工程以建立力控组态软件与外部 PLC 通过以太网通信进行数据交换，实现对外部设备的监控。

① 点击“IO 设备组态”，如图 10-49 所示，进入以下界面，选择 PLC 下的“SIEMENS（西门子）”下的“S7-200（TCP）协议”，并双击，在出现的设备配置第一步窗口中填写设备名称，选择通信方式为“TCP/IP 网络”，点击“下一步”。如图 10-50 所示。

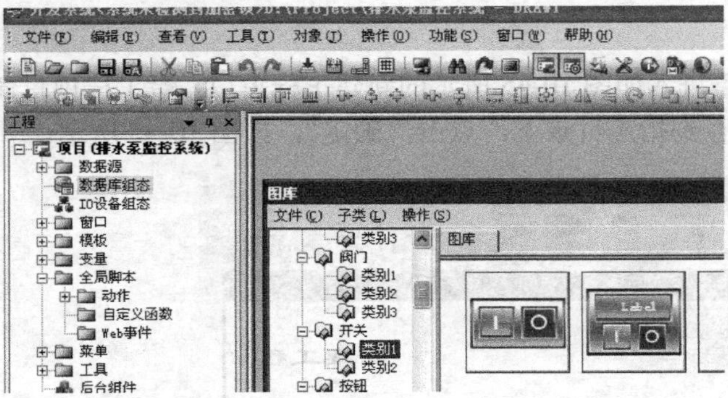

图 10-48　监控画面制作（3）

图 10-49　数据库组态 I/O 设定

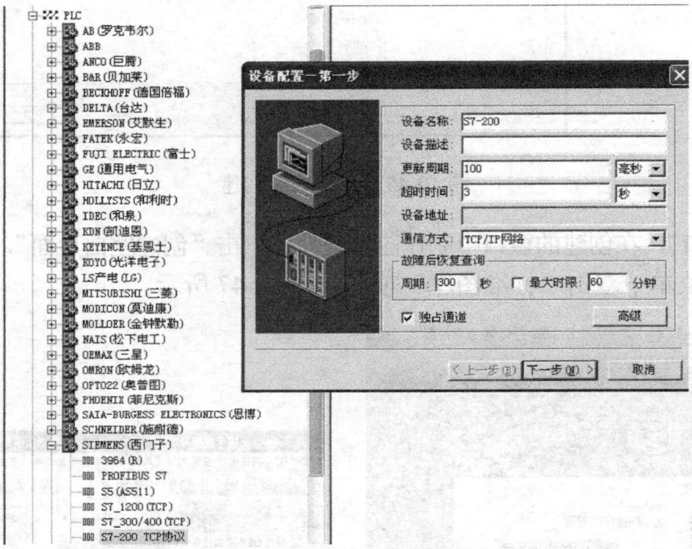

图 10-50　通信方式选择

② 在设备配置第二步配置窗口中填写“设备 IP 地址”，点击“下一步”，再点击“完成”，完成组态工程软件与外部设备的通信配置，如图 10-51 所示。

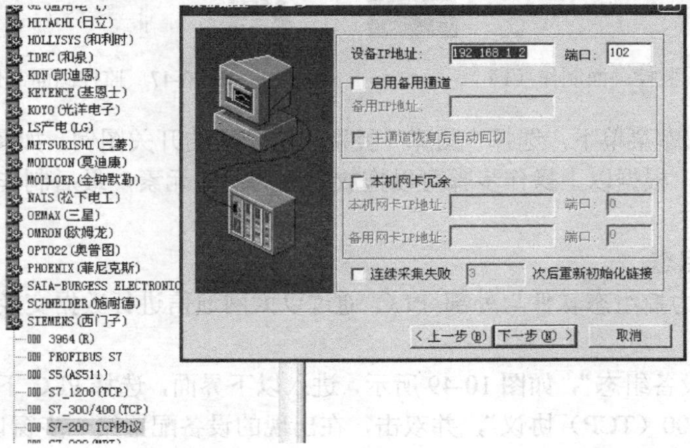

图 10-51　通信设置

（3）数据库组态

① 建立外部设备 I/O（如 PLC 的输入、输出点）数据库系统，点击“数据库组态”如图 10-52 所示。

② 选择“点名”下的空格出现“选择点类型”下的数字 I/O 点，点击“继续”，出现图 10-53 所示界面，填写点名为“qidong”，点击“确定”，在窗口中会出现定义的点名，双击“%IOLINK”下的空格，进入图 10-54 所示窗口。

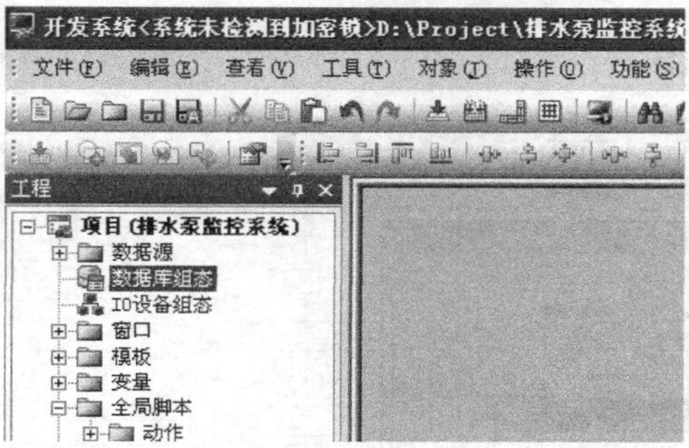

图 10-52 数据库组态外部设备设定

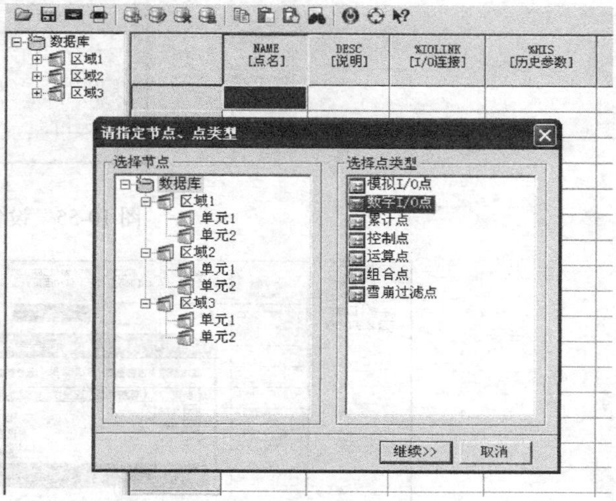

图 10-53 类型选择

③ 选中“I/O 设备”，在设备项会出现已经组态过的 S7-200，如图 10-55 所示，点击“增加”，出现图 10-56 所示窗口，在寄存器项目下填写“I 寄存器”，偏移地址项目下填写输入点的地址偏移量，此地址在编程中使用，最后点击“确定”。

根据同样的方法，组态其他监控窗口的监控点，如图 10-57 所示，监控表如表 10-12 所示：

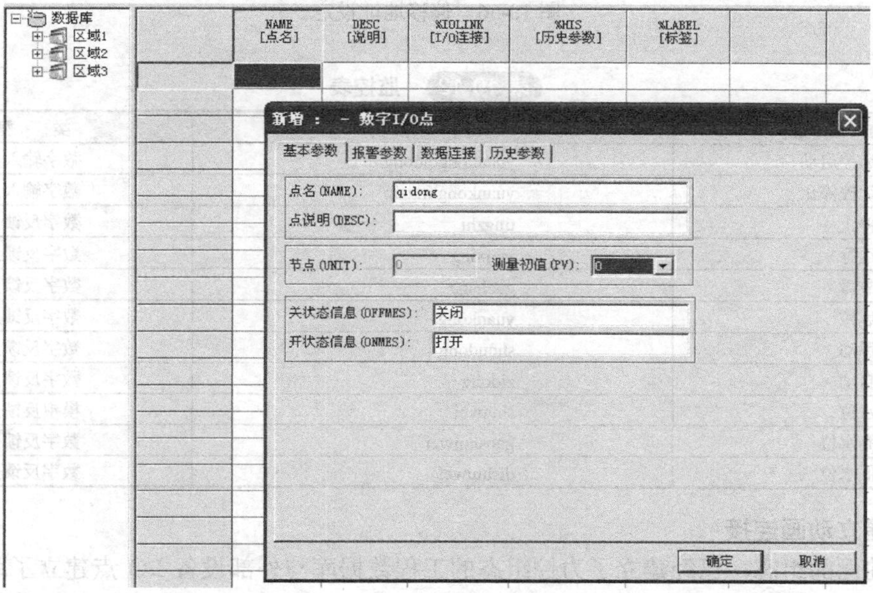

图 10-54 点名设定

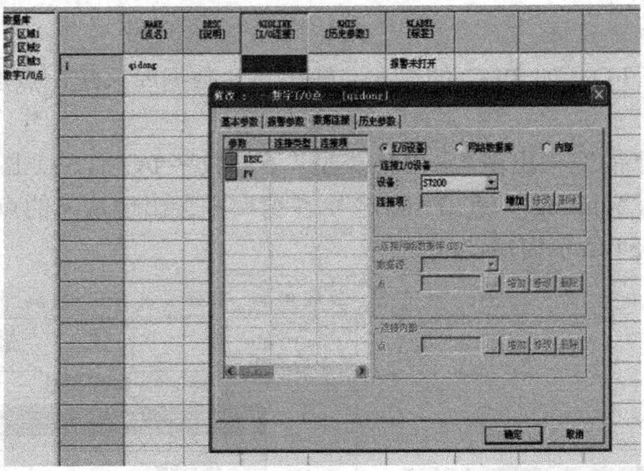

图 10-55　设备选择

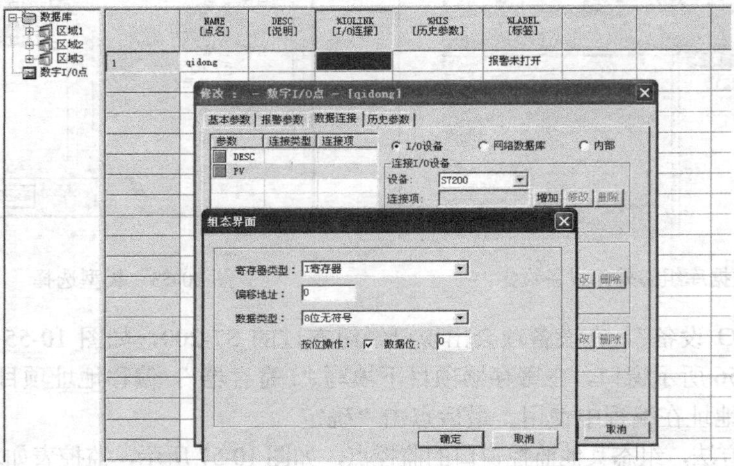

图 10-56　偏移地址设定

表 10-12　监控表

监　控　点	点　　名	类　　型
远控启动	yuankongqidong	数字输入点
远控停止	yuankongtingzhi	数字输入点
停止	tingzhi	数字反馈点
运行	yunxing	数字反馈点
故障	guzhang	数字反馈点
远控	yuankong	数字反馈点
手动	shoudong	数字反馈点
自动	zidong	数字反馈点
水位	shuiwei	模拟反馈点
高水位	gaoshuiwei	数字反馈点
低水位	dishuiwei	数字反馈点

（4）建立动画连接

通过前面的组态，已经建立了力控组态的工程数据库与外部设备 I/O 点建立了联系，但还没有和制作的监控画面的元素建立某种逻辑关联，为了使触发监控窗口元素，如控制开关使水泵进入运行状态，要通过动画连接或编程方式建立监控窗口的元素和外部设备动作关联。回到以上步骤建立的画面窗口，双击窗口元素，出现动画连接窗口，选择“右键动作”，出现脚本编辑器，在窗口下选择“按下鼠标项”键入“yuankongqidong=1”点击“保存”，表示当按下鼠标时，给数据库变量 yuankongqidong 赋值为 1，这样在系统和 PLC 连接后运行后，通过触动监控窗口的“远控启动”开关就可以将远程的 PLC 相应的输入点触发通断，从而按照 PLC 内部程序控制相关的设备动作，在脚本编辑器下，点击“保存”，如图 10-58 所示。

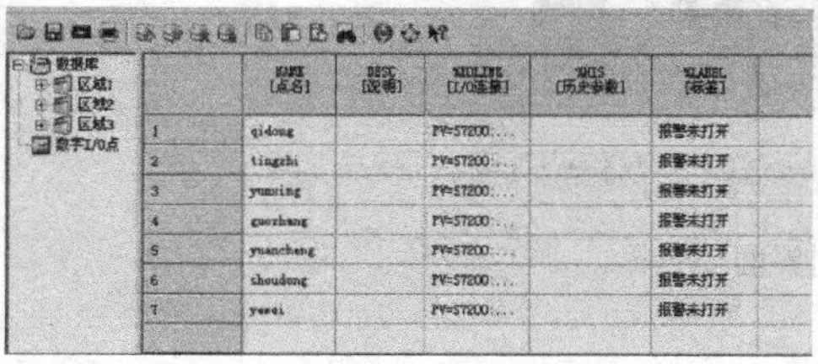

图 10-57 监控点组态

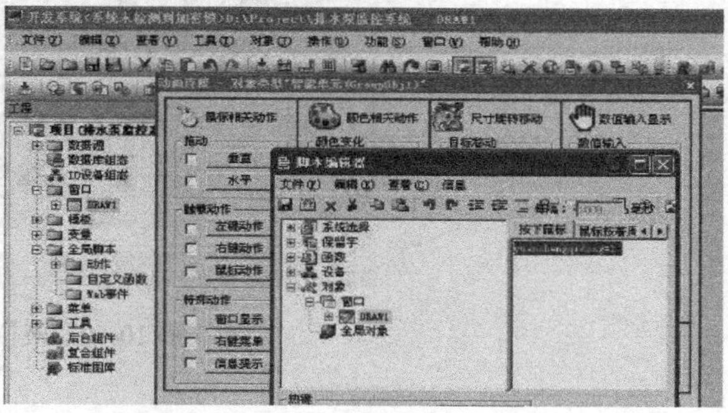

图 10-58 动画连接

10.2.2.3 下位机编程

以上步骤建立了上位机的监控画面，并且根据监控要求组态了一些监控点，这些监控点已经存在于组态数据库中。为了使运行于上位机监控组态软件中的监控点驱动和反馈下位机 PLC 的 I/O 点，完成远程监控功能，必须在下位机 PLC 中编写相应功能的程序，如图 10-59 所示。

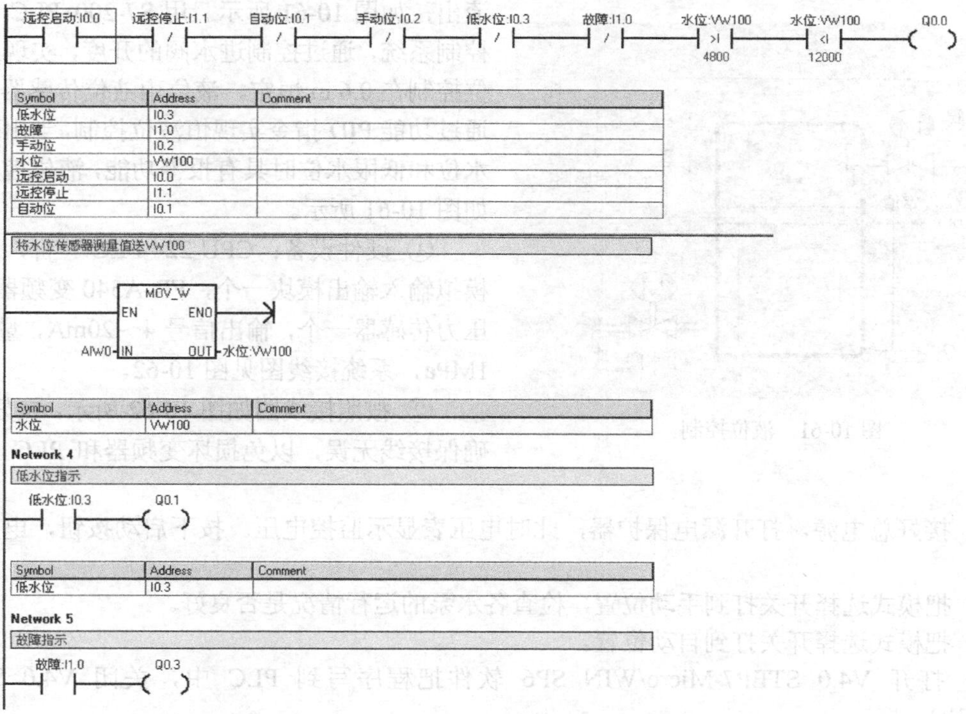

图 10-59 下位机程序

10.2.2.4 运行监控工程

打开监控工程，点击“远控”，再点击“远控启动”，观察运行指示灯状态；点击“远控停止”，观察停止指示灯状态。监控画面如图 10-60 所示。

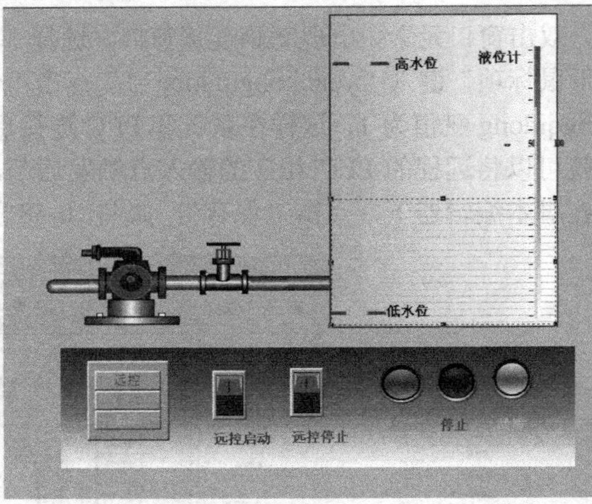

图 10-60　液位控制界面

能 力 训 练

实训项目 1：液位控制

（1）实训任务

有一水箱需要维持一定的水位，该水箱安装有进水阀和出水阀，出水管道水以变化的速度流出，如图 10-61 所示。用 S7-200 PLC 设计此控制系统，通过控制进水阀的开度，实现水箱水位控制在 0.6 m 恒定，液位由液位传感器测量，通过功能 PID 指令实现恒液位控制，当出现高限水位和低限水位时具有报警功能，液位控制要求如图 10-61 所示。

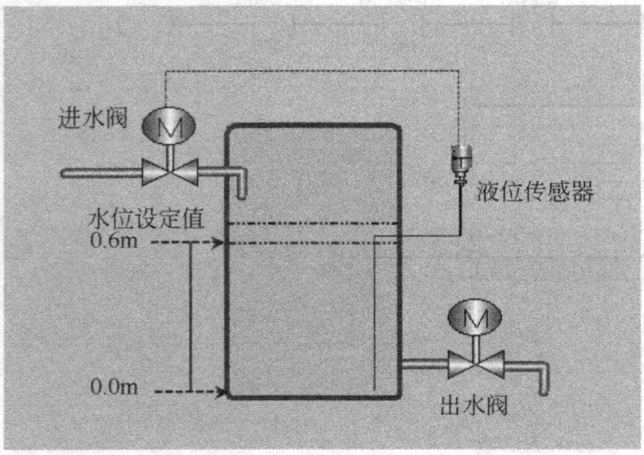

图 10-61　液位控制

① 硬件设备：CPU 224 PLC 一台，EM235 模拟输入输出模块一个，FR-A540 变频器一台，压力传感器一个，输出信号 4～20mA，量程 0～1MPa，系统接线图见图 10-62。

② 按照接线图如图 10-62 所示，接好线路，确保接线无误，以免损坏变频器和 PLC 的各个模块。

③ 接好总电源，打开漏电保护器，此时电压表显示监控电压。按下启动按钮，电压指示灯亮起。

④ 把模式选择开关打到手动位置，检查各水泵的运行情况是否良好。

⑤ 把模式选择开关打到自动位置。

⑥ 打开 V4.0 STEP7-Micro/WIN SP6 软件把程序写到 PLC 中，关闭 V4.0 STEP7-Micro/WIN。

⑦ 把 PLC 的开关打到 RUN 位置。

（2）实训软件编程

PID 初始化值按表 10-13 设置，参数开始地址设定 VW400。

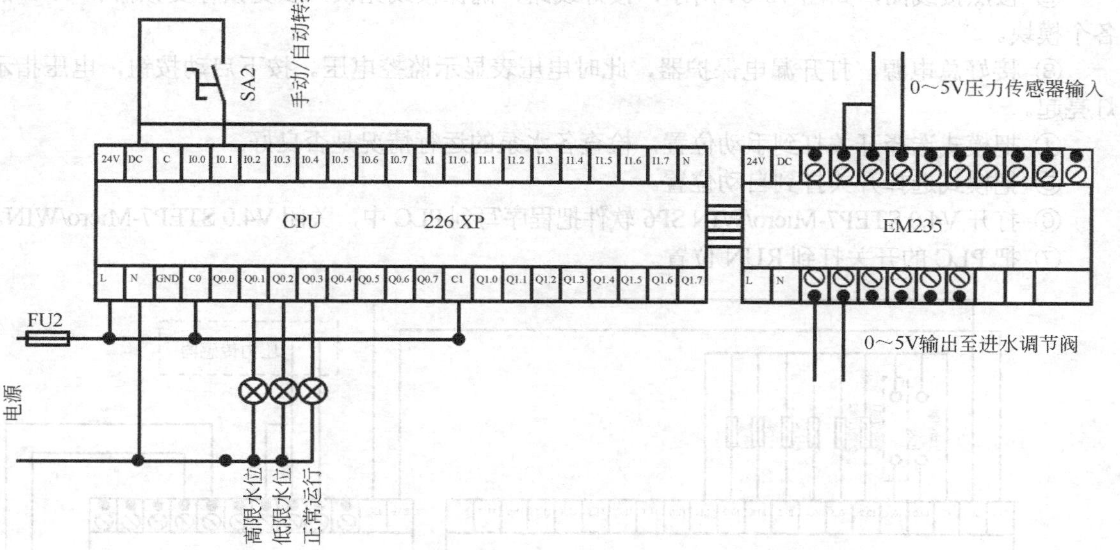

图 10-62 PLC-S200 与 EM235 模拟输入输出模块接线图

表 10-13 参数表（1）

偏移地址	参数	设定值
0	过程变量（PV_n）	
4	设定值（P_n）	0.6
8	输出值（M_n）	
12	增益（T_c）	1
16	采样时间（T_s）	2s
20	积分时间（T_i）	1s
24	微分时间（T_d）	20 min

观察水位变化情况，改变 PID 参数表中的参数，重新下载程序，分析各参数对水位恒定调节的影响。

实训项目 2：高层建筑恒压供水的 PLC 控制

（1）实训任务

在高层建筑中采用变频器加多台泵的供水方式，下面以三台泵为例介绍高层建筑供水控制系统的组成。一般供水控制系统由供水管网压力传感器、PLC 控制系统以及泵和管道系统组成，如图 10-63 所示。供水管网压力传感器采集管网的出口压力，以 PLC 为核心，发出控制指令，切换接触器组，控制变频器和水泵工作在不同的运行状态。

① 硬件设备：CPU 226 PLC 一台，EM235 模拟输入输出模块一个，FR-A540 变频器一台，压力传感器一个，输出信号 4～20mA，量程 0～1MPa，系统接线图见图 10-64。

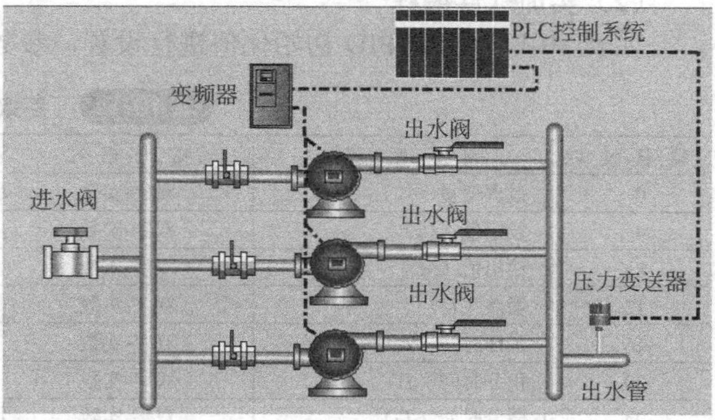

图 10-63 高层建筑供水系统组成

② 按照接线图，如图 10-64 所示，接好线路，确保接线无误，以免损坏变频器和 PLC 的各个模块。

③ 接好总电源，打开漏电保护器，此时电压表显示监控电压。按下启动按钮，电压指示灯亮起。

④ 把模式选择开关打到手动位置，检查各水泵的运行情况是否良好。

⑤ 把模式选择开关打到自动位置。

⑥ 打开 V4.0 STEP7-Micro/WIN SP6 软件把程序写到 PLC 中，关闭 V4.0 STEP7-Micro/WIN。

⑦ 把 PLC 的开关打到 RUN 位置。

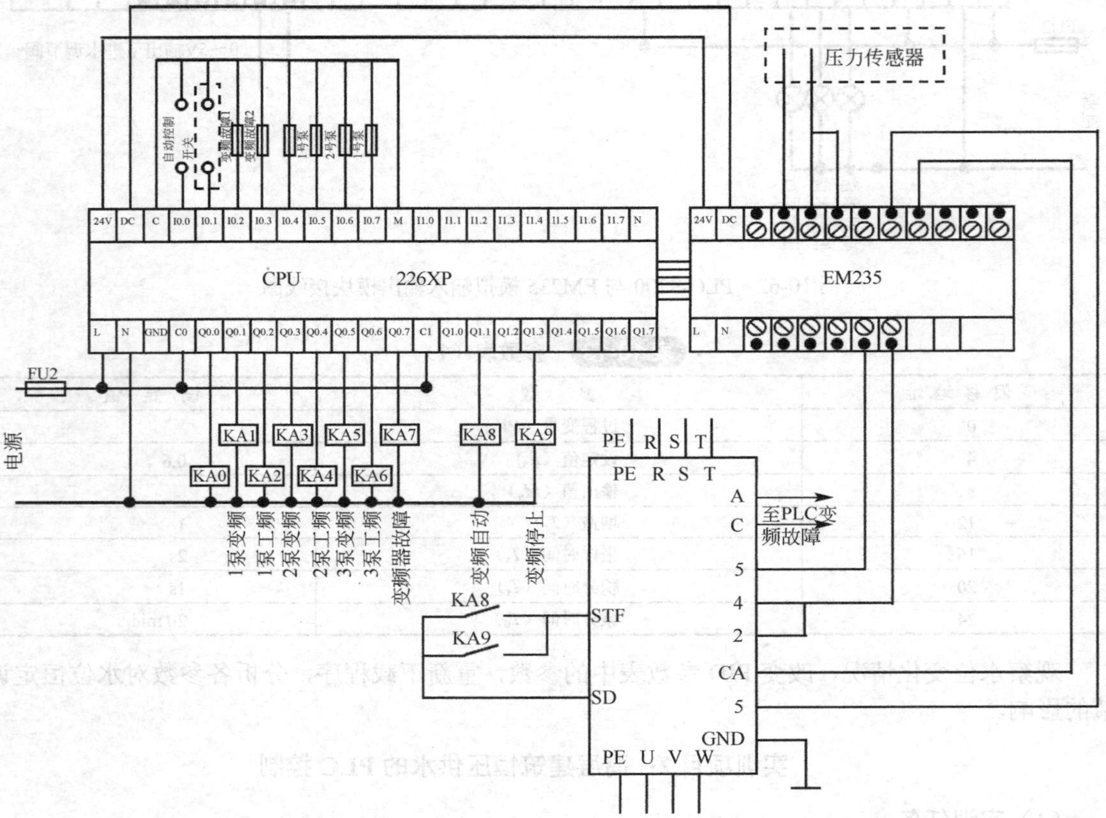

图 10-64 PLC 与 EM235 模拟输入/输出模块接线图

（2）实训软件编程

如表 10-14 所示，PID 初始化值进行设置，参数开始地址设定 VW400。

表 10-14 参数表（2）

偏移地址	过程值	数据格式	类型	描述
0	过程变量（V_n）	双字-实数	输入	在 0.0～1.0 之间
4	设定值（P_n）	双字-实数	输入	在 0.0～1.0 之间
8	输出值（M_n）	双字-实数	输入、输出	在 0.0～1.0 之间
12	增益（T_c）	双字-实数	输入	增益是比例常数
16	采样时间（T_s）	双字-实数	输入	单位为秒，必须是正数
20	积分时间（T_i）	双字-实数	输入	单位为分钟，必须是正数
24	微分时间（T_d）	双字-实数	输入	单位为分钟，必须是正数
28	积分项前项（MX）	双字-实数	输入、输出	积分项前项在 0.0～1.0 之间
32	过程变量前值（PV_{n-1}）	双字-实数	输入、输出	最近一次 PID 运算的过程变量值

观察水位变化情况，改变 PID 参数表中的参数，重新下载程序，分析各参数对水位恒定调节的影响。

习题与思考题

10.1 如何根据控制要求选择 PLC 的输入设备及输入信号类型？

10.2 如何根据控制要求选择 PLC 的输出类型？

10.3 如何根据控制要求确定 PLC 的 I/O 点数？

10.4 如何经济适用地选择 PLC 扩展模块？

10.5 如何根据控制要求进行 PLC 的 I/O 分配？

10.6 如何根据控制要求绘制 PLC 的外围接线图？

10.7 简述 PLC 梯形图设计的方法与步骤。

10.8 简述 PLC 梯形图程序调试的方法与步骤。

10.9 PLC 的输出端通过控制中间继电器线圈来控制交流接触器的线圈这种应用有哪些好处？

附录

附表 1　S7-200 PLC 的 CPU 规范

项　目	CPU 221	CPU 222	CPU 224	CPU 226	CPU 226 XM
存　储　器					
用户程序空间	2048 字		4096 字	4096 字	8192 字
用户数据（EEPROM）	1024 字（永久存储）		2560 字（永久存储）	2560 字（永久存储）	5120 字（永久存储）
装备（超级电容）（可选电池）	50h/典型值（40℃时最少值 8h） 200 天/典型值		190h/典型值（40℃时最少值 120h） 200 天/典型值		
I/O					
本机数字输入/输出	6 输入/4 输出	8 输入/6 输出	14 输入/10 输出	24 输入/16 输出	
数字 I/O 映像区	256（128 入/128 出）				
模拟 I/O 映像区	无	32（16 入/16 出）	64（32 入/32 出）		
允许最大的扩展模块	无	2 模块	7 模块		
允许最大的智能模块	无	2 模块	7 模块		
脉冲捕捉输入	6	8	14		
高速计数 单相 两相	4 个计数器 4 个 30kHz 2 个 20kHz		6 个计数器 6 个 30kHz 4 个 20kHz		
脉冲输出	2 个 20kHz（仅限于 DC 输出）				
常　规					
定时器	256 定时器；4 定时器（1ms）；16 定时器（10ms）；236 定时器（100ms）				
计数器	256（由超级电容或电池备份）				
内部存储器位 掉电保存	256（由超级电容或电池备份） 112（存储在 EEPROM）				
时间中断	2 个 1ms 分辨率				
边沿中断	4 个上升沿和/或 4 个下降沿				
模拟电位器	1 个 8 位分辨率		2 个 8 位分辨率		
布尔量运算执行速度	0.37μs 每条指令				
时钟	可选卡件		内置		
卡件选项	存储卡、电池卡和时钟卡		存储卡和电池卡		
集成的通信功能					
接口	一个 RS-485 口			两个 RS-485 口	
PPI，DP/T 波特率	9.6、19.2、187.5（kbps）				
自由口波特率	1.2～115.2kbps				
每段最大电缆长度	使用隔离的中继器：187.5kbps 可达 1000m，38.4kbps 可达 1200m，未使用隔离中继器：50m				
	CPU 221	CPU 222	CPU 224	CPU 226	CPU 226 XM
集成的通信功能					
最大站点数	每段 32 个站，每个网络 126 个站				
最大主站数	32				
点到点（PPI 主站模式）	是（NETR/NETW）				
MPI 连接	共 4 个，2 个保留（1 个给 PG，1 个给 OP）				

附表 2 S7-200 PLC 的 CPU 电源规范

DC			AC	
输入电源				
输入电压	20.4～28.8V DC		85～264V AC(47～63Hz)	
输入电流	仅 CPU 24V DC	最大负载 24V DC	仅 CPU	最大负载
CPU 221 CPU 222 CPU 224 CPU 226/226 XM	80mA 110mA 150mA	450mA 500mA 700mA 1050mA	30/15mA 120/240V AC 40/20mA 120/240V AC 60/30mA 120/240V AC 80/40mA 120/240V AC	120/240V AC 时 120/60mA 120/240V AC 时 140/70mA 120/240V AC 时 200/100mA 120/240V AC 时 320/160mA
冲击电流	28.8V DC 时 10A		264V AC 时 20A	
隔离（现场与逻辑）	不隔离		1500V AC	
保持时间（掉电）	10ms，24V DC		20/80ms，120/240V AC	
保险（不可替换）	3A，250V 慢速熔断		2A，250V 慢速熔断	
24V DC 传感器电源				
传感器电压	L+减 5V		20.4～28.8V DC	
电流限定	1.5A 峰值，终端限定非破坏性			
纹波噪声	来自输入电源		小于 1V 峰分值	
隔离（传感器与逻辑）	非隔离			

附表 3 S7-200 PLC 的 CPU 输入规范

常规	24V DC 输入	
类型	漏型/源型（IEC 类型 1 漏型）	
额定电压	24V DC,4mA 典型值	
最大持续允许电压	30V DC	
浪涌电压	35V DC,0.5s	
逻辑 1（最小）	15V DC,2.5mA	
逻辑 0（最大）	15V DC,1mA	
输入延迟	可选（0.2～12.8ms） CPU 226，CPU 226 XM；输入点 I1.6～I2.7 具有固定延迟（4.5ms）	
连接 2 线接近开关传感器（Bero）允许漏电量（最大）	1mA	
隔离（现场与逻辑） 光电隔离 隔离组	是 500V AC,1min 见接线图	
高速输入速率（最大） 逻辑 1=15 30V DC 逻辑 1=15 26V DC	单相 20kHz 30kHz	两相 10kHz 20kHz
同时接通的输入	55 ℃时所有的输入	
电缆长度（最大） 屏蔽 非屏蔽	普通输入 500m，HSC 输入 50m 普通输入 300m	

附表 4 S7-200 PLC 的 CPU 输出规范

常　规	24V DC 输出	继电器输出
类型	固态—MOSFET	干触点
额定电压	24V DC	24V DC 或 250V AC
电压范围	20.4～28.8V DC	5～30V DC 或 5～250V AC
浪涌电流（最大）	8A,100ms	7A 触点闭合
逻辑 1（最小）	20V DC,最大电流	—
逻辑 0（最大）	0.1V DC,10kΩ 负载	—
每点额定电流（最大）	0.75A	2.0A

续表

常　规	24V DC 输出	继电器输出
每个公共端的额定电流（最大）	6A	10A
漏电流（最大）	10μA	—
灯负载（最大）	5W	30W DC;200W AC
感性嵌位电压	L+减 48V DC,1W 功耗	—
接通电阻（接点）	0.3Ω 最大	0.2Ω（新的时候的最大值）
隔离		
光电隔离（现场到逻辑）	500V AC,1min	—
逻辑到接点		1500V AC,1min
接点到接点	—	750V AC,1min
电阻（逻辑到接点）	—	100MΩ
隔离组	见接线图	见接线图
延时	2/10μs（Q0.0 和 Q0.1）	—
断开到接通/接通到断开（最大）	15/100μs（其他）	
切换（最大）	—	10ms
脉冲频率（最大）Q0.0 和 Q0.1	20kHz	20Hz
机械寿命周期	—	10000000（无负载）
触点寿命	—	100000（额定负载）
同时接通的输出	55 ℃时，所有的输出	55 ℃时，所有的输出
两个输出并联	是	否
电缆长度（最大）		
屏蔽	500m	500m
非屏蔽	150m	150m

附表 5　S7-200 PLC 指令系统快速参考表

布尔指令		
LD	N	装载
LDI	N	立即装载
LDN	N	取反后装载
LDNI	N	取反后立即装载
A	N	与
AI	N	立即与
AN	N	取反后与
ANI	N	取反后立即与
O	N	或
OI	N	立即或
ON	N	取反后或
ONI	N	取反后立即或
LDBx	N1,N2	装载字节比较的结果 N1（x：<，<=，=，>=，>，<>）N2
ABx	N1,N2	与字节比较的结果 N1（x：<，<=，=，>=，>，<>）N2
OBx	N1,N2	或字节比较的结果 N1（x：<，<=，=，>=，>，<>）N2
LDWx	N1,N2	装载字比较的结果 N1（x：<，<=，=，>=，>，<>）N2
AWx	N1,N2	与字比较的结果 N1（x：<，<=，=，>=，>，<>）N2
OWx	N1,N2	或字比较的结果 N1（x：<，<=，=，>=，>，<>）N2
LDDx	N1,N2	装载双字比较的结果 N1（x：<，<=，=，>=，>，<>）N2

续表

布尔指令		
ADx	N1,N2	与双字比较的结果 N1（x：<，<=，=，>=，>，<>）N2
ODx	N1,N2	或双字比较的结果 N1（x：<，<=，=，>=，>，<>）N2
LDRx	N1,N2	装载实数比较的结果 N1（x：<，<=，=，>=，>，<>）N2
ARx	N1,N2	与实数比较的结果 N1（x：<，<=，=，>=，>，<>）N2
ORx	N1,N2	或实数比较的结果 N1（x：<，<=，=，>=，>，<>）N2
NOT	N1,N2	堆栈取反
EU EU		检测上升沿 检测下降沿
= =I	N N	赋值 立即赋值
S R SI RI	S_BIT,N S_BIT,N S_BIT,N S_BIT,N	置位一个区域 复位一个区域 立即置位一个区域 立即置位一个区域
LDSx	IN1,IN2	装载字符串比较结果 IN1(x：=，<>）IN2
ASx	IN1,IN2	与字符串比较结果 IN1(x：=，<>）IN2
OSXI	IN1,IN2	或字符串比较结果 IN1(x：=，<>）IN2
ALD OLD		与装载 或装载
LPS LRD LPP LDS	 N	逻辑压栈（堆栈控制） 逻辑读（堆栈控制） 逻辑弹出（堆栈控制） 装载堆栈（堆栈控制）
AENO		与 ENO
数学、增减指令		
+I +D +R	IN1,OUT IN1,OUT IN1,OUT	整数、双整数或实数加法 IN1+OUT=OUT
-I -D -R	IN1,OUT IN1,OUT IN1,OUT	整数、双整数或实数加法 OUT-IN1=OUT
MUL *R *D,*I	IN1,OUT IN1,OUT IN1,OUT	整数或实数乘法 IN1*OUT=OUT 整数或双整数乘法
DIV /R /D,/T	IN1,OUT IN1,OUT IN1,OUT	整数或实数除法 IN1/OUT=OUT 整数或双整数除法
SQRT LN EXP SIN COS TAN	IN1,OUT IN1,OUT IN1,OUT IN1,OUT IN1,OUT IN1,OUT	平方根 自然对数 自然指数 正弦 余弦 正切

续表

数学、增减指令		
INCB	OUT	字节、字和双字增 1
INCW	OUT	
INCD	OUT	
DECB	OUT	字节、字和双字减 1
DECW	OUT	
DECD	OUT	
PID	Table，Loop	PID 回路
定时器和计数器指令		
TON	Txxx,PT	接通延时定时器
TOF	Txxx,PT	关断延时定时器
TONR	Txxx,PT	带记忆的接通延时定时器
CTU	Cxxx,PV	增计数
CTD	Cxxx,PV	减计数
CTUD	Cxxx,PV	增/减计数
实时时钟指令		
TODR	T	读实时时钟
TODW	T	写实时时钟
程序控制指令		
END		程序的条件结束
STOP		切换到 STOR 模式
WDR		看门狗复位（300ms）
JMP	N	跳到定义的标号
IBL	N	定义一个跳转的标号
CALL	N[N1,.....]	调用子程序[N1，...可以有 16 个可选参数]
CRET		从 SBR 条件返回
FOR	INDX,INIT	For/Next 循环
	FINAL	
NEXT		
LSCR	N	顺控继电器段的启动、转换、条件结束和结束
SCRT	N	
CSCRE		
SCRE		
传送、移位、循环和填充指令		
MOVB	OUT	字节、字、双字和实数传送
MOVW	OUT	
MOVD	OUT	
MOVR	OUT	
BIR	IN,OUT	
BIW	IN,OUT	
BMB	IN,OUT,N	字节、字和双字块传送
BMWI	IN,OUT,N	
BMD	IN,OUT,N	
SWAP	IN	交换字节
SHRB		寄存器移位
DATA		
S_BIT	N	
SRB	OUT,N	字节、字和双字节右移
SRW	OUT,N	
SRD	OUT,N	

续表

传送、移位、循环和填充指令		
SLB	OUT,N	字节、字和双字节左移
SLW	OUT,N	
SLD	OUT,N	
RRB	OUT,N	字节、字和双字节循环右移
RRW	OUT,N	
RRD	OUT,N	
RLB	OUT,N	字节、字和双字节循环左移
RLW	OUT,N	
RLD	OUT,N	
FILL	IN,OUT,N	用指定的元素填充存储器空间
逻 辑 操 作		
ALD		与一个组合
OLD		或一个组合
LPS		逻辑堆栈（堆栈控制）
LRD		读逻辑栈（堆栈控制）
LPP		逻辑出栈（堆栈控制）
LDS		装入堆栈（堆栈控制）
AENO		对 ENO 进行与操作
ANDB	IN1,OUT	对字节、字和双字取逻辑与
ANDW	IN1,OUT	
ANDD	IN1,OUT	
ORB	IN1,OUT	对字节、字和双字取逻辑或
ORW	IN1,OUT	
ORD	IN1,OUT	
XORB	IN1,OUT	对字节、字 和双字取逻辑异或
XORW	IN1,OUT	
XORD	IN1,OUT	
INVB	OUT	对字节、字和双字取反
INVW	OUT	（1 的补码）
INVD	OUT	
字符串指令		
SLEN	IN,OUT	字符串长度
SCAT	IN,OUT	连接字符串
SCPY	IN,OUT	复制字符串
SSCPY	IN,INDX,N,OUT	复制子字符串
CFND	IN1,IN2,OUT	子字符串中查找第一个字符
SFND	IN1,IN2,OUT	在字符串中查找字符串
表、查找和转换指令		
ATT	TABLE,DATA	把数据加到表中
LIFO	TABLE,DATA	从表中取数据
FIFO	TABLE,DATA	
FND=	SRC,PATRN,INDX	根据比较条件在表中查找数据
FND<>	SRC,PATRN,INDX	
FND<	SRC,PATRN,INDX	
FND>	SRC,PATRN,INDX	
BCDI	OUT	把 BCD 码转换成整数
IBCD	OUT	把整数转换成 BCD 码
BTI	IN,OUT	将字节转换成整数
ITB	IN,OUT	将整数转换成字节
ITD	IN,OUT	把整数转换成双整数
DTI	IN,OUT	把双整数转换成整数

续表

表、查找和转换指令		
DTR TRUNC ROUND	IN,OUT IN,OUT IN,OUT	把双字转换成实数 把实数转换成双字 把实数转换成双整数
ATH HTA ITA	IN,OUT,LEN IN,OUT,LEN IN,OUT,FMT	把 ASCII 码转换成十六进制格式 把十六进制格式转换成 ASCII 码
表、查找和转换指令		
DTA RTA	IN,OUT,FM IN,OUT,FM	把整数转换成 ASCII 码 把双数转换成 ASCII 码 把实数转换成 ASCII 码
DECO ENCO	IN,OUT IN,OUT	解码 编码
SEG		产生 7 段格式
中　断		
CRETI		从中断条件返回
ENI DISI		允许中断 禁止中断
ATCH DTCH	INT,EVENT EVENT	给事件分配中断程序 解除事件
通　信		
XMT RCV	TABLE,PORT TABLE,PORT	自由口传送 自由口接受信息
TODR TODW GPA SPA	TABLE,PORT TABLE,PORT ADDR,PORT ADDR,PORT	网络读 网络写 获取口地址 设置口地址
高 速 指 令		
HDEF	HSC,Modo	定义高速计数器模式
HSC	N	激活高速计数器
PLS	X	脉冲输出

附表 6　常用特殊存储器 SM0 和 SMI 的位信息

特殊存储器位			
SM0.0	该位始终为 1	SM1.0	操作结果=0
SM0.1	首次扫描时为 1	SM1.1	结果溢出或非法数值
SM0.2	保持数据丢失时为 1	SM1.2	结果为负数
SM0.3	开机上电进入 RUN 时为 1 个扫描周期	SM1.3	被 0 除
SM0.4	时钟脉冲：30s 闭合/30s 断开	SM1.4	超出表范围
SM0.5	时钟脉冲：0.5s 闭合/0.5s 断开	SM1.5	空表
SM0.6	时钟脉冲：闭合 1 个扫描周期/断开 1 个扫描周期	SM1.6	BCD 到二进制转换出错
SM0.7	开关放置在 RUN 位置时为 1	SM1.7	ASCII 到十六进制转换出错

参 考 文 献

[1] 何献忠. 可编程控制器应用技术. 北京：清华大学出版社，2007.
[2] 田淑珍. S7-200 PLC 原理及应用. 北京：机械工业出版社，2009.
[3] 吴志敏. 西门子 PLC 与变频器、触摸屏综合应用教程. 北京：中国电力出版社，2009.
[4] 杜从商. PLC 编程应用基础（西门子）. 北京：机械工业出版社，2010.
[5] 张文涛. 西门子 S7-200 PLC 应用技术. 北京：北京航空航天大学出版社，2010.
[6] 赵全利. S7-200 PLC 基础及应用. 北京：机械工业出版社，2010.
[7] 侍寿永. S7-200 PLC 编程及应用项目教程. 北京：机械工业出版社，2013.
[8] 温雯. 建筑电气控制技术与 PLC. 北京：中国建筑工业出版社，2013.
[9] 史宜巧，侍寿永. PLC 技术及应用项目教程. 第 2 版. 北京：机械工业出版社，2014.
[10] 侍寿永. S7-300 PLC、变频器与触摸屏综合应用教程. 北京：机械工业出版社，2015.
[11] 汤自春. PLC 技术应用. 北京：高等教育出版社，2015.
[12] 张志柏，秦益霖. PLC 应用技术. 北京：高等教育出版社，2015.
[13] 史宜巧，侍寿永. PLC 应用技术（西门子）. 北京：高等教育出版社，2016.